动物遗传繁育原理与方法

陈 宏 主编

科学出版社

北京

内 容 简 介

　　本书较为全面、系统地阐述了动物的遗传、育种和繁殖的基本概念、基本原理、基本技术及方法，并力求反映该领域的最新进展。全书涉及的内容包括分子细胞遗传学基础、遗传学的基本规律、遗传信息的改变与修复、群体遗传学基础、数量遗传学基础、动物育种学基础、动物种用价值评定、性状的选择、选配、育种体系与育种方案、现代育种原理与方法、动物生殖器官、生殖内分泌、动物的生殖、动物繁殖技术、动物繁殖管理技术等。

　　本书可作为高等院校智慧牧业科学与工程专业、动物科学专业、动物医学专业、生物科学专业、水产专业及专科院校畜牧兽医专业的教学教材，同时也是从事畜牧兽医技术推广、畜牧技术管理、科技技术培训人员和基层技术人员的参考书。

图书在版编目（CIP）数据

动物遗传繁育原理与方法 / 陈宏主编. —北京：科学出版社，2023.5
ISBN 978-7-03-075439-4

Ⅰ.①动…　Ⅱ.①陈…　Ⅲ.①动物-遗传育种-高等学校-教材　Ⅳ.①Q953

中国国家版本馆 CIP 数据核字（2023）第 069829 号

责任编辑：刘　畅 / 责任校对：严　娜
责任印制：赵　博 / 封面设计：迷底书装

科学出版社 出版
北京东黄城根北街 16 号
邮政编码：100717
http://www.sciencep.com

三河市骏杰印刷有限公司印刷
科学出版社发行　各地新华书店经销

*

2023 年 5 月第 一 版　开本：787×1092　1/16
2024 年 1 月第二次印刷　印张：21
字数：537 600

定价：89.00 元

（如有印装质量问题，我社负责调换）

编写人员

主　编： 陈　宏 （西北农林科技大学）

副主编： 王　昕 （西北农林科技大学）
　　　　　蓝贤勇 （西北农林科技大学）
　　　　　周　扬 （华中农业大学）
　　　　　刘武军 （新疆农业大学）

主　审： 曾文先 （西北农林科技大学）

前　言

　　动物遗传繁育原理与方法是集动物遗传学、动物育种学与动物繁殖学于一体的一门课程，也是一门非常重要的专业基础课。近年来，这个领域科学研究和学科发展迅速，一系列新概念、新理论、新技术和新方法不断涌现。随着我国智慧牧业科学与工程本科专业的诞生，按照其培养方案与目标，一些新的课程与教材也必须跟进。其中"动物遗传繁育原理与方法"是该专业最重要的一门专业基础课。该课程内容涉及动物遗传学、动物育种学和动物繁殖学三门经典课的基本概念、基本内容、基本理论和基本方法，急需编写相应的教材，但目前还没有相应的授课教材。因此，为了适应我国智慧牧业科学与工程专业教学的需求，进一步推动"新农科、新医科"的发展，特组织具有丰富教学经验的相关教师组成《动物遗传繁育原理与方法》编写团队，结合编者多年来的教学经验和教学资料的积累，力图编写一本适应性强、内容丰富、具有最新研究进展、最新理论、技术和方法的《动物遗传繁育原理与方法》教材。

　　本书全面、系统地阐述了动物遗传繁育原理与方法的基本概念、基本理论和基本技术。本教材本着科学性、先进性、系统性、实用性和针对性的原则，吸收在动物遗传学、动物育种学和动物繁殖学研究方面的经典理论、技术、方法和最新研究成果，在编写过程中进行大胆探索。因此，本书以适应智慧牧业科学与工程专业方向为目标，突出动物遗传学、育种学和繁殖学的特点，形成了鲜明的特色。

　　全书按十七章设计，第一章为动物遗传繁育原理与方法的绪论；第二章到第六章为动物遗传学的基本原理与方法，包括分子细胞遗传学基础、遗传学的基本规律、遗传信息的改变与修复、群体遗传学基础和数量遗传学基础；第七章到第十二章为动物育种学的基本原理与方法，包括动物育种学基础、动物种用价值评定、性状的选择、选配、育种体系与育种方案、现代育种原理与方法；第十三章到第十七章为动物繁殖学的基本原理与方法，包括动物生殖器官、生殖内分泌、动物的生殖、动物繁殖技术和动物繁殖管理技术。

　　本书可作为高等院校智慧牧业科学与工程专业、动物科学专业、动物医学专业、生物科学专业、水产专业及专科院校畜牧兽医专业的教学教材，同时，也是从事畜牧兽医技术推广、畜牧技术管理、畜牧科技培训和基层技术服务人员一本有益的参考书。考虑到本课程教材的系统性，全书按 64 学时编写，根据专业需要，课堂讲授时可有所取舍。

　　曾文先教授审阅了全书，为本书的修改和定稿提出了不少宝贵的意见。西北农林科技大学教务处和科学出版社的同志在本教材编写和出版过程中给予了热情的指导、帮助与支持，在此一并表示衷心的感谢。此外，本书的部分插图引自书后相关参考文献，在此向原作者表示感谢。由于编写人员水平有限，疏漏在所难免，敬请同行师生批评指正，以便将来进一步完善。

陈　宏

2023 年 4 月

目　录

第一章 绪 论

第一节 本课程相关概念与意义

动物遗传繁育原理与方法是集动物遗传学、动物育种学与动物繁殖学于一体的一门综合课程，包括了动物遗传学、动物育种学和动物繁殖学的基本原理与方法，也是动物生产技术中一门非常重要的专业基础课。动物遗传繁育原理与方法包括了动物遗传学、动物育种学和动物繁殖学的基本原理与方法。为了对本学科有一个全面的、系统的了解，有必要对其相关的基本概念和意义做以介绍。

一、动物遗传学的概念与意义

动物遗传学（animal genetics）是研究动物遗传和变异现象及其规律的一门学科。主要研究与人类有关的各种动物，如家畜、鱼类、鸟类、昆虫等动物性状的遗传规律和遗传改良的原理与方法，包括遗传的物质基础、遗传信息的传递与改变、遗传的基本规律及其扩展、群体遗传学基础、动物基因组学及动物基因工程等方面的一般原理与方法。

所谓遗传（heredity，inheritance）就是指生物亲代与子代相似的现象，即生物在世代传递过程中可以保持物种和生物个体各种特性不变。如"种瓜得瓜，种豆得豆"。所谓变异是指生物在亲代与子代之间以及子代与子代之间表现出一定差异的现象。如"一母生九子，连母十个样"（图1-1）。

图1-1　一母生九子，连母十个样

遗传与变异是一对矛盾对立统一的两个方面，遗传是相对的、保守的，而变异是绝对的、发展的；没有遗传就没有物种的相对稳定性，也就不存在变异的问题；没有变异，物种将会一成不变，也不存在遗传的问题。

遗传、变异和选择是生物进化和新品种选育的三大因素。生物进化就是自然环境条件对生物变异进行的选择，在自然选择中得以保存的变异传递给子代就是遗传，变异逐代积累导致物种演变、产生新的物种。育种实际上是一个人工进化过程，只是以选择强度更大的人工选择代替了自然选择，其选择的条件是育种者的要求。

遗传、变异与环境有着密切关系，环境改变可以引起变异。人们在很早以前就注意到生物生存环境的改变可以引起生物性状的改变。所谓性状是生物体表现出来的一切外貌特征和生理生化特性。生物体所表现出的性状变异分为可遗传（heritable）变异和不可遗传（non-heritable）变异。环境引起的变异中包含了可以遗传给后代的变异，也包含了只在生物当代表现出来，而不能传递给后代的变异。所以，人们在考察生物的遗传与变异时，必须考虑生物所在的环境条件。也可以说，生物性状是遗传和环境共同作用的结果，可以用"性状（表型）=基因+环境"来表示。

遗传学是整个生命科学的中心学科，动物遗传学又是遗传学的一个重要分支，其意义在于：①由于生命现象在分子水平上的统一，人们可以利用遗传学理论对生命本质、生命起源及生物进化的历程进行探索；②可以指导动物遗传改良和新品种培育，提高选择的可靠性与效率，定向创造新种质和重组遗传变异等，是动物育种学最主要的理论基础；③能够有效进行遗传病的诊断与治疗，开发新的靶向药物等；④遗传学在社会和法律层面得到广泛应用，如 DNA 指纹与亲子鉴定，法律正身鉴定与判案等。因此，动物遗传学在生命科学的理论研究、动物育种实践、医学诊断与治疗及社会生活等方面都具有重要作用。

二、动物育种学的概念与意义

动物育种学是人类应用遗传学理论来控制改造家养动物的遗传特性，指导动物育种实践，使家养动物尽快朝着有利于人类需要的方向改变和发展的原理、方法、技术等科学知识体系。具体地说，动物育种学是尽可能地开发和利用动物品种遗传变异的一系列理论和方法，利用适当的育种方法，人为地控制动物个体的繁殖机会，提高家养动物生产肉、奶、蛋、皮、毛、药等动物蛋白或特种动物性产品的能力。通过对后备动物种用价值准确的遗传评估，寻找具有最佳种用性能的种用个体，再结合适当的选配措施，人为控制畜禽个体的繁殖机会，提高优良种畜的利用强度和范围，最终提高种群品质，增加群体的良种数量，生产出符合市场需求的高质量的畜产品。

动物育种的主要过程是选种和选配。选种是选择优秀的种用家畜，选配是指按育种目标进行雌雄个体间的交配组合。育种的目的是按照市场需求，控制畜产品方向，满足消费者不断变化的消费要求，以获取最大利润。包括：①提供优良种畜，保证畜群生产力提高；②利用杂种优势，提高生产水平；③改变畜产品类型，满足消费习惯；④适应"规模化""工厂化"生产模式需求，生产规格一致的家畜等。

根据美国近 100 年的统计结果，家畜的遗传育种对畜牧业的贡献率最大，占畜牧业产值的 40%~45%，对畜牧业发展起到非常重要的作用。

三、动物繁殖学概念与意义

动物繁殖学是研究动物繁殖规律、繁殖技术和繁殖管理技术及提高繁殖率的学科。它是进行畜禽品种改良、扩大群体、提高畜牧业快速发展的重要手段，是现代动物科学中研究最活跃的学科之一。

繁殖是指生物亲代产生与其相似后代的过程，它能使动物个体数量增加，群体规模扩大，种群延续和演化。动物繁殖分为无性繁殖和有性繁殖两大类。无性繁殖是指生物通过单个细胞或组织进行有丝分裂产生后代的过程，无性繁殖也称动物克隆，其结果是获得的后代在最大程度上保持了亲代的遗传性状。动物的有性繁殖是指动物雌性配子和雄性配子结合，产生合子，进一步发育成个体的过程。高等动物的有性繁殖有卵生、卵胎生和胎生三种方式。所谓卵生是指卵子和精子在体内或体外结合受精，受精卵在动物体外发育成个体，如鸡、鸭、鹅等。卵胎生是指卵子和精子在体内受精，受精卵在体内发育成个体，如蝮蛇、鲨鱼等。胎生是指精子和卵子在生殖道结合受精，受精卵附着在母体子宫发育形成个体。

繁殖是生物生命的基本特征之一，是物种生存和繁衍的必须过程，是物种遗传变异的必须途径，更是畜牧生产过程的核心。因此，动物繁殖学的意义在于繁殖是动物育种的基础，为动物育种技术和畜牧产业化发展提供支持：①可以提高优秀种畜的繁殖率，扩大群体规模，为育种的选育和选配提供丰富的素材；②可以有效提高优良家畜的繁殖潜力，增加种畜优良基因在群体扩散的速度，加速动物的良种化进程；③可以有效提高动物的繁殖效率，为畜牧业生产提供优质种源；④可以提高畜产品的数量与质量，提高畜牧业生产的经济效益和社会效益。

第二节 本学科研究的内容

一、动物遗传学研究的内容

动物遗传学是畜牧学科一门非常重要的专业基础课。动物遗传学研究的对象主要包括猪、牛、羊、马、驴、鸡、鸭、鹅、鱼等动物。研究内容包括遗传物质的本质、遗传物质的传递和遗传信息的实现三大领域。遗传物质的本质包括遗传物质的化学本质、遗传信息的结构、基因组的结构和变异等；遗传物质的传递包括遗传物质的复制、染色体的行为、遗传规律及基因在群体中的变迁等；遗传信息的实现（表达）包括基因的原初功能、基因之间的互作、基因表达调控及个体发育过程中的调控机制等。其主要任务是阐明动物遗传和变异现象及表现规律；探索动物遗传和变异的物质基础及内在规律；指导动物育种及提高动物的健康水平。

二、动物育种学研究的内容

动物育种学是畜牧学科的一门重要分支学科，是动物科学专业的核心基础课，也是广大畜牧工作者、动物育种技术人员及动物爱好者的通识课程。动物育种学的主要研究内容包括畜禽遗传资源的保护与利用、新种质的创建与新品种培育、群体遗传改良以及杂种优势利用等领域，涉及：①研究家畜的起源与驯化，品种的形成和演化过程，对现有品种资源进行调查、分析、保护、开发和利用；②研究家畜生长发育的规律，主要性状的遗传基础和遗传规律，生产性能测定的组织与实施方法；③研究对现有品种进行遗传改良的理论、技术和方法，包括选种选配、优化育种规划等理论和方法；④研究培育新品种（品系）的理论与方法；⑤研究杂种优势利用的途径和方法；⑥研究保证家畜育种工作科学高效进行的组织措施与必要的法律法规，以便系统全面地阐述改良和提高畜禽遗传素质和生产性能的理论、技术和方法。通过结合现代生物技术和计算机技术，动物育种学不断与时俱进，为生产出更多健康、质优、低耗的畜产品做贡献。长期实践表明，只有对现有的畜禽遗传资源持续地实施遗传改良和种质创新，为畜禽生产提供优良的种畜和繁育体系，才能使畜牧业生产获得最大的产出和效益。

三、动物繁殖学研究的内容

动物繁殖学将理论与实践紧密结合起来，研究的内容主要包括发育生物学、生殖生理学、生殖内分泌学、动物繁殖技术、繁殖管理技术等学科中所有有关动物繁殖的内容。动物生殖生理学主要研究外界环境和内部条件对动物生殖机能的影响规律，从神经调节、激素分泌、个体行为、组织解剖、内分泌及细胞和分子水平等多角度、多方面地研究激素及神经调节、生殖细胞的产生、受精、胚胎发育及妊娠、分娩和泌乳等，揭示动物配子产生、受精、胚胎及胎儿发育、妊娠等过程的规律。动物繁殖技术主要研究提高动物繁殖力的技术和方法，包括提高公畜繁殖潜力（如人工授精技术、精液品质评价技术、精液冷冻保存技术、单精子注射技术等）和提高母畜繁殖力的技术（如同期发情技术、超数排卵技术、胚胎冷冻技术、胚胎移植技术、早期断奶技术、体外受精技术、胚胎分割技术、胚胎嵌合技术以及细胞核移植技术等）。繁殖管理技术主要研究提高动物繁殖力，消除动物繁殖障碍和性行为异常的生产管理技术，包括公畜繁殖管理、母畜繁殖管理和幼畜的培育以及提高群体繁殖力的技术。因此，动物繁殖学涵盖了繁殖理论、繁殖技术、繁殖管理和繁殖障碍等多个方面，既包括动物克隆、胚胎干细胞、转基因等动物科学领域基础研究的热点和前沿，又包括人工授精、胚胎移植、妊娠诊断等实用技术，具有内容丰富、知识更新快、实践性强的特点。

第三节　相关学科的发展

鉴于动物遗传繁育原理与方法涉及三个学科，在此我们分别介绍一下三个分学科的发展情况。

一、动物遗传学的发展

1858～1865 年，奥地利遗传学家孟德尔经过 8 年的豌豆杂交试验，1865 年发表了他的《植物杂交试验》论文，提出了生物性状是由细胞内遗传因子所控制，并在生物世代间传递时遵循分离和独立分配两个基本规律，但当时没有被科学界所关注。直到 1900 年，荷兰的狄·弗里斯（De Vris H.）、德国的科伦斯（Correns C.）和奥地利的冯·切尔迈克（VonTschermak E.）三位植物学家发现了孟德尔的论文，并在不同国家用多种植物进行了与孟德尔早期研究相类似的杂交育种试验，获得与孟德尔相似的结果，证实了孟德尔的遗传规律。孟德尔遗传规律的重新发现，标志着遗传学的建立和开始发展。这两个遗传基本规律是近代遗传学最主要的、不可动摇的基础。因此，孟德尔也被公认为现代遗传学的创始人。

自 1900 年遗传学诞生以来，遗传学发展很快，大体经历了经典遗传学发展阶段、分子遗传学发展阶段、基因工程发展阶段和基因组学发展阶段。

1. 经典遗传学发展阶段（1900～1952 年）

在 1900～1952 年间，大批的科学家在遗传学的许多领域都取得显著的成绩。1901～1903

年狄·弗里斯发表"突变学说",认为,突变是生物进化的因素。1903 年萨顿(Sutton)和博韦里(Boveri)分别提出染色体遗传理论,认为遗传因子位于细胞核内染色体上,从而将孟德尔遗传规律与细胞学研究结合起来。1906 年英国的遗传学家贝特森首创了"遗传学(Genetics)"的概念,并引入了 F_1 代、F_2 代、等位基因、合子等概念。1909 年丹麦的遗传学家约翰生发表"纯系学说",并提出"基因(gene)""基因型(genotype)"和"表型(phenotype)"等概念,以代替孟德尔所谓的"遗传因子"。1908 年哈德和温伯格分别推导出群体遗传平衡定律。1910 年摩尔根等通过对果蝇的研究,提出了性状连锁遗传规律,成为遗传学的第三大定律。1918 年费希尔成功运用多基因假设分析资料,首次将数量变异划分为各个分量,开创了数量性状遗传研究的思想方法。1925 年首次提出了方差分析(ANOVA)方法,为数量遗传学的发展奠定了基础。1941 年比德尔(Beadle)和塔图姆(Tatum)等提出了"一个基因一个酶"假说。1944 年艾弗里(Avery)利用肺炎双球菌转化实验,证明遗传物质是 DNA 而不是蛋白质。1952 年赫尔歇和蔡斯利用噬菌体重组,用同位素 ^{32}P 和 ^{35}S 标记实验证明噬菌体的遗传物质也是 DNA 而不是蛋白质,从而极大地推动了遗传学的研究与发展。

2. 分子遗传学发展阶段(1953 年起)

到了 20 世纪 50 年代,随着对遗传物质研究的深入,1953 年沃森(Watson)和克里克(Crick)提出 DNA 分子双螺旋模型,这是遗传学发展的一个重要里程碑,标志着遗传学的研究进入到分子遗传学发展阶段。DNA 是遗传物质的证明和双螺旋结构的阐明,使分子水平的遗传学研究不断深入,并不断取得新的突破性成就。1962 年雅科布和莫诺德(Jacob & Monod)提出了操纵子学说,并于 1965 年获得诺贝尔奖。1964~1966 年尼伦贝格(Nirenberg)领导的研究团队破译了全部遗传密码,并发现在动物、植物和微生物适用统一的密码子表,1969 年因此而获得诺贝尔奖。1970 年特明(Temin)等发现反转录酶,完善了遗传的中心法则,并于 1975 年获得诺贝尔奖。1972 年伯格(Berg)领导的研究小组首次成功地实现了 DNA 体外重组,并于 1980 年获得诺贝尔奖。

3. 基因工程发展阶段(1973 年起)

1973 年,美国斯坦福大学的科恩(S. Cohen)等人也成功地进行了抗性基因体外 DNA 重组实验,并首次实现双抗特性重组 DNA 的体外表达。随后科恩又与博耶(H. Boyer)等人合作,实现了非洲爪蟾核糖体基因与 pSC101 质粒重组,转入大肠杆菌成功表达出相应的 mRNA 产物。这是人类第一次实现重组体转化成功的例子,该成果标志着遗传学已进入定向控制遗传性状的新时代。20 世纪 70 年代以来,分子遗传学、分子生物学及其实验技术得到飞速发展。1982 年首次通过显微注射产生出世界上第一个转基因动物——转基因小鼠。之后,转基因动物研究发展迅速,迄今各种家畜及多种鱼类的转基因都已获得成功。

4. 基因组学发展阶段(2000 年起)

人类基因组计划(HGP)的实施和完成,标志着遗传学研究已进入基因组学的发展阶段。2000 年宣布人类 DNA 序列草图完成;2001 年人类基因组的精确图完成,2003 年 4 月 14 日宣布 HGP 完成了人类基因组序列图的绘制,实现了 HGP 的全部目标,这标志"后基因组时代"的正式来临。由于测序技术的不断发展,测序价格的不断降低,大大促进了生物基因组的研究与应用。2004 年后,遗传学研究全面进入"组学"阶段:基因组、转录组、蛋白质组、甲基化组、miRNA 组、lncRNA 组、circRNA 组、外显子组、表型组、代谢组等组学的研究相继开始。迄今为止，牛、山羊、绵羊、猪、鸡、牦牛、马、驴等家养动物的基因组测序都已完成，已进入功能基因组的研究和应用阶段。

纵观遗传学的发展，可以归结为从整体水平到细胞水平，再到分子水平的转变；从宏观到微观的转变；从染色体到基因，再到遗传物质结构和功能的转变。研究策略也是从正向遗传学向反向遗传学发展的转变。

二、动物育种学的发展

动物育种学的发展是随着遗传学的发展而发展。由于遗传学新的理论和技术的不断出现，动物育种理论和技术也不断得到发展。

1. 传统的家畜育种发展阶段（18世纪以前）

从旧石器时代人们就开始驯化犬，新石器时代开始驯化猪、绵羊、山羊、牛、马等。长期以来，人类始终坚持进行驯养动物的育种工作。在不同的发展阶段，育种技术水平不同，其效果也不同。在古代，在自然选择和风土驯化起重要作用的条件下，动物改良还没有正确的遗传理论来指导育种实践，仅凭经验进行人工选择。因而，称为相畜育种或经验育种阶段。我国古代劳动人民在此阶段取得了丰硕的成果。在殷商时代，就已用马拉车。在周代，外形鉴定积累了丰富的经验，出现了伯乐的《相马经》和宁戚的《相牛经》等专著。在秦汉以后，由于生产的发展和战争的需要，先后出现了不少总结先进经验和先进技术的书籍，如汉朝马缓创立的"铜马相法"，卜式著《相羊经》，北魏时期贾思勰著《齐民要术》，明朝的《元亨疗马集》等。另外，当时封建王朝还设专人掌管军马，大办牧场，引进良种并改良杂交。

2. 近代育种发展阶段（18世纪开始）

18世纪末，在英国首先出现产业革命，随着生产发展，人口逐渐汇集于城市。因而要求提供大批畜产品，推动了奶牛、肉牛、马、绵羊、猪以及牧草地的改良。其代表性人物是英国的贝克威尔，他采用"以优配优""子象亲"的原则，使用近交，同时结合选择、杂交等方法，育成了夏尔马、短角牛、来斯特羊等品种。通过育种实践，在育种技术上制定了一整套科学方法。如外形、生产力、后裔和系谱鉴定，建立良种登记、组织品种协会等。这一阶段称为造型育种或实践育种阶段。此间，在英国就育成了10个牛品种、20个猪品种、6个马品种和30个羊品种。并首先在英国建立马（1793年）和牛（1822年）的品种登记协会，逐步推行性能测定。

3. 现代育种发展阶段

20世纪以来，随着孟德尔遗传学的重新认识和发展，由于高尔登、瓦尔特、费歇尔等学者的努力，发展了数量遗传理论，美国的卢赫（J.Luch）于1937年出版了《动物育种计划》一书，初步奠定了现代动物育种的理论基础。从此，进入了现代动物育种阶段。1950年以后，得益于计算机的应用，现代动物育种理论开始应用于育种实践。1960年以后逐渐在动物生产实践显示出这些理论的重要性。数量遗传理论的应用，在发达国家内实现了动物生产的起飞性发展。1977年吴仲贤《统计遗传学》的出版，动物数量遗传的有关理论才逐渐开始应用于动物育种实践。

4. 分子育种发展阶段

20世纪90年代以来，由于分子遗传学和各种分子生物技术的发展，使人们有可能直接从遗传物质本身的基础上揭示生物的性状特征，它与基因产物的研究相比克服了年龄、性别、组织及各种内外环境因素的影响，而且所提供的遗传差异，即遗传标记的种类又非常多。因此，动物育种已由传统育种进入了分子育种水平。分子标记辅助选择（MAS）育种是指由于某些易识别的 DNA 标记与某一数量性状基因座存在相关性或连锁关系，故可将它们作为遗传标记，对数量性状进行间接选择的一种选种方法。分子标记辅助选择技术，已在多个家畜生产性状的改良上发挥作用。MAS 不仅弥补了传统育种中选择技术效率低的缺点，而且提高了准确性。由于多个物种 DNA 测序的完成和 SNP 芯片的出现，一种新的选择方法"全基因组选择育种"由默维森（Meuwissen）等于 2001 年提出。全基因组选择育种就是利用连锁不平衡标记，先估计染色体片段的育种值，然后将这些育种值综合分析得出整个基因组的育种值，利用育种值进行选择育种。简单来讲，全基因组选择就是全基因组范围内的标记辅助选择。全基因组选择可缩短世间隔，加快遗传改良的速度，提高改良效率，降低测定的成本。目前，全基因组选择育种已经广泛应用到奶牛等动物育种。

　　生物技术的发展及其与动物育种技术的结合，形成了生物技术育种，使得定向控制动物品种的遗传性状已成为可能，基因工程技术为人类定向改变动物遗传性状开辟了新的途径。基因编辑与转基因羊、牛、猪、兔、鼠等已相继问世，以治疗和保健为目的特种动物产品已开始生产，人们设想把抗病基因、矮化基因等一些单基因控制的性状转移到同种和异种动物上去，使其更能满足人类的需要。体细胞克隆动物育种能够加快优秀个体扩繁的数量，加快育种进程。近年来发展起来的分子群体遗传学、免疫遗传学已经开始应用于动物育种后代的鉴定与选择、杂交组合的确定、纯系的建立等。现代动物育种学的发展，将为提高动物产品的质量与数量，发挥巨大的作用。

三、动物繁殖学的发展

　　动物繁殖学的发展是随着生物工程技术的发展而发展。由于现代生物技术理论和技术的不断出现，动物繁殖理论和技术也得到不断发展。其发展可分为自然交配繁殖、人工授精繁殖和现代生物工程技术繁殖三个发展阶段。

　　1. 自然交配繁殖阶段（20 世纪 30 年代以前）

　　早在公元前，古希腊亚里士多德（Aristotle，公元前 384～前 322 年）在 *Generation of Animals* 一书中就提出了有关动物繁殖的一些观点。我国有关动物繁殖学研究的记载如两汉人杂凑撰集的《礼记·月令》和北魏贾思勰的《齐民要术》。在繁殖技术上，1780 年意大利生理学家司拜伦谨尼（Spallanzani）第一次进行了犬的人工授精，为现代人工授精技术奠定了基础。然而，在动物繁殖方式上，在 20 世纪 30 年代之前，动物繁殖还主要以自然交配（本交）的方式繁殖后代。所以，本交基本上是哺乳动物唯一的繁殖方式。本交是指发情母畜和公畜的直接交配，繁殖能力主要取决于动物的发情周期，而发情周期又受环境的影响较大。应用本交一般一定数目的母畜需要配备一头公畜，效率较低且易传染疾病。

　　2. 人工授精繁殖阶段（20 世纪 30 年代以后）

　　在 20 世纪以后，动物繁殖理论和技术发展较快尤其是人工授精条件的研究和技术的发展。1936 年谢成侠等进行了马人工授精研究；1950 年英国史密斯（Smith）和波尔格（Polge）发现在公牛精液中添加甘油后，精液可在-79℃或更低的温度长期保存，并进一步推动了冷冻精液和人工授精技术的发展。1960 年后，冷冻精液的人工授精技术得到广泛发展。

3. 动物生物工程技术繁殖阶段（20 世纪 70 年代以后）

20 世纪 70 年代以后，动物生物工程与胚胎生物工程发展迅速，新的繁殖技术也不断产生。1970 年斯里南（Sreenan）报道了牛的体外受精和体外成熟；1974 年绵羊胚胎移植成功；1978 年出生了世界第一例试管婴儿；1991 年张涌等获得了胚胎细胞克隆山羊，1996 年 7 月英国体细胞克隆羊"多莉"诞生，表明高度分化的体细胞可以恢复全能性并产生新个体；2000 年张涌等首次获得了体细胞克隆山羊；2003 年 5 月世界上第一匹克隆马在意大利诞生；2009 年周琪、曾凡一等首次利用 IPS 细胞（诱导性多能干细胞）得到存活并有繁殖能力的小鼠。随着畜牧产业的发展和现代繁殖技术的不断创新，繁殖方式也发生相应的变化，如冷冻精液、人工授精、同期发情、超数排卵、胚胎移植、性细胞体外成熟、体外受精、胚胎切割、胚胎冷冻、性别鉴定、性别控制、体细胞克隆等生物技术得到快速发展与广泛应用，大大提高了繁殖的效率，提高了动物的品质。这些繁殖技术与育种技术相结合，加快了育种进展，促进了畜牧产业的发展。

第四节　本学科的任务与学习方法

综上所述，动物遗传繁育原理与方法是研究动物遗传、育种、繁殖的理论和方法的科学，也是研究动物性状的遗传、发育、品质改良、杂种优势利用、新品种培育、繁殖技术与实践结合的一门科学。内容包括遗传学基本原理与方法、动物育种学原理与方法和动物繁殖学的原理与方法三大部分。动物遗传原理与方法主要讲述遗传的物质基础、遗传的基本规律、群体遗传、数量性状遗传等内容；动物育种原理和方法包括选种选配、本品种选育及杂种优势利用的途径和方法等。动物繁殖学主要讲述动物的繁殖生理、繁殖技术、繁殖障碍与治疗和繁殖管理等。

动物遗传繁育原理与方法的主要任务是揭示家养动物性状遗传和变异及生长发育的规律；阐明家养动物起源、驯化、品种形成的机制，制定家养动物外形、体质、生产力评定与鉴定的技术标准；构建选种选配的理论体系与方法；研究和制定改良动物个体、培育新品种与品系的方法；确定杂种优势利用的途径与方法；揭示群体的遗传多样性和群体遗传结构特征，提出动物品种资源的保存以及野生动物驯化的方法体系；揭示动物繁殖规律并建立最优的繁殖技术方案等。

动物遗传繁育原理与方法是多学科互相渗透和彼此结合的知识理论体系，动物遗传学、动物育种学和动物繁殖学相互渗透，相互联系，相互促进。动物遗传学是动物育种学与动物繁殖学的基础、动物育种学是动物遗传学的应用，动物繁殖学是动物遗传学和动物育种学的保证。同时动物遗传繁育原理与方法与生物学的基础学科及动物生产有关的其他学科有着互相促进、密不可分的关系。特别是近年来分子遗传学、数量遗传学、计算机科学、生物信息学的发展，以及细胞生物学、生态学、发育生物学、动物行为学等学科的进展和新技术在育种上的应用，更丰富了动物遗传繁育学的内容，并为其应用开拓了无限广阔的前景。

　　动物遗传繁育原理与方法是动物科学专业、智慧牧业科学与工程专业的一门专业基础课。学习这门课程必须坚持辩证唯物主义的观点和方法，在理解基本理论、基本概念的同时，必须熟练掌握基本的分析方法和操作技能，即必须密切联系生产实际；充分了解有关学科的最新进展，才能掌握动物遗传繁育的基本原理和方法。只有深入了解本学科的知识体系，灵活掌握和应用，才能为其他专业课的学习奠定必要的理论基础。

────── ◀ **本章小结** ▶ ──────

　　本章介绍了动物遗传繁育原理与方法的概念与意义，即分别介绍了动物遗传学、动物育种学和动物繁殖学的基本概念和意义、研究的主要内容和学科的发展历程。动物遗传繁育原理与方法是集动物遗传学、动物育种学与动物繁殖学于一体的一门综合学科，也是动物生产技术中一门非常重要的专业基础课。是研究动物遗传、育种、繁殖的理论、技术和方法的科学，也是研究动物性状的遗传、发育、品质改良、杂种优势利用、新品种培育、繁殖理论与实践的一门科学。

　　动物遗传繁育原理与方法的主要任务是揭示家养动物性状遗传和变异及生长发育的规律；阐明家养动物起源、驯化、品种形成的机制，制定家养动物外形、体质、生产力评定与鉴定的技术标准；构建选种选配的理论体系与方法；研究和制定改良动物个体、培育新品种与品系的方法；确定杂种优势利用的途径与方法；揭示群体的遗传多样性和群体遗传结构特征，提出动物品种资源的保存以及野生动物的驯化的方法体系；揭示动物繁殖规律并建立最优的繁殖技术方案等。

　　动物遗传繁育原理与方法是多学科互相渗透和彼此结合的知识理论体系，动物遗传学、动物育种学和动物繁殖学相互渗透，相互联系；动物遗传学是动物育种学和动物繁殖学的基础，动物育种学是动物遗传学的应用，动物繁殖是动物遗传和动物育种的保证。同时动物遗传繁育原理与方法与生物学的基础学科及动物生产有关的其他学科有着互相促进、密不可分的关系。

　　学习动物遗传繁育原理与方法这门课程必须坚持辩证唯物主义的观点和方法，理论必须与育种实践、繁殖实践、生产实践密切联系，理解基本理论、弄清基本概念、掌握基本技术，了解学科进展与最新成就，这样才能掌握动物遗传繁育的基本原理和方法。

────── ◀ **思考题** ▶ ──────

　　1. 名词解释：
　　遗传　　育种　　繁殖　　选择　　卵生　　胎生
　　2. 动物遗传繁育原理与方法学科的概念和意义是什么？
　　3. 动物遗传繁育原理与方法学科研究的内容是什么？
　　4. 动物遗传繁育原理与方法学科研究的任务是什么？
　　5. 简述动物遗传繁育原理与方法学科的发展。
　　6. 简述动物遗传、育种、繁殖学科间的关系。

第二章　分子细胞遗传学基础

生物的一切生命活动都是在细胞中进行的。在自然界，除了病毒和立克次氏体是非细胞形态的生物体外，其他所有生物体都是由细胞构成的。因而，细胞是生物体的基本结构单位和功能单位。生物之所以能够保持其种族的延续，主要是由于遗传物质 DNA 或 RNA 能够绵延不断地向后代传递之故，而遗传物质又主要存在于细胞中，其复制、转录、表达和重组等重要功能都是在细胞中实现的。因此，了解遗传物质的分子结构与功能，细胞的结构、功能、分裂方式以及 DNA 复制、转录和翻译等，是深入研究生物遗传变异规律的基础。

第一节　遗传的物质基础

孟德尔和摩尔根建立起来的遗传学说，证实了生物性状的遗传，是受遗传因子或基因控制。摩尔根证明了基因位于染色体上，但基因究竟是什么？又是怎样调控性状发育的？仍然是一个谜。到了 20 世纪 40 年代，随着微生物遗传学、生物物理学、生物化学等学科的新理论和新技术的发展，证明了染色体主要由蛋白质、DNA 和少量的 RNA 组成。科学家经过一系列精巧的实验，直接和间接地证明了 DNA 是主要的遗传物质。分子遗传学的研究表明，基因的化学本质是 DNA，遗传信息贮存在 DNA 中，DNA 是主要的遗传物质，而在缺乏 DNA 的某些病毒中，RNA 是遗传物质。

一、DNA 是主要的遗传物质

（一）DNA（或 RNA）作为遗传物质的直接证据

1. 细菌的转化实验

肺炎双球菌有两种类型，一种是光滑型（S），菌落光滑，菌体外有一层多糖荚膜，有毒性，能使小鼠染病致死，根据其抗原特异性又分为 S Ⅰ、S Ⅱ、S Ⅲ 等不同类型。另一种是粗糙型（R），菌落粗糙，无荚膜，无毒，不能使小鼠致病，根据其抗原特异性又分为 R Ⅰ 和R Ⅱ 型。1928 年，格里菲斯（Griffith）以肺炎双球菌 R Ⅱ 和 S Ⅲ 为实验材料发现，将高温杀死的 S Ⅲ 型菌与活的 R Ⅱ 型菌液混合注射到小鼠体内，小鼠染病致死，并在其体内能分离出活的 S Ⅲ 菌株（图 2-1）。说明高温杀死的 S Ⅲ 菌株含一种能激活 R Ⅱ 菌转化为 S Ⅲ 菌的物质。格里菲斯把这种现象称为转化。所谓转化是指一种生物接受了另一种生物的遗传物质而表现出后者的遗传性状或发生遗传性状的改变。把引起变化的物质称为转化因子。格里菲斯虽然发现了转化现象，但他并没有搞清这种转化物质究竟是什么。

1944 年艾弗里（Avery）、麦卡蒂（Mecarty）和麦克劳德（Mcleod）等在体外成功地重复了格里菲斯的转化实验。他们将 S Ⅲ 型细菌的 DNA 与活的 R Ⅱ 型细菌混合，在离体条件下，也成功地使 R Ⅱ 转化为 S Ⅲ。当 S Ⅲ 细菌的 DNA 经 DNA 酶处理后，就失去了转化能力。

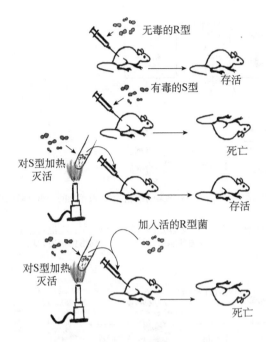

图 2-1　动物体内的细菌转化实验

2. 噬菌体的侵染

噬菌体的侵染试验，又一次证实 DNA 是遗传物质。噬菌体是一种能侵染细菌的病毒，T2 噬菌体能侵染大肠杆菌，它由头部和尾部组成。头部外围是蛋白质外壳，内部是一条染色体（DNA）。当 T2 噬菌体侵染大肠杆菌时，将它的 DNA 注入细菌体内，而蛋白质外壳留在细菌体外。在细菌体内，噬菌体 DNA 利用细胞内的物质和酶系复制自己，并指导合成相应的蛋白质外壳，形成新的噬菌体，最后细菌裂解，释放出许多新的噬菌体。但是，进入细菌体内的是否只是 DNA 而不是蛋白质呢？1952 年赫尔希（Hershey）和蔡斯（Chase）用同位素 ^{35}S 和 ^{32}P 分别标记 T2 噬菌体的蛋白质和 DNA，然后进行侵染试验（图 2-2）。

结果发现用 ^{35}S 标记蛋白质外壳的噬菌体侵染细菌后，主要在细菌体外即噬菌体外壳上有放射性，在搅拌器中振荡后，蛋白质外壳脱离细菌，细菌体内有少量放射性，可能由于少量的噬菌体经搅拌后仍吸附在细胞上所致。用 ^{32}P 标记 DNA 的噬菌体侵染细菌后，主要在细菌体内有放射性，在搅拌器中振荡后，蛋白质外壳脱离细菌，但细菌体内仍然有放射性，释放的子噬菌体有放射性，噬菌体外壳上有少量放射性，可能还有少量的噬菌体尚未将 DNA 注入宿主细胞中就被搅拌下来所致。由此看来，进入细菌体内的是噬菌体的 DNA，而不是噬菌体的蛋白质，并依靠这种 DNA 在细菌体内繁殖出同样的子噬菌体。可见 DNA 是亲代和子代间具有连续性的遗传物质。

3. 烟草花叶病毒的感染

烟草花叶病毒（tobacco mosaic virus，TMV）是一种 RNA 病毒，只含有蛋白质和 RNA，没有 DNA。该病毒是由蛋白质和 RNA 组成的螺旋管状微粒，外壳由很多蛋白亚基组成，内芯是一单螺旋 RNA。

1956 年弗伦克尔·库拉特（Frankel Courat），施拉姆（Schramm）将 TMV 在水和苯酚中振荡，把 RNA 和蛋白质分开，分别去感染烟草。用病毒蛋白质不能使烟草感染，用病毒 RNA，

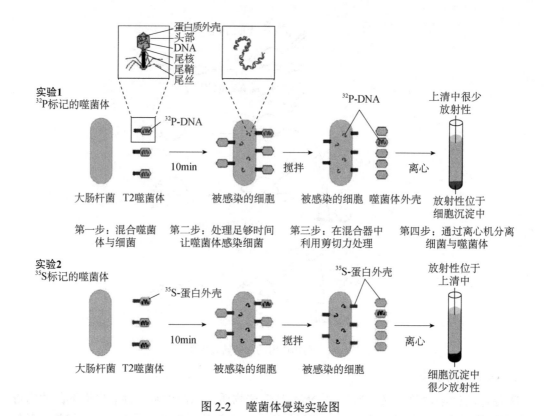

图 2-2　噬菌体侵染实验图

能使烟草感染，病毒的 RNA 进入烟草叶子细胞内，并产生了正常的病毒后代，当病毒 RNA 被酶解后，就完全失去感染能力。

此外，小儿麻痹症病毒的 RNA，脑炎病毒的 RNA 都可单独引起感染。可见在不含有 DNA 而只含有 RNA 的病毒中，RNA 是遗传物质。

4. 金鱼遗传性状的定向转化

微生物的遗传物质是 DNA（或 RNA），高等生物的遗传物质是否也是 DNA 呢？我国著名生物学家童第周教授与美籍华人牛满江合作，在该领域里做出了卓越贡献。

他们首先从鲫鱼成熟卵细胞里提取 mRNA，注射到金鱼的受精卵里，结果孵出的部分鱼长成了鲫鱼，表现出鲫鱼的单尾性状，试验组单尾为 33.1%，对照组仅为 3%，差异极显著。从鲫鱼精子细胞核中提取 DNA，注入金鱼的受精卵中，也获得类似的结果。

以上实验可以得出的结论：DNA 是主要的遗传物质，在没有 DNA 的情况下，RNA 是遗传物质，蛋白质不是遗传物质。

（二）DNA 作为遗传物质的间接证据

除了 DNA 是遗传物质的直接证明以外，其作为遗传物质的间接证据也有许多。

1. DNA 含量和质量的稳定性

DNA 通常只存在细胞核内的染色体上，不论年龄大小，不论身体哪一部分组织，同一物种，在正常情况下，染色体数是恒定的，DNA 的含量也总是基本相同的，这就为物种的稳定性遗传打下物质基础。当个体成熟后，经过减数分裂形成的性细胞（精子或卵子）染色体数减少一半，而 DNA 含量恰好也减少一半，再经过精卵结合，使染色体数及其相应的 DNA 含量恢复到体细胞的水平，体现了物种世代间的遗传连续性。在同一物种的各种不同细胞中，DNA 在质量上也是恒定。与此相反，蛋白质在量和质上都表现不恒定性。例如，在某些鱼类中，它们的染色体蛋白质一般都是组蛋白，且含有少量 RNA，而在成熟的精子中，组蛋白不见了，全是精蛋白，RNA 的含量也测不出来，可见蛋白质在质量上是不恒定的。利用放射性元素进行标记，发现细胞内许多分子与 DNA 分子不同，它们一面迅速合成，一面又分解，而放射性元素一旦被 DNA 分子所摄取，则在细胞保持健全生长的情况下，不会离开 DNA。

2. DNA 分子变异与基因突变的一致性

能引起 DNA 分子结构变化的理化因素都可引起突变的产生，如用紫外线以不同的波长诱导各种生物突变时，其最有效的波长在 260 nm 左右，这段波长恰好是 DNA 的吸收峰，而不是蛋白质吸收峰。

3. DNA 的半保留复制

DNA 半保留复制可以把亲代的遗传物质精确地遗传给后代，为亲子间的相似性奠定了物质基础。

作为遗传物质需要符合连续性、稳定性、多样性和可变性四个条件，而 DNA 就符合遗传物质的条件，所以，以上说明了 DNA 是遗传物质。

二、核酸的结构

遗传学家们早就认识到，遗传物质这种特殊的分子必须具备以下基本条件：①它必须能精确地复制，使后代细胞具有和亲代细胞相同的遗传信息，以确保物种的世代连续性；②它必须稳定地含有关于有机体细胞结构、功能、发育和繁殖的各种信息，以保证物种的稳定性；③它必须具有强大的储存遗传信息的能力，以适应物种复杂多样性的要求；④它必须能够变异，以适应生物不断进化的需要。DNA（少数生物为 RNA）作为生物的遗传物质，它们的分子结构是否能够符合上述的基本条件呢？

（一）DNA 和 RNA 的化学组成

核酸是一种高分子化合物，是由许多单核苷酸（nucleotide）聚合而成的多核苷酸（polynucleotide）链，基本结构单元是核苷酸。核苷酸由碱基、戊糖和磷酸三部分构成。DNA 中的戊糖为 D2 脱氧核糖（deoxyribose），RNA 中所含的戊糖为 D 核糖（ribose），两者的差异在于戊糖第二个碳原子上的基团，前者是氢原子，后者是羟基（图 2-3）。DNA 中含有 4 种碱基，即腺嘌呤（adenine，A）、鸟嘌呤（guanine，G），胞嘧啶（cyanine，C）和胸腺嘧啶（thymine，T）。RNA 分子中的 4 种主要碱基为 A、G、C 和尿嘧啶（uracil，U）（图 2-4）。

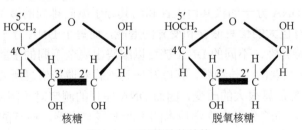

图 2-3　两种核糖的结构

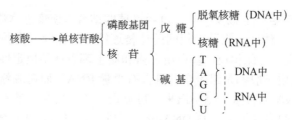

图 2-4　核酸的化学组成

（二）DNA

1. DNA 的一级结构

DNA 的一级结构是指 DNA 分子中 4 种脱氧单核苷酸的连接方式和排列顺序。多个单脱氧核苷酸通过磷酸二酯键按线性顺序连接，形成一条脱氧多核苷酸链，即 DNA 分子中 1 个磷酸分子一端与 1 个核苷的糖组分的 3′碳原子上的羟基形成 1 个酯键，另一端与相邻核苷的糖组分上的 5′碳原子上的羟基形成另一个酯键。在核酸长链分子的一个末端，核苷酸的第五位碳原子上有一个游离磷酸基团，另一末端核苷酸的第三位碳原子上有一个游离羟基，习惯上把 DNA 分子序列上含有游离磷酸基团的末端核苷酸写在左边，称为 5′端；另一端则写在右边，称为 3′端。把接在某个核苷酸左边的序列称为 5′方向或上游（upstream），而把接在右边的序列称为 3′方向或下游（downstream）。

由于 4 种脱氧单核苷酸的脱氧核糖和磷酸组成是相同的，所以用碱基序列代表不同 DNA 分子的核苷酸序列。除少数生物，如某些噬菌体或病毒的 DNA 分子以单链形式存在外，绝大部分生物的 DNA 分子都由两条单链构成，通常以线性或环状的形式存在。

1943 年，英国的夏格夫（Chargaff）应用先进的纸层析及紫外分光光度计对各种生物的 DNA 的碱基组成进行了定量测定，发现虽然不同的 DNA 其碱基组成显著不同，但腺嘌呤（A）和胸腺嘧啶（T），鸟嘌呤（G）和胞嘧啶（C）的物质的量总是相等的，即[A]=[T]、[G]=[C]。因此，嘌呤的总含量和嘧啶的总含量是相等的，即 A+G=C+T，这一规律称为 Chargaff 当量规律。它暗示了 DNA 分子中 4 种碱基的互补对应关系，即 DNA 两条链上的碱基之间不是任意配对的，A 只能与 T 配对，G 只能与 C 配对，碱基之间的这种一一对应的关系称为碱基互补配对原则。根据这一原则，可以从 DNA 某一条链的碱基序列推测另一条链的碱基序列。

从 DNA 的分子结构来看，尽管组成 DNA 分子的碱基只有 4 种，且它们之间的配对方式也只有 2 种，但是碱基在 DNA 长链中的排列顺序是千变万化的，这就构成了 DNA 分子的多样性。例如，如果一个 DNA 分子片段由 100 个核苷酸组成，一个碱基对的组合可能性有 4 种，那么这条 DNA 分子中碱基的可能排列方式就是 4^{100}。实际上，每条 DNA 长链中碱基的总数远远超过 100 个，最小的 DNA 分子也包含了数千个碱基对，所以 DNA 分子碱基序列的排列方式几乎是无限的。DNA 分子的极其巨大性和沿其分子纵向排列的碱基序列的极其多样性，保证了 DNA 分子具有巨大的信息储存和变异潜能，而每个 DNA 分子特定的碱基排列顺序构成了 DNA 分子的特异性，不同的 DNA 链可以编码出完全不同的多肽。

DNA 是生物界中主要的遗传物质，其碱基序列承载着遗传信息所要表达的内容，碱基序列的变化可能引起遗传信息很大的改变，因而 DNA 序列的测定对于阐明 DNA 的结构和功能具有十分重要的意义。随着分子生物学技术的不断发展与完善，核苷酸序列的测定已成为分子生物学的常规测定方法，尤其是 20 世纪 90 年代以来，多色荧光标记技术和高通量全自动

DNA 测序仪的发展和应用，使测序工作更加快速和准确，也为人类和动物基因组计划的实施提供了技术支持和保障。

2. DNA 的二级结构

DNA 的二级结构是指两条核苷酸链反向平行盘绕所生成的双螺旋结构。它分两大类：一类是右手螺旋，如 A-DNA、B-DNA、C-DNA 等；另一类是局部的左手螺旋，如 Z-DNA。1953年，沃森（Watson）和克里克（Crick）根据罗莎琳德·富兰克林（Rosalind Elsie Franklin）的 X 射线的衍射资料、碱基的结构和 Chargaff 的当量规律等方面的资料，提出了著名的 DNA 双螺旋结构模型（图 2-5）。在此模型中，DNA 分子的两条反向平行的多核苷酸链围绕同一中心轴构成右手螺旋结构，核苷酸的磷酸基团与脱氧核糖在外侧，通过磷酸二酯键相连接而构成 DNA 分子的骨架，脱氧核糖的平面与纵轴大致平行。核苷酸的碱基叠于双螺旋的内侧，两条链之间的碱基按照互补配对原则通过氢键相连。A 与 T 之间形成 2 个氢键，G 与 C 之间通过 3 个氢键相连（图 2-6）。碱基的环为平面，且与螺旋的中轴垂直，螺旋轴心穿过氢键的中点。双螺旋的直径是 2 nm，螺距为 3.4 nm，上下相邻碱基的垂直距离为 0.34 nm，交角为 36°，每个螺旋 10 个碱基对。DNA 双螺旋的两条链间有螺旋形的凹槽，其中一条较浅，称为小沟（minor or narrow groove）；另一条较深，称为大沟（major or wide groove），大沟常是多种 DNA 结合蛋白所处的空间。Watson-Crick DNA 双螺旋结构的提出，为合理地解释遗传物质的各种功能，阐释生物的遗传变异和自然界精彩纷呈的生命现象奠定了理论基础，具有划时代的意义，它揭开了分子遗传学的序幕。

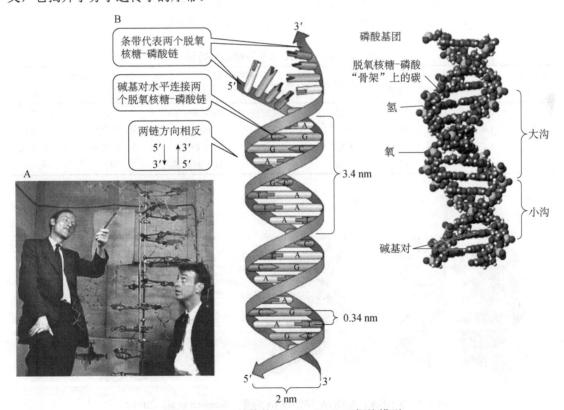

图 2-5 DNA 结构的 Watson-Crick 双螺旋模型

A. 沃森（Watson）和克里克（Crick）1953 年阐述 DNA 双螺旋结构；B. DNA 双螺旋结构示意图

DNA 双螺旋结构有多种构象，Watson 和 Crick 所描述的仅是其中的一种，称为 B-DNA。B-DNA 是生物机体和溶液中最常见的一种形式，在细胞及水溶液中天然状态的 DNA 大多为 B-DNA。但若湿度改变或由钠盐变为钾盐、铯盐等，则会引起 DNA 构象的变化。如当 B-DNA 所处环境的相对湿度为 75%时，可转变为 A-DNA。A-DNA 的碱基对平面不垂直于双螺旋的轴，倾斜约 20°，螺距降为 2.8 nm，每一螺旋含 11 个碱基对，大沟变窄、变深，小沟变宽、变浅。由于大、小沟是 DNA 行使功能时蛋白质识别位点，所以由 B-DNA 变为 A-DNA 后，蛋白质对 DNA 分子的识别也发生相应的变化。一般说来，富含 AT 的 DNA 片段常呈 A-DNA。若 DNA 链中一条链被相应的 RNA 链所替换，就会转变成 A-DNA。当 DNA 处于转录状态时，DNA 模板链与它转录所得的 RNA 链间形成的双链就是 A-DNA。由此可见，A-DNA 构象对基因的表达有重要意义。除了 A-DNA 和 B-DNA 外，已知的双螺旋构象还有 C-DNA、Z-DNA、E-DNA、D-DNA、T-DNA 和 X-DNA 等（表 2-1、图 2-7）。

图 2-6　DNA 分子中碱基互补配对的结构（Gilski et al，2019）

A. 腺嘌呤与胸腺嘧啶配对；B. 鸟嘌呤与胞嘧啶配对；虚线代表氢键

表 2-1　A、B、C、Z 型双螺旋的特性

双螺旋类型	直径（nm）	螺距（nm）	每轮碱基数	碱基间距	存在的条件		沟型	
					相对湿度（%）	盐类	大沟	小沟
A	2.3	2.8	11	0.256	75	Na^+、K^+、Cs^+	窄，深	宽，浅
B	1.9	3.4	10	0.337	92	Na^+低盐	宽，中等深	窄，中等深
C	1.9	3.1	9.33	0.331	66	Li^+	宽，中等深	窄，中等深
Z	1.8	3.7	12	0.38	43	Na^+、Mg^{2+}高盐	平浅	无

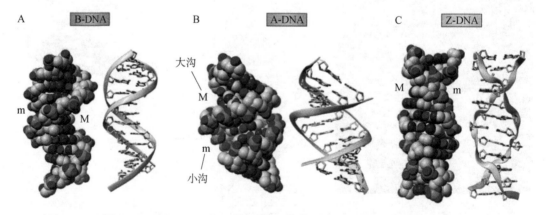

图 2-7　B-DNA、A-DNA 和 Z-DNA 构象（Stephen et al，2021）

在已知的 7 种 DNA 双螺旋构象中，A、B、C、D、E、T 型双螺旋均为右手螺旋，而 Z-DNA

则是左手螺旋。1972 年，波尔（Pohl）等发现人工合成的嘌呤与嘧啶相间排列的六聚多核苷酸 d（GCGCGC）在高盐的条件下，旋光性会发生改变。1979 年，瑞奇（A. Rich）对六聚体 d（CGCGCG）单晶做了分辨率达 0.09 nm 的 X 衍射分析，发现六聚体形成的是左手螺旋，而不是正常的右手螺旋。由于这种结构中磷酸二酯键的连接不再呈光滑状，而呈锯齿形（zigzag），这种 DNA 构型因而被命名为 Z-DNA（zigzag DNA）。Z-DNA 每个螺旋含有 12 个碱基对，双螺旋中不存在深沟，只有一条浅沟，碱基对平面也不像 B-DNA 中那样位于双链的中间，双螺旋的轴心也在碱基对之外，不再穿过碱基对之间的氢键，而位于氢键之外靠近胞嘧啶的一侧。现在认为，在适当离子存在条件下，当 DNA 分子中存在任何不少于 6 个嘌呤和嘧啶交替排列的序列时，都能形成 Z-DNA。在已知的 DNA 构象中，B-DNA 是活性最高的 DNA 构象，B-DNA 变构成为 A-DNA 后，仍有活性，但若局部变构为 Z-DNA 则活性明显降低。利用 Z-DNA 抗体结合方法，鉴定出在 SV40 增强子（enhancer）顺序中含有 Z-DNA，增强子对基因的转录有明显的促进作用，Z-DNA 的存在因而被认为与基因的表达调控有关。

3. DNA 的高级结构

DNA 的高级结构是指 DNA 双螺旋进一步扭曲盘旋所形成的特定空间结构。超螺旋结构是 DNA 高级结构的主要形式。超螺旋又可分为负超螺旋和正超螺旋两种。正超螺旋与右手螺旋方向一致，使双螺旋结构更加紧密，负超螺旋作用相反。它们在如拓扑异构酶（topoisomerase）作用等特殊条件下，可以相互转变，自然状态的共价闭合环状 DNA（cccDNA），如质粒 DNA，一般都呈负超螺旋状态。某些属于平面芳香族分子的药物或染料，如溴化乙锭、吖啶橙等可以插入 DNA 分子相邻的两个碱基之间，促进产生正超螺旋，其螺旋部分是右手螺旋。闭合环状 DNA 若被切开一条单链，或在双链上交错切割，便会形成开环状 DNA（open circular DNA）。若两条链均断开，则呈线性结构。在电泳作用下，相同分子量的超螺旋 DNA 比线性 DNA 迁移率大，线性 DNA 分子则比开环状 DNA 的迁移率大，据此可以判断细菌中所制备的质粒结构是否被破坏。

（三）RNA

原核生物和真核生物含有多种不同的 RNA，根据是否进一步翻译成蛋白质，可将 RNA 分为编码 RNA 和非编码 RNA。编码 RNA 可作为模板被翻译成蛋白质，如信使 RNA；而非编码 RNA 种类繁多且功能多样。非编码 RNA 按功能可分为持家型非编码 RNA（housekeeping noncoding RNA）和调控型非编码 RNA（regulatory noncoding RNA），持家型非编码 RNA 包括核糖体 RNA、转移 RNA、snRNA 和 snoRNA 等，调控型非编码 RNA 包括 miRNA、lncRNA、siRNA、circRNA 等。

1. 信使 RNA（mRNA）

信使 RNA（messenger RNA，mRNA）是蛋白质结构基因转录的单链 RNA，作为蛋白质合成的模板，它载有确定各种蛋白质中氨基酸序列的密码信息，在蛋白质生物合成过程中起着传递信息的作用。mRNA 分子的种类繁多，各种分子大小变异非常大，小到几百个核苷酸，大到近 2 万个核苷酸。原核生物和真核生物 mRNA 的结构有很大的差别。在原核生物中，通常是几种不同的 mRNA 连在一起，相互之间由一段短的不编码蛋白质的间隔序列所分开，这种 mRNA 称为多顺反子 mRNA（polycistronic mRNA）；在真核生物中，mRNA 则为一条 RNA

多聚链。真核生物 mRNA 具有一些共同的结构特征，如 5′端有一个特殊的帽子结构，即7-甲基鸟苷；3′端有一段长约 200 个核苷酸的多聚腺嘌呤尾巴（polyA tail）。mRNA 占细胞内 RNA 总量的 5%～10%，其寿命通常较短，容易被 RNA 酶降解。

2. 核糖体 RNA（rRNA）

核糖体（ribosome）是蛋白质合成装配的场所，它由核糖体 RNA（ribosomal RNA，rRNA）和蛋白质组成。rRNA 占细胞中 RNA 总量的 75%～80%。核糖体和 rRNA 的大小一般都用沉降系数 S 来表示，原核细胞和真核细胞的核糖体均由大小两个亚基构成，大肠杆菌核糖体的大小亚基分别为 30S 和 50S，含 16S、23S 和 5S 三种 rRNA；真核生物的核糖体包括 40S 和60S 两个亚基，脊椎动物含有 18S、28S、5.8S 和 5S 四种 rRNA。它们的具体组成和特性见表 2-2。

表 2-2　核糖体及其亚基的特性

	核糖体			rRNA		
	亚基	沉降系数（S）	结合的蛋白质种类	沉降系数（S）	相对分子质量（×10^5）	碱基数
原核生物	大亚基	50	31	23 5	11 0.4	2904 120
	小亚基	30	21	16	6	1541
真核生物	大亚基	60	45	25*, 26**, 28+ 5.8 5	17 0.5 0.4	4000～5000 158 120
	小亚基	40	33	18	7	1800

*：植物；**：酵母；+：脊椎动物

3. 转运 RNA（tRNA）

转运 RNA（transfer RNA，tRNA）是一类小分子质量的 RNA，沉降系数为 4S，每一条 tRNA含有 70～90 个核苷酸。tRNA 在翻译过程中起着转运各种氨基酸至核糖体，按照 mRNA 的密码顺序合成蛋白质的作用。每个细胞中至少有 50 种 tRNA，占细胞内 RNA 总量的 10%～15%。tRNA 分子由于其内部某些区域的碱基具有互补性，通过这些碱基的互补配对，形成三叶草型的二级结构。该二级结构分为 4 个功能部位，即反密码子（anticodon）环、氨基酸臂、二氢尿嘧啶环（D 环）和 TΨC 环。在反密码子环上有 3 个不配对的碱基，称为反密码子，它在蛋白质合成时识别 mRNA。所有的 tRNA 分子在氨基酸臂的 3′端都具有 CCA 序列，tRNA 在此部位与相应氨基酸结合形成氨酰 tRNA（ami-noacyl tRNA），将所携带的氨基酸转移到核糖体上，然后通过反密码子与 mRNA 密码子的碱基配对，来决定氨基酸在多肽链中的位置。tRNA的高级结构呈"L"形（图 2-8）。

4. 微 RNA（miRNA）

1993 年，安布罗斯（V. Ambros）和鲁夫库（G. Ruvkun）领导的两个实验室独立在线虫中发现 *Lin-4* 基因，该基因不编码蛋白，长度为 22 nt RNA，但可抑制核蛋白 LIN-14 的表达。直到 2000 年，鲁夫库在线虫中发现与 *Lin-4* 类似的 *Let-7*，其成熟的 RNA 长 21 nt，通过结合LIN-14、LIN-28、LIN-41、LIN-42 和 DAF-12 的 mRNA 的 3′非翻译区（3′untranslated region，3′-UTR），从而调节线虫的发育。人们认识到这种短的 RNA 可能广泛存在，2001 年，将这类短小 RNA 命名为 microRNA，简称 miRNA。

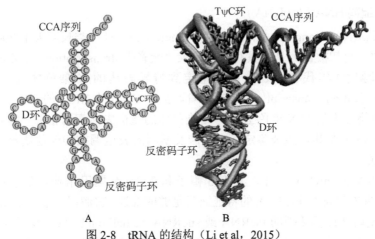

A   **B**

图 2-8 tRNA 的结构（Li et al，2015）

A. tRNA 的二级结构；B. tRNA 的三级结构

动物的绝大多数 miRNA 由 RNA 聚合酶 Ⅱ（RNA polymerase Ⅱ，Pol Ⅱ）介导转录，少数由 Pol Ⅲ 介导转录。RNA 聚合酶转录长度达数千个核苷酸的初始 miRNA（primary miRNA，pri-miRNA），经过核酸内切酶 Drosha 切下长度约为 65 nt 具有颈环结构的前体 miRNA（precursor miRNA，pre-miRNA），转移到细胞质中的 pre-miRNA 再经过内切酶 Dicer 处理，形成约 22 bp 的颈部双链 RNA，并且在 3'端形成 2 nt 的悬垂（overhang）结构。双链 RNA 与多种蛋白质结合形成 RNA 介导的沉默复合体（RNA-induced silencing complex，RISC），最终只保留一条成熟的单链 miRNA 在 RISC 中，具有活性的 miRISC 与靶 mRNA 结合，介导降解 mRNA 或阻抑翻译，从而阻遏基因的表达（图 2-9）。

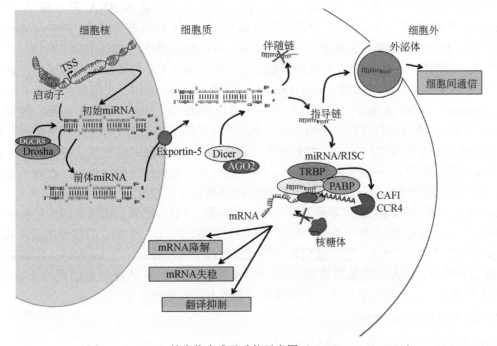

图 2-9 miRNA 的生物合成及功能示意图（Murphy et al，2017）

5. 长链非编码 RNA（lncRNA）

长链非编码 RNA（long non-coding RNA，lncRNA），是一类长度大于 200 nt 不编码蛋白质 RNA 的统称，起初被认为是不具功能的转录"噪音"（transcriptional noise），长期没有受到重视。20 世纪 90 年代初，在小鼠中鉴定到特异表达的 X 染色体失活特异转录因子（X-inactive-spectivation transcript，XIST），编码长度 17 kb 的 XIST 的 RNA 定位于细胞核。lncRNA Xist 缠绕在失活的 X 染色上，与 X 染色体的随机失活密切相关。随着组学的发展，越来越多的 lncRNA 及其功能被鉴定，它们涉及基因的表达调控和染色质重塑等功能，甚至与癌症密切相关。

部分 lncRNA 和 mRNA 一样，具有 5'帽子和 3'ployA 尾巴结构。但有的 lncRNA 没有 polyA 尾巴，目前对这部分 lncRNA 的特征缺乏足够的描述，它们很可能由 RNA polymerase Ⅲ 转录而来，或是剪切过程断裂的 lncRNA 或 snoRNA（small nucleolar RNA）产物。

lncRNA 比码基因具有更强的组织和细胞表达特异性，这表明 lncRNA 在决定细胞命运中具有关键作用。目前发现，在细胞的很多组分中都存在 lncRNA。lncRNA 在不同的亚细胞结构中均可能存在，特定的亚细胞定位对 lncRNA 的生物学功能具有重要的意义。

lncRNA 和 miRNA 都属于 ncRNA，其中，miRNA 属于长度较短的 ncRNA，在物种进化过程中具有较高的序列保守性，在人和小鼠中 miRNA 的序列相似性超过 90%。与此形成鲜明对比的是，lncRNA 的初级序列保守性较低，其序列保守性与蛋白编码基因的内含子区域类似，在人和小鼠中低于 70%，比基因的 5'和 3'非翻译区还要略低一些。lncRNA 的初级序列明显缺乏保守性是科学界的一个争论热点，一些研究人员质疑这种低保守性与功能是相悖的。对 11 种四足动物的 lncRNA 进化研究表明，人类中许多 lncRNA 进化得较晚，只有很少一部分 lncRNA 的初级序列与其他物种相似。

动物 lncRNA 的合成与 mRNA 类似，大部分 lncRNA 是由 RNA 聚合酶Ⅱ（RNA polymerase Ⅱ，Pol Ⅱ）转录而来，也有一部分 lncRNA 是由 RNA 聚合酶Ⅲ（RNA polymerase Ⅲ，Pol Ⅲ）转录的。由 Pol Ⅱ转录而来的 lncRNA 具有与 mRNA 相似的生物学特性，相似的剪接模式，5'端帽子结构和 3'端多聚腺苷酸尾巴。根据 lncRNA 与蛋白编码基因的位置，将 lncRNA 分为 4 大类：基因间型（intergenic）、内含子型（intronic）、正义型（sense）和反义型（antisense）。lncRNA 除了具有上述提到的 mRNA 样结构，还具有其他的特征。转录生成 lncRNA 的 DNA 序列也具有启动子的结构，启动子可以结合转录因子，染色体组蛋白同样具有特异性的修饰方式与结构特征；大多数的 lncRNA 都具有明显的时空表达特异性，并且在不同的生物学过程中，还会形成不同的转录物，从而动态地调控生物学过程；相对于蛋白编码基因在物种间保守的特征，lncRNA 在物种间的序列保守性较低。

lncRNA 的具体形成机制主要包括以下 5 种（如图 2-10）：①蛋白编码基因的结构中断从而形成一段 lncRNA；②染色体重排：即两个未转录的基因与另一个独立的基因串联，从而产生含多个外显子的 lncRNA；③非编码基因在复制过程中的反移位产生 lncRNA；④局部的复制子串联产生 lncRNA；⑤基因中插入一个转座成分而产生有功能的非编码 RNA。虽然 lncRNA 来源不一，但研究显示它们在调控基因表达方面有相似的作用。

6. 环状 RNA（circRNA）

circRNA 是一类古老的、在真核基因中保守的分子。迄今为止，研究人员已经在多种生物细胞和组织中鉴定到 circRNA 的存在，有超过 10% 的表达基因可以通过可变剪接产生

circRNA。根据 circRNA 的定义、来源、作用机制等将 circRNA 的特征归纳如下：

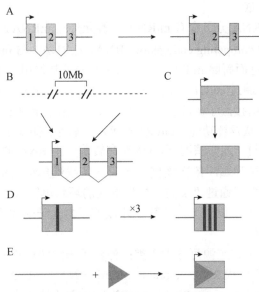

图 2-10　长链非编码 RNA 形成机制（Ponting et al，2009）

（1）结构　circRNA 是不具有 5'端帽子和 3'端 polyA 尾巴，以共价键形成的环形 RNA 分子。由于 circRNA 分子呈闭合环状结构，不易被外切核酸酶 RNase R 降解，因此比线性 RNA 更稳定。

（2）编码能力　大部分 circRNA 为 ncRNA，部分 circRNA 含有内部核糖体进入位点（internal ribosome entry site，IRES）和完整的开放阅读框可以编码功能蛋白或者小肽。

（3）来源　大多数 circRNA 来源于外显子，由一个或多个外显子构成，少部分由内含子直接环化形成，还有的同时含有外显子和内含子。大多数人类的 circRNA 包含多个外显子，通常为两个或三个。在人类细胞中，单外显子形成的 circRNA 长度中位数在 353 nt，多外显子的 circRNA 每个外显子的长度中位数在 112～130 nt。外显子的环化已经在哺乳动物的许多基因位点得到确认。外显子的环化依赖于侧面的内含子互补序列。外显子的环化效率可以通过两翼反向重复 Alu 对配对竞争来调节，导致一个基因可以产生多个 circRNA。由于有的 circRNA 与 mRNA 来源于同一基因，circRNA 可以被视为一种特殊的 RNA 可变剪切产物，绝大部分的 circRNA 与 mRNA 使用相同的拼接位点和剪切机制，因此环化过程与 mRNA 剪接可能存在剪接因子等地竞争（Khan et al，2016）。

（4）定位　circRNA 是一类内源性的 RNA 分子，主要存在于细胞质中，在细胞核和外泌体中也有少量分布。

（5）表达　circRNA 广泛存在于病毒和真核生物细胞内，它的表达具有一定的组织、发育阶段特异性，表达水平也会随着机体状态的改变而发生改变（如正常组织和疾病组织的 circRNA 的表达会存在差异）。circRNA 表达水平差异较大，目前鉴定到的多数 circRNA 的表达水平均较低，但有的 circRNA 的表达水平会超过同一基因线性异构体的表达水平。大多数 circRNA 的半衰期超过 48 h，而线性 RNA 的平均半衰期只有约 10 h，但大部分 circRNA 在血清外泌体中的半衰期小于 15 s。

（6）保守性　外显子区来源的 circRNA 具有高度的序列保守性，基因间区和内含子来源的 circRNA 保守性相对较低。

（7）功能　部分 circRNA 分子含有 miRNA 应答元件（miRNA response element，MRE），可充当竞争性内源 RNA（competing endogenous RNA，ceRNA）与 miRNA 结合，在细胞中起到 miRNA 海绵的作用，进而解除 miRNA 对其靶基因的抑制作用，上调靶基因的表达水平。细胞质中的 circRNA 主要通过 ceRNA 机制发挥作用。由于 circRNA 在形成的时候也需要剪接因子，因此也会通过竞争剪接因子影响目的基因的表达。由于部分 circRNA 可以编码小肽段，因此 circRNA 可以通过小肽发挥功能。circRNA 可以在转录或转录后水平发挥调控作用。

（8）circRNA 形成机制　通常情况下，DNA 在转录产生 RNA 的过程中会将内含子去除，外显子按照在 DNA 中的排列顺序依次连接，形成一条线性单链 RNA。与线性 RNA 不同，circRNA 是由外显子和内含子通过"反向剪接"形成的环状单链 RNA 分子。"反向剪接"是指在 pre-mRNA 前体分子中，位于下游的某一外显子或内含子的 3′端位点连接到某一上游的外显子或内含子 5′端头部位点。

目前发现的 circRNA 根据来源可分为 3 类：外显子来源的环状 RNA（exonic circRNA，ecircRNA），内含子来源的环状 RNA（circular intronic RNA，ciRNA）和由外显子及内含子共同组成的环状 RNA（exon-intron circRNA，eiciRNA）。关于这 3 类 circRNA 的生成机制，科学家们共提出了 6 种模型，其中有 3 种是关于 ecircRNA 和 eiciRNA 的反向剪接推测模型，还有 3 种是关于 ciRNA 的剪接机制（图 2-11）。

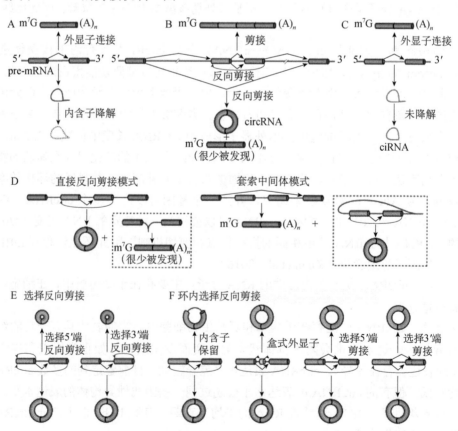

图 2-11　circRNA 形成机制（Chen，2021）

（9）circRNA 的分子作用机制　虽然 circRNA 的表达量普遍较低，但综合研究揭示，至少有一些 circRNA 通过在分子水平上不同的作用方式在生理和病理条件下发挥着潜在的调控作用。目前 circRNA 的作用机制主要包括：①circRNA 的加工影响其线性同源基因的拼接，由于与线性 mRNA 竞争性剪接，导致含有外显子的线性 mRNA 水平较低，改变基因的表达水平；②在核内环状 RNA 与 DNA 作用，在转录水平上调节基因表达；③circRNA 可以充当 miRNA 海绵，吸附 miRNA 分子，进而释放 miRNA 对靶基因的抑制来调节基因的表达；④circRNA 可以参与蛋白修饰和与蛋白互作调节基因的表达；⑤circRNA 也可以多种形式参与翻译的调控等。

三、基因的结构特征

除了少数的 RNA 病毒外，几乎所有生物的基因都是由 DNA 构成。但并不是任何一段 DNA 或 RNA 都有基因活性。随着遗传学的发展，人们对基因本质的研究不断深入，基因的概念也在不断发展和完善。

（一）基因概念的发展

1. 遗传因子

人们对基因的认识最早源于孟德尔（G. J. Mendel）的遗传因子，认为生物的性状是由遗传因子决定的。1909 年约翰生（W. L. Johnson）提出"基因"一词代替了孟德尔的遗传因子。因此，最初的基因概念和遗传因子是同义词，是控制生物遗传性状的基本遗传单位。

2. 染色体是基因的载体

1910 年摩尔根（T. H. Morgan）通过果蝇杂交实验，证明了基因位于染色体上，呈直线形式排列，并提出了连锁定律，从而建立了遗传的染色体学说，为细胞遗传学的发展奠定了重要的理论基础。摩尔根科学地预见了基因是一个化学实体，并认为基因控制相应的遗传性状，位于同源染色体上的基因之间可发生交换而产生重组类型，基因也可发生突变而产生新类型。至此，人们把基因概念同染色体联系起来，认为基因是染色体上的一个特定区段。基因不仅是决定性状的功能单位，而且也是一个突变单位和一个重组单位，即一个完整的不可分的"三位一体"的基因概念。但是对基因的本质、化学组成及对性状的作用方式尚不清楚。

3. DNA 是遗传物质

1928 年格里菲斯（Griffith）首先发现了肺炎球菌的转化作用，为确定 DNA 是遗传物质开辟了道路。1944 年艾弗里（O. T. Avery）等不仅在体外成功地重复了 Griffith 的肺炎球菌的转化实验，而且用生化方法证实了遗传物质是 DNA，而不是蛋白质。

4. 基因是有功能的 DNA 片段

1941 年比德尔（G. W. Beadle）等证明基因通过酶起作用，提出了"一个基因一个酶"的理论，使人们对基因的作用方式有了新的认识。1953 年沃森（J. D. Watson）和克里克（F. H. C. Crick）提出 DNA 的双螺旋结构模型，明确了 DNA 在体内的复制方式，合理地解释了遗传信息的储存和传递过程。1957 年本泽（S. Benzer）用 T_4 噬菌体突变型侵染大肠杆菌做斑点试验，分析了基因内部的精细结构，提出了顺反子的概念。在经典遗传学的"三位一体"的基因概念中，基因不仅是一个功能单位，而且也是一个突变单位和一个重组单位，基因的内部是不可分的。顺反子概念证明基因是 DNA 分子上的一个特定的、有功能的片段，其内部是可分的，包含多个突变单位和重组单位。

5. 操纵子模型

1962 年法国的分子生物学家雅科布（J. F. Jacob）和莫诺德（J. Monod）通过不同的大肠杆菌乳糖代谢突变体来研究基因的作用，提出了操纵子模型学说。该学说在生物学发展史上具有划时代的意义，阐明了功能上相关的结构基因组织在一起进行统一调控的模式，为揭示基因表达调控这一难题奠定了基础。

6. 跳跃基因、断裂基因和重叠基因的发现

1951 年美国的麦克林托克（B. McClintock）通过对玉米染色体的长期研究，提出了转座的概念，认为某些遗传因子的位置不是固定的，而是可以在染色体上转移位置的。1967 年人们在大肠杆菌中发现了可以转移位置的一段插入序列，接着在原核生物和真核生物中发现基因组中某些成分位置的不固定性是一个普遍现象，人们将这些可转移位置的成分成为跳跃基因，也叫转座子。在 20 世纪 70 年代末以前，人们普遍认为一个结构基因是一段连续不间断的 DNA 序列，1977 年人们发现绝大多数真核生物的基因都是不连续的，它们往往被一些非编码序列所隔开，故称为断裂基因。人们把断裂基因中的编码序列叫外显子，把非编码的间隔序列叫内含子。1978 年，人们在噬菌体中发现了重叠基因，即两个或两个以上的基因共有一段 DNA 序列。这说明一个基因序列可包含在另一个基因中，两个基因序列可能部分重叠。

综上所述，基因是有功能的 DNA 片段，它含有合成有功能的蛋白质多肽链或 RNA 所必需的全部核苷酸序列。回顾遗传学的发展史，其中渗透和贯穿着人们对基因的研究，随着人们对基因本质认识的不断深化，基因的定义也必将不断完善。

（二）基因的一般结构特征

1. 外显子和内含子

原核生物的基因是连续编码的一个 DNA 片段。真核生物结构基因是断裂基因，一般由若干个外显子和内含子组成。内含子在原始转录产物的加工过程中被切除，不包含在成熟 mRNA 的序列中。在每个外显子和内含子的接头区，有一段高度保守的共有序列（consensus sequence），即每个内含子的 5′端起始的两个核苷酸都是 GT，3′端末尾的两个核苷酸都是 AG，这是 RNA 剪接的信号，这种接头形式称为 GT-AG 法则。

原始转录产物经 RNA 剪接后，形成成熟的 mRNA，然后经过翻译编码出特定的蛋白质或组成蛋白质的多肽亚基。翻译从起始密码子开始，到终止密码子结束。起始密码子为 AUG，终止密码子有 3 种，即 UAA、UAG 和 UGA。动物基因内对应的翻译起始序列为（A/G）NNATGG，其中 N 代表任意核苷酸，翻译终止序列为 TAA/TAG/TGA。结构基因中从起始密码子开始到终止密码子的这一段核苷酸区域，其间不存在任何终止密码，可编码完整的多肽链，这一区域被称为开放阅读框（open reading frame，ORF）。

2. 信号肽序列

在分泌蛋白基因的编码序列中，在起始密码子之后，有一段编码富含疏水氨基酸多肽的

序列，称为信号肽序列（signal peptide sequence），它所编码的信号肽行使着运输蛋白质的功能。信号肽在核糖体合成后，与细胞膜或某一细胞器的膜上特定受体相互作用，产生通道，使分泌蛋白穿过细胞的膜结构，到达相应的位置发挥作用。信号肽在完成分泌过程后将被切除，不留在新生的多肽链中。例如，小鼠的激肽释放酶（kallikrein）基因的编码序列为 795 个碱基，编码长 265 个氨基酸的蛋白质，其中 51 个碱基编码一个长 17 个氨基酸的信号肽，该信号肽与内质网膜上一种称为运输识别颗粒（transit recognition particle）的特殊受体相互作用，将与之相连的翻译初始产物——原激肽释放酶原运输过内质网膜，接着信号肽通过酶切被切除掉，形成激肽释放酶原。激肽释放酶原分泌到细胞外后，通过进一步的加工，将多肽链起始的 11 个氨基酸除掉，最终形成有活性功能的激肽释放酶。

3. 侧翼序列和调控序列

每个结构基因在第一个和最后一个外显子的外侧，都有一段不被转录和翻译的非编码区，称为侧翼序列（flanking sequence），其中从转录起始位点至起始密码子这一段非翻译序列称为 5′非翻译区（5′untranslated region，5′UTR），从终止密码子至转录终止子这一段非翻译序列称为 3′非翻译区（3′untranslated region，3′UTR）。侧翼序列虽然不被转录和翻译，但它常常含有影响基因表达的特异性 DNA 序列，其中有些控制基因转录的起始和终止，有些确定翻译过程中核糖体与 mRNA 的结合，而另一些则与基因接受某些特殊信号有关，这些对基因的有效表达起着调控作用的特殊序列被统称为调控序列（regulator sequence），包括启动子、增强子、沉默子、绝缘子、终止子、核糖体结合位点、加帽和加尾信号等。

（1）启动子　启动子（promoter）是指准确而有效地启动基因转录所需的一段特异的核苷酸序列。转录起始位点（+1 位）下游区域为正区，上游区域为负区。启动子通常位于转录起始位点上游 100 bp（−100 bp）范围内，是 RNA 聚合酶识别和结合的部位，控制着基因转录的起始过程。原核生物基因启动子含有两段结构保守序列，一段是 RNA 聚合酶与 DNA 牢固结合的位点，它位于−10 bp 左右，称为 TATA 框（TATA box）或 Pribnow 盒（Pribnow box），共有序列为 TATAAT。另一段是 RNA 聚合酶依靠其 σ 亚基识别的部位，位于−35 bp 左右，其共有序列为 TTGACA。

真核生物基因启动子结构比原核基因的复杂，它主要包括了三种不同的序列，其中第一种序列位于−19～−27 bp 处，称为 TATA 框（TATA box）或 Hogness 框（Hogness box）。动物基因启动子的 TATA 框是一段高度保守的序列，由 7 个碱基组成，即 TATA（A/T）A（A/T），其中只有两个碱基可以有变化。它的功能类似于原核基因启动子的 Pribnow 盒，能保证转录起始位置的精确性。第二种序列位于−70～−80 bp 处，称为 CAAT 框（CAAT box）。动物基因启动子的 CAAT 框也是一段高度保守的 DNA 序列，由 9 个碱基组成，其顺序为 GG（C/T）CAATCA，其中只有一个碱基会有所变化，CAAT 框具有决定基因转录起始频率的功能。第三种序列位于−40～−110 bp 之间，以含有 GGGCGG 序列为特征，称为 GC 框（GC box）。GC 框在不同基因的启动子中所处的位置不同，有激活转录的功能，可能与增强起始转录的效率有关。

（2）增强子和沉默子　增强子（enhancer）也是一种基因调控序列，它可使启动子发动转录的能力大大增强，从而显著地提高基因的转录效率。增强子多为重复序列，一般长约 50 bp，不同基因中的增强子序列差别较大，但含有一个基本的核心序列，即（G）TTGA/TA/TA/T（G）。增强子的作用与它所处的位置、方向及与基因的距离无关。无论它处于基因的上游、下游，还是基因的内部；无论其方向是 5′→3′，还是 3′→5′，无论在距转录起点前后 3000 bp 或更远处，增强子均可以发生作用。增强子具有组织特异性和细胞特异性。例如，免疫球蛋白基因的增强子只有在 B 淋巴细胞中活性最高。

沉默子（silencer）是另一种与基因表达有关的调控序列，它通过与有关蛋白质结合，对转录起阻抑作用，根据需要关闭某些基因的转录，而且可以远距离作用于启动子。沉默子对基因的阻遏作用没有方向的限制。

（3）绝缘子　绝缘子（insulator）是一种真核生物远距离调控元件，也被称为障碍子（barrier）或边界元件（boundary element）。它可通过相互作用阻断其他调控元件（启动子、增强子和沉默子等）的激活或失活效应；当位于活性基因与异染色质之间时，还能够提供一道屏障来防备异染色质的延伸。两个绝缘子能够保护它们之间的区域不受外部环境的干扰。不同的绝缘子与不同的因子结合，可以表现出不同的阻断机制或保护机制。同一种绝缘子可能同时具备阻断和保护两种特性。

（4）终止子　终止子（terminator）是一段位于基因 3′端非翻译区中与终止转录过程有关的序列，它由一段富含 GC 碱基的回文重复序列以及寡聚 T 组成，是 RNA 聚合酶停止工作的信号，当 RNA 转录到达终止子区域时，其自身可以形成发夹式的结构，并且形成一串 U。发夹式的结构，阻碍了 RNA 聚合酶的移动，寡聚 U 与 DNA 模板的 A 的结合不稳定，导致 RNA 聚合酶从模板上脱落下来，转录终止。

（5）加帽　真核生物 mRNA 的 5′端都有一个帽子结构，它是在 5′端通过三磷酸酯键以 5′-5′方式连接一个 7 甲基鸟苷基团（m^7G）形成的。mRNA 的帽子结构并不在 DNA 上编码，而是来自转录后加工。

（6）加尾信号　真核生物 mRNA 的 3′端都有一段多聚 A 尾巴（polyA tail），它不是由基因编码，而是在转录后通过多聚腺苷酸聚合酶作用加到 mRNA 上的。这个加尾过程受基因 3′端非翻译区中一种称为加尾信号序列的控制（详见第三章第二节）。

（7）核糖体结合位点　在原核生物基因翻译起始位点周围有一组特殊的序列，控制着基因的翻译过程，SD 序列（shine-dalgarno sequence）是其中主要的一种。SD 序列存在于 mRNA 的 5′非翻译区中，位于起始密码子之前 10 个碱基内，包含一个富含嘌呤六聚体 AGGAGG 的一部分或全部。SD 序列可与 16S rRNA 3′端 CCUCCU 相结合，是 mRNA 与核糖体的结合序列，对翻译起始复合物的形成和翻译的起始有重要的作用。

综上所述，真核生物基因的一般结构如图 2-12 所示。

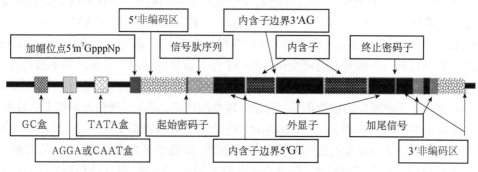

图 2-12　真核生物基因的一般结构示意图

（三）真核生物基因组的特点

1. 基因组与C值

一个物种单倍体染色体所携带的一整套基因称为该物种的基因组（genome），每一种生物中的单倍体基因组的 DNA 总量是特异的，被称为 C 值（C value）。不同物种的 C 值差异极大，一般说来，从原核生物到真核生物，随着物种生物结构和功能复杂程度的增加，需要的基因数目和基因产物的种类就越多，因而 C 值也越大。然而，在结构与功能相似的同一类生物，甚至亲缘关系很近的物种之间，它们的 C 值差异仍可达 10 倍乃至上百倍。例如，在两栖类生物中，最小的 DNA 含量（C 值）低于 10^9 bp，最高的达 10^{11} bp。此外，人和其他哺乳动物的 C 值只有 10^9 bp，而肺鱼的 C 值高达 10^{11} bp，居然比人高 100 倍，很难想象肺鱼的结构和功能会比人类和其他哺乳动物更复杂。可见 C 值的大小与物种的结构组成和功能的复杂性没有严格的对应关系，这种现象称为 C 值矛盾（C value paradox）。C 值矛盾现象使人们意识到真核生物基因组中必然存在大量的不编码基因产物的 DNA 序列。

2. 单一序列

单一序列（unique sequence）又称非重复序列（nonrepetitive sequence），是指在基因组中只有一个或几个拷贝的 DNA 序列。不同生物基因组中单一序列所占的比例不同。原核生物除了短片段的反向重复序列以及 16S、23S、5S rRNA 和 tRNA 基因外，皆为单一序列。真核生物单一序列所占的比例为 40%～70%，如小鼠基因组中单一序列所占比例为 58%，黑腹果蝇和非洲爪蟾分别为 70% 和 54%。

不是所有的单一序列都是编码多肽链的结构基因，真核生物基因组中编码多肽链的单一序列仅占百分之几，绝大部分为基因之间非编码的间隔序列。真核基因组中大多数结构基因是单一序列，如果蝇的 α4 微管蛋白（tubulin）基因，鸡的卵清蛋白基因以及蚕的丝心蛋白，血红蛋白和珠蛋白基因等。

3. 重复序列

真核生物基因组的一个显著特点是含有许多重复序列（repetitive sequence）。这些重复序列的长短不一，短的仅有几个甚至两个核苷酸，长的有几百乃至上千个核苷酸。重复序列的重复程度也不一样。重复多的可在基因组中出现几十万到几百万次，称为高度重复序列；另一些序列重复几十到几万次，称为中度重复序列。有些重复序列成簇存在于 DNA 某些部位，也有些重复序列分散分布于整个基因组。

（1）**中度重复序列**　中度重复序列在真核生物基因组中占 25%～40%，分散分布于整个基因组的不同部位。根据重复单位的片段长度和拷贝数的不同，中度重复序列可分为两种类型：一类是短分散重复序列（short interspersed repeated sequence，SINEs），另一类是长分散重复序列（long interspersed repeated sequence，LINEs）。

SINEs 的重复单位的长度为 300～500 bp，拷贝数可达 10^5 以上。Alu 家族（Alu family）是人类及其他哺乳动物基因组中十分典型的短分散重复序列。在人类基因组中，Alu 序列长约 300 bp，主要由两个 130 bp 的重复序列组成，中间有 31 bp 的间隔序列。每个 Alu 序列含有一个限制性内切酶 *Alu* I 的识别序列 AGCT，可被 *Alu* I 酶切割为两个片段，分别为 170 bp 和 130 bp，Alu 序列因此而得名。Alu 家族约占人类基因组的 3%～6%，在单倍体基因组有 30 万～50 万个拷贝，平均每 6000 bp DNA 就有 1 个 Alu 序列，是人类基因组中最丰富的中度重复序列。

非洲绿猴、小鼠、中国仓鼠和猪等哺乳动物基因组中都存在 Alu 家族，且具有很高的同源性。

LINEs 的重复单位长度为 5000～7000 bp，重复次数为 10^2～10^5 次。例如，人类的 Kpn I 家族（Kpn I family）和哺乳动物的 LINE1 家族。人类基因组的 Kpn I 家族的拷贝数为 300～4800 个，散布于整个基因组，所占比例为 3%～6%，其重复序列用限制性内切酶 Kpn I 酶切，可得到 4 种长度不同的 DNA 片段，分别为 1.2 kb、1.5 kb、1.8 kb 和 1.9 kb。哺乳动物的 LINE1 家族是由 RNA 聚合酶 II 转录的，在基因组中约 6 万个拷贝，长约 6500 bp，属于一种转座因子。

（2）高度重复序列　高度重复序列在基因组中存在大量的拷贝，其重复次数高达 10^6～10^8。通常这些序列是由很短的碱基组成的，长度为 2～200 bp。有些高度重复序列常含有异常高或低的 GC 含量，因为 DNA 片段在氯化铯梯度离心的浮力密度决定于它的 GC 含量，所以当基因组 DNA 被切断成数百个碱基对的片段进行氯化铯密度梯度超速离心时，这些重复序列片段的 GC 含量与主体 DNA 不同，常在主要 DNA 带的前面或后面形成一个次要的 DNA 区带，这些小的区带就像卫星一样围绕着 DNA 主带，这些高度重复序列因而被称为卫星 DNA（satellite DNA）。有些高度重复序列的 GC 含量和基因组中其他 DNA 没有明显的差别，所以用氯化铯密度梯度离心就分不出一条卫星带来，这种高度重复序列称为隐蔽卫星（cryptic satellite）DNA。卫星 DNA 分布于染色体端粒和着丝粒附近的异染色质区。

在卫星 DNA 中有一类以少数核苷酸为单位多次串联重复的 DNA 序列，称为可变数目串联重复序列（variable number tandem repeats，VNTR），其中一种以 6～25 个核苷酸为核心序列（core sequence）的串联重复序列称为小卫星（minisatellite）DNA，另一种 2～6 个核苷酸串联重复序列称为微卫星（microsatellite）DNA。这两种 DNA 序列作为 DNA 多态标记，广泛应用于遗传图谱构建、目的基因标定、种质资源研究、亲子鉴定及遗传疾病诊断等诸多基因组研究领域。

4. 基因家族和假基因

真核生物基因组中有许多来源相同、结构相似、功能相关的基因，这样的一组基因称为一个基因家族（gene family）。若一个基因家族的基因成员紧密连锁，成簇状集中排列在同一条染色体的某一区域，则形成一个基因簇（gene cluster）。例如，高等真核生物的 28S、18S、5.8S rRNA 和 HOX 家族基因都串联排列在一起组成一个单元，然后一个个单元重复排列组成基因簇；真核细胞中最少有 50 多种 tRNA 转运不同的氨基酸，每种 tRNA 可有十到几百个序列完全相同的基因拷贝，同种 tRNA 基因往往串联在一起形成基因簇，基因成员之间由非编码的间隔序列隔开。同一基因家族成员即可成簇状集中在一条染色体上，也可成簇地分布于几条不同的染色体上。这些成员的序列虽然有些不同，但是它们编码的是一组关系密切的蛋白质，如人类血红蛋白的珠蛋白基因家族。珠蛋白基因家族由 α 珠蛋白基因簇和 β 珠蛋白基因簇组成，α 珠蛋白基因簇由 5 个相关的基因组成，它们集中排列在 16 号染色体短臂上；β 珠蛋白基因簇由 6 个相关基因组成，它们集中分布于 11 号染色体的短臂上。基因的不均匀分布是基因组序列的一种结构特征，基因簇是基因高密度的典型代表，另外在基因组出现大于 500 kb 长片段中没有 ORF，将这种区域称为基因荒漠区。

在多基因家族中，某些成员并不产生有功能的基因产物，但在结构和 DNA 序列上与相应的活性基因具有相似性，这类基因称为假基因（pseudo gene）。假基因常用符号 Ψ 来表示，如 Ψβ 表示与 β 基因相似的假基因。假基因与有功能的基因有同源性，起初可能是有功能的基因，但由于缺失（deletion）、倒位（inversion）或突变（mutation）等原因使该基因失去活性成为无功能基因。例如，α 珠蛋白基因簇中有假基因 Ψα 和 Ψξ，其中一个是由于移码突变或者终止密码子突变而不能表达，而且缺少两个内含子；另一个假基因由于碱基突变不能产生有功能的蛋白质。

5. 重要的基因组计划

2003 年，美国、英国、法国、德国、日本和中国六国科学家经过多年的共同努力，顺利完成人类基因组计划，是遗传学史上重要的里程碑。尽管基因组的核苷酸序列被破译，但是发现编码序列仅占全基因组序列的 1.5%左右，解析大量的非编码序列的作用成为新的难题。当年随即启动了"DNA 元件百科全书"（Encyclopedia of DNA Elements，ENCODE）计划，旨在解析人类基因组中所有的功能性元件及其组织方式。在功能基因组方面，2014 年，启动了动物功能基因组注释（Functional Annotation of Animal Genomes，FAANG）计划，旨在鉴定动物基因组的所有功能元件。目前在已有的超过 120 种动物基因组，基于万种脊椎动物基因组计划和鸟类系统发育项目的基础上，2017 年启动了脊椎动物参考基因组计划（Reference Vertebrate Genomes Project，VGP），目标测定现存的 66000 种脊椎动物的高质量的参考基因组序列。

另一方面，2008 年启动国际千人基因组计划（1000 Genomes Project），目标在于搜寻基因频率大于 1%的遗传变异，为人类的遗传研究提供全面综合的遗传变异数据库。在农业动物方面，2012 年启动了千牛基因组计划（1000 Bull Genomes Project），提供大的遗传变异数据库，便于遗传变异的基因型填充，从而应用于牛的全基因组选择（genome selection，GS）和全基因组关联分析（genome-wide association study，GWAS）。随后我国也启动了万头猪基因组计划和千只鸭基因组计划。

2009 年，中国科学家对炎黄一号基因组（首个亚洲人种基因组）进行了深度测序和拼接，发现在人类基因组中存在种群特异甚至个体独有的 DNA 序列和功能基因组，基于此结果提出了人类泛基因组（pan-genome）的概念。人类泛基因组即人类群体基因序列的总和，该概念的提出推动个体基因组的个性化遗传研究，在动物遗传学研究中也被广泛地应用。

后基因组时代的到来，也意味着海量遗传学数据需要整合分析，复杂的统计方法和计算方法被引入到动物遗传学的研究当中。

由于动物作为食物来源、人类健康模型和重要的生态因子，在解析序列变异与定量表型之间的关系取得了重大成果，而后基因组时代最大的挑战在于解析基因组与表型组之间的联系，从而在实际应用中获益。

第二节　细胞遗传学基础

生物的一切生命活动都是在细胞中进行的。在自然界，除了病毒和立克次氏体是非细胞形态的生物体外，其他所有生物体都是由细胞构成的。因而，细胞是生物体的基本结构单位和功能单位。生物之所以能够保持其种族的延续，主要是由于遗传物质 DNA 或 RNA 能够绵延不断地向后代传递之故，而遗传物质又主要存在于细胞中，其复制、转录、表达和重组等重要功能都是在细胞中实现的。因此，了解细胞的结构与功能、细胞中染色质与染色体及其行为、细胞的分裂方式对于是深入研究生物遗传变异规律的机制非常重要。

一、细胞的结构与功能

根据细胞结构的复杂程度，可以将细胞分为两大类：原核细胞和真核细胞。原核细胞是一类比较原始的细胞，结构简单，没有真正的细胞核，也没有细胞器，其遗传信息量较少，遗传信息的载体一般仅为一个环状 DNA 分子。由原核细胞构成的生物称为原核生物。真核细胞具有许多精细而复杂的结构，其遗传信息量较大。真核细胞的结构分为细胞膜、细胞质和细胞核三部分（图 2-13）。由真核细胞构成的生物称为真核生物，高等动物属于多细胞真核生物。

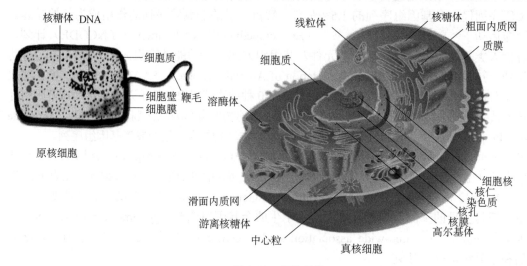

图 2-13　细胞结构

真核生物的细胞膜又称质膜，是保持细胞形状的支架，起着保护细胞免受外界环境的损害、控制细胞的物质交流以及感受和传递外部刺激的作用。

细胞膜以内、核膜以外的物质统称细胞质。细胞质中除了含有许多具有一定形态、结构和功能的细胞器外，还包含细胞质基质。基质为无色透明的胶体物质。细胞器有线粒体、内质网、核糖体、高尔基体、中心体和溶酶体等。线粒体是动物细胞中唯一含有 DNA 的细胞器。线粒体 DNA 呈环状，哺乳动物细胞的线粒体 DNA 大小约为 16.5 kb，是严格遵循母系遗传的。线粒体 DNA 能自我复制，但受到细胞核的控制。因此，线粒体的生长与繁殖是受细胞核和自身基因组两套遗传系统控制的，是一种半自主性的细胞器。内质网按结构和功能可分为两类：粗面内质网和滑面内质网。核糖体是蛋白质合成的场所。真核细胞中，核糖体为 80S，它由 60S 和 40S 两个亚基构成。在蛋白质合成旺盛的细胞中，核糖体的数目很多。中心体只存在于动物细胞中，位于细胞核附近，由两个相互垂直的中心粒组成。中心体与细胞分裂时纺锤体的形成及染色体的移动有关，因而中心体被称为细胞分裂的动力器官。

在所有真核细胞中，有一个或几个呈球形或椭圆形的结构，叫细胞核。除了极少数的哺乳动物成熟的红细胞中无细胞核外，其余的真核细胞都有细胞核。尽管细胞核的形状有多种多样，但其基本结构却大致相同，即主要由核膜、核仁、染色质和核基质组成。核膜是细胞质和细胞核的界膜，控制着两者之间物质和信息的交流。核仁无外膜，在同一物种中数目是固定不变的。染色质是指间期细胞核内易被碱性染料染色的物质。当染色质进入细胞分裂期后，经过螺旋化可聚缩为具有一定形态特征的清晰小体，叫染色体。可见，染色质与染色体在组成成分上并没有什么区别，它们是细胞分裂周期中同一物质两种不同的构型，即在细胞间期染色质呈细丝状；在分裂期染色质变成具有特定形态结构的染色体。细胞核的功能是把遗传物质完整地保存起来，并把它从一代传至下一代，并指导 RNA 的合成。

二、染色质与染色体

1848 年，霍夫迈斯特（W. Hofmeister）发现了染色体；1879 年，弗莱明（W. Flemming）提出染色质的概念；1888 年，瓦尔代尔（W. Waldeyer）正式提出染色体的名称。现在我们已经知道了，染色质与染色体是细胞分裂周期中不同阶段两种可以相互转换的形态结构，即在细胞间期染色质呈细丝状；在分裂期染色质变成具有特定形态结构的染色体。其区别主要在螺旋化程度不同罢了。

染色体是遗传物质的载体，一切生物的遗传信息都是以染色体的形式组织在一起的。由于原核生物的染色体一般为一条裸露的 DNA 分子，很少与蛋白质结合。因此，原核生物染色体与真核生物染色体差异很大。我们常说的染色体一般是指真核生物的染色体。

（一）染色质的化学组成与类型

1. 染色质的化学组成

染色质由 DNA、组蛋白、非组蛋白及少量 RNA 所组成。DNA 与组蛋白是染色质的稳定成分，非组蛋白与 RNA 的含量随细胞的生理状态而变化。染色质中的组蛋白是一种碱性蛋白，包括 H_2A、H_2B、H_3、H_4、H_1 5 种。染色质中的非组蛋白是一种酸性蛋白。

2. 染色质的类型

染色质根据其形态特征与着色的程度可分为两类：常染色质和异染色质。常染色质是构成染色体 DNA 的主体，是一种在细胞分裂间期染色较浅而着色均匀，呈高度分散状态，伸展而折叠疏松的染色质。它由单一序列 DNA 和中度重复序列 DNA 组成。异染色质是指细胞分裂间期染色很深、染色质纤维折叠程度高、处于聚缩状态的染色质。异染色质根据其性质又可分为组成性异染色质和兼性异染色质两种类型。组成性异染色质就是通常所说的异染色质，是一种永久性异染色质，在染色体上的位置和大小都比较恒定，在间期时，仍然保持螺旋化状态，染色很深。它由含 G、C 碱基密集的高度重复序列 DNA 组成。大多数生物的组成性异染色质主要集中分布于染色体的着丝点周围。兼性异染色质，又称机动性异染色质。在一定环境条件下，可以从异染色质转化为常染色质。它起源于常染色质，具有常染色质的一切特点和功能。但在特殊情况下，在个体发育的特定阶段，它可以转变为异染色质。例如，在哺乳动物和人类胚胎发育早期的雌性体细胞的两条 X 染色体中的任意一条出现异染色质化，这种现象被称为 X 染色体失活，失活的 X 染色体被称为 X 小体，又称 X 染色质、巴氏小体。

（二）染色质的结构模型

1. 染色质的基本结构单位——核小体

染色质是染色体在细胞分裂间期所表现的形态，呈纤细的丝状结构。1974 年，科恩伯格（Kornberg）提出染色质的初级结构为绳珠模型。他认为染色质的基本结构单位是核小体。每个核小体由组蛋白 8 聚体和约 200 个碱基对的 DNA 链和一个组蛋白 H_1 组成。组蛋白 8 聚体由 H_2A、H_2B、H_3、H_4 各两分子聚合而成，形状为球形结构，DNA 链环绕在组蛋白 8 聚体的外周，约 1.75 圈，约 140 个碱基对，核小体与核小体间由长度约 60 个碱基对的 DNA 链相连，该 DNA 链上另有一个组蛋白 H_1，这样就形成了一个直径为 10 nm 的核小体（图 2-14）。染色质是由密集成串的核小体组成的 DNA 蛋白质纤丝，这一结构将 DNA 的长度压缩了 7 倍。

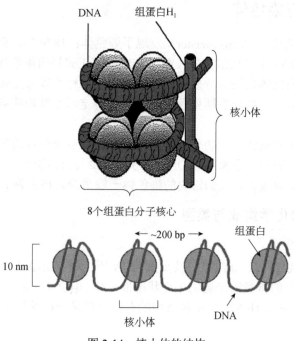

图 2-14　核小体的结构

2. 染色质的二级结构——螺线管

由核小体连接起来的 DNA 蛋白质纤丝，经进一步螺旋化形成中空的管状结构，它的外径为 30 nm，内径约为 10 nm，相邻螺旋间距约为 11 nm，螺线管的每周螺旋包括 6 个核小体。因此，DNA 的长度到这一级上压缩了 6 倍。

3. 染色质的三级结构——超螺线管

螺线管进一步螺旋化，形成直径为 400 nm 的圆筒状超螺线管，DNA 的长度到超螺线管时又压缩了 40 倍左右。

4. 染色质的四级结构——染色体

超螺线管进一步螺旋折叠与盘绕，形成长度为 2～10 μm 的染色单体。此时，DNA 的长度又压缩了 5 倍左右。故从核小体到染色单体，DNA 在染色体内的压缩程度约为 7×6×40×5=8400 倍（图 2-15）。

（三）染色体的形态特征

每一物种的染色体都具有特定的形态特征。在细胞分裂过程中，染色体的形态和结构有一系列规律性变化，其中以有丝分裂中期和后期染色体最短，尤以中期染色体形态、大小相对稳定，表现出明显的个体特征，因而染色体的形态，常以中期为基础进行描述。

在形态上一个典型的染色体一般由以下几个部分组成（图 2-16）。

1. 着丝粒和染色体臂

着丝粒是染色体的最重要特征之一，它又称主缢痕或着丝点，是染色体上狭窄而不易着色的部分。在细胞分裂时，纺锤丝就附着在着丝粒区。

染色单体是在细胞分裂间期染色体复制后形成的，同一染色体的两条染色单体携带着相同的遗传信息，彼此由一个着丝粒联结在一起，互称为姐妹染色单体。不同染色体的两条单体称为非姐妹染色单体。着丝粒在不同染色体上的位置是相对稳定的，它将染色体分为两条臂，即长臂（q）和短臂（p）。

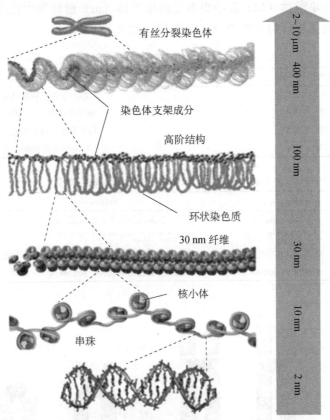

图 2-15 通过不同实验方法分析得到的从 DNA 到染色体水平的压缩包装过程（Botchway et al，2021）

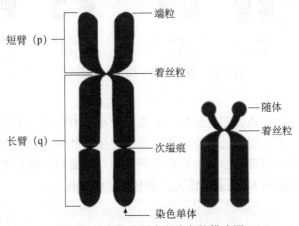

图 2-16 有丝分裂中期染色体模式图

染色体形态特征一般用臂比率（arm index）、着丝粒指数（centromere index）和染色体臂数（NF）等参数表示。臂比率是指某条染色体的长臂长度与短臂长度的比率，即：臂比率=长臂长度/短臂长度。着丝粒指数（centromere index）是指某一染色体的短臂长度占该染色体长度的比率。它决定着丝粒的相对位置，即：着丝粒指数=短臂长度/该染色体长度×100%。按照臂比率，莱万（Levan，1964）将染色体划分为：中着丝粒染色体（M）、中央着丝粒染色体（m）、亚中着丝粒染色体（SM）、亚（近）端着丝粒染色体（ST）和端着丝粒染色体（T），后来人们将中着丝粒染色体（M）和中央着丝粒染色体（m）通称为中着丝粒染色体（M）。所以，染色体形态类型划分为四种类型（图2-17，表2-3，表2-4）。

表 2-3　染色体形态类型的划分

着丝粒指数（%）	染色体形态类型
0.0～12.5	称为端着丝粒染色体（T）
12.5～25.0	称为亚端着丝粒染色体（ST）
25.0～37.5	称为亚中着丝粒染色体（SM）
37.5～50.0	称为中着丝粒染色体（M）

表 2-4　染色体的臂比率与染色体类型的关系

臂比率	染色体类型	染色体形态	代表符号
1.0～1.7	中着丝粒染色体	着丝粒在染色体的中部或接近中部	M
1.7～3.0	亚中着丝粒染色体	着丝粒在染色体中部的上方	SM
3.0～7.0	亚端着丝粒染色体	着丝粒靠近端部，具有一个长臂和一个极短的臂	ST
7.0 以上	端着丝粒染色体	着丝粒在染色体的端部，染色体只一个长臂	T

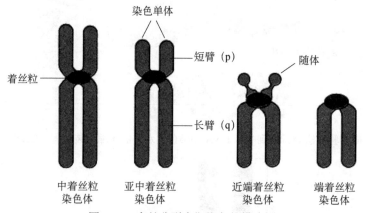

图 2-17　有丝分裂中期染色体模式图

2. 次缢痕

除主缢痕以外，有的染色体还有另外一个直径较小，着色较浅的缢缩部分，叫次缢痕。它与主缢痕的区别是：在次缢痕处不能弯曲，而在主缢痕处是可以弯曲的；染色体上的次缢痕的位置是相对稳定的，而着丝粒的位置是有变化的；次缢痕与核仁的形成有关，称为核仁组织区。如猪的第8号和第10号染色体上，都有核仁组织区。

3. 随体

有的染色体的次缢痕末端还有一个圆形或略伸长的突出物，叫随体。次缢痕及随体并不是所有染色体都有的，因此，次缢痕及随体的有无是识别某些染色体的重要标记。

4. 端粒

端粒是每条染色体端部所具有的一种特殊结构。只表现位置特征，无特殊的形态特征。

端粒能防止染色体末端相互粘连，从而保证了染色体的完整性。

在以上几个形态部位中，着丝粒位置、随体与次缢痕的有无及臂的长短是识别染色体的重要标志。

（四）染色体的数目

每个物种都有特定的染色体数目。染色体数目最少的是线虫，只有 1 对染色体，而最多的是一种瓶尔小草属植物，高达 510 对染色体。染色体数目的多少与物种进化程度没有必然联系，但染色体的数目和形态特征对于鉴定近缘物种的亲缘关系具有重要意义。部分动物的染色体数目如表 2-5。

表 2-5　常见动物体细胞染色体数

种类	染色体数（2n）	种类	染色体数（2n）
黄牛	60	兔	44
水牛	48	豚鼠	64
牦牛	60	大家鼠	42
马	64	小家鼠	40
驴	62	鸡	78
猪	38	鸭	80
绵羊	54	鹅	82
山羊	60	火鸡	82
犬	78	鸽	80
猫	38	果蝇	8
水貂	30	蚕	56

同一物种的染色体数目是恒定的，而且每一种生物个体中的每一个细胞，其染色体数目也是相同的。在体细胞中，染色体是成对存在，即每种大小、形态、结构和功能相同的染色体各有两条，这种成对的染色体叫同源染色体，其中一个来自父方，另一个来自母方。大小、形态、结构和功能不同的染色体叫非同源染色体。

体细胞中的染色体又有常染色体与性染色体之分。没有性别差异的染色体叫常染色体，如猪的 38 条染色体中，其中的 36 条即 18 对公、母猪都是一样的，为常染色体；剩下的 2 条染色体，是随性别而有差异的染色体，叫作性染色体。性染色体与动物的性别有关。在哺乳动物中，母畜的一对性染色体，形态、大小都一样，而且较大，都叫 X 染色体。公畜的一对性染色体形态、大小不同，其中较大的一条同雌性动物中的 X 染色体一样，较小的一条染色体叫 Y 染色体。哺乳动物的性染色体都属于 XY 这种类型，即雌性为 XX，雄性为 XY。家禽的性染色体刚好与家畜的相反。为了与哺乳动物的性染色体相区别，把家禽的性染色体定为 ZW 型，即雄性为 ZZ，雌性为 ZW。

一般地，动物性细胞里的染色体数只有体细胞中的一半，遗传学上把性细胞含有的染色体叫一个染色体组，用符号 "n" 表示；把体细胞中含有的 2 个染色体组，用符号 "2n" 表示。在正常情况下，高等动物体细胞中的染色体数为 "2n"，故叫二倍体。

（五）染色体分析

1956 年，莱埃讷（Leieune）首先发现，人类先天性白痴的体细胞多了一条 21 号染色体，揭示了染色体数目与疾病的关系，使细胞遗传学研究从理论研究进入实用阶段，促进了染色体形态学的发展，出现了染色体分析技术、核型分析与带型分析。

1. 核型与组型

核型指一个个体的中期分裂细胞，经过显微摄影，将同源染色体配对，按照形态，大小、特征分类排列而成的图型。另外核型也可以用公式表示，这种表示染色体组成的公式称为核型式。核型式中的数字表示细胞中的染色体总数，逗号后表示性染色体的组成，如 38, XY 表示家猪的细胞有 38 条染色体，性染色体为 XY，即为公猪。

在家猪染色体核型中，将猪的染色体分为 A、B、C、D 四组。A 组属于亚中着丝粒染色体，B 组属于亚端着丝粒染色体，C 组属于中着丝粒染色体，性染色体列入 C 组，D 组属于端着丝粒染色体（图 2-18）。

在黄牛染色体核型中，由于黄牛的常染色体均为端着丝粒染色体，故不分组。性染色体中，X 染色体为一大的亚中着丝粒染色体，Y 染色体有中、亚中或端着丝粒染色体三种类型。因此，黄牛的染色体核型按染色体的相对长度由大到小依次排列，性染色体排在最后（图 2-19）。

组型与核型不同，组型是代表物种染色体形态特征的模式图。组型是依据染色体的相对长度、臂长比，着丝粒的位置、核仁形成区的位置绘制而成的模式图。

2. 核型分析

核型分析就是把受检个体的核型与同种生物的正常核型或者组型加以比较，以鉴定染色体的数目、长度、形态、结构有无异常的一种分析方法。它对种畜鉴定、遗传病诊断有着重要意义。核型分析技术已普遍用于人类医学，用来诊断先天性遗传病的病因，核型分析技术在某些发达国家，已被列为进口家畜的检查内容。

核型分析的程序是首先要取得中期分裂细胞。通常取微量全血置于细胞培养液中。用植物血凝素（PHA）激活淋巴细胞，促进其转化分裂。在培养终止前用秋水仙素处理，使其细胞分裂同步化，获大量分裂中期细胞。要使染色体很好的铺展应适当低渗，用常规制片法制片，在显微镜下观察染色体分裂相要铺展度良好、染色均匀、数量充足、背景清晰、各染色体位置良好，没有重叠。

3. 带型

常规染色只能把大小、形状差异明显的染色体加以区分，但是对相似的非同源染色体难以区分，为了提高染色体的鉴别能力，从 1968 年起，细胞遗传学领域创造出新染色技术-染色体显带技术。所谓染色体显带技术，就是用特殊的处理和染色方法，使同一染色体显现出不同的条纹，这种分化染色体技术就称为染色体显带技术。染色体经过显带技术处理之后，就会呈现出不同的条纹，每条同源染色体都有自己的典型带纹，这种表现染色体个性特征的条纹就叫作带型。按照染色体的带型特征，可以将带型分为 G 带、Q 带、C 带、R 带、T 带、Ag-NOR 带等多种类型。

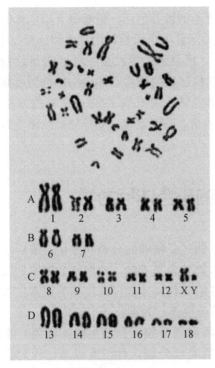

猪染色体核型38,XY(♂)   猪染色体核型38,XX(♀)

图 2-18 猪的染色体核型

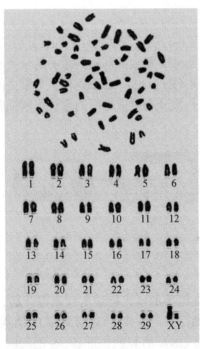
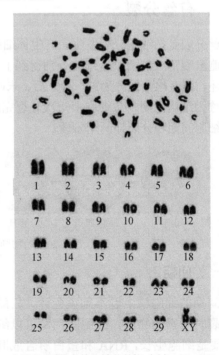

中国黄牛Y染色体为中着丝粒（公），60，XY   中国黄牛Y染色体为端着丝粒（公），60，XY

图 2-19 中国黄牛的染色体核型（陈宏，1990）

G 带即染色体标本经胰酶处理，Giemsa（吉姆萨）染料染色所显示的分带。Q 带也叫荧光带，是指染色体标本经喹吖因（quinacrine）等荧光染料染色后，沿着每个染色体的长度上显示出横向的、强度不同的荧光带纹。C 带是专门显示异染色质结构的染色体分带技术。R 带是先对染色体进行变性处理，再利用 Giemsa 染色，所显示的带纹正好与 G 带带纹相反带，故称 R 带。T 带又称端粒带，是专门显示染色体端粒部位的区带。Ag-NOR 是利用氨化硝酸银对染色体进行染色，专门显示核仁组织区在染色体上存在部位的一种染色方法，称为 Ag-NOR。染色体带型分析在疾病诊断、起源进化分析、基因定位、变异分析及环境监测等许多领域具有重要的作用。

第三节　细胞分裂中的染色体行为学

在高等动物中，精、卵细胞结合形成受精卵。通过受精卵的分裂和分化，最后发育成一个完整的个体。生物的生长发育和繁殖都是以细胞繁殖为基础的，而细胞的繁殖是以细胞分裂的方式进行的；那么，亲本如何把遗传物质传递给子代，才能保证生物的正常生长、发育和物种的稳定性？为此，有必要了解细胞分裂中的染色体行为学。

细胞分裂有三种方式：无丝分裂，有丝分裂和减数分裂。原核生物如细菌，靠简单的无丝分裂进行增殖。真核生物的体细胞增殖主要靠有丝分裂，性细胞成熟过程则要进行减数分裂。

一、有丝分裂

有丝分裂是指细胞分裂发生在产生体细胞的过程中，能看到纺锤丝。有丝分裂的特点是：由母细胞分裂形成的两个子细胞分别得到了由母细胞准确复制的同质同量的遗传物质。为了便于描述，将有丝分裂分为前、中、后、末四个时期（图 2-20）。在细胞两次分裂之间的一段时期，称为细胞间期。从细胞上一次分裂完成到下一次分裂结束之间的全过程叫细胞周期。它包括细胞间期和分裂期两个阶段。

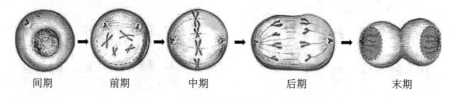

间期　　　　前期　　　　中期　　　　后期　　　　末期

图 2-20　动物细胞的有丝分裂模式图

（一）间期

在间期的细胞核中看不到染色体，只能看到染色质细丝。但细胞代谢很旺盛，储备了细胞分裂时所需的物质。细胞间期又可以细分为 G_1、S、G_2 期。G_1 期又称 DNA 复制预备期，主要是细胞生长，RNA 和蛋白质合成旺盛，为 DNA 的复制作准备。S 期又叫 DNA 复制期，主要进行 DNA 的复制，DNA 的含量加倍，染色体复制成两条染色单体。G_2 期，又称有丝分裂准备期。这三个时期持续时间因物种而异，一般 S 期持续时间较长，G_1 和 G_2 期较短。

（二）前期

染色质浓缩成明显的染色体，由长逐渐变短，由细逐渐变粗。此时每个染色体已含有 2 个并列的染色单体，但着丝点仍将 2 条姐妹染色单体连在一起。动物细胞中的 2 个中心体向两极移动，核膜、核仁逐渐消失。

（三）中期

中期细胞中出现由纺锤丝构成的纺锤体，纺锤丝与染色体的着丝点连接起来，此时的染色体处于最大程度的盘绕，因而表现得最清晰，其形态特征最典型。染色体随机地向赤道板移动，最终每个染色体的着丝点有规律地排列在赤道板上。因此，中期是观察染色体形态结构和进行染色体计数的最好时期。

（四）后期

每条染色体上的着丝点一分为二，使每个染色单体都具有一个着丝点，成为一个独立的子染色体。纺锤丝附着在每一个子染色体的着丝点上，由于纺锤丝地收缩，使每条子染色体有序地移向细胞两极，细胞的每一极都得到了与母细胞同样数目和质量的染色体。

（五）末期

子染色体到达两极后，染色体解螺旋，逐渐伸展为染色质。在每组染色体周围重新出现核膜、核仁。接着，细胞质也发生了分裂，形成两个子细胞。子细胞和母细胞在染色体数目、形态结构方面完全相同，这既维持了个体正常生长发育，又保证了物种世代间遗传性状的稳定性。

综上，在有丝分裂中，染色体的行为由染色质转变为染色体，再由染色体转变为染色质。

二、减数分裂

减数分裂是在配子形成过程中发生的一种特殊的有丝分裂，又称成熟分裂。由于这种分裂方式可使子细胞内的染色体数比母细胞减少一半，故称为减数分裂。减数分裂的特点是：染色体只复制一次，细胞连续分裂两次，结果子细胞内的染色体数目减半，称为单倍性的生殖细胞。另外一个特点是，第一次减数分裂的前期特别长，变化复杂，其中包括同源染色体的配对，交换与分离等。减数分裂的整个过程可分为减数第一次分裂（Ⅰ）和减数第二次分裂（Ⅱ）。每一次减数分裂又可都分为前、中、后、末四个时期（图 2-21）。

（一）减数第一次分裂

1. 前期 Ⅰ

这一时期的染色体变化最为复杂，表现出减数分裂的许多特征，又可细分为 5 个时期。

（1）细线期　细胞内出现细长如线的染色体，但相互往往难以区分。虽然染色体已复制为两个姐妹染色单体，但由于光学显微镜的分辨率的限制，在细线期的染色体上还难以识别。

（2）偶线期　染色体进一步缩短变粗，同源染色体进行配对，称为联会。联会是该期的主要特征，两条同源染色体配对完毕。通过联会使细胞内原来的 $2n$ 条染色体变成 n 组染色体，每一组含有两条同源染色体，这种配对的染色体叫二价体。

（3）粗线期　每个二价体有两个着丝粒。二价体进一步凝缩变粗，呈粗线状。由于两条同源染色体在间期已经复制，因此每个二价体实际包括四条染色单体，又叫四分体。这四条染色单体彼此缠绕在一起，同源染色体的非姐妹染色单体之间会发生 DNA 的片段交换，从而造成遗传物质的重新组合。

（4）双线期　染色体继续变短变粗，二价体中的两条同源染色体开始分开，但分开又不完全，在两条同源染色体之间仍有若干处发生交叉而相互连接。交叉是同源染色体非姐妹染色单体之间发生交换的结果。

（5）终变期　两条同源染色体仍有交叉联系着，染色体变得更为粗短，螺旋化达到最大程度，这时核仁和核膜开始消失，纺锤体开始形成。

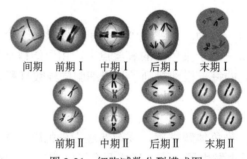

间期　前期Ⅰ　中期Ⅰ　后期Ⅰ　末期Ⅰ

前期Ⅱ　中期Ⅱ　后期Ⅱ　末期Ⅱ

图 2-21　细胞减数分裂模式图

2. 中期Ⅰ

各个二价体排列在赤道面上，每个二价体的两个着丝点逐渐远离，向着两极。

3. 后期Ⅰ

由于纺锤体的收缩，二价体中的两条同源染色体相互分离，向两极移动。至于同源染色体中的哪一条染色体移向哪一极，则完全是随机的。细胞每一极只能得到成对同源染色体中的一条，结果使子细胞内染色体数目从 $2n$ 条减少到 n 条，达到了染色体减半的效果。分向两极的每条染色体都包含着由同一着丝粒相连的两条姐妹染色单体。

4. 末期Ⅰ

染色体到达两极后，核膜、核仁重新出现，细胞质也分裂，最后形成两个子细胞，它们的染色体数目为 n，只有原来母细胞的一半。

（二）减数第二次分裂

在末期Ⅰ之后有一个很短的细胞分裂间期，不进行 DNA 合成，也不进行染色体复制。减数第二次分裂与有丝分裂基本相同。

1. 前期Ⅱ

每条染色体上具有由同一着丝粒连接的两条染色单体，但只有 n 个染色体。

2. 中期Ⅱ

核膜、核仁消失，细胞内出现纺锤体，每条染色体整齐地排列在赤道面上。

3. 后期Ⅱ

每条染色体的着丝粒分裂为二，每条染色单体成了独立的子染色体，并在纺锤丝的牵引下分向细胞两极。

4. 末期Ⅱ

染色体到达两极后，核膜、核仁重新出现，染色体去螺旋，变为染色质，随后细胞质分裂。结果，由原来的一个母细胞经过减数分裂产生了四个子细胞，每个子细胞中的染色体数都为 n。

综上，在减数分裂中，染色质经复制成为二倍体，经第一次减数分裂染色体数减半，经第二次分裂后，产生四个子细胞不但染色体数是母细胞的一半，而且 DNA 含量也是母细胞的一半。

（三）减数分裂的意义

在有性生殖的生物中，减数分裂是雌雄配子形成的必要阶段，因此它在遗传学上具有十分重要的意义。

首先，成熟的性母细胞经过减数分裂，产生四个子细胞，使其染色体数目比性母细胞减少了一半，成为单倍体（n）。当雌雄配子受精结合产生合子时，又使合子的染色体数恢复为二倍体（$2n$）。这样保证了物种的相对稳定性。

其次，在减数分裂过程中，非同源染色体随机地进行自由组合，产生配子中染色体组合方式的多样性，使配子受精后的子代群体产生遗传多样性变异。

最后，在减数分裂过程中，同源染色体的非姐妹染色体之间发生染色体片段的交换，造成染色体及其所载基因的重新组合，进一步丰富了配子中遗传变异的多样性，为生物的变异提供了丰富的素材。

第四节　分子遗传学基础

遗传信息的传递包含细胞增殖过程中将 DNA 信息准确无误地复制到子代细胞，同时还包括细胞自身在生命过程中所需要的蛋白编码基因随时间逐步激活、转录和翻译的过程。就前者而言，在细胞分裂过程中，染色体加倍的分子基础就是 DNA 的复制，而 Watson-Crick 的 DNA 双螺旋结构为 DNA 的复制奠定了理论基础。就后者而言，转录是以 DNA 为模板，在 RNA 聚合酶的作用下合成 RNA 的过程。在由 DNA-RNA-蛋白质这样一个遗传信息传递过程中，转录是个中心环节，对于大多数基因而言，转录是基因表达的第一步，也是关键的步骤，因此阐明转录的分子机制是了解生物遗传信息表达极为重要的内容。生物体内遗传信息的携带者是 DNA，但生物有机体的遗传特性仍然需要通过蛋白质来得到表达。在从 DNA 到蛋白质的遗传信息传递过程中，由于从 mRNA 上的核苷酸到多肽链上的氨基酸，这种遗传信息的传递好像从一种语言到另一种语言，因此，把蛋白质合成的过程称为翻译（translation）。

一、DNA 的复制

（一）DNA 复制的基本规律

1. 半保留复制

DNA 作为遗传物质，只有通过准确地复制，才能将遗传信息一代一代传下去。大量实验证明 DNA 的复制是以半保留的方式进行的。Watson 和 Crick 提出的 DNA 双螺旋结构结构模型为 DNA 的复制奠定了基础。DNA 复制时，由于两条核苷酸链间的氢键断裂而彼此分开，各自以自己为模板，按照碱基互补原则合成新的互补链，这样一个 DNA 分子就复制成两个完全相同的 DNA 分子。其中每一个 DNA 分子有一条旧链和一条新链，所以称为半保留复制，如图 2-22 所示。

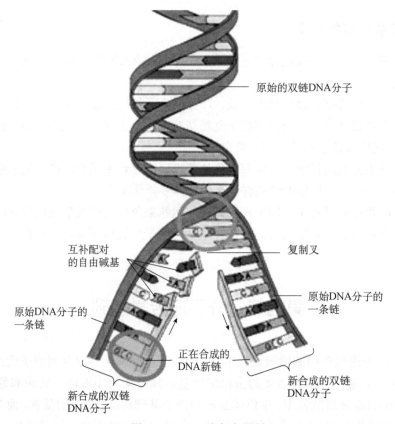

图 2-22　DNA 半保留复制

2. 半不连续复制

首先是特异蛋白辨认复制起点，在解旋酶和解链酶的作用下，将 DNA 解旋为两条单链DNA，单链结合蛋白与解开的单链 DNA 结合，保持单链的稳定，促使 DNA 的合成。再在 RNA 聚合酶作用下，以 DNA 为模板，按 5′→3′方向合成 RNA 短链。并以 RNA 短链为引物，按 5′→3′方向合成与 RNA 引物相连的 DNA 链。由于 DNA 聚合酶催化 DNA 合成时只能按 5′→3′方向进行，所以，只有 3′→5′的母链能连续不断地合成一条 5′→3′的新的互补链，称为前导链。另一条 5′→3′的母链则不能连续合成 5′→3′的互补链，只能以不连续的方式进行。即模板链解开一定区段后，才按 5′→3′方向合成一段带有 RNA 引物的 DNA 短链，当后一个 DNA 短链合成后，前一个 DNA 短链的 RNA 引物在 DNA 聚合酶 I 的作用下被切除，形成冈崎片段。各冈崎片段间留下的空隙在 DNA 聚合酶Ⅲ的作用下填补，然后在连接酶的催化下，将各短链相互连在一起，形成长的 5′→3′的 DNA 链，称为后随链。因此，DNA 在复制时，一条链以连续方式进行，另一条链则以不连续方式进行，这种复制方式称为半不连续复制（图 2-23）。

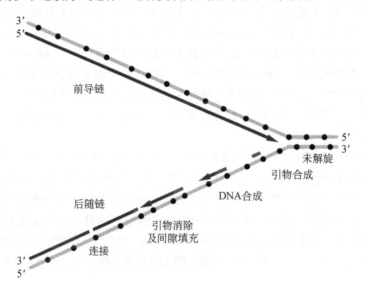

图 2-23　冈崎提出的半不连续复制模型（Tsuneko，2017）

前导链不断合成，后随链不连续合成。后随链的延伸反应由五个步骤组成：①DNA 模板的展开；②引物合成；③DNA（冈崎片段）合成；④引物降解和填隙；⑤冈崎片段连接片。模板 DNA 上的点表示引物 RNA 合成的信号序列

（二）DNA 复制所需的酶和蛋白质

DNA 复制是一个十分复杂的生物学过程，在复制的起始、延伸和终止等过程中，有许多酶和特异的蛋白质参与，其中主要的酶和蛋白质分述如下。

1. DNA 聚合酶

DNA 聚合酶（DNA polymerase）在 DNA 复制过程中催化以 DNA 为模板，以脱氧腺苷三磷酸（deoxyadenosine triphosphate，dATP）、脱氧鸟苷三磷酸（deoxyguanosine triphosphate，dGTP）、脱氧胞苷三磷酸（deoxycytidine triphosphate，dCTP）和脱氧胸苷三磷酸（deoxythymidine triphosphate，dTTP）等四种脱氧核苷三磷酸（deoxynucleoside triphosphate，dNTP）为底物，按碱基配对原则，沿 5′→3′方向合成新互补链。现已在原核生物、真核生物和某些病毒中都发现了 DNA 聚合酶。

（1）原核生物 DNA 聚合酶　人们在大肠杆菌中陆续发现了 3 种 DNA 聚合酶，即 DNA 聚合酶 I、Ⅱ、Ⅲ，其中 DNA 聚合酶 I 是 1956 年由 A. Kornberg 首次发现的 DNA 聚合酶，故又称为 Kornberg 酶。它是由 posA 编码的单链蛋白，是一种多功能酶，主要具有三种酶学活性。①5′→3′聚合酶活性。②3′→5′外切酶活性。它在复制过程中主要起着校对功能。在新合成的 DNA 链中，若有错误的核苷酸掺入，则不能形成正确的碱基对，使双螺旋发生形变，此时 DNA 聚合酶 I 的 5′→3′聚合作用将会停止，3′→5′外切酶活性将被激活，切除刚刚加上去

的错误核苷酸，然后再继续 5′→3′的合成，这种校对作用（proofreading）对于确保 DNA 复制的忠实性非常重要。③5′→3′外切酶活性。这种酶活性执行沿 5′→3′方向外切小片段 DNA 的功能，每次切除 10 个核苷酸，在复制过程中，后随链上冈崎片段 5′端 RNA 引物的切除依赖此种外切酶活性。

DNA 聚合酶 I 最初被发现时，曾被认为是大肠杆菌 DNA 复制的主力酶，后来发现大肠杆菌 DNA 聚合酶 I 的突变株照样可以复制，才知道它并不是 DNA 复制的"主角"。现在已经知道细菌 DNA 复制的主要聚合酶是 DNA 聚合酶 III。DNA 聚合酶 III 由 *polC* 编码，具有 5′→3′聚合酶活性和 3′→5′外切校正活性，但不具有 5′→3′外切酶活性。与 DNA 聚合酶 I 相比，两者在模板的选择性和最大催化速率上有所不同，DNA 聚合酶 I 适宜于大片段单链 DNA 的模板，而 DNA 聚合酶 III 对小于 100 个核苷酸的单链 DNA 的模板作用最佳；DNA 聚合酶 I 每秒能聚合 10 个左右核苷酸，而 DNA 聚合酶 III 则高达每秒 150 个。DNA 聚合酶 III 对前导链和后随链均起着合成延伸作用。

（2）真核生物 DNA 聚合酶　真核生物中存在 α、β、γ、δ 和 ε 五种 DNA 聚合酶（表 2-6）。DNA 聚合酶 α 在真核生物核 DNA 复制中，起着催化前导链合成起始和后随链合成的功能，具有相应的 5′→3′聚合酶活性和引发酶活性。DNA 聚合酶 δ 被认为是催化真核生物 DNA 复制的主力酶，持续合成能力高，同时具有 3′→5′外切酶校正活性，以保证复制的忠实性。一种称为增殖细胞核抗原（proliferating cell nucleus antigen，PCNA）的蛋白质可促进该酶的活性。DNA 聚合酶 β 和 ε 主要用于核 DNA 的修复，而 DNA 聚合酶 γ 位于线粒体内，主要用于线粒体 DNA 的复制。

表 2-6　真核生物的 5 种 DNA 聚合酶

DNA 聚合酶	α	β	γ	δ	ε
位置	细胞核	细胞核	线粒体	细胞核	细胞核
功能	后随链的合成和前导链的引发	修复	复制	前导链的合成	修复
分子量/kDa	300	40	180～300	170～230	250
3′→5′外切酶活性	+	+	+	+	−
引发酶活性	+	−	−	−	−

引自 B. Lewin，Gene V，1994

2. 引发酶

大多数 DNA 聚合酶不能起始 DNA 的合成，只能催化脱氧核苷酸添加在已有的 DNA 或 RNA 单链片段的 3′游离羟基上。因此，在 DNA 复制中，需要有一段 DNA 或 RNA 链提供 3′游离的羟基启动 DNA 的合成，这种 DNA 或 RNA 片段称为引物（primer）。DNA 体内复制的起始所需要的是 RNA 引物（RNA primer），它由引发酶（primase）催化合成。在大肠杆菌中，引发酶是一种由 *dnaG* 基因编码的 RNA 聚合酶，可催化大肠杆菌和某些噬菌体起始 DNA 复制的引物合成。真核生物 DNA 聚合酶 α 具有引发酶活性，起着催化前导链的引发和后随链上 RNA 引物合成的功能。Polα 作为引发酶，合成引物并延伸 20～30 个核苷酸。复制因子 C（RFC）识别引物并加载滑动夹 PCNA，之后由聚合酶 δ 和 ε 进行合成（图 2-24）。

3. DNA 连接酶

DNA 聚合酶尽管有能力将脱氧核苷酸添加到引物 RNA 链上使之延伸，但它不能催化两条相邻的 DNA 单链连接合成一条 DNA 链。由于 DNA 复制的半不连续性，后随链合成过程中会形成许多的冈崎片段，这些冈崎片段最终需连接合成一条完整的互补链，执行这一连接功能的就是 DNA 连接酶（DNA ligase）。DNA 连接酶可催化两条相邻 DNA 片段的 3′端羟基和 5′端磷酸基团之间形成磷酸二酯键，这一过程是个吸能反应。在大肠杆菌及其他的一些细菌中，烟酰胺腺嘌呤二核苷酸（nicotinamide adenine dinucleotide，NAD）起能源作用，而在动物细胞和噬菌体中，反应由 ATP 驱动。DNA 连接酶不能将两个单股的 DNA 分子连接起来，它所连接的是作为双螺旋一部分的两个相邻的 DNA 链，使双螺旋骨架上的缺口闭合。

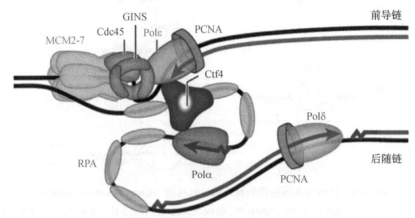

图 2-24　复制体结构和相互作用（Peter et al，2017）

复制体主要包含 DNA 聚合酶、引发酶、解旋酶、单链结合蛋白和其他辅助因子：①MCM2-7 作为主要解旋酶。②Cdc45 和 DNA 复制复合物 Go-Ichi-Ni-San（GINS）与 MCM2-7 六聚体结合形成 Cdc45/MCM2-7/GINS（CMG）复合物，激活解旋酶活性。③Polδ 和 Polε 作为主要 DNA 聚合酶参与 DNA 合成，其中 Polε 通过与 GINS 相互作用保留在复制叉上。④PCNA 作为 DNA 滑动夹，作用是提高 DNA 聚合酶效率。⑤Polα 主要发挥引发酶的作用。⑥RPA 是单链结合蛋白，主要作用是防止新形成的单链 DNA 重新配对形成双链 DNA 或被核酸酶降解

4. 拓扑异构酶

天然双螺旋 DNA 都是负超螺旋，有利于自然状态下许多蛋白质的结合和复制起始时复制叉（replication fork）的形成。当复制开始后，由于复制叉向前移动，可造成与有负超螺旋相反的超绕现象，逐渐消除负超结构。当环状 DNA 双链已经复制 5%时，原有天然的负超螺旋就被用尽，复制叉继续前进，就会产生正超螺旋，这将会阻止复制反应的进行。那么在复制过程中，如何消除正超螺旋，恢复负超螺旋的结构呢？这主要依赖于拓扑异构酶来完成。拓扑异构酶（topoisomerase）是能将单、双链的线状或环状的 DNA 分子进行拓扑交换的一种酶。DNA 复制过程中所涉及的拓扑异构酶主要有两种：拓扑异构酶Ⅰ和拓扑异构酶Ⅱ。拓扑异构酶Ⅰ可使超螺旋的环状 DNA 解旋成不具超螺旋的、松弛状态的环状 DNA，这个反应无须提供能量。拓扑异构酶Ⅱ能促使产生负超螺旋并消除复制叉沿 DNA 链前移时在前面所产生的正超螺旋，以利解链。双链 DNA 分子复制完成后，拓扑异构酶Ⅱ可使所复制的 DNA 分子引入超螺旋，帮助 DNA 缠绕、折叠、压缩形成染色质。在它引入超螺旋时，需水解 ATP 提供能量。

5. 解旋酶

拓扑异构酶Ⅰ和拓扑异构酶Ⅱ相互协同作用，控制着 DNA 的拓扑结构，有利于复制过程中 DNA 双链的解开。但最终解开 DNA 分子互补双链作为复制的模板，则有赖于 DNA 解旋

酶（helicase）。解旋酶是一种依赖于 DNA 的三磷酸腺苷酶（DNA dependent ATPase），它需要通过水解 ATP 获得能量来解开双链，每解开一对碱基，需将两分子 ATP 水解成 ADP 和磷酸盐。解旋酶这种水解 ATP 的活力依赖于单链 DNA 的存在。在 DNA 复制过程中，大多数解旋酶能识别复制叉的单链结构，并结合于单链部分，随着复制叉的前进沿后随链以 5′→3′方向移动，小部分解旋酶（如 Rep 蛋白酶）则沿前导链以 3′→5′方向移动，促进 DNA 分子解开互补双链，如图 2-25 所示。

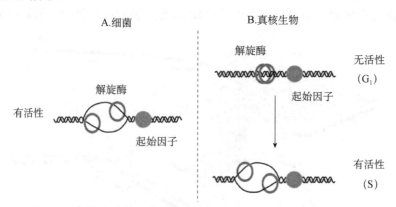

图 2-25　原核与真核生物的解链酶加载过程（Charanya et al，2016）

在细菌中，复制性 DNA 解旋酶以活性形式加载在起始处的单链 DNA 周围（A）；在真核生物中，DNA 解旋酶以非活性形式加载在起始处的双链 DNA 周围。解旋酶的激活与细胞周期中的解旋酶加载在时间上是分开的（B）。起始蛋白指导复制 DNA 解旋酶的加载。G_1 和 S 表示真核生物中的 G_1 期和 S 期细胞周期阶段

6. 单链结合蛋白

当解旋酶将 DNA 双链打开以后，单链 DNA 具有一种潜在的恢复原来双链的能力，重新形成氢键，而且单链 DNA 本身若有反向重复也会形成发夹结构，这两种情况都不利于 DNA 复制，但单链结合（single strand binding，SSB）蛋白可以解决这一问题。这种蛋白又称为双螺旋反稳定蛋白（helix destabilizing protein），它并不是酶，在大肠杆菌中它是由 177 个氨基酸组成的蛋白质，含 4 个相同的亚基，分子质量为 74000 Da。单链结合蛋白与解链后的 DNA 单链结合，可使被其覆盖的 DNA 序列受到保护，不被 DNA 酶水解，同时也使单链 DNA 不回复成双链以维持复制模板的稳定。在原核生物中，单链结合蛋白与 DNA 结合表现出协同效应。若第一个单链结合蛋白的结合能力为 1，则第二个单链结合蛋白的结合能力为 10^3。真核生物的单链结合蛋白则不表现协同效应。

（三）DNA 复制的一般过程

1. DNA 复制的起始

原核生物和真核生物的 DNA 复制都是从 DNA 分子上特定的复制起点（replication origin）开始的。复制开始时，多种启动蛋白以多拷贝的形式在复制起点形成一个大的蛋白质 DNA 复合体。然后该复合体与 DNA 解旋酶相结合，解旋酶打开 DNA 分子互补的两条链，形成复制泡（replication bubble），产生两个向相反方向扩展的复制叉；紧接着它与 DNA 引发酶相结合，形成引发体（primosome）；引发酶催化合成 DNA 起始所需的 RNA 引物，随着引发体的前移，在 DNA 聚合酶的作用下，可使 RNA 引物引发第一条 DNA 链的合成。最后，其余的复制蛋白因子和酶迅速形成第二个蛋白质 DNA 复合体，开辟第二个复制叉，DNA 子

链的合成从复制起点向两个相反方向延伸（图 2-26）。

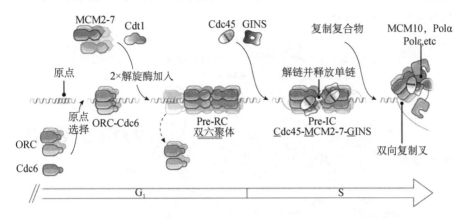

图 2-26 真核生物 DNA 复制的起始

在 G_1 期的早期，ORC 将 Cdc6 和 Cdt1 募集到复制起点，随后加载 MCM2-7，再将 Cdc6 和 Cdt1 从染色质中释放出来，以防止 MCM2-7 重新加载，保证每个细胞周期只复制一次。在 S 期，Cdc45 和 DNA 复制复合物 Go-Ichi-Ni-San（GINS）与 MCM2-7 六聚体结合形成 Cdc45-MCM2-7-GINS（CMG）复合物，激活 MCM 的解旋酶活性

2. DNA 复制的延伸

DNA 复制的延伸过程就是复制叉的前移过程，它可分为 5 个阶段：第一个阶段是双链 DNA 不断解螺旋；第二个阶段是前导链的合成；第三个阶段是后随链上 RNA 引物的合成；第四个阶段是冈崎片段的合成；最后阶段是 RNA 引物去除和冈崎片段连接。

在复制叉前移过程中，首先由拓扑异构酶解螺旋，并使解螺旋产生的正超螺旋恢复成负超螺旋，形成有利于 DNA 分子解链的拓扑结构。接着 DNA 解旋酶在复制叉形成后，结合于单链上，借助对 ATP 水解所产生的能量，沿单链分子不断前移，当碰到双链时切断氢键，打开双链。随后单链结合蛋白以多拷贝形式结合在两条单链上，使其暂不复性，以维持其单链状态，为其他蛋白因子和酶的结合提供必要的条件。

前导链的合成方向与复制叉的移动方向相一致，它的延伸过程比较简单，仅在复制开始时以一小段特异的 RNA 分子作为引物，DNA 聚合酶Ⅲ借此引物连续地合成一条与模板链碱基配对的新链。后随链的合成比较复杂，在复制叉前移的过程中，引发体也随之前移，引发酶不断合成 RNA 引物，这些 RNA 引物间隔分布于后随链上，与模板链互补，并由 DNA 聚合酶Ⅲ按 $5'\rightarrow3'$ 方向延伸至前一个 RNA 引物上，形成冈崎片段。然后由 DNA 聚合酶Ⅰ用 $5'\rightarrow3'$ 外切酶活性切除引物，再催化冈崎片段的 $3'$ 端合成短片段 DNA，填补空缺，最后由 DNA 连接酶封闭相邻冈崎片段之间的切口，形成一条完整的互补链（图 2-27）。尽管后随链的合成是一段一段进行的，从局部看 DNA 聚合酶Ⅲ的 $5'\rightarrow3'$ 聚合作用是逆复制叉前进的，但子链合成的总方向仍然与复制叉的移动方向相一致。

以上 DNA 复制的延伸过程是按大肠杆菌（原核生物）的复制机理加以阐述的，真核生物的复制与此有两点不同：首先，它使用两种不同的 DNA 聚合酶。真核生物前导链的合成依赖于 DNA 聚合酶 σ，复制因子 C（replication factor C，RFC）和增殖细胞核抗原（PCNA）这两种辅助蛋白可促进 DNA 聚合酶 σ 与模板/引物的亲和。真核生物后随链的合成则需利用 DNA 聚合酶 α，它易于释放和重结合，而有利于间断的冈崎片段的合成。其次，真核生物的引发酶是后随链上 DNA 聚合酶 α 的一个亚单位，而细菌的引发酶则是单独的酶，它与解旋酶偶联在一起，形成复制体的一部分。

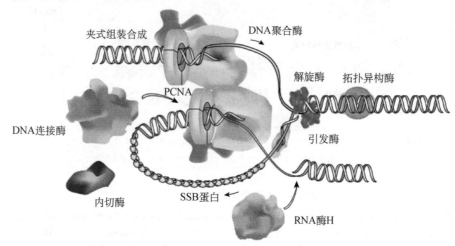

图 2-27　DNA 复制叉的成分和复制体酶活性的示意图（Vadim et al，2010）

PCNA：增殖细胞核抗原；SSB 蛋白：单链结合蛋白

3. DNA 复制的终止

复制的延伸阶段结束后即进入复制的终止阶段，在 DNA 复制中尚未发现特异的终止信号。环状 DNA 与线状 DNA，单向 DNA 与双向 DNA 复制终止情况各异，环状 DNA 单向复制终止于复制起点附近，线状 DNA 和环状 DNA 双向复制的复制终点不固定。在复制终止阶段还需进行 RNA 引物切除、缺口补齐和冈崎片段的连接，以产生完整的 DNA 链。有些子代 DNA 分子还需拓扑异构酶的作用以形成超螺旋结构。

二、转录

转录是以 DNA 为模板，在 RNA 聚合酶的作用下合成 RNA 的过程。DNA 的复制与转录，其机制十分相似，它们都是在酶的催化作用下以 DNA 为模板，按碱基配对的原则，沿 $5' \rightarrow 3'$ 方向合成与模板互补的新链。DNA 的复制是精确地把整个基因组拷贝下来，有利于生物的生长与繁殖后代；而转录则是把基因组的遗传信息变成 RNA，为蛋白质的合成提供指导。

（一）DNA 转录的基本特征

（1）对于整个基因组来说，转录只发生在其部分区域，还有许多区域的 DNA 并不转录为 RNA。在哺乳动物中，大约只有 1% 的 DNA 转录为成熟的 mRNA，再进行蛋白质的合成。

（2）转录只需一条 DNA 链为模板，这条 DNA 单链叫模板链或反义链，另一条 DNA 单链叫编码链或有义链。

（3）DNA 转录时不需要引物的参与，DNA 复制时需要 RNA 引物的参与。

（4）DNA 转录的底物为 4 种核糖核苷三磷酸（rNTP），即 ATP、CTP、GTP、UTP，RNA 与模板 DNA 的碱基配对关系为：G-C 配对，A-U 配对；DNA 复制的底物为 4 种脱氧核苷三磷酸（dNTP），即 dATP、dCTP、dGTP、dTTP，其碱基配对关系为：G-C 配对，A-T 配对。

（5）DNA 转录需要 RNA 聚合酶的催化作用，而 DNA 复制则以 DNA 聚合酶为主，在合成 RNA 引物时还需要 RNA 聚合酶的作用。

（二）RNA 聚合酶

在原核生物如大肠杆菌中只有 1 种 RNA 聚合酶，负责所有 mRNA、tRNA 和 rRNA 的合成。RNA 聚合酶是一种复合酶，由 5 个亚基（$\alpha_2\beta\beta'\sigma$）组成。$\alpha_2\beta\beta'$ 构成核心酶，该核心酶与 σ 亚基构成全酶。σ 亚基最主要的功能是识别启动子。不同的原核生物都具有基本相同的核心酶，只是 σ 亚基有所不同。

在真核生物中有 3 种 RNA 聚合酶，即 RNA 聚合酶 I、RNA 聚合酶 II、RNA 聚合酶 III。RNA 聚合酶 I 存在于核仁中，其功能是合成 5.8S rRNA、18S rRNA 和 28S rRNA；RNA 聚合酶 II 存在于核基质中，其功能是合成 mRNA 和 snRNA（核内小 RNA）；RNA 聚合酶 III 存在于核质中，其功能是合成 tRNA、5S rRNA 和 snRNA。每种 RNA 聚合酶含有 2 个大亚基和 8～12 种小亚基。

（三）DNA 转录的过程

RNA 合成主要包括 4 个步骤：①RNA 聚合酶与 DNA 上的特定位点结合；②转录的起始；③RNA 链的延长；④RNA 链的终止和释放。

1. RNA 聚合酶与 DNA 上的特定位点结合

RNA 聚合酶全酶与模板 DNA 结合，去寻找启动子，当 σ 亚基发现启动子和其识别位点时，全酶就与-35 序列结合，形成一个封闭性启动子复合物，该复合物发现-10 序列并与之牢固结合，-10 序列易发生局部解链，形成开放性启动子复合物。封闭性启动子复合物和开放性启动子复合物均为二元复合物，因为只有 RNA 聚合酶全酶和 DNA 模板。

2. 转录的起始

开放性启动子复合物在 RNA 聚合酶 β 亚基的催化下，形成 RNA 的第一个 rNTP，这时由 RNA 聚合酶、DNA 模板和新生的 RNA 链所组成的复合物称为三元复合物。三元复合物形成之后，σ 亚基从全酶上解离下来（图 2-28）。

3. RNA 链的延长

在 RNA 链的延长阶段，核心酶一直与 DNA 模板处于结合状态，始终保持酶-模板-RNA 三元复合物的结构。与 DNA 合成一样，由 RNA 聚合酶催化 RNA 合成也是从 DNA 模板链的 $3'→5'$ 方向读取，按照 $5'→3'$ 方向合成。其转录过程是：一个 RNA 聚合酶分子沿 DNA 分子链移动，引起双链的局部解链。在 RNA 聚合酶范围内游离的核糖核苷酸以其中一条链为模板按碱基配对原则合成一段与 DNA 互补的 RNA 短链。最后当 RNA 聚合酶移至适当的地点时，新生的 mRNA 分子从 DNA 分子链上解链脱离，形成 mRNA 分子。而这段 DNA 的两个单链又重新恢复成双链。由 DNA 转录而来的 RNA 包括 mRNA、tRNA 和 rRNA 三种。

4. RNA 链的终止和释放

人们发现，原核生物转录的终止信号存在于 RNA 聚合酶已经转录过的 RNA 序列之中，这种提供终止信号的序列叫终止子。RNA 聚合酶能识别终止子，并在该处停止合成 RNA，再释放 RNA，最后 RNA 聚合酶脱离 DNA 模板，从而终止转录。

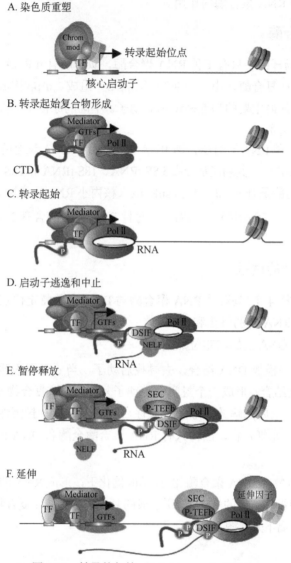

图 2-28　转录的起始（Leighton et al，2019）

箭头表示转录起始位点（transcription start sites，TSS）。转录因子（TF）结合基序和核心启动子序列，
每个步骤都涉及不同的蛋白质因子和复合物。DSIF、NELF 和 Pol Ⅱ CTD 的磷酸化显示为"P"

三、蛋白质的生物合成

（一）遗传密码

　　生物的各种性状是由其特异的蛋白质结构所决定的，而各种蛋白质的特异性又决定于组成蛋白质的 20 种氨基酸的不同排列组合。20 种氨基酸又是由什么物质决定的呢？现在研究证实是由 DNA 转录来的 mRNA 的四种碱基的不同排列顺序所决定的。所以我们把 mRNA 的核苷酸排列顺序和蛋白质中氨基酸的顺序之间的对应关系称为"遗传密码"，把特定氨基酸编码的三联体称为密码子。mRNA 上每三个碱基组成一个密码子，决定一个氨基酸，于是形成 $4^3=64$ 种组合。显然这 64 种组合对 20 种氨基酸来说太多了。进一步研究表明，一种氨基酸不止由一种密码子决定。另外，有些密码子虽然无相应的氨基酸，但有其他用途（表 2-7）。

从表 2-7 可以看出，大多数氨基酸都有几个密码子（同义密码子），多则六个，少则两个，这种两个或两个以上的密码子代表一种氨基酸的现象就叫简并。密码子与氨基酸之间一对一关系的只有色氨酸和甲硫氨酸。另外，UAA、UAG 和 UGA 这三个密码子没有对应的氨基酸，称为无义密码子或终止密码子，是蛋白质合成的终止信号，而 AUG 和 GUG 兼有蛋白质合成起始信号的作用，又叫起始密码子。

表 2-7　mRNA 的遗传密码子

第一碱基	第二碱基								第三碱基
	U		C		A		G		
U	UUU UUC	苯丙氨酸	UCU UCC	丝氨酸	UAU UAC	酪氨酸	UGU UGC	半胱氨酸	U C
	UUA UUG	亮氨酸	UCA UCG		UAA UAG	* *	UCA UGG	* 色氨酸	A G
C	CUU CUC	亮氨酸	CCU CCC	脯氨酸	CAU CAC	组氨酸	CGU CGC	精氨酸	U C
	CUA CUG		CCA CCG		CAA CAG	谷氨酸	CGA CGG		A G
A	AUU AUC	异亮氨酸	ACU ACC	苏氨酸	AAU AAC	天冬 酰氨	AGU AGC	丝氨酸	U C
	AUA		ACA		AAA	赖氨酸	AGA	精氨酸	A
	AUG	甲硫氨酸	ACG		AAG		AGG		G
G	GUU GUC	缬氨酸	GCU GCC	丙氨酸	GAU GAC	天冬 氨酸	GGU GGC	甘氨酸	U C
	GUA GUG		GCA GCG		GAA GAG	谷氨酸	GGA GGG		A G

*为终止密码子

从表 2-7 中还可以看出，就多数而言，简并现象的基础是密码子前两位的碱基，如代表苏氨酸的 ACU、ACC、ACA、ACG 这四种密码子前两位都是 AC，第三位分别是 U、C、A、G，也就是说前两位碱基决定之后，第三位碱基不管是四种碱基中的哪一种都可决定同一种氨基酸，这说明第三位碱基具有一定的自由度或摇摆性。于是同义密码子越多，生物遗传稳定性就愈大，因为一旦 DNA 分子上的碱基发生突变，突变后所形成的密码子可以与原来的密码子一样翻译成同样的氨基酸，从而在多肽链上便不会出现任何变异，因此简并现象对生物遗传的稳定性有着重要的意义。

大量的研究证明，从病毒到人类的整个生物界，遗传密码子都是通用的，即所有的核酸语言都由四种基本的碱基符号编成，而所有的蛋白质语言又都由 20 种氨基酸编成。就像一个音阶编出千变万化、不同旋律的音乐一样，生物界用遗传密码这个共同文字编写出形形色色的生物种类和生物性状。遗传密码既说明了生命的共同本质和共同起源，也说明了生物变异的原因和进化的无限历程。

（二）蛋白质的生物合成过程

原核生物蛋白质的生物合成过程，可概括地分为肽链的起始、延伸和终止三个阶段。

1. 肽链的起始

在蛋白质合成开始时，首先，核糖体的 30S 小亚基与 mRNA 结合，构成一个 30S-mRNA 起始复合体。带有甲酰甲硫氨酸的 tRNA（fMet-tRNA）进入起始复合体，识别出起始密码子 AUG，tRNA 反密码子的 UAC 与 mRNA 上的起始密码子 AUG 相结合，随后在起始因子和 GTP 的作用下，核糖体的 50S 大亚基与 30S 小亚基结合，形成一个稳定的 70S 起始复合体，复合体上有 P 位点和 A 位点。复合体形成后，fMet-tRNA 结合在 P 位点上，完成肽链的起始过程（图 2-29）。

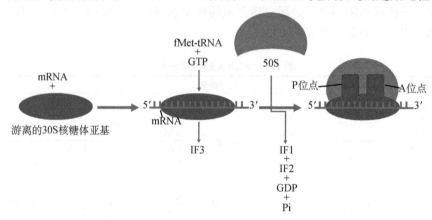

图 2-29　原核生物蛋白质合成的起始过程

2. 肽链的延伸

起始之后，P 位点已被携带甲酰甲硫氨酸的起始 tRNA（fMet-tRNA）所占住，而 A 位点仍空着。tRNA 与相应的第二个氨基酸结合，形成氨基酰-tRNA。延伸因子先与 GTP 结合，再与氨基酰-tRNA 结合形成三元复合物，就可以进入核糖体的 A 位点。肽基转移酶能把位于 P 位的甲酰甲硫氨酸转移到 A 位的氨基酰-tRNA 的氨基上，并形成第一个肽键。这时 P 位成为空载。在转位因子和 GTP 作用下，带有新合成肽链的 tRNA 从 A 位移到 P 位，同时将 P 位点上空载的 tRNA 逐出核糖体，空出 A 位点，核糖体沿 mRNA 移动一个密码子距离，从而使新的 mRNA 密码子就在 A 位显露出来，该密码子再被下一个氨基酰-tRNA 所识别，并入座 A 位点。重复这个过程，使肽链不断延长，直到出现终止信号时为止（图 2-30）。

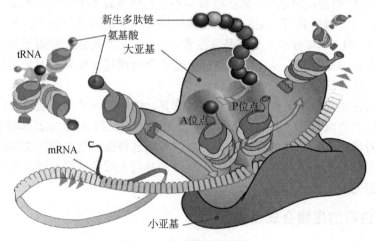

图 2-30　肽链的延伸过程

3. 肽链的终止

在蛋白质合成的过程中，当核糖体沿着 mRNA 移动到终止密码处（UAA、UAG 与 UGA）时，由于没有一种 tRNA 能识别这三个终止密码子，故肽链的延伸就停止了。已合成的多肽链在蛋白质释放因子的作用下，从核糖体上脱落下来，并进一步卷曲、折叠形成具有一定空间构型的蛋白质。与此同时，核糖体与 mRNA 相互分离，核糖体解体为大、小两个亚基，大、小亚基可周而复始，重新参与肽链的形成过程。

四、中心法则及其发展

DNA 一方面可以自我复制，从 DNA 产生 DNA，将遗传信息复制后从亲代传递到子代，另一方面是遗传信息通过 DNA→mRNA→蛋白质的转录和翻译过程，使亲代的性状在子代中得以表现。这就是生物遗传的中心法则。该法则是 1957 年由克里克（F. H. C. Crick）最早提出来的。这是从噬菌体到真核生物的整个生物界中绝大多数生物所共同遵循的普遍规律（图 2-31）。

但分子遗传学的进一步研究表明，上述规律不是唯一的规律，一些不具有 DNA 只有 RNA 的病毒，如小儿麻痹症病毒，流行性感冒病毒，等等，并不遵循由 DNA 传向 RNA，再由 RNA 决定蛋白质的特异性，而是另有途径，即病毒 RNA 也可以自我复制，以病毒 RNA 为模板，在逆转录酶的作用下合成 DNA，然后以这段病毒 DNA 为模板，转录成 RNA，再以 RNA 为模板合成病毒的蛋白质。这个 RNA→DNA→RNA→蛋白质的遗传信息流向，是对中心法则的补充和发展。

随着科学的发展和新技术的出现，加之生物种类的多样性和特异性，中心法则进一步地修正和补充，将是完全可能的。

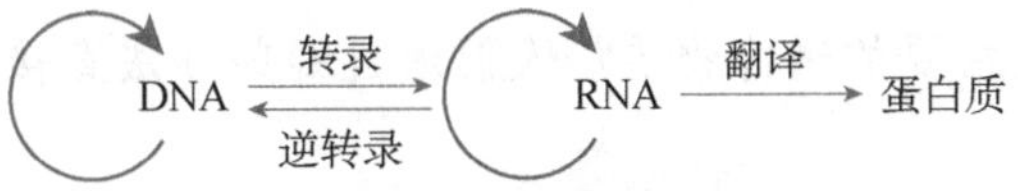

图 2-31 中心法则示意图

◀◀ **本章小结** ▶▶

经细菌的转化实验，噬菌体的侵染实验，烟草花叶病毒的感染和金鱼鲫鱼转化实验证明了 DNA 是生物体主要的遗传物质，没有 DNA 的病毒 RNA 是遗传物质。DNA 由脱氧核糖、磷酸、腺嘌呤、鸟嘌呤，胞嘧啶和胸腺嘧啶碱基组成。RNA 由核糖、磷酸、腺嘌呤、鸟嘌呤，胞嘧啶和尿嘧啶碱基组成。DNA 的一级结构是指 DNA 分子中 4 种核苷酸的连接方式和排列顺序，DNA 的二级结构是指两条核苷酸链反向平行盘绕所生成的双螺旋结构。DNA 双螺旋进一步扭曲盘旋所形成的特定空间结构称超螺旋结构。双螺旋有 B、A、C、D、E、Z 等构象。

基因是 DNA 分子上的一个特定的、有功能的片段。真核生物基因的一般结构属多部位结构，包括启动子区、起始密码、外显子、内含子、终止密码子等。一个物种单倍体染色体所携带的一整套基因称为该物种的基因组，每一种生物中的单倍体基因组的 DNA 总量称为 C 值。真核生物基因组的序列分为单一序列、轻度重复序列、中度重复序列和高度重复序列。真核生物基因组中有许多来源相同、结构相似、功能相关的一组基因称为一个基因家族。一个基因家族中紧密连锁、成簇串联排列的一组基因称为基因簇。

DNA 在细胞间期以染色质的形式存在，染色质的基本单位是核小体。每个核小体由组蛋白 H_2A、H_2B、H_3、H_4 各两个分子聚合的 8 聚体和约 200 个碱基对的 DNA 链及一个组蛋白 H_1 组成。在细胞分裂期，染色质进一步螺旋化形成染色体。每种生物都有特定的染色体数目。按照染色体的臂比率，把染色体分为中着丝粒染色体、亚中着丝粒染色体，近端着丝粒染色体和端着丝粒染色体。将一个个体的中期分裂细胞的全部染色体按照同源染色体配对，依照形态，大小、结构特征分类排列而成的图型称为核型。鉴定一个个体染色体的数目、长度、形态、结构有无异常的分析方法叫核型分析。染色体的带型有 G 带、Q 带、C 带、R 带、T 带、Ag-NOR 带等多种类型。

细胞分裂有无丝分裂，有丝分裂和减数分裂三种方式。原核生物靠简单的无丝分裂进行增殖。真核生物的体细胞增殖主要靠有丝分裂，性细胞成熟靠减数分裂。有丝分裂分为前、中、后、末四个时期，一个母细胞产生的两个子细胞染色体数与母细胞完全一样。减数分裂分为第一次减数分裂和第二次减数分裂，每次均分为前、中、后、末四个时期。期间出现联会、交叉等现象。一个母细胞产生的四个子细胞染色体数目是母细胞的一半。

DNA 复制具有半保留复制和半不连续复制的特征。基因的表达需要经过转录和翻译等过程。DNA 复制的一般过程分为 DNA 复制的起始、DNA 复制的延伸和 DNA 复制的终止三个阶段。转录是以 DNA 为模板，在 RNA 聚合酶的作用下合成 RNA 的过程。包括 RNA 聚合酶与 DNA 上的特定位点结合、转录的起始、RNA 链的延长和 RNA 链的终止和释放 4 个步骤。以 mRNA 为模板合成蛋白质的过程叫翻译。蛋白质合成过程包括肽链的起始、延伸和终止三个阶段。把从 DNA→RNA→蛋白质的过程称为中心法则。在发现逆转录酶后，从 RNA→DNA→RNA→蛋白质的遗传信息流向，称为是对中心法则的补充和发展。

◀ **思考题** ▶

1. 为什么说 DNA 是主要的遗传物质？人们通过哪些方法直接或间接证明了 DNA 是遗传物质？

2. 有丝分裂与减数分裂有何异同点？在遗传上有何意义？

3. 什么是核型、核型分析？核型分析有何意义？

4. 什么是转录？转录的具体过程是什么？

5. 什么是翻译？翻译的具体过程是什么？

6. 什么是中心法则？有哪些发展？

第三章　遗传学的基本定律

人类在几千年前就开始认识生物的遗传现象，并运用遗传学知识培养出各种名贵的动、植物品种。但是遗传学有何规律，一直是世人探讨的重要问题。遗传学规律的发现始于 1865 年奥地利遗传学家孟德尔（Gregor Mendel，1822～1884）的《植物杂交的试验》一文。他用豌豆进行了 8 年的杂交试验，揭示了遗传学的两个基本定律，即分离定律和自由组合定律。1910 年美国遗传学家摩尔根（T.H.Morgan）及其合作者，对果蝇进行了大量研究，正确地解释了连锁交换现象，从而确立了遗传学的第三个基本定律，即连锁交换定律。这些定律具有普遍意义，对于动、植物育种工作至今还起着重要的指导作用。

第一节　分　离　定　律

一、孟德尔试验方法和特点

孟德尔之所以取得巨大的试验成果，就在于他试验设计的巧妙。他总结了前人试验研究方法的缺点和经验教训，采用了一套全新的方法。

（1）所用的试验材料都是能真实遗传的纯种　孟德尔将原始材料都首先栽培两年，再从中仔细挑选那些后代表现和父母一样的豌豆种子作为试验材料，保持了性状的遗传稳定性。

（2）选择有明显区别的单位性状进行观察　孟德尔选用不同的豌豆品种进行试验，花色有红、白两种，子叶有黄、绿之别，茎有高、矮之分，这些性状的不同表现类型都构成一对对的相对性状，孟德尔把这些成对的相对性状称为单位性状。在研究某一单位性状时，暂不管其他单位性状，在弄清一对单位性状遗传规律的基础上，再在同一杂交组合试验中研究两种或多种单位性状的遗传规律。

（3）进行各世代的谱系记载　孟德尔在试验记录中指明每棵植株的父本和母本、配对亲本和后代及其性状表现。

（4）运用统计分析　对每个世代不同类别的后代的相对数目进行了记载和统计分析。这种定量研究方法，为他的成功奠定了基础。他是将统计方法应用于遗传学研究的第一人。

（5）严格而谨慎的去雄、授粉和套袋技术　孟德尔在杂交试验中采取了严格而谨慎的去雄、授粉和套袋技术。豌豆虽是严格的自花授粉植物，但在自花授粉过程中也进行套袋，以防意外的外来花粉的混杂。

二、一对相对性状的杂交试验

（一）基本概念

1. 性状

遗传学上把生物体所表现的形态特征和生理生化特性统称为性状。

2. 单位性状

生物的总体性状区分成许多单位，每个单位只包含一个指标，用一个指标表示的性状叫单位性状。如：豌豆有许多性状，而豌豆的红花与白花只包含花色这一个指标，花色就是一个单位性状。

3. 相对性状

同一性状的不同表现形式。如：豌豆的红花与白花；动物的黑毛与白毛。

4. 杂交

遗传学上具有不同遗传性状的个体之间的交配称杂交。所产生的后代叫杂种。

（二）孟德尔的豌豆杂交试验

孟德尔从 34 个豌豆品种中选择了 7 对区别明显的相对性状进行了杂交试验，如红花与白花，高茎与矮茎，籽粒饱满与皱缩等。把开红花的品种与开白花的品种杂交，这两个品种就叫亲代（P），而且这些品种都是真实遗传的，即开红花的植株从来都是开红花的。杂交后亲代结下的种子就是子一代（F_1）的种子，把种子种下长成的植株就是子一代植株。孟德尔发现，具有相对性状的两个品种相互作为父本或母本，这叫作互交，而且，不论是用红花作母本，白花作父本的正交，还是以红花作父本，白花作母本的反交，正反交的结果都是一样的，即子一代植株全部开红花，没有开白花的，更没有开其他颜色的花的。孟德尔把杂交时两亲本的相对性状能在子一代表现出来的叫显性性状，不表现出来的叫隐性性状。这样，红花对白花而言，是个显性性状，白花对红花而言则是个隐性性状。子一代不出现隐性性状，只出现显性性状，这种现象叫作显性现象。

子一代的红花植株自花授粉，结出的种子再种下去，得到的植株叫子二代（F_2）。子二代中，除了开红花的植株外，还出现了开白花的植株。在子二代中既出现显性性状，又出现隐性性状的现象叫作分离现象。F_2 出现开红花的占 3/4，开白花的占 1/4，呈现显隐性个体的比例为 3∶1 的数量关系，很有规律。

孟德尔对豌豆的另外六对相对性状进行杂交，所得试验结果与花色的遗传结果一样，即在 F_1 可以看到显性现象，在 F_2 中出现分离现象，分离比都接近 3∶1（表 3-1）。

表 3-1　孟德尔用豌豆所做的（F_2）一对相对性状的杂交试验结果

性状	显性	隐性	F_2 显隐性比例
成熟种子形状	5474 圆	1850 皱	2.96∶1
子叶颜色	6022 黄	2001 绿	3.01∶1
花色	705 红	224 白	3.15∶1
豆荚形状	822 饱满	299 皱缩	2.95∶1
未熟豆荚颜色	428 绿	152 黄	2.82∶1
荚花的位置	651 腋生	207 顶生	3.14∶1
茎的长度	787 高	277 矮	2.84∶1

（三）遗传因子分离假说

孟德尔提出了遗传因子分离假说来解释上述现象。

（1）遗传性状是由遗传因子决定的，遗传因子在体细胞中成对存在，一个来自父本，另一个来自母本。

（2）杂种在形成配子时，成对的遗传因子彼此分离，因此配子中只含有成对因子中的一个，这就是分离定律的实质。

（3）遗传因子之间存在显隐性关系，含显性因子与隐性因子的个体表现显性性状。控制显性性状的遗传因子称作显性因子，另一个则叫隐性因子。

（4）F_1 体细胞内的相对遗传因子虽同在一起，但并不融合，各自保持其独立性。

（5）杂种产生的不同类型的配子数目相等，不同类型的雌、雄配子自由结合，因此出现 3∶1 的显隐性比例。

现代遗传学认为，孟德尔所说的遗传因子就是位于染色体上的基因。下面以豌豆花颜色杂交试验为例，说明孟德尔的遗传因子分离假说。

花的颜色是由一对等位基因 R 和 r 控制的，红花是由显性基因 R 控制，白花则由隐性基因 r 控制。当红花豌豆 RR 与白花豌豆 rr 杂交时，两个亲本形成的配子都只含有一个基因 R 或 r，雌雄配子结合产生的 F_1 中有一个显性基因 R 和一个隐性基因 r，由于 R 对 r 是完全显性，即杂合基因型 Rr 与 RR 相同，都表现为红花，所以 F_1 表现红花。F_1 产生两种类型的配子，一种含有 R，另一种含有 r，二者各占 1/2。当 F_1 自交时，雌雄配子随机结合，F_2 形成 4 种组合，1/4 个体为 RR，2/4 个体为 Rr，1/4 个体为 rr。由于 RR 和 Rr 都表现红花，只有 rr 表现白花，因此红花与白花植株的比例为 3∶1（图 3-1）。

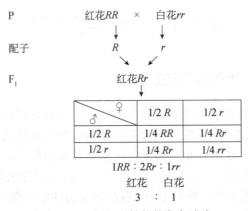

图 3-1 一对相对性状的杂交试验

（四）基因型与表型

孟德尔的遗传因子分离假说认为，生物的性状是由成对的基因控制的。遗传学中把位于同源染色体上同一位置控制同一性状的成对异质基因叫作等位基因。如 R 和 r 互为等位基因。

基因型是指生物个体的遗传组成。如豌豆红花的基因型为 RR 或 Rr，白花的基因型为 rr。表型是指生物所表现出来的性状，它包括生物体所表现出的外部形态特征和内部的生理生化特性。如豌豆种子的圆和皱，红花与白花，黄子叶和绿子叶等。基因型是生物体内在的遗传基础，是性状表现的内因；表型是基因型与环境条件共同作用下的具体表现。

在孟德尔的豌豆杂交试验中，亲本的体细胞所含的两个基因是相同的，如红花亲本的基因型为 RR，白花亲本的基因型为 rr。这种由相同的等位基因组成的个体叫纯合体，其中前者叫显性纯合体，后者叫隐性纯合体。F_1 的体细胞中两个基因不同，如 Rr，这种由不同的等位基因组成的个体叫杂合体。纯合体只产生一种类型的配子，其自交子代在遗传上是稳定的，不发生性状分离；杂合体产生两种类型的配子，其自交子代在遗传上不稳定，会发生性状分离。

（五）遗传因子分离假说的验证

孟德尔为了验证他的遗传因子分离假说，采用了回交的方法。

回交就是用子一代跟任何亲本类型的交配。其中，子一代跟隐性亲本的回交叫测交。由于隐性亲本只产生一种含隐性基因的配子，所以测交子代表型的种类和比例直接反映出被检测个体产生配子的类型和比例。孟德尔将 F_1 杂合的红花植株与白花植株杂交，后代中 85 株开红花，81 株开白花，两者比例接近 1∶1，这证明其假说是正确的，从而验证了其试验结果（图 3-2）。

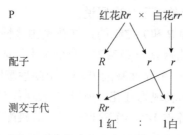

图 3-2　遗传因子分离假说的验证

第二节　自由组合定律

一、两对相对性状的杂交试验

孟德尔在分析一对相对性状的遗传规律的同时，并没有忽视两对及多对相对性状的遗传规律。他用两对不同性状的纯合体豌豆进行杂交，即一个亲本是结圆形种子、黄色子叶，另一亲本是结皱形种子、绿色子叶。杂交结果，F_1 都是结圆形种子、黄色子叶。这说明圆形对皱形是显性，黄色对绿色是显性。F_1 自花授粉产生 F_2，F_2 发生性状分离，出现四种性状组合，其中有两种是亲本原有性状组合，叫亲本型，有两种新的性状组合，叫重组型。F_2 表现为 9 种不同基因型，4 种表型的比例接近 9（圆黄）∶3（圆绿）∶3（皱黄）∶1（皱绿）（图 3-3）。

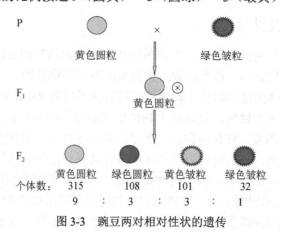

图 3-3　豌豆两对相对性状的遗传

二、自由组合假说及其验证

（一）自由组合假说要点

（1）在配子形成过程中，不同对的基因分离时各自独立，随机组合。
（2）不同类型的雌、雄配子在形成合子时也是随机的，自由组合。

（二）自由组合假说的解释

孟德尔在分离定律的基础上，用自由组合假说解释了两对相对性状的杂交试验结果。设控制豌豆种子形状与子叶颜色的基因分别为：圆形 R，皱形 r，黄色 Y，绿色 y。由于亲本为纯种，故圆黄亲本的基因型为 $RRYY$，产生的配子只有 RY 一种，皱绿亲本的基因型为 $rryy$，产生的配子只有 ry 一种。配子 RY 和 ry 结合产生的 F_1 基因型为 $RrYy$，表型为圆形黄色。

F_1 在形成配子时，成对的基因 R 和 r 必定要分离，Y 和 y 也必定分离。就第一对基因而言，可产生 R 和 r 两种配子，各为 1/2；就第二对基因而言，可产生 Y 和 y 两种配子，各为 1/2；把两对基因合起来看，如果 R 和 r 的分离与 Y 和 y 的分离彼此独立，而且这一对基因的成员与另一对基因的成员，在同一配子中相遇是随机的，那么，子一代 $RrYy$ 可能形成含有两个基因的四种配子，即 RY、Ry、rY、ry，根据概率原理，这四种配子的数目相等，均为 1/4。

如果雌、雄配子的种类和数目比例都相同，在自由组合情况下，F_2 表现为 9 种基因型。由于 R 对 r 为显性，Y 对 y 为显性，因而这 9 种基因型表现为 4 种表型，其比例接近 9∶3∶3∶1（图3-4）。

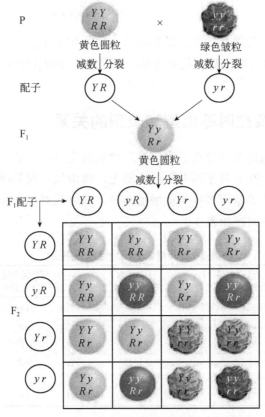

图 3-4　豌豆两对相对性状的自由组合现象

（三）自由组合假说的验证

孟德尔仍然采用测交法来验证自由组合假说。F_1 的基因型为 *RrYy*，能产生 4 种配子，双隐性纯合体亲本的基因型为 *rryy*，只产生 1 种配子。测交结果从理论上讲，应该出现圆黄、圆绿、皱黄、皱绿 4 种表型的后代，其比例应该是 1：1：1：1，测交结果与理论上预期的完全相符，说明自由组合假说是正确的（图 3-5）。

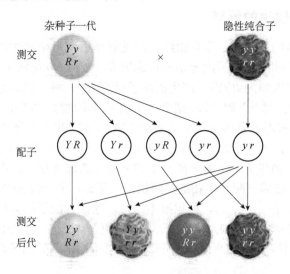

图 3-5　两对因子杂种的测交结果

通过分析豌豆两对相对性状的杂交试验结果，孟德尔提出了遗传学第二个基本定律——自由组合定律，也叫独立分配定律，其实质是：不同对的基因在配子形成过程中，各自独立，随机组合。

三、多对性状杂交时基因型和表型的关系

根据进一步的试验结果及其分析表明，多对性状杂交时，只要各对基因都属于独立遗传的自由组合方式，那么，在一对基因差别的基础上，每增加一对基因，子一代产生的性细胞种类就增加一倍，子二代的基因型种类就增加两倍。现将两对以上相对性状的个体的杂交，基因型、表型种类的关系列表如表 3-2。

表 3-2　两对以上相对性状的杂交

相对性状的数目	子一代产生的性细胞种类	子二代的基因型种类	显性完全时子二代表型种类	子二代表型比例
1	$2=2^1$	$3=3^1$	$2=2^1$	$(3：1)^1$
2	$4=2^2$	$9=3^2$	$4=2^2$	$(3：1)^2$
3	$8=2^3$	$27=3^3$	$8=2^3$	$(3：1)^3$
4	$16=2^4$	$81=3^4$	$16=2^4$	$(3：1)^4$
$\vdots$	$\vdots$	$\vdots$	$\vdots$	$\vdots$
n	2^n	3^n	2^n	$(3：1)^n$

第三节　遗传定律的发展

生物的遗传现象是极其复杂的。20 世纪以来，科学家通过各种杂交试验，发现一些性状的遗传，并不完全服从孟德尔定律的支配。但通过进一步研究表明，这些遗传现象不是对孟德尔定律的否定，而是对它的进一步发展和补充。

一、显性和隐性的相对性

前面谈到的孟德尔的豌豆杂交试验中，F_1 只表现显性性状，F_2 表现 3：1 的分离比，呈现出等位基因之间的完全显隐性关系。后来的研究发现，显性与隐性是相对的，具有多种表现形式，基因的显隐性关系受到许多因素的影响。

（一）不完全显性

不完全显性是指一对基因处于杂合状态时，显性基因和隐性基因在杂种个体都得到一定程度的表达，杂种的表型介于双亲之间的现象。例如，安德鲁西鸡的羽毛有蓝色、白色和黑色三种。黑羽鸡和白羽鸡都能真实遗传，当这两种鸡杂交时，F_1 表现蓝羽，F_1 公母鸡相互交配，F_2 出现 1/4 白羽，2/4 蓝羽，1/4 黑羽。再如鲤鱼中有透明和不透明两种类型，都能真实遗传。透明鲤鱼与不透明鲤鱼杂交，F_1 表现半透明的五花鱼，F_1 公母相互交配，F_2 出现 1/4 透明鱼，2/4 半透明鱼，1/4 不透明鱼。

（二）共显性与镶嵌显性

1. 共显性

是指成对的杂合基因，彼此间没有显隐性的区别，都能得到完整的表达，使双亲的性状在 F_1 中都显示出来。例如，人类的 MN 血型属于共显性遗传，M 血型与 N 血型的男女结婚，子代为 MN 血型，其遗传方式如图 3-6 所示。

图 3-6　MN 血型的遗传

2. 镶嵌显性

为共显性的一种，是指成对的杂合基因，在杂种体内的不同部位互为共显性关系，从而使双亲的性状在 F_1 同一个体的不同部位分别表现。例如，短角牛有白毛和红毛两种类型，都能真实遗传。当这两种牛杂交后，F_1 的表型既不是红毛，也不是白毛，而是沙毛（红毛和白毛混生）。F_1 沙毛牛互交产生的 F_2 有 1/4 红毛牛，2/4 沙毛牛，1/4 白毛牛。这个例子表明，显性现象，不一定是一个亲本显性，另一个亲本隐性，而可以各自在不同部位分别表示出显性。

（三）复等位基因

复等位基因是指在群体中占据同源染色体上同一位点有两个以上的基因。同一群体内的复等位基因不论有多少个，但每个个体的体细胞内最多只有其中的两个，仍是一对等位基因，因为一个个体的某一同源染色体只能是一对。

1. 有显性等级的复等位基因

家兔中有毛色不同的四个品种，即全色（全灰或全黑）；青紫蓝（银灰色）；喜马拉雅型（耳尖、鼻尖、尾尖及四肢末端是黑色，其余部分是白色）；白化（白色，眼睛淡红）。经杂交试验表明，家兔的毛色遗传，是由复等位基因控制的。如以 C 代表全色基因，c^{ch} 代表银灰色基因，c^h 代表喜马拉雅型毛色基因，c 代表白化基因，则可将四种兔的毛色的基因型和表型列为表 3-3。

表 3-3　家兔毛色的基因型和表型

表型	基因型	
	纯合	杂合
全色	CC	Cc^{ch}　Cc^h　Cc
青紫蓝	$c^{ch}c^{ch}$	$c^{ch}c^h$　$c^{ch}c$
喜马拉雅型	c^hc^h	c^hc
白化	cc	无

注：四个复等位基因的显隐性关系可写成：$C>c^{ch}>c^h>c$

从此例可以看出，复等位基因之间的显隐性是相对的，c^{ch} 对 C 是隐性，而对 c^h 和 c 却是显性，c^h 对 C 和 c^{ch} 是隐性，而对 c 却是显性。

2. 共显性的复等位基因

例如，人的 ABO 血型系统，分 A、B、AB 和 O 四型，每人必属其中一种血型。ABO 血型由三个复等位基因决定，它们是 I^A（血型 A 基因）、I^B（血型 B 基因）和 i（血型 O 基因），共组成 6 种基因型。I^A 与 I^B 对 i 都为显性，I^A 与 I^B 为等显性，故只能形成 4 种表型。

其实，血型实质上是不同的红细胞表面抗原，而红细胞质膜上的鞘糖脂是 ABO 血型系统的血型抗原，血型免疫活性特异性的分子基础是糖链的糖基组成。1960 年，瓦特金斯（A. Watkins）确定了 ABO 抗原是糖类，并测定了其结构。A、B、O 三种血型抗原的糖链结构基本相同，只是糖链末端的糖基有所不同。A 型血的糖链末端为 N-乙酰半乳糖胺；B 型血为半乳糖；AB 型两种糖基都有；O 型血则缺少这两种糖基。就 ABO 血型系统的分子基础而言，在 ABO 抗原的生物合成中三个等位基因 ABO 及 H 控制着 A、B 抗原的形成。ABO 抗原的前体是 H 抗原；A 基因（I^A）编码一种叫 N-乙酰半乳糖胺转移酶的蛋白质（A 酶），能把 H 抗原转化成 A 抗原；B 基因（I^B）编码一种叫半乳糖转移酶的蛋白质（B 酶），能把 H 抗原转化成 B 抗原；O 基因（i）不能编码有活性的酶，而只有 H 抗原。ABO 血型系统的表型及基因型如表 3-4 所示。

表 3-4　人类 ABO 血型系统的基因型和表型

血型（表型）	基因型
A	I^AI^A、I^Ai
B	I^BI^B、I^Bi
AB	I^AI^B
O	ii

二、致死基因

生物体的各种性状都是由基因决定的，绝大部分基因都能保证生物正常的生长发育，但有些基因却会导致疾病与死亡，这些基因叫致（病）死基因。致死基因常常造成性状分离比异常，不符合 3∶1 的分离比。如家鸡中的纯合爬行致死基因。爬行鸡由于短翅、短胫，走路时看起来像爬行而得名，从不真实遗传。研究发现，①爬行鸡×爬行鸡→2 爬行鸡∶1 正常鸡，而不是正常的 3∶1；②爬行鸡×正常鸡→1 爬行鸡∶1 正常鸡；③正常鸡×正常鸡→正常鸡。从①和②可知，爬行鸡必定是杂合体，爬行性状属显性基因控制，为什么①的表型比例不是 3∶1 而是 2∶1 呢？原来有 1/4 的个体多在胚胎孵化的第三天或第四天就死亡了。设爬行性状受致死基因 Cp 的控制，当其纯合时（$CpCp$）使个体死亡，当其处于杂合时（$Cpcp$）表现爬行（图 3-7）。

爬行鸡$Cpcp$×爬行鸡$Cpcp$

↓

$1CpCp$致死　∶　$2Cpcp$爬行鸡　∶　$1cpcp$正常鸡

图 3-7　爬行鸡的致死基因

三、非等位基因间的相互作用

孟德尔发现的分离定律和自由组合定律在整个生物界具有普遍意义。在孟德尔的豌豆杂交试验中，一个单位性状是由一对等位基因控制的，使人产生了一个性状只由一个基因决定的错觉。其实，并不是所有单位性状都由一对等位基因控制，有的单位性状是由两对或两对以上基因控制的。几对基因相互作用决定一个单位性状发育的遗传现象，称为基因互作。下面分析两对非等位基因间相互作用的几种形式。

（一）互补作用

两种或两种以上的显性基因互相补充而表现新的性状的作用，叫作互补作用。具有互补作用的基因叫互补基因。例如，杜洛克求赛猪红毛性状的遗传。该品种猪有红、棕、白三种毛色，当只有显性基因 A 或 B 存在时，都产生棕色毛，当这两个显性基因同时存在时，二者的互补作用可产生红毛。当两个显性基因都不存在时，则产生白毛。如图 3-8 所示。

P₁　　　某系杜洛克求赛猪　×　另一系杜洛克求赛猪

棕色$AAbb$　　　　　棕色$aaBB$

↓

F₁　　　　　　　　红色$AaBb$⊗

↓

F₂　　9红色（$A\text{-}B\text{-}$）∶　6棕色（$3A\text{-}bb+3aaB\text{-}$）∶　1白色（$aabb$）

图 3-8　杜洛克求赛猪的毛色遗传

（二）上位作用

两对基因作用于一种性状时，其中一个位点上的某一对基因抑制另一个位点上的另一对基因的作用叫上位作用。起上位作用的基因称为上位基因，它可以是隐性基因，也可以是显性基因。被掩盖的基因称为下位基因。

1. 隐性上位作用

当一种隐性基因纯合时能抑制其他基因表现的作用，叫隐性上位作用。例如，家鼠的毛色遗传。都能真实遗传的黑色家鼠和白化家鼠杂交，F_1 为鼠灰色，F_2 出现三种类型，即鼠灰色、黑色和白化，其比例为 $9：3：4$。其中的两对基因中，A 是灰色基因，a 是黑色基因，A 对 a 为显性。C 是促进色素沉积基因，c 是抑制色素沉积基因，C 对 c 是显性。但 cc 纯合时抑制了 A 的表现。如图 3-9 所示。

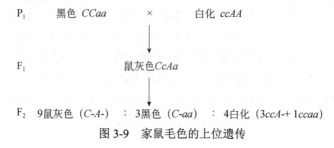

图 3-9　家鼠毛色的上位遗传

2. 显性上位作用

某一位点的一个基因在杂合状态就能抑制另一对基因的作用，这种作用称为显性上位作用。该显性基因称为显性上位基因。例如，狗的毛色遗传。狗的毛色受两对基因控制，I 位点的显性基因 I 能阻止任何色素的形成而表现白色，基因 I 就是显性上位基因。i 基因使色素形成，B 位点的 B 基因使个体表现黑色，b 基因使个体表现褐色。F_2 呈现 $12：3：1$ 的比例。如图 3-10 所示。

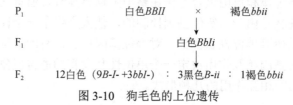

图 3-10　狗毛色的上位遗传

（三）重叠作用

两个位点的显性基因都对同一性状的表现起作用，只要其中的一个显性基因存在，这个性状就能表现出来。这种基因间的作用称为重叠作用。隐性性状表现的条件必须是两个位点隐性基因都处于纯合状态。于是 F_2 表现分离比为 $15：1$。例如，猪的阴囊疝的遗传。如图 3-11 所示。

P_1　阴囊疝公猪$h_1h_1h_2h_2$　　×　　正常母猪$H_1H_1H_2H_2$

　　正常公猪$H_1H_1H_2H_2$　　×　　外表正常母猪$h_1h_1h_2h_2$

F_1　　　　　正常猪$H_1h_1H_2h_2$

F_2 15正常猪（$9H_1\text{-}H_2\text{-} +3H_1\text{-}h_2h_2 +3h_1h_1H_2\text{-}$）　：　1 阴囊疝公猪$h_1h_1h_2h_2$（母猪仍正常）

图 3-11　猪阴囊疝的遗传

需要说明的是，阴囊疝为限性遗传性状，即只在一个性别表现的性状。公猪表现该性状，F_2 表型比例为 15：1，母猪不表现该性状，故 F_2 代共计为 31：1。

第四节 连锁与交换

一、连锁遗传现象

孟德尔在发现分离定律和自由组合定律的豌豆杂交试验中已发现了红花与麻点种皮或白花与白种皮总是同时出现在同一株豌豆上，并做了说明，未加解释。

1905 年贝特森（W. Bateson）和庞尼特（R. C. Punnett）在香豌豆的花色和花粉粒形状两对性状的杂交试验中发现了连锁遗传现象。其杂交试验如图 3-12 所示。

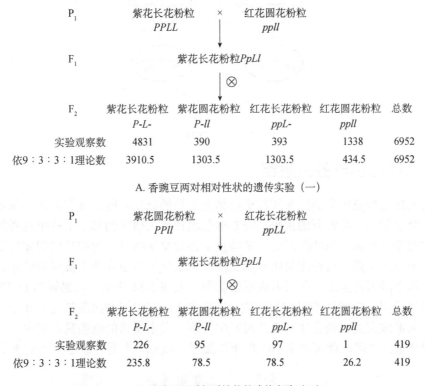

P₁	紫花长花粉粒	×	红花圆花粉粒		
	PPLL		*ppll*		

F₁ 紫花长花粉粒 *PpLl* ⊗

F₂	紫花长花粉粒	紫花圆花粉粒	红花长花粉粒	红花圆花粉粒	总数
	P-L-	*P-ll*	*ppL-*	*ppll*	
实验观察数	4831	390	393	1338	6952
依9：3：3：1理论数	3910.5	1303.5	1303.5	434.5	6952

A. 香豌豆两对相对性状的遗传实验（一）

P₁	紫花圆花粉粒	×	红花长花粉粒		
	PPll		*ppLL*		

F₁ 紫花长花粉粒 *PpLl* ⊗

F₂	紫花长花粉粒	紫花圆花粉粒	红花长花粉粒	红花圆花粉粒	总数
	P-L-	*P-ll*	*ppL-*	*ppll*	
实验观察数	226	95	97	1	419
依9：3：3：1理论数	235.8	78.5	78.5	26.2	419

B. 香豌豆两对相对性状的遗传实验（二）

图 3-12 香豌豆两对相对性状的遗传实验

以上两个杂交试验，虽然 F_2 同样有四种表型，即两种亲本类型和两种重组类型，但不符合 9：3：3：1 的理论期望数。经卡方检验差异极显著，不能用自由组合定律来解释。亲本所带的两个性状有联系在一起遗传到 F_2 的趋势称为连锁遗传现象。他们未能正确地解释连锁遗传现象。但他们把两个显性性状或两个隐性性状联系在一起遗传的形式称为相引，把一个显性性状与一个隐性性状联系在一起遗传的形式称为相斥，这两个概念在遗传学中沿用至今。

二、连锁遗传现象的解释

摩尔根（T. H. Morgan）于 1910 年发现伴性基因（果蝇白眼）后，同年又发现了几个伴性遗传性状，并研究了两对伴性遗传性状的遗传特点后得知，凡是伴性遗传的基因，相互间连锁。很明显，每个染色体必然集合着许多基因，基因的这种集合，就叫作连锁，相互连锁的基因的遗传行为就叫作连锁遗传。他以果蝇为材料，正确解释了连锁遗传和重组型产生的原因，从而确立了遗传学第三基本定律。

摩尔根提出基因在染色体上连锁的假设，正确地解释了性状连锁遗传的问题。他假定所研究的两对基因位于一对同源染色体上，即果蝇杂交试验中来自一个亲本的红眼基因 pr^+ 和长翅基因 vg^+ 位于同一条同源染色体上，而来自另一亲本的紫眼基因 pr 和残翅基因 vg 位于另一条同源染色体上，如图 3-13 所示。从而解释了亲代基因总是趋向在一起遗传的问题。

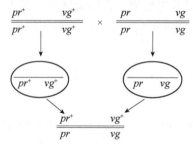

图 3-13　基因连锁示意图

三、连锁交换与基因重组

性状的连锁遗传是因为基因在同源染色体上连锁的结果。既然基因同在一条染色体上连锁，为何还会出现亲代中没有的重组型呢？摩尔根在前人研究的基础上提出这样的假设，即在减数分裂前期，同源染色体配对时，某些点上出现交叉缠结，对应片段间发生交换，从而改变了等位基因的位置，这种现象叫基因交换。如果交换发生在两个被观察的连锁基因间，就会导致这两个基因的重组，从而形成重组类型。如图 3-14 所示，以果蝇的 pr 和 vg 的连锁交换过程图解说明。F_1 雌蝇卵母细胞减数分裂前期 I 的双线期的四条染色单体中，两条非姐妹染色单体间形成交叉，染色体对应片段发生交换。发生交换的细胞只占其中一部分。若交换发生在两个基因之间，就可产生 50% 的重组配子。故总体上看，重组率不会大于 50%。

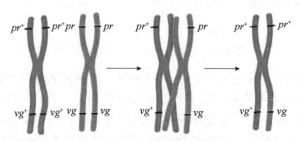

图 3-14　基因交换和重组示意图

人们在试验中发现，雄果蝇的连锁基因属完全连锁，不产生交换型配子。亲本相连锁的基因，在构成的杂合体中形成配子时不分开的情况称为完全连锁。类似的雌家蚕也属于完全连锁。除此之外，其他动物不论雄雌都发生基因交换，即属于不完全连锁。

摩尔根等用同源染色体对应片段发生交换的假设，正确地解释了连锁基因重组的原因。直到 1936 年，斯特尔（C. Sterr）以果蝇为实验材料，采用异形染色体和标记基因的方法才为染色体片段交换导致基因重组的假设提供了直接的细胞学证据。

两个基因连锁的密切程度以重组率来度量，重组率也叫重组值或交换率，是指重组配子数占总配子数的百分率。估计重组率的公式为：

$$重组率 = \frac{重组配子数}{总配子数} \times 100\%$$

其中，总配子数为亲本型配子数与重组配子数之和。

测定重组率的最有效方法是用 F_1 杂合子与双隐性纯合子进行测交试验。例如，鸡的白羽基因 I 对有色羽基因 i 为显性，卷羽基因 F 对常羽基因 f 为显性，这两个基因位点间相互连锁。纯合白色卷羽杂种鸡，以其与双隐性亲本（有色常羽鸡）回交。测交结果为白色卷羽鸡 15 只，有色常羽鸡 12 只，白色常羽鸡 4 只，有色卷羽鸡 2 只，求这两个基因间的重组率。

首先说明，F_1 代为杂种，能产生四种类型的配子。双隐性亲本只能产生一种双隐性基因的配子，杂交过程中它不遮盖 F_1 代产生的配子所带基因的表达。因此，测交后代四种表型数目及比例就是 F_1 杂种产生的四种配子的数目及比例。由重组率的计算公式

$$重组率 = \frac{重组型配子数}{总配子数} \times 100\%$$

得到

$$重组率 = \frac{4+2}{(15+12)+(4+2)} \times 100\% = 18.20\%$$

即鸡的羽色和羽形基因间的重组率为 18.20%。

第五节　性别决定和伴性遗传

一、性别决定

性别是遗传性状，但它不是由一对基因决定的单位性状，而是由许多对基因控制的性状综合体。在染色体组型中有一对特殊的染色体，因性别不同而有差别，这对染色体叫性染色体，而体细胞中其余不具有性别差异的染色体叫常染色体。性染色体是性别决定的基础。在动物界性染色体构型有 XY、XO、ZW、ZO 四种类型，分别见于各门、纲、目、科的动物中。

XY 型性染色体在生物界中较为普遍，大多数昆虫、软体动物、环节动物、硬骨鱼类、两栖类，雌雄异株植物及全部哺乳动物均属这种类型。雌性是一对形态相同的性染色体，用 XX 表示；雄性是一条 X 和一条更小的 Y 染色体，用 XY 表示。

XO 型见于一部分昆虫如蝗虫和蟋蟀等。雌性的性染色体为 XX、雄性只有一条 X 染色体，没有 Y 染色体，用 XO 表示。这种染色体类型的生物，雄性产生的配子的性染色体结构仍旧是异型，一种配子含 X 染色体，另一种则没有性染色体。含 X 染色体的精子与卵子结合发育为雌性，没有性染色体的精子与卵子结合后发育为雄体。

　　ZW 型常见于鳞翅目昆虫和鸟类，其性染色休构型在雌性都是异型，用 ZW 表示以示与 XY 相区别。雄性是性染色体同型，用 ZZ 表示以示与 XX 相区别。雌性产生的卵子是性染色体异型，精子的性染色体则相同，含 Z 染色体的卵子受精后发育成为雄体，含 W 染色体的卵子受精后发育为雌体。

　　ZO 型见于少数昆虫，雄性是两条 Z 染色体，雌性中则有一条 Z 染色体，分别用 ZZ 和 ZO 表示。含 Z 染色体的卵子受精后发育成雄体，不含性染色体的卵子受精后发育成为雌体。

　　由以上的性染色体理论知道，性别决定于性染色体的组成，但是性别的分化和发育受到机体内外环境条件的影响。如蜜蜂的性别形成仅由幼虫的营养供应不同而发育成生殖器官有差异的蜂王和工蜂；蛙的性别形成仅由于环境温度的差异而不同。

二、伴性遗传

　　遗传基本规律所引证的性状都是由常染色体上基因所控制，性状分离与性别无关，性染色体上的基因伴随性染色体而传递，这些基因控制的性状在后代的表现上与性别相联系。遗传学上把性染色体非同源部分的基因控制的性状所表现的遗传形式称为伴性遗传（或叫性连锁遗传）。这种性状叫伴性性状。

　　伴性遗传有三方面不同于常染色体遗传的特点。一是正反交结果不一致，即在 XY 型动物的正交中，隐性纯合体母本（X^bX^b）与显性类型父本（X^BY）杂交，子一代雄性像母本而雌性像父本（交叉遗传），子二代雌雄个体中显隐性各占一半；在反交中隐性类型的父本（X^bY）与显性纯合体母本（X^BX^B）杂交，子一代全为显性类型，子二代的雌性全为显性类型，雄性中显隐性类型各占一半（隔代遗传）。在 ZW 型动物正交中，隐性纯合体父本（Z^bZ^b）与显性类型母本（Z^BW）杂交，子一代雄性像母本而雌性像父本（交叉遗传），子二代雌雄个体中显隐性各占一半；在反交中，隐性类型的母本（Z^bW）与显性纯合体父本（Z^BZ^B）杂交，子一代全为显性类型，子二代的雄性全为显性类型，雌性中显隐性类型各占一半（隔代遗传）。二是后代分离比例在两性间不一致。三是性染色体异型个体，单独的隐性基因也能表现其作用。现以如下的例子加以说明。

　　人类红绿色盲是伴性性状，控制该性状的基因为隐性基因，用 X^b 表示，控制正常视觉的基因为显性基因，用 X^B 表示。正常视觉的女人与色盲男人婚配及色盲女人与正常视觉男人婚配，色盲性状的遗传情况如图 3-15 所示。

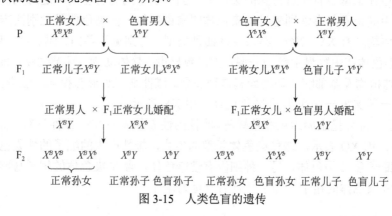

图 3-15　人类色盲的遗传

芦花鸡的羽色遗传是伴性遗传。芦花鸡的绒羽为黑色，头上有黄色斑点，芦花鸡的成羽有黑白相间的横纹。芦花基因 B 对非芦花基因 b 为显性，这一对基因位于 Z 染色体非同源部分，用 Z^B 和 Z^b 来表示。芦花母鸡（Z^BW）与非芦花公鸡（Z^bZ^b）杂交（正交）及非芦花母鸡（Z^bW）与芦花公鸡（Z^BZ^B）杂交（反交）的遗传情况如图 3-16 所示。

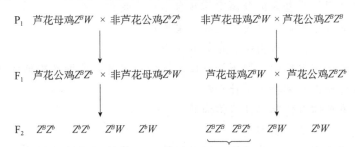

图 3-16　鸡的芦花羽色的遗传

从图 3-16 可以看出，为了提高鸡的生产性能，可供利用的一个交配是芦花母鸡×非芦花公鸡。它们的子代生命力强，而且雏鸡出壳后根据其绒羽上有无黄色斑点，就可以把雏鸡的雌雄区别开来。

◀▶ 本章小结 ◀▶

本章主要介绍了遗传学的三个基本规律，即分离定律、自由组合定律和连锁定律。分离定律的核心是：①遗传性状是由遗传因子决定的，遗传因子在体细胞中成对存在，一个来自父本，另一个来自母本。②F_1 体细胞内的相对遗传因子虽同在一起，但并不融合，各自保持其独立性。F_1 在形成配子时，成对的遗传因子彼此分离，所产生的配子中只含有成对因子中的一个。③杂种产生的不同类型的配子数目相等，不同类型的雌、雄配子自由结合是随机的。因而一对显隐性完全的相对性状杂交，F_2 会出现 3：1 的比例。自由组合定律的核心是：①两对或两对以上的基因在配子形成过程中，同对的基因彼此分离，不同对的基因彼此独立，随机组合。②不同类型的雌、雄配子在形成合子时也是随机自由组合。因而两对独立遗传的基因 F_2 会出现 9：3：3：1 的比例。连锁定律的核心是：①所研究的两对或两对以上基因位于一对同源染色体上一起传递。同时由于同源染色体的姐妹染色单体之间在偶线期的联会和粗线期与双线期的交叉互换，导致产生重组型配子。②由于重组型配子少于亲本型配子，随机结合后造成亲本型个体数量大于重组型个体。

由于生物的遗传现象是极其复杂的，有些遗传现象并不符合经典的性状分离比，但它不是对遗传定律的否定，而是对遗传定律的进一步发展和补充。这些现象包括一对性状的不完全显性、共显性、镶嵌显性、复等位基因及致死基因的遗传等，也包括两对或两对以上非等位基因间的各种互作，如互补作用、隐性上位作用、显性上位作用、重叠作用等。

性别也是一种遗传性状，但它不是由一对基因决定的单位性状，而是由许多对基因控制的性状综合体。性别的决定有遗传的原因，也有环境的原因。性染色体是性别决定的内在基础。在动物界性染色体构型有 XY、XO、ZW、ZO 型四种。哺乳动物主要是 XY 型，家禽等鸟类为 ZW 型。在性染色体非同源部分的基因所控制性状的遗传形式称为伴性遗传。伴性遗传的特点是：①正反交结果不同；②后代的分离比例具有性别差异；③单独的隐性基因在性染色体异型个体也能表现其作用。

◀ 思考题 ▶

1. 孟德尔是如何证明基因的分离定律和自由组合定律的？

2. 为什么分离现象比显隐性现象更具有重要性？

3. 试论基因分离定律和自由组合定律的关系和差异。

4. 基因自由组合定律揭示了同源染色体之间的关系还是非同源染色体之间的关系？

5. 什么是伴性遗传？其特点是什么？

6. 举例说常染色体遗传和伴性遗传的异同点。

7. 连锁交换遗传的特点有哪些？

8. 举例说明不完全显性、共显性、镶嵌显性、复等位基因及致死基因遗传的特点。

9. 举例说明两对基因互补作用、隐性上位作用、显性上位作用、重叠作用遗传的特点。

10. 什么是性染色体决定性别？

第四章　遗传信息的改变与修复

现在我们讨论生物遗传信息是怎样发生改变的，如何影响生物的性状，以及改变的类型和机制。变异使得生物具有多样性，使生物通过自然选择而产生进化。遗传信息的改变可发生在染色体水平上，也可发生在 DNA 分子水平上。染色体结构和数目的改变称为染色体畸变（chromosomal aberration）。DNA 分子结构发生的化学变化称为基因突变（gene mutation）。基因突变可以由物理因素引起或者由化学因素引起，可归纳为碱基替代（base-pair substitution）、移码突变（frameshift mutation）和 DNA 链的断裂，并可能引起转录而来的 mRNA 结构的改变，从而可能引起性状的变异、正常生理代谢机能破坏，严重的造成个体死亡。为此，本章讨论遗传信息的改变及其形成机理。

第一节　染色体畸变

一、染色体结构的改变

染色体结构的改变是指在自然突变或人工诱变的条件下使染色体的某区段发生改变，从而改变了基因的数目、位置和顺序。染色体结构变异类型很多，这里主要叙述缺失、重复、倒位和易位四种类型。

一对同源染色体其中一条是正常的，而另一条发生了结构变异，含有这类染色体的个体或细胞称为结构杂合体（structural heterozygote）。若有一对同源染色体都产生了相同结构变异的个体或细胞，就称为结构纯合体（structural homozygote）。

染色体结构发生改变，根本原因在于某种外因和内因的作用。使染色体发生一个或一个以上的断裂，而且新的断面具有黏性，彼此容易结合。实验证明，只有新的断面，才有重新黏合的能力。因此，已经游离的染色体片段和颗粒，一般是不能再黏合的。如果一个染色体发生断裂，而在原来的位置又立即黏合，这就像正常的染色体一样，不会发生结构变异。一对同源染色体在双线期发生等位基因间的交换就是这样发生断裂交换。当断面以不同方式黏合，就形成染色体缺失、重复或倒位。但两对同源染色体各有一条染色体断裂后，如果它们的断裂区段间能单向黏合或相互黏合，就形成易位。

（一）缺失

缺失（deletion）是指一个正常染色体某区段的丢失。因而该区段上所载荷的基因也随之丢失。

1. 缺失的类型

按照缺失区段发生的部位不同，可分为以下几种类型。

（1）中间缺失（interstitial deletion）　染色体中部缺失了一个片段。这种缺失较为普遍，较稳定，故较常见。

（2）**末端缺失**（terminal deletion）　染色体的末端发生缺失。由于丢失了端粒故一般很不稳定，比较少见，常和其他染色体断裂片段重新愈合形成双着丝粒染色体或易位；也有可能自身头尾相连，形成环状染色体（ring chromosome）。双着丝粒染色体在有丝分裂中有可能形成染色体桥（chromosomal bridge）。

发生缺失后，携带着丝粒的一段染色体，仍可继续存留在新细胞里，没有着丝粒的另一段片段将随细胞分裂而丢失。

一对同源染色体中如一条染色体发生缺失，另一条染色体正常，就形成了缺失杂合体。若一对同源染色体都发生相同的缺失，就形成了缺失纯合体。

2. 缺失的产生

缺失产生的原因可能有以下几种。

（1）**非重建性愈合**　染色体损伤后产生断裂发生末端缺失，非重建性愈合可产生中间缺失或形成环状染色体。

（2）**染色体纽结**　染色体发生纽结时若在纽结处产生断裂和非重建愈合就可能形成中间缺失。

（3）**不等交换**　在联会时略有参差的一对同源染色体之间发生不等交换（unequal crossing over），结果产生了重复和缺失（图4-1）。

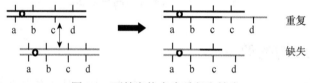

图4-1　不等交换产生重复和缺失

3. 缺失的遗传与表型效应

缺失将会产生以下几种效应。

（1）**致死或出现异常**　由于染色体缺失使它上面所载的基因也随之丢失，因此，缺失常常造成生物的死亡或出现异常，但其严重程度决定于缺失区段的大小，所载基因的重要性以及属缺失纯合体还是杂合体而定。

缺失小片段染色体比缺失大片段对生物的影响小，有时虽不致死但会产生严重异常；有时缺失的区段虽小，但所载的基因直接关系到生命的基本代谢，同样也会导致生物的死亡；一般缺失纯合体比缺失杂合体对生物的生活力影响更大。人类的猫叫综合征（cri-du-chat-syndrome）就是由于5号染色体短臂缺失所致。

（2）**假显性或拟显性**（pseudo dominant）　显性基因的缺失使同源染色体上隐性非致死等位基因的效应得以显现，这种现象称为假显性或拟显性。

4. 缺失的应用

缺失常作为一种研究手段进行某些功能基因的定位研究以及探测某些调控元件和蛋白质的结合位点等。如人类决定睾丸分化的基因（*SRY*基因）就是通过几例Y染色体上某区段的缺失而发生性反转的病例研究发现的。

（二）重复

重复（duplication）是一个正常染色体增加了与本身相同的一段。

1. 重复的类型

重复按发生的位置和顺序不同，可分为以下几种类型。

（1）串联重复（tandem duplication，又称顺接重复）　重复区段按原有的顺序相连接，即重复顺序所携带的遗传信息的顺序和方向与染色体上原有的顺序相同。

（2）倒位串联重复（reverse duplication，又称反接重复）　重复区段按颠倒顺序连接，即重复顺序所携带的 DNA 顺序和原来的相反。

（3）同臂重复　重复的片段在同一条染色体臂上。

（4）异臂重复　重复的片段在不同的臂上。

一对同源染色体中如一条染色体发生重复，另一个染色体正常，就形成了重复杂合体。若一对同源染色体都发生相同的重复，就形成了重复纯合体。

2. 重复的产生

（1）断裂-融合桥的形成　染色体由于断裂而丢失了端粒的可自身连接形成环状染色体，复制后若姐妹染色单体之间发生交换则在有丝分裂后期可以形成染色体桥。由于附着在纺锤丝上的着丝粒不断向两极拉动导致桥的断裂，就会导致染色体的重复和缺失。

（2）染色体纽结　一对同源染色体中的一条若发生纽结和断裂可能会产生反接重复和缺失。

（3）不等交换　一对同源染色体非姐妹染色单体间发生了不等的交换，会导致染色体的缺失和重复。

3. 重复的遗传与表型效应

（1）连锁群基因关系的改变　会破坏正常的连锁群，影响固有基因的交换率。

（2）位置效应（position effect）　一个基因随着染色体畸变而改变它和相邻基因的位置关系，所引起表型改变的现象称位置效应。重复的发生改变了原有基因间的位置关系。

（3）剂量效应　由于基因数目的不同，而表现了不同的表型差称为剂量效应。重复杂合体和重复纯合体所含的某些等位基因已不是一对，而是三个或四个，常常会引起基因的剂量效应。例如，玉米的糊粉层颜色受第 9 对染色体上一个显性基因 C 控制，一个 C 存在，颜色最浅，如该染色体显性基因 C 区段发生重复，则随着基因 C 的增多，颜色会相应地加深。

（4）表型异常　重复对生物发育和性细胞生活力也是有影响的，但比缺失的损害轻。如果重复的基因或产物很重要，就会引起表型异常。

4. 重复的应用

（1）通过重复可以研究位置效应　在细胞学研究中通过重复给某一染色体进行标记。

（2）可以用于杂种优势固定　对于一个杂合体 A/a 来说，A、a 会发生分离，不能真实遗传。如果经过不等交换或基因工程获得了顺接重复，那么就不会分离而可固定杂种优势。

（三）倒位

倒位（inversion）是指一个染色体上某区段的正常排列顺序发生了 180 度的颠倒。

1. 倒位的类型

按照倒位区段包含着丝粒的有无分为以下两种类型。

（1）臂内倒位（paracentric inversion）　一个臂内不含着丝粒的颠倒（图 4-2A）。

（2）臂间倒位（pericentric inversion）　两个臂间并包含着丝粒的颠倒（图 4-2B）。

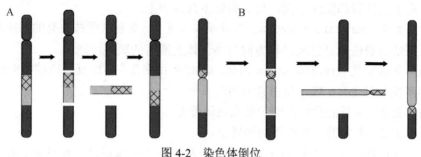

图 4-2　染色体倒位

A. 臂内倒位；B. 臂间倒位

2. 倒位的产生

染色体纽结、断裂和重接。

3. 倒位的遗传与表型效应

（1）引起基因重排　改变了正常的连锁群，使遗传密码的阅读结果改变，因而导致相应的表型变化。

（2）产生倒位环　无论是臂内倒位还是臂间倒位，在减数分裂联会时，倒位的染色体与其同源的正常染色体配对过程中，倒位的区段会出现环状的倒位圈。

（3）对生物生活力的影响　若倒位的区段较大，倒位杂合体常常表现不育；但倒位纯合体一般是完全正常的，并不完全影响个体的生活力。

（4）对生物物种进化的影响　由于染色体一次一次地发生倒位，而且倒位杂合体通过自交会出现倒位纯合体的后代，因而使它们与原来的物种不能受精，形成生殖隔离，往往会形成新的物种，促进物种的进化。

4. 倒位的应用

由于倒位能抑制重组，人们就利用此特点将它应用于突变检测和致死品系的建立与保存上。如两个不同的致死基因反式排列在一对同源染色体上，无须选择就能保持真实遗传，使致死品系得以保存。

（四）易位

易位（translocation）是指两对非同源染色体间某区段的转移。

1. 易位的类型

（1）相互易位（reciprocal translocation）　指非同源染色体间相互置换了一段染色体片段。相互易位的结果一种是两条染色体都含有着丝粒，称对称型相互易位。另一种是产生双着丝粒染色体和无着丝粒染色体的片段，后者可形成微核或丢失，称非对称型相互易位。相互易位与前面讲的基因交换有些类似，但二者之间存在本质区别，交换指发生在同源染色体之间，而易位发生在非同源染色体之间。

（2）单向易位（simple translocation）　一条染色体的某区段结合到另一非同源染色体上。

（3）罗伯逊易位（Robertsonian translocation）　也指着丝粒融合。它是由两个非同源的端着丝粒染色体的着丝粒融合，形成一个大的中着丝粒染色体或亚中着丝粒染色体。

2. 易位的产生

主要是断裂非重建性愈合。

3. 易位的遗传与表型效应

（1）易位可以改变正常的连锁群　一个染色体上的连锁基因，可能因易位而表现为独立遗传，独立遗传的基因也可能因易位而表现为连锁遗传。

（2）位置效应　易位与倒位类似，一般不改变基因的数目，只改变基因原来的位置。若位于常染色质的基因经过染色体的重排移到异染色质附近区域，该基因就不能表达出相应的表型。相反，一些原来不活跃的基因可能因易位变得活跃。

（3）假连锁现象　在单向易位中，染色体在减数分裂中的动态较为简单，相互易位的纯合体在减数分裂时联会配对的细胞遗传学的动态也是正常的，与原来未易位的染色体相似。但相互易位的杂合体中，非同源染色体在减数分裂联会时，会形成异常的结构。原来不连锁的基因总是同时出现在同一个配子中，似乎是连锁的，但实际上不是连锁的，故称为假连锁。

（4）易位可导致动物的繁殖机能和生产性能降低　在动物和人类中，易位除了导致肿瘤外，还可引起动物的繁殖机能和生产性能降低，人的智力低下等症状。在动物中已发现多种易位类型，如牛的 2/4、13/21、1/25、3/4、5/21、27/29、1/29 等罗伯逊易位，其中 1/29 易位个体在瑞典红白花牛群中占 13%～14%，造成牛繁殖力下降 6%～13%。

4. 易位的应用

易位主要用于动植物的育种。在诱变育种上，人们通过诱发易位，把某一类型或种、属的基因转移过来。这种方法对于转移一个显性性状常具有显著效果。在植物上，已知小伞山羊草具有抗小麦叶锈病的基因，人们通过杂交和 X 射线处理，已将小伞山羊草一段带抗叶锈病基因 R 的染色体易位到中国春小麦第 6B 染色体上。在动物上，曾以 X 射线处理蚕蛹，使其第二染色体上载有斑纹基因的片段易位于决定雌性的 W 染色体上，成为伴性遗传，因而该易位品系的雌性与任何白蚕的雄性交配，后代雌蚕都有斑纹，雄蚕为白色。在幼虫期即可鉴别雌雄，以便分别饲养和上蔟，有利于提高产量和品质。

二、染色体数目的变异

染色体数目的变异是指染色体数目发生不正常的改变。染色体数目的改变会给人类和动植物带来不利影响，但人们也可利用染色体数目变异培育新的品种。

在讨论染色体数目变异之前，我们必须先了解一下什么是染色体组（genome）。前面已经学过，在动物细胞染色体中，每一种染色体都有一个相应的大小、形态、结构相同的同源染色体，每一种同源染色体之一构成的一套染色体，称为一个染色体组。一套染色体上带有相应的一套基因，所以，也称为一个基因组（genome）。

在动物正常的细胞中，具有完整的两套染色体，即含有两个染色体组，这样的生物称为二倍体（2n）。但由于内外环境条件的影响，物种的染色体组或其中数目可能发生变化，这种变化可归纳为整倍体的变异、非整倍体的变异和嵌合体。

（一）整倍体的变异

整倍体（euploid）是指含有完整染色体组的细胞或生物。整倍体的变异是指细胞中整套染色体的增加或减少。所以整倍体的类型可分为：一倍体（monoploid）、单倍体（haploid）、二倍体（diploid）和多倍体（polyploid）。多倍体又可分为三倍体（triploid）、四倍体（tetraploid）、五倍体（pentaploid）、六倍体（hexaploid）等。

1. 一倍体和单倍体

含有一个染色体组的细胞或生物称一倍体（x）；含有配子染色体数的生物称单倍体（n），它具有正常体细胞染色体数的一半。大部分动物单倍体和一倍体是相同的，都含有一个染色体组，x 和 n 可以交替使用。而在某些植物中，x 和 n 的意义就不同了，如小麦有 42 条染色体，共有 6 套染色体，那么它的单倍体就不是一个染色体组了，而是含有 3 个染色体组。

雄性蜜蜂、黄蜂和蚁是由未受精的卵发育而成的，它们是单倍体，也是一倍体。在大部分物种中一倍体个体是不正常的，在自然群体中很少产生这种异常的个体。近年来也发现有未受精的卵自发成为二倍体的鹅和鸡，孵出来的小鸡和小鹅全是雄性，这里单倍体都是常态的，它们一般都有正常的生活力。

单倍体及单倍体培养技术在植物现代育种中得到一定的应用，如花粉培养技术，花粉是单倍体，通过冷处理的诱导能培养成胚状体（一种小的可分裂的细胞团），经进一步培养可长成单倍体植物。

单倍体有利于对某些隐性抗性基因的筛选，只要将单倍体细胞放在选择性的培养基上就可筛选出抗性细胞，然后培养成抗性单倍体植株，再经秋水仙素适当处理，使染色体加倍，便可获得纯合的抗性可育的二倍体植株。这种方法能很快获得稳定的纯系，缩短育种年限，加快育种进程并可创造出新的生物类型。

2. 多倍体

具有两个以上染色体组的细胞或生物统称为多倍体。含有三个染色体组的称三倍体；含有四个染色体组的称四倍体；即含有几个染色体组就称几倍体。多倍体又可分为同源多倍体（autopolyploid）和异源多倍体（allopolyploid），前者是指含有两个以上染色体组并来自同一物种的细胞或生物；后者指含有两个以上染色体组并来自于不同物种。

三倍体通常是由同源的四倍体和二倍体自然或人工杂交而产生的。$2x$ 配子和 $1x$ 配子结合形成三倍体。

三倍体的特点是不育，这与减数分裂时染色体分离有关，无论是同源三倍体还是异源三倍体在减数分裂的后期，3 个同源染色体总有一个染色体被随机拉向一极。只有每种同源染色体中的一条染色体同时进入同一配子，这个配子才具有育性。这种配子的概率为 $(1/2)^{x-1}$（x 是一个染色体组的染色体数目）。由于这种概率太小，故认为无论是同源染色体三倍体还是异源染色体三倍体都是不育的。

同源四倍体是自然产生的，如一个二倍体的生物，由于本身染色体的加倍就可能产生同源四倍体。即 AABB……TT 加倍后成为 AAAABBBB……TTTT。同源四倍体是同源多倍体中最常见的一种。同源四倍体在减数分裂时，会出现 3 种情况：一个三价体和一个单价体，或两个二价体，或一个四价体。两个同源染色体相互配对的叫二价体；3 个同源染色体相互配对的叫三价体；4 个同源染色体相互配对的叫四价体。2 个二价体和一个四价体的配对形式可以正常地分离，一般 2-2 分离产生的配子是有功能的。同源多倍体因为具有多套染色体，使植株高度、细胞、花和果实一般都比二倍体的要大一些。

异源多倍体是由两个不同物种的二倍体生物杂交，其杂种再经染色体加倍，就可能形成异源多倍体。如 $A_1A_2B_1B_2\cdots\cdots T_1T_2$ 加倍后成为 $A_1A_1A_2A_2B_1B_1B_2B_2\cdots\cdots T_1T_1T_2T_2$。异源四倍体与同源四倍体不同，在减数分裂时能进行正常的染色体配对和分离，产生有功能的配子。因此异源多倍体不但可以繁殖，而且很有规律。

在多倍体的形成过程中，之所以染色体能够加倍，主要是在减数分裂时，染色体分裂之后而细胞分裂被抑制的结果。

多倍体物种在植物界是常见的，因为大多数植物是雌雄同体或同花，其雌雄配子常可能同时发生不正常的减数分裂，使配子中染色体数目不减半，然后通过自体受精自然形成多倍体。据估计，高等植物中多倍体物种约占65%以上，禾本科植物中约占75%，由此说明，多倍体的形成在物种进化上的重要作用。一般认为许多植物可通过多倍体形成新的物种，即多倍体是物种起源进化的方式之一。

多倍体物种在动物中十分罕见，因为大多数动物是雌雄异体，而雌雄性细胞同时发生不正常的减数分裂机会极小，而且染色体稍不平衡，就会导致不育。但也发现在扁形虫、水蛭和海虾中有多倍体，它们是通过孤雌生殖方式繁殖。在鱼类、两栖和爬行动物中也都有多倍体，它们有各种繁殖方式。某些鱼类是由单个的多倍体在进化中产生了完整的分离群。

在动物中也存在不育的三倍体。三倍体牡蛎是存在的，而且比相应的二倍体更具有商业价值。二倍体进入产卵季节味道不好，而三倍体是不育的，不产卵，一年四季味道鲜美。

（二）非整倍体的变异

非整倍体是指细胞中含有不完整的染色体组的生物。非整倍体的变异是指在正常染色体（$2n$）的基础上发生个别染色体的增减现象。按其变异类型可将非整倍体分为以下几种类型。

1. 单体（monosomy）

单体指二倍体染色体组丢失一条染色体（$2n-1$）的生物个体。虽然丢失染色体的同源染色体存在，但由于以下原因，单体仍出现异常表型特征。①染色体的平衡受到破坏；②某些基因产物的剂量减半，有的会影响性状的发育；③随着一条染色体的丢失，其携带的显性基因随之丢失，其隐性基因得以表达。单体在人类和动物中都有表现，如人类45，XO和牛59，XO等，均表现先天性卵巢发育不全，常染色体的单体一贯导致胚胎的早期死亡。

2. 缺体（nullisomy）

缺体指有一对同源染色体成员全部丢失（$2n-2$）的生物个体。又称为零体。由于丢失的染色体上带有的基因是别的染色体所不具有的，无法补偿其功能，故一般是致死的。但在异源多倍体植物中常可成活，但生长较弱小。

3. 多体（polysomy）

多体是指二倍体染色体增加了一个或多个染色体的生物个体的通称。因染色体增加的多少不同，多体可分为以下几种。

（1）三体（trisomy）　三体指多了某一条染色体（$2n+1$）的生物个体，也就是说有一对染色体成了三倍性的个体。由于染色体平衡的破坏和具有产物剂量的增加，三体也显示出异常的表型特征。在人类中常见的三种常染色体三体是：①21-三体，即唐氏综合征；②18-三体，即爱德华综合征；③13-三体，即帕塔综合征。也存在性染色体三体，如47，XXX和47，XXY，表现为先天性卵巢发育不全综合征和先天性睾丸发育不全综合征。在动物中同样存在多种类型的常染色体和性染色体三体，均可表现一定的表型异常。如牛的18-三体造成致死三体综合征，23-三体的母犊表现侏儒症，水牛的常染色体三体引起致死的短腭综合征。牛的性染色体三体如61，XXX、61，XXY，表现繁殖机能上的缺陷。公牛性腺发育不全，生长发育受阻、清精和死精的睾丸发育不良症。在水牛中，性染色体三体为51，XXX，表现为不育。

（2）双三体（double trisomy）　双三体指增加了两条不同染色体（2n+1+1）的个体。

（3）四体（tetrasomy）　四体指某一同源染色体又增加了一对染色体（2n+2）的个体，也就是说，某一染色体成了四倍性。

在非整倍体变异的类型中，单体和缺体都是由于正常个体在减数分裂时个别染色体发生不正常的分裂而形成不正常的配子受精所致。在大多数情况下，动物中非整倍体是致死的，而植物中非整倍体常得以生存。单体和缺体对生物的影响大于整个染色体组的增减，这说明遗传物质平衡的重要性。在表型上，植物中的单体小麦与正常小麦差异很小，但缺体小麦之间，以及它们与正常小麦之间则有明显的区别，生长势普遍较弱，并约有半数为雄性不育。三体的影响一般比缺少个别染色体的影响小，但由于个别染色体的增加，能使基因剂量效应发生变化，从而引起某些性状及其发育的改变。

（三）嵌合体

嵌合体（genetic mosaic）是指含有两种以上染色体数目细胞的个体，如2n/2n-1，XX/XY，XO/XYY等。将含有雌雄两种细胞类型的称为雌雄嵌合体或两性嵌合体。在人类中，XX/XY两性嵌合体既具有男性生殖腺睾丸，又具有女性的卵巢。这种XX/XY嵌合体可能是两个受精卵融合的结果。另一种两性嵌合体为XO/XYY，它可能是在XY合子发育早期，在有丝分裂中两条Y染色体的姐妹染色体单体没有分离，同趋一极，而使另一极缺少了Y染色体。这样一个子细胞及其后代为XYY，另一个子细胞及其后代为XO。这种个体的表型性别取决于身体的某一组织的细胞类型是XYY，还是XO。如果不是在受精卵一开始分裂就产生染色体不分离，就可能产生三种类型的嵌合体XY/XO/XYY。还有一种两性嵌合体XO/XY，可能是XY合子在发育早期的有丝分裂中丢失了一条Y染色体所致。

在动物中嵌合体广泛存在，在牛上广泛分布着60，XX/60，XY的细胞嵌合体，这种核型多见于异性双胎的母牛，一般公牛犊的核型与发育正常。据报道，约有90%的双生间雌个体其核型为60，XX/60，XY嵌合体，这种嵌合体有30%～40%的细胞为60，XX型，58%～70%的细胞为60，XY型。这种牛仅表现为外阴小，但一般具有两性的生殖系统和发育不全的生殖器官，没有生育能力。这种牛的嵌合体是由于在胚胎发育的早期，因通过胎盘微血管交换血液而造成的。除此之外还有60，XY/61，XYY；60，XX/61，XXY；60，XY/61，XXY的嵌合体，据报道，第一类型的种公牛，常表现睾丸发育不全，精子生产水平低下，血液中性激素含量不足。后两种核型的嵌合体，常表现不育。在水牛中，异性双生或三生中，公母犊均为50，XX/50，XY嵌合体，均无生育能力。

在黄牛中还发现了二倍体/五倍体（2n/5n）的嵌合体，这种牛一般外形正常，发育良好，性器官外观正常，仅无生育能力。在我国滩羊中，也发现有二倍体/四倍体、二倍体/五倍体嵌合体的存在。

以上所述部分染色体整倍体和非整倍体的变异类型汇总于表 4-1 中。

表 4-1　部分染色体整倍体和非整倍体变异类型

类别	名称		染色体数目	染色体组
整倍体	单倍体		n	（ABCD）
	二倍体		$2n$	（ABCD）（ABCD）
	多倍体	三倍体	$3n$	（ABCD）（ABCD）（ABCD）
		同源四倍体	$4n$	（ABCD）（ABCD）（ABCD）（ABCD）
		异源四倍体	$4n$	（ABCD）（ABCD）（A′B′C′D′）（A′B′C′D′）
非整倍体	单体		$2n-1$	（ABCD）（ABC）
	缺体		$2n-2$	（ABC）（ABC）
	多体	三体	$2n+1$	（ABCD）（ABCD）（A）
		四体	$2n+2$	（ABCD）（ABCD）（AA）
		双三体	$2n+1+1$	（ABCD）（ABCD）（AB）

（四）染色体数目变异的产生

染色体数目变异的机理在前面章节中已作了叙述，在这里加以总结。

（1）染色体分裂，细胞没有分裂　造成染色体数目成套地增加，即多倍体的变异。

（2）个别染色体发生不正常分裂　造成姐妹染色体没有分离，从而形成不正常的配子，交配后形成不同的超二倍体和亚二倍体。

（五）染色体数目变异在育种上的应用

根据染色体数目变异的基本遗传理论，产生了改变染色体数目进行育种的许多方法，主要包括以下几个方面。

（1）染色体加倍的多倍体育种　由于多倍体耐苦、耐寒，异源多倍体又表现杂种优势，繁殖力强。因此产生多倍体已成为育种的一个方向。目前在鱼、虾、贝等海洋生物中已用此种方法育种。

（2）二倍体染色体数减半的单倍体育种　单倍体育种实质上是一种直接选择配子的方法，它能提高纯合基因型的选择概率，而且需要改良的基因数越多，选择效率越高，因为它不存在等位基因的显隐性问题，故便于淘汰不良的隐性基因。如纯合诱变育种，更可提高选择效率。被选入的单倍体优良植株，只要使染色体加倍成为纯合的株系，即可显著地缩短育种年限。

第二节　基因突变

一、基因突变的概念

尽管 DNA 是一种非常稳定的分子，并且能够准确复制，使遗传信息能够在世代间传递。但是 DNA 在复制过程中也会发生一些错误，导致遗传信息的改变。基因突变（gene mutation），又称点突变（point mutation），是指染色体上某一基因位点内部发生了化学性质的变化，与原来基因形成对性关系。如猪的白毛基因 D 突变为黑毛基因 d，D 与 d 为一对等位基因。发生突变的细胞或个体称为突变体或突变型（mutant），而没有发生突变的个体称为野生型（wild type）。

二、基因突变的类型

基因突变的分类方式有多种，有些是依据突变引起的表型来分的，有些是依据引起突变的物质来分的，也有些是依据引起突变的原因划分的。

1. 体细胞突变和性细胞突变

基因突变可发生在生物个体发育的任何时期，体细胞和性细胞都可能发生突变。在多细胞生物中，体细胞突变（somatic mutation）发生在体细胞中，不会产生配子，不会传递给后代。当产生突变的体细胞进行有丝分裂时，突变会传递到新细胞中去，从而会产生一些遗传信息完全一致的细胞，称之为克隆，在发育过程中体细胞突变发生的越早，形成的克隆就会越大，后代中会有更多的细胞是包含突变的。由于真核生物个体所含细胞数量巨大，所以体细胞突变也非常多，如人有大约 10^{14} 个细胞，一般每一百万次细胞分裂就会产生一个突变，因此每个人都会产生上亿个体细胞突变。很多的体细胞突变都不会表现出明显的表型，但是如果是那些促进细胞分裂的体细胞突变就会快速地扩散，这种突变使得突变细胞相对于正常细胞就会更有优势，这也是癌症产生的基础。对于体细胞突变出现的一些优良变异，可通过扦插、嫁接或组织培养等无性繁殖方式培育优良品种，如很多果树和花卉的优良品种。

性细胞突变（germinal mutation）发生在最终产生配子的细胞中，性细胞突变可以通过配子传递给下一代，产生的后代个体的体细胞和生殖细胞中将都含有相同的突变。一般情况下，性细胞突变的频率要高于体细胞，因为性细胞在减数分裂时期对外界环境条件更为敏感。

2. 大突变和小突变

基因突变引起性状变异的程度不同。具有明显、容易识别的表型变异的基因突变称为大突变（macro mutation），产生大突变的性状往往属于质量性状，如动物毛色、角形性状突变等。而有些突变的效应比较小，很难察觉，必须通过对群体的统计分析才能鉴别，这种类型的突变称为微突变（micro mutation），产生微突变的性状往往是数量性状，如乳牛的泌乳量、鸡的蛋重等性状变异。育种中在注意大突变的同时，不能忽视微突变。

3. 显性突变和隐性突变

基因突变的频率很低，在一对等位基因中，通常只有一个而不是两个基因同时发生突变。基因突变可能是显性突变，也可能是隐性突变。显性突变是指原来隐性基因变为显性基因的突变（$aa \rightarrow Aa$）。显性突变如果发生在生殖细胞或配子中，突变基因在当代就能表现，经互交一代，可获得显性纯合体和突变杂合体，以及隐性纯合体，经互交二代，就能鉴定出突变纯合体。

隐性突变指原来显性基因变为隐性基因的突变（$AA \rightarrow Aa$）。隐性突变即使发生在生殖细胞中，当代也不能表现，必须经过自交一代，隐性基因突变达到纯合才能检出突变纯合体。隐性突变基因的鉴定比较困难，需要在若干代后隐性基因纯合后才能表现。

4. 自发突变和诱发突变

根据突变从发生的原因可将突变划分为自发突变和诱发突变。在自然条件下，自发发生的突变，叫自发突变（spontaneous mutation）。在自然界中，一些物理和化学因素都能增加自发突变的频率。人为用许多理化因素对生物体或细胞处理所引起的基因突变称人工诱变或诱发突变（induced mutation）。

5. 正向突变和回复突变

根据突变发生的方向性可分为正向突变和回复突变。正向突变是指从野生型变为突变型，回复突变是指从突变型变为野生型。回复突变可使突变基因产生无功能或有部分功能的多肽，恢复部分或完全功能。

三、基因突变的表型效应

1. 形态突变（morphological mutation）

是指突变主要影响生物的形态结构，导致形状、大小、颜色等的改变，因为这类突变可以在外观上看到，又称为可见突变（visible mutation）。如果蝇的白眼、残翅突变、家畜中的无角突变等。

2. 生化突变（biochemical mutation）

是指突变主要影响生物的代谢过程，导致一个特定的生化功能的改变或者缺失。如细菌的营养缺陷型突变。一般野生型细菌可在基本培养基中生长，而其营养缺陷型突变体则需要在基本培养基中添加某种特定的营养成分，如某种氨基酸或维生素才能生长。

3. 致死突变（lethal mutation）

是指突变主要影响生物体的生活力，导致生活力下降甚至死亡，可分为显性致死突变和隐性致死突变，显性致死无论在杂合状态还是显性纯合状态下均有致死作用，如人的神经胶质症，患者皮肤畸形生长，严重智力缺陷，多发性肿瘤，往往年轻时就致死；而隐性致死只有在隐性纯合时才有致死作用，一般隐性致死突变比较常见。致死突变的致死作用可发生在不同的发育阶段，分别称为配子致死、合子致死、胚胎致死、幼龄、成年致死等。

4. 条件致死突变（conditional lethal mutation）

是指在一定条件下表现出致死效应，而在其他条件下却能正常存活。如 T4 噬菌体的温度敏感型，在 25℃时能浸染大肠杆菌，形成噬菌斑，但在 40℃时则不能浸染大肠杆菌。

5. 功能丧失突变（loss of function mutation）

是指由于基因突变，消除或改变了基因的功能区，从而干扰了野生型对某种表型的活性功能，这种突变称为功能丧失突变。如果完全丧失基因功能的突变称为无效突变（non-sense mutation）。渗漏突变（leaky mutation）是指基因突变的产物仍有部分活性，使表型介于完全的突变型和野生型之间。

6. 功能获得突变（gain of function mutation）

是指由于基因突变导致基因功能的丧失，但有时突变引起的遗传随机变化有可能使基因获得新的功能，这种突变称为功能获得突变。

7. 抗性突变（resistant mutation）

是指突变细胞或生物体获得或者丧失了对某种病菌、药剂，或其他生物等的抵抗能力。

突变后出现的表型多种多样，对基因突变可以从不同角度分类。突变是无法从单系统分类的，因为它的因果、状态、过程等各方面既有区别又有联系。

四、突变产生的时期和频率

（一）突变发生的时期

突变可以发生在生物体生长发育的任何阶段，既可以发生在性细胞，也可发生在体细胞。如果突变发生在性细胞，这种突变就能通过配子的有性结合传递给后代，并且这种突变在后代的体细胞和性细胞中都存在，这种突变称为种系突变（germ-line mutation）。如果突变发生在体细胞，这种突变在有性繁殖的动物群体不能递到后代，这种类型的突变称为体细胞突变（somatic mutation）。然而植物的体细胞突变是可以通过压条，嫁接等方法繁殖。出现动物克隆技术后，动物体细胞的突变也可通过克隆技术得以繁殖与保存。

（二）突变发生的频率

突变发生的频率简称突变率（mutation rate）。突变率是指在一定时间内突变可能发生的次数，即突变个体（mutant）占总观察个体数的比值。基因突变在自然界是普遍存在的，但在自然条件下，突变发生的频率很低，而且随生物的种类和基因不同而差异很大。如在人类中为 $10^{-6} \sim 10^{-4}$，在高等动植物中，突变率为 $10^{-8} \sim 10^{-5}$，在果蝇中自发突变率为 $10^{-5} \sim 10^{-4}$，在细菌中为 $10^{-10} \sim 10^{-4}$。部分生物一些基因的自发突变率见表 4-2。自发突变率也受到生物遗传特征的影响，比如在雄性和雌性果蝇中相同的性状其突变率不同。

表 4-2　一些生物的自发突变率

物种	性状	基因	频率
细菌 （E. coli）	乳糖发酵	$Lac^- \to Lac^+$	2×10^{-7}
	噬菌体 T_1 敏感型	$T_1 \to S \to T_1 \to r$	2×10^{-8}
	组氨酸型	$his^- \to his^+$	2×10^{-6}
		$his^+ \to his^-$	4×10^{-8}
果蝇 （Drosophila melanogaster）	黄体	$Y \to y$（雄蝇）	1×10^{-4}
		$Y \to y$（雌蝇）	1×10^{-5}
	白眼	$W \to w$	4×10^{-5}
	褐眼	$B^w \to b^w$	3×10^{-5}
小鼠 （Mus musculus）	非鼠色	$a^+ \to a$	3×10^{-5}
	白化	$c^+ \to c$	1×10^{-5}
人 （Homo sapiens）	血友病	$h^+ \to h$	3×10^{-5}
	软骨发育不全	$a \to a^+$	4×10^{-5}

五、基因突变的一般特征

（一）突变的重演性

突变的重演性是指相同的突变在同种生物的不同个体、不同时间、不同地点重复地发生和出现。例如，果蝇的白眼突变就曾发生过多次；在 20 世纪 40 年代矮腿的安康羊在挪威曾重复出现过。

（二）突变的可逆性

突变的可逆性是指突变可以从一种相对性状突变为另一种相对性状，又可从另一种相对性状突变为原来的相对性状。即可为 $A \to a$，称为正突变（forward mutation），也可为 $a \to A$ 的反突变或回复突变（back mutation）。在自然界中，通常正突变大于反突变。

（三）突变的多向性

基因突变的多向性是指一个基因可以突变成它的不同的复等位基因，如 A 可以突变成 a_1，a_2，a_3，…，a_n，它们的生理功能和性状表现各不相同，在遗传上具有对性关系，即称为"复等位基因"（multiple alleles）。复等位基因的产生，是由突变的多向性所造成。由于复等位基因的存在，更丰富了生物多样性，扩大了生物的适应范围，也为育种工作增加了素材。

（四）突变的平行性

突变的平行性是指亲缘关系相近的物种往往发生相似的基因突变，例如，在哺乳动物、牛、马、兔、猴、狐中都发现白化基因。矮化基因在马、牛、猪等动物中都有发生，形成了矮马、小牛及小型猪的个体，这是突变的平行性的表现。根据突变的平行性，如果在某属、某种的生物发现了一种突变，就可在同属不同种，或亲缘属的其他生物物种中，预期获得相似的突变。

（五）突变的有利性和有害性

突变的有利性是指基因突变能够创造新的基因，增加生物的多样性，可以为育种提供更多的素材，同时，突变加选择可以促进生物的进化。因此，在整个生物进化的历史长河中，一种突变可能对于人类来讲是有利的。但就现存的生物或具体到一个个体，突变多是有害的，因为在进化过程中，它们的遗传物质及其调控下的代谢过程，与环境都已达到相对平衡和高度的协调统一。一旦某个基因发生突变，往往便不可避免地造成整个代谢过程的破坏，从而表现为生活力降低，生育反常，极端的会造成当代致死等。如视网膜色素瘤（retinoblastoma）是显性突变引起的，可使患有该病的儿童致死。但也有少数突变不影响生物的生命机能或者能促进和加强生命力，有利于生物存在，就可被自然和人工选择保留下来。一般被自然选择保留下来的突变对生物本身的生存、发展是有利的，而被人工选择保留下来的突变对生物本身不一定有利。因此，一个基因突变的有利与有害，有时是相对的。例如，残翅昆虫（突变型）在大陆对昆虫本身极为不利，而在多风的岛上，则比常态翅昆虫更适于生存。

第三节　突变发生的分子机制

基因突变（gene mutation）是在基因水平上遗传物质中任何可检测的能遗传的改变，不包括遗传重组。基因突变按其发生的原因分为自发突变和诱发突变两大类。那么突变是怎样发生的呢？它会产生什么样的效应？实验证明，基因突变既可由放射线（包括 γ、β、δ、X 射线和紫外线等）引起，也可由一些化学物质引起（图 4-3）。现已发现许多化学物质可引起基因突变，这些化学物质称为化学诱变剂。它们的诱变机制不尽相同，可以是碱基类似物的替代，碱基的化学修饰以及碱基的插入和缺失等。突变的结果可产生 DNA 断裂，碱基替代和移码突变等不同情况,下面我们就来讨论这些问题。

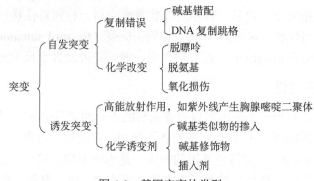

图 4-3　基因突变的类型

基因突变不管是由物理因素引起或者由化学因素引起,基因突变实际上是 DNA 分子上碱基序列、成分和结构发生了改变,归纳起来有碱基替代(base-pair substitution)、移码突变(frameshift mutation)和 DNA 链的断裂。由此引起转录而来的 mRNA 结构的改变,进而翻译为不同的氨基酸,组成不同性质的蛋白质,最终引起性状的变异,正常生理代谢机能破坏,严重的造成个体死亡。

一、碱基替代与移码突变

(一)碱基替代

碱基替代是指在 DNA 分子中一个碱基对被另一个碱基对所代替的现象。在碱基替代中,如果一个嘌呤被另一个嘌呤所代替,或一个嘧啶被另一个嘧啶所替代的现象称为转换(transition),如 A 代替 G,或 G 代替 A,及 C 代替 T,或 T 代替 C。如果一个嘌呤被一个嘧啶所替代,或一个嘧啶被一个嘌呤所替代的现象称为颠换(transversion)。转换和颠换的含义可用图 4-4 表示。

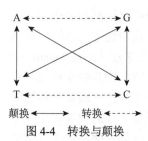

图 4-4　转换与颠换

(二)移码突变

移码突变是指在基因组中增加或减少碱基对,使其该位点之后的密码子都发生改变的现象。

(三)碱基替换与移码突变的遗传效应

1. 碱基替换的遗传效应

总的说来碱基替换的遗传效应可分以下三种不同的情况。

(1)错义突变(missense mutation)　即碱基替代使 DNA 序列发生改变,从而使 mRNA 上相应的密码子发生改变,导致蛋白质中相应氨基酸发生替代,形成无活性的,或功能低的蛋白质或多肽,影响生物的生活力或表现。

(2)无义突变(nonsense mutation)　即碱基替代后在 mRNA 上产生了无义密码子(终止密码),从而形成不完整的,没有活性的多肽链。

（3）同义突变（synonymy mutation）　即碱基替代后在 mRNA 上产生新的密码子仍然代表原来氨基酸，这种突变不会造成蛋白质序列和性质发生改变。这是由于密码子的简并现象所决定，即一个氨基酸有两个以上密码子。

2. 移码突变的遗传效应

移码突变的遗传效应比碱基替换所造成的效应要大得多，因为在 DNA 分子链中缺失或插入一个或几个碱基时，将改组原来的 DNA 链上一段或整条链三联体密码子，于是在转录时也就改组了 mRNA 的编码顺序，从而翻译出来的氨基酸顺序也发生相应的改变，这种突变往往产生无功能的蛋白质。

DNA 链的断裂往往造成片段和基因的缺失，由于不能正常产生生命所需的蛋白质，对生物的影响是巨大的。

二、突变产生的原因

从分子角度讲基因突变是碱基替代和移码突变的结果，那么，它们又是怎样产生的呢？可以说，能够引起基因突变的理化因素很多。在自然界中引起基因突变的已知因素有辐射、化学物质、温度和病毒等，此外生物体内的转座成分作用，DNA 聚合酶有时在聚合时发生错误和 DNA 补偿系统在工作中分子筛错误也是造成突变的原因。

（一）自发突变

自发突变（spontaneous mutation）是自然发生的，不存在人类的干扰。长期以来遗传学家们认为自发突变是由环境中固有的诱变剂所产生的，如放射线和化学物质。实际上自发突变可能由很多因素中的一种所引起，包括 DNA 复制中的错误及 DNA 自发的化学改变。自发突变也可能由于转座因子的移动而引起。

1. DNA 复制错误

在 DNA 复制时可能产生碱基的错配，如 A-C 配对。当带有 A-C 错配的 DNA 重新复制时，产生的两条子链中，一条子链双螺旋在错配的位置上形成 G-C 时，而另一条子链的双旋在相应位点将形成 A-T 对，这样就产生了碱基对的转换。由于碱基本身存在着交替的化学结构，称为互变异构体（tautomer），所以也能形成错误的碱基配对。这种碱基化学结构形成的改变叫作互变异构移位（tautomeric shift）。

在 DNA 复制中少量碱基的增加和缺失也能自发发生，这可能由于新合成链或模板链错误地环出（跳格）而产生的。若是新合成链的环出可增加一个碱基对；若模板链的环出则会缺失一个碱基对。DNA 分子中少量碱基的增加和减少，除增加或减少 3 个碱基以外，都会引起移码突变。

2. 自发的化学变化

引起自发突变的两种最为常见的化学变化是特殊碱基脱嘌呤（depurination）和脱氨（基）（deamination）作用。在脱嘌呤时，脱氧核糖和嘌呤之间的糖苷键断裂，A 或 G 从 DNA 上被切下来，在培养中的哺乳动物细胞增殖期有数以千计的嘌呤通过脱嘌呤作用而失去，若这种损伤得不到修复的话，在 DNA 复制时，就没有碱基特异地与之互补，而是随机地选择一个碱基插进去，这样很可能产生一个与原来不同的碱基对，结果导致突变。

去氨（基）作用是在一个碱基上除掉氨基。例如，在胞嘧啶上有一个易受影响的氨基，脱去这个氨基后变成了尿嘧啶。在 DNA 中"U"并不是一个正常的碱基，修复系统就要除去大部分由 C 脱氨而产生的 U，使序列中发生的突变减少到最低程度。如果 U 不被修复的话，在 DNA 复制中它将和 A 配对，结果使原来的 C-G 对转变成一个 T-A 对，产生了碱基转换突变。后面我们将要谈到亚硝酸的脱氨作用是另一个脱氨引起突变的例子。原核和真核生物的 DNA 含有相对少量的修饰碱基 5-甲基胞嘧啶（5^{m}C）。5^{m}C 也可脱氨，但产生的是 T。由于 T 是 DNA 中正常的核苷，所以没有一种修复机制能觉察和改正这种突变。

5^{m}C 的脱氨的结果使 5^{m}C-G 转换或 T-A，且 5^{m}C 脱氨突变不能通过修复机制得到校正。基因组中 5^{m}C 的位点常常是突变热点（mutational hot spot），即在此位点发生突变的频率要比别处高得多。

第 3 种自发突变是氧化作用损伤碱基（oxidatively damaged base）。有活性的氧化剂，如过氧化物原子团（O_2^-），过氧化氢（H_2O_2）和羟基（—OH）等需氧代谢的副产物，它们可导致 DNA 的氧化损伤，如胸苷氧化后产生胸苷乙二醇，G 氧化后产生 8-氧-7,8-二氢脱氧鸟嘌呤、8-氧鸟嘌呤（8-O-G）等，引起碱基替代。

3. 转座成分的致突变作用

转座成分是指在 DNA 基因组中能够进行复制并将一个拷贝插入新位点的 DNA 序列单元，生物体内含有许多转座成分，一般长数百至数千个碱基对，可以通过一种复杂的转座机制将其一个复制拷贝插入到基因组的另一位点，如果这个位点处于一个基因的内部，这个片段的插入常常引起移码突变或造成基因的失活。实际上，现在进行的转基因动物和转基因植物也可以说相当于一个转座成分，如果它整合到一个正常基因的内部，就会造成该基因突变。

4. 增变基因的致突变作用

在生物体内有些基因与整个基因组的突变率直接相关，当这些基因突变时，整个基因组的突变率明显上升。把这些基因称为"增变基因"。实际上这种概念是一种误称。因为它在正常情况下是维持基因正常的因素，只有在改变时，才引起别的基因突变的增加。例如，DNA 聚合酶的各基因，它们的突变会影响正常基因的复制，从而引起突变。

（二）诱发突变

自发突变的频率是很低的，通过诱变剂可以增加突变的频率。常用的两类诱变剂是化学物质和放射线，两者具有不同的作用机制。

1. 化学诱发突变

（1）碱基类似物的诱发突变　碱基类似物是一类化学结构与 DNA 分子中正常碱基十分相似的化合物。一些碱基类似物能够在 DNA 复制时与正常碱基配对，掺入到 DNA 分子中。又由于这一类化合物存在两种异构体可以相互转化，不同异构体又有不同的配对性质，所以经过 DNA 的复制就会引起碱基的替换。例如，5-溴尿嘧啶（5-bromouracil，5-BU），它与 T 很相似，仅在第 5 个碳原子上由溴（Br）取代了 T 的甲基。5-BU 有酮式和烯醇式两种异构体，酮式可以与 A 配对，烯醇式可与 G 配对，如果在 DNA 复制时，酮式 5-BU 与 A 配对掺入 DNA 分子中，然后变成烯醇式，在下一次复制时就会与 G 配对，产生突变（图 4-5）。

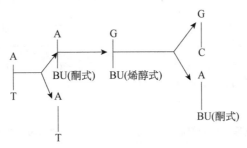

图 4-5　BU 的酮式和烯醇式结构互换及其导致 A-T 对变为 G-C 对

如果在 DNA 复制时，5-溴尿嘧啶烯醇式异构体掺入 DNA，与鸟嘌呤配对，在下一次复制时，由于 5-溴尿嘧啶烯醇式异构体转变为酮式异构体，与腺嘌呤配对，结果就导致再一次复制时，出现 G-C 对转换成 A-T 对了，其过程见图 4-6。

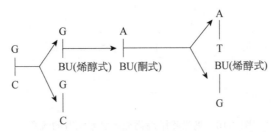

图 4-6　BU 的酮式和烯醇式结构互换及其导致 G-C 对变为 A-T 对

2-氨基嘌呤（2-aminopurine，2-AP），也属于碱基类似物，它也有两种异构体，一种是正常状态，另一种是稀有状态，以亚基的形式存在，它们可分别与 DNA 中正常的 T 和 C 配对结合，当 2-AP 掺入到 DNA 复制中时，由于其异构体的变换而导致 A-T 对变为 G-C 对，G-C 对变为 A-T 对（图 4-7）。

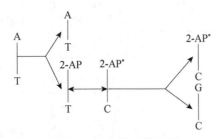

图 4-7　2-AP 的诱变机制

（2）使化学结构改变的化学诱变剂　一些烷化剂、亚硝酸盐及羟胺能改变 DNA 中核苷酸的化学结构，因而导致碱基的替换。

1）亚硝酸　亚硝酸具有氧化脱氨作用，它能使腺嘌呤（A）脱去氨基，成为次黄嘌呤（H）。次黄嘌呤不能与胸腺嘧啶配对，而能与胞嘧啶配对。这样受亚硝酸处理的 DNA 分子中就具有了次黄嘌呤，经过 DNA 复制，会使原来的 A-T 对转换成 G-C 对。（图 4-8）

同样机理，亚硝酸也可使胞嘧啶脱去氨基成为尿嘧啶，结果使尿嘧啶不能与鸟嘌呤配对，而能与腺嘌呤配对。这样经过 DNA 复制，使原来的 G-C 对转换成 A-T 对（图 4-9）。然而亚硝酸和鸟嘌呤作用后，可使鸟嘌呤脱氨变成黄嘌呤。黄嘌呤与鸟嘌呤一样能与胞嘧啶配对，所以它的产生不会引起碱基的替换现象。

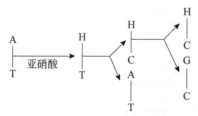

图 4-8　亚硝酸引起碱基替换的机制

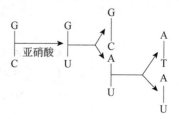

图 4-9　亚硝酸对嘧啶的作用

2）烷化剂　烷化剂能使 DNA 分子中的碱基烷基化，导致配对时出现错误，产生碱基替换现象。如硫酸二乙酯可以使鸟嘌呤乙基化变成 7-乙基鸟嘌呤，结果使它不能与胞嘧啶配对，而能与胸腺嘧啶配对，这样，在 DNA 复制时，7-乙基鸟嘌呤与胸腺嘧啶配对后，导致下一次 DNA 复制时使原来的 G-C 对被转换成 A-T 对（图 4-10）。

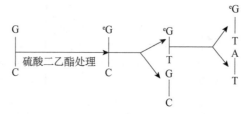

图 4-10　鸟嘌呤用烷化剂后引起配对的改变

烷化作用还能使 DNA 的碱基容易受到水解而从 DNA 链上裂解下来，造成碱基的缺失。碱基缺失的结果会引起碱基的转换、颠换和移码突变（图 4-11）。

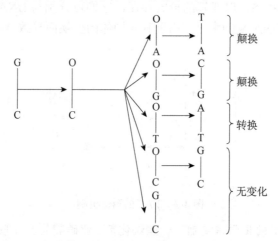

图 4-11　烷化作用使 DNA 链上碱基水解，缺失后的变化

3）羟胺（HA）　羟胺是一种还原剂，它的作用比较专一化，往往与胞嘧啶作用，使胞嘧啶 C_6 位置上的氨基羟化，变成像胸腺嘧啶的结合特性，在 DNA 复制时，不再与鸟嘌呤配对，而和腺嘌呤配对。因此经过 DNA 复制，能将 G-C 对转换成 A-T 对（图 4-12）。

（3）结合到 DNA 分子上的诱变化合物　有一些诱变化合物，如吖啶类（原黄素，亚黄素和吖啶黄）的分子较扁平，能结合到 DNA 分子上，并插入邻近碱基之间，使碱基之间断裂。并且使 DNA 双链歪斜，导致两个 DNA 分子排列出现参差不齐，产生不等位交换，形成两个重组分子，一个含碱基对多 [（+）突变型]，一个含碱基对少 [（-）突变型]（图 4-13）。

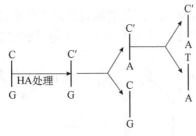

图 4-12　用 HA 处理后配对行为改变出现碱基替换

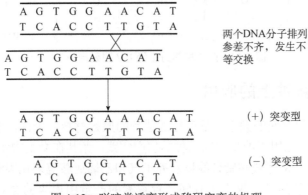

图 4-13　吖啶类诱变形成移码突变的机理

吖啶类物质还能与 DNA 分子结合或打开 DNA 链，使其插入一个新的碱基或丢失一个碱基，引起 DNA 中的密码编组的移动，产生移码突变。

2. 高能射线或紫外线引起 DNA 结构或碱基的变化

放射线包括非离子射线和离子射线，前者为紫外线，后者包括 X 射线、γ 射线以及宇宙射线。离子射线具有很高的能量，能穿透组织，能起动很多的化学反应其中包括突变。离子射线可诱导基因突变和染色体的断裂。

紫外线（ultraviolet light ray，UV）是非电离化的，但紫外线是常用的诱变剂，它的高能可杀死细胞。遗传学和医学界都广泛应用 UV 的这一特性，常被用来杀菌。UV 还能引起突变，这是因为 DNA 中的嘌呤和嘧啶有很强的吸收光的能力，特别是对波长为 254～260 nm 的 UV。这种波长的 UV，能作用于 DNA 初步诱导基因突变，使 DNA 合成延伸衰减。

高能射线对 DNA 的诱变作用是多方面的，可引起 DNA 链的断裂或碱基的改变等。一般认为，高能射线并不作用于 DNA 的特定结构。而紫外线的作用则不同，它特别作用于嘧啶。使得同链上邻近的嘧啶核苷酸之间形成多价的联合。最通常的结果是促使胸腺嘧啶联合成二聚体（$\overline{\text{TT}}$），或是将胞嘧啶脱氨形成尿嘧啶，或是将水加到嘧啶的 C_4、C_5 位置上形成光产物。它可以削弱 C-G 之间的氢键，使 DNA 链发生局部分离或变性。实验证明，紫外线的作用集中在 DNA 的特定部位，显示了诱变作用的特异性。

紫外线辐射的诱变机制也造成 DNA 结构的改变，诸如 DNA 链的断裂，DNA 分子内和分子间的交联、胞嘧啶的水合作用等，但主要是胸腺嘧啶二聚体（$\overline{\text{TT}}$）的形成，即两个胸腺嘧啶的双链先解开变成单链，然后在两个嘧啶环相应的 C_5 和 C_6 原子间的 C 相连（图 4-14）。

这种二聚体的形成，使 DNA 分子结构局部变形，严重影响 DNA 以后的复制和转录，若在 DNA 双链间形成，将阻碍双链的分开和下一步的复制。若在同一单链间形成，则会阻碍碱基的正常配对，破坏嘌呤的正常掺入，因此复制将在此点停止或发生错误，在以后的复制中，便产生一个在两条链上碱基顺序都改变了的分子，于是引起突变。

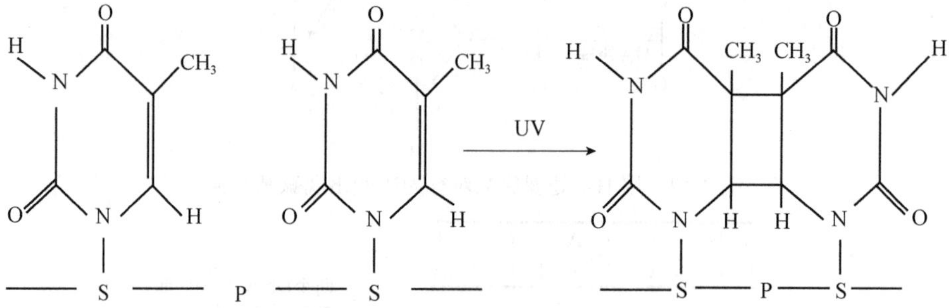

图 4-14　两个相邻的 T 经 UV 照射形成 $\overset{\frown}{\text{TT}}$

三、诱变在育种上的应用

诱变可以增加基因突变的频率，从而增加选种的原始材料。因此，多年来诱变育种已受到人们的广泛关注，并已用于改良生物品种的生产实践，尤其在微生物和植物方面成就卓越。

例如，青霉菌，经 X 射线和紫外线以及芥子气和乙烯亚胺等理化因素反复交替地处理和选择后，不断培育出新品种，仅十年时间，青霉素的产量由原来的 250 U/mL 提高到 5000 U/mL，提高 20 倍，目前诸多的抗生素菌种，如青霉菌、红霉菌、白霉菌、土霉菌、金霉菌等都是通过诱变育成的。

在植物方面，诱变育种发展很快，世界各国相继育成许多高产优质新品种。例如，菲律宾的有些水稻和墨西哥的大麦矮秆抗病新品种都是由诱变育种的；印度的'阿隆那'蓖麻不仅产量提高 50%，而且成熟期缩短了 120 天。我国采用诱变育种，已培育出百种以上的水稻、小麦、高粱、玉米、大豆新品种，取得了显著成效。

在动物诱变育种中，由于动物机体更趋复杂，细胞分化程度更高，生殖细胞被躯体严密而完善地保护，所以人工诱变比较困难，但也取得一定的成就。如蝇中各种突变种的产生，以及在家蚕中应用电离辐射，育成 ZW 易位平衡致死系用于蚕的制种，提供全雄蚕的杂交种，大幅度提高了蚕丝的产量和质量。在哺乳动物的鼠类和毛皮兽中也作了一些试验，如野生水貂只有棕色的皮毛，用诱变使毛色基因发生突变，从而育成经济价值很高的天蓝色、灰褐色、纯白色的水貂等。

第四节　DNA 的修复

生物体在千变万化的环境中，常常受到内外环境各种理化因素的作用而引起各种各样的突变，但实际生物体表现出的突变率远比理论值发生的突变率低。这是因为在原核和真核生物细胞中都存在一套比较完整的突变抑制和很多的 DNA 修复系统，这些修复系统在相关酶的作用下，可以校正 DNA 复制出现的错误和修复各种 DNA 损伤，使生物表现出来的突变率降到最低，从而保证了生物遗传的相对稳定性。然而，修复系统的校正是有限的，超出一定范围就会导致突变。

一、突变的抑制

（一）密码子的简并性

64 个密码子中，除 3 个终止密码子外，61 个密码子都参与氨基酸的编码，但生物体内仅有 20 种氨基酸，一些氨基酸有多个密码子，这种现象称密码子的简并性。由于有些氨基酸有几个密码子，虽然碱基发生了改变，但蛋白质中氨基酸的序列和种类没有改变，蛋白质的结构和活性没有改变，因而并不表现突变的性状。

（二）基因内突变的抑制（双移码突变）

如果突变是由于碱基对的增加或减少，就会从增加或减少碱基对以后的密码子全部误读。若这时在这个突变密码子附近又发生缺失（－）或插入（＋），就会使读码恢复正常，往往就会形成有活性的蛋白质。这种双移码突变已在噬菌体 T4 中发现。

（三）基因间突变的抑制

某一基因的无义突变、错义突变和移码突变都可为另一基因的突变所抑制。

（1）无义突变和错义突变的抑制　结构基因发生碱基替代会造成无义突变和错义突变，如果相应密码子的 tRNA 基因也发生突变，使得 tRNA 反密码子也发生变异，就会带有相同氨基酸合成完整的多肽，使突变得到抑制。

（2）移码突变的抑制　移码突变也可由 tRNA 分子结构的改变而被抑制，如在正常的 DNA 序列中插入一个 G，使其后的密码子发生移码突变，这时如果反密码子上增加一个 C，使反密码子成为 CCCC，从而校对了由插入一个碱基造成的移码突变。

二、DNA 的修复方式

（一）DNA 的复制修复

DNA 的复制修复包括 DNA 聚合酶的修复，错配的修复系统和尿嘧啶糖基酶修复系统。

1. DNA 聚合酶的修复

在 DNA 合成过程中，DNA 聚合酶偶尔也能催化不能与模板形成氢键的错误碱基的参加，这种复制的错误，DNA 聚合酶可以通过其 3′→5′外切酶活性立即切除不配对的碱基，进行纠正，然后才开始下一个核苷酸的聚合，使复制继续进行。

2. 错配的修复系统

在一些情况下，DNA 聚合酶没有把极少数错误的碱基进行修正，留在 DNA 的序列中，这种错误出现的频率是 10^{-8}，然而实际出现只是理论值的 1/100，这就是细胞内错配修复系统修正的结果。参与这种修复系统的酶有错配修正酶，DNA 聚合酶 I 和连接酶。在这一修复系统中，腺嘌呤的甲基化是其识别的标记，其过程是首先错配修正酶识别并结合到腺嘌呤甲基化和错误碱基位点，然后该酶切掉一段包含错配碱基的 DNA，再通过 Pol I 和连接酶补齐和连接，完成修复过程。这一修复系统也能对掺入 DNA 分子中的碱基类似物进行除去修复。

3. 尿嘧啶糖基酶修复系统

这个修复系统主要是除掉 DNA 分子中的 U。在生物体内虽有 dUTPase，但仍有少数 dUTP 掺入到 DNA 链中。由于 U 能与 A 发生氢键结合，DNA 聚合酶Ⅲ的前述功能无法识别它，又由于细胞内胞嘧啶自发地脱氨氧化而生成尿嘧啶，不管哪一来源的尿嘧啶都能通过尿嘧啶糖基酶修复系统得到修复。参与这一修复系统的酶有尿嘧啶 N-糖基酶，AP-内切核酸酶，Pol Ⅰ和连接酶。首先尿嘧啶 N-糖基酶将 DNA 分子中 U 切除掉，再通过 AP-内切核酸酶打开一个切口，然后通过 Pol Ⅰ和连接酶补齐和连接，完成修复过程（图 4-15）。

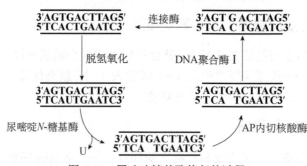

图 4-15　尿嘧啶糖基酶修复的过程

（二）DNA 损伤的修复

DNA 遭到辐射受伤后，一种情况就是遗传物质发生化学结构的改变，造成基因突变，另一种情况是使损伤的部分重新修复，保持基因原来的化学结构。所以 DNA 损伤的修复，对于保持生物种性的稳定有着重大作用，当然不是所有的 DNA 损伤都能修复，否则突变就不会发生，生物也就不可能会进化。

1. 紫外线损伤的修复

经紫外线照射后，所引起的最主要的变化是产生胸腺嘧啶二聚体（$\widehat{TT}$），对它的修复有光修复、暗修复、重组修复、SOS 修复和二聚体糖基酶修复等途径。在此主要介绍前两种修复系统。

（1）光修复（light repair）　光修复就是受紫外线照射后，损伤的 DNA 分子在光复活酶（photoreacting enzyme）的作用下，利用光能使损伤的 DNA 重新复原。在暗处的条件下光复活酶能辨认胸腺嘧啶二聚体并与 DNA 链上的 $\widehat{TT}$ 结合成复合体，当复合体受到可见光时，光复合酶利用光的能量，使二聚体解开成单体，使 DNA 得以修复。

目前光复活酶的活力已在细菌、酵母、藻类、真菌、原生动物、蛙、鸟类、有袋类等许多生物体内发现。

（2）暗修复（dark repair）　也称切割修复。暗修复的真正含义，不只是指修复在暗中进行，而是指在修复过程中光不起任何作用，一般认为其修复过程是在多种酶的参与下先补后切。

首先在 DNA 损伤的一段解旋，一种修复内切酶识别胸腺嘧啶二聚体并切开一个口。然后以 DNA 未受伤的一段单链为模板，按照碱基配对原则，利用细胞中的脱氧核苷酸在 DNA 聚合酶Ⅰ的作用下，在 3′端合成一段新的核苷酸链并同时置换 20 个核苷酸，随之由 DNA 聚合酶Ⅰ的 5′→3′外切核酸酶活性和内切核酸酶活性切出被置换出的核苷酸片段，最后在连接酶的作用下连接起来，使 DNA 的结构复原。

　　暗修复不但能切除嘧啶二聚体，而且还可以切除 DNA 上其他的损害，所以它的修复作用有着重要的意义，如人的黑色素性干皮症（xeroderma pigmento sum）患者对阳光极度敏感，皮肤癌的发病率大大增加，究其原因是皮肤成纤维细胞在 DNA 受伤后，缺乏修复能力，皮肤细胞突变而发生皮肤癌。

　　2. 其他损伤类型的修复

　　（1）其他非标准碱基的修复　如对 A 自发脱氨变成次黄嘌呤，3-甲基腺嘌呤，6-氢-5，6-二羟胸腺嘧啶等的修复可采用类似于尿嘧啶糖基酶修复系统的方法。

　　（2）碱基的丢失　对丢失碱基的位置用无嘌呤内切核酸酶（AP-内切核酸酶）修复，修复过程先用 AP-内切核酸酶切一个口，用 Pol I 在 $5'\rightarrow3'$ 方向合成一段核苷酸片段，然后通过连接酶连接，完成修复。

　　（3）链的断裂　如果 DNA 分子中的一条链断裂，生物体在一系列酶的参与下，可采用以上所述的"切除—补加—连接"的方式修复。如果 DNA 某一处的双链同时断裂，则很少有修复的可能。

　　（4）烷基化损伤　对于烷基化生物体采用一种更为复杂的修复系统即一种甲基转移酶除去甲基而使 DNA 得到修复。

第五节　基因表达调控

　　基因表达调控的方式有很多种，不同生物使用不同的信号来进行基因调控。原核生物与真核生物之间存在着很大的差异。原核生物结构简单，其基因表达调控主要是为了适应外界环境变化、调节营养状况及维持生命活动等。而真核生物一般为多细胞生物，尤其是高等真核生物，其细胞结构复杂，个体的发育与分化过程更加精巧，这都要求真核生物的基因表达调控极其精细与复杂。真核生物的基因表达调控受外界环境变化的影响相对较小。

一、原核生物的基因表达调控

　　原核生物的基因表达可以在 DNA 水平、转录水平和翻译水平三个不同层次上受到调控。其中转录水平的调控是最主要的方式，也是最经济和最有效的方式。操纵子是转录水平上最主要的调控形式。

　　1961 年法国巴斯德研究所的雅克布（Jacob）和莫诺德（Monod）在研究大肠杆菌乳糖代谢时提出了基因表达调控的模型——乳糖操纵子学说，已成为原核生物基因表达调控的主要学说之一。

　　大肠杆菌乳糖操纵子包括 4 个部分：结构基因、操纵基因（又称操作子）、启动子和调节基因。乳糖操纵子包括 3 个结构基因：*LacZ*、*LacY*、*LacA*，位于乳糖操纵子的最下游。*LacZ* 合成 β-半乳糖苷酶，*LacY* 合成 β-半乳糖苷透性酶，*LacA* 合成 β-半乳糖苷转乙酰基酶。调节基因（*I*）：编码阻遏蛋白，位于乳糖操纵子的最上游，能识别操作子，并与之结合，阻止结构基因的表达。操作子（*O*）：控制结构基因的转录速度，位于结构基因的上游，它本身不能转录成 mRNA,为阻遏蛋白的结合位点。启动子（P）：位于操作子的上游，RNA 聚合酶能与之结合，其作用是发出信号，使 mRNA 合成开始，启动子本身也不能转录成 mRNA。

结构基因、操作子和启动子共同组成一个单位——操纵子。调节乳糖催化酶产生的操纵子称为乳糖操纵子（图 4-16）。现将乳糖操纵子的调控机制简介如下。

阻遏作用：当细胞内缺少乳糖时，调节基因（I）编码的阻遏蛋白，能够识别操作子（O）并与之结合，造成空间障碍，故 RNA 聚合酶不能与启动子（P）结合，从而阻止结构基因的表达，使之不能翻译出酶蛋白。

诱导作用：当细胞内有乳糖时，乳糖能与阻遏蛋白结合，使阻遏蛋白构象发生改变，丧失了与操作子（O）结合的能力，失去阻遏作用，RNA 聚合酶便与启动子（P）结合，使结构基因表达，翻译出酶蛋白。

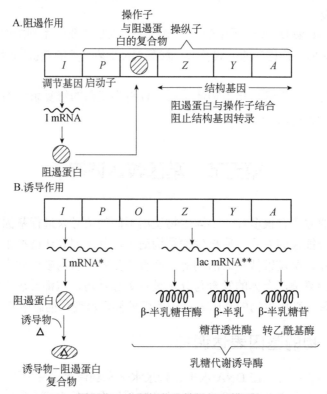

图 4-16 大肠杆菌乳糖操纵子模型

二、真核生物的基因表达调控

真核生物的基因表达调控与原核生物有很大不同。原核生物主要在转录水平上进行调控，真核生物基因表达的调控活动范围更大，包括 DNA 水平、转录水平、转录后水平和翻译水平等多层次的调控。真核生物与原核生物一样，转录水平的调控也是最主要的调控方式。

（一）DNA 水平的调控

DNA 水平的调控包括基因丢失、基因扩增与基因重排。在细胞分化过程中，某些原生动物、线虫和昆虫在个体发育的早期，许多体细胞常常丢失部分染色体，只在生殖细胞中保留着全套的染色体组。如马蛔虫的体细胞就存在基因丢失现象。

基因扩增是指细胞内某些特定基因的拷贝数专一性的大量增加的现象，它是细胞在短期内为满足某种需要而产生足够的基因产物的一种调控手段。如两栖类和昆虫卵母细胞 rDNA 的扩增。

基因重排是 DNA 水平基因表达调控的一种途径，如哺乳动物免疫球蛋白的产生。

（二）转录水平的调控

包括顺式作用元件和反式作用因子的调控。DNA 分子上与结构基因连锁的转录调控区域叫顺式作用元件，包括启动子和增强子。启动子是 RNA 聚合酶进行精确而有效转录所必需的，增强子用来增加基因转录的速率。反式作用因子是指能识别或结合在各顺式作用元件核心序列上（通常为 8～12 bp），参与基因表达调控的一组蛋白质因子。

（三）转录后水平的调控

主要是 mRNA 前体的选择性拼接。高等真核生物的蛋白质基因大多数为断裂基因，原初转录物中所包含的内含子通过 RNA 拼接而被剪掉。同一基因应该产生同一种蛋白质，但后来人们发现，同一基因可以产生不同的蛋白质，这主要发生在转录后水平上，即通过 mRNA 前体的选择性拼接方式而产生不同的成熟 mRNA，然后翻译成不同的蛋白质。

（四）翻译水平的调控

包括蛋白质合成起始速率的调控和 mRNA 的识别等。真核生物 mRNA 5′端的戴帽子作用和帽子种类与蛋白质合成速率之间有密切关系。帽子结构是 mRNA 在细胞质内的稳定因素，帽子可以提高蛋白质的翻译强度和翻译活性。mRNA 的先导序列（由 5′端的帽子到起始密码之间的核苷酸序列，不编码蛋白质）可能是翻译起始调控中的识别机制。

———————◀ 本章小结 ▶———————

遗传信息的改变可发生在染色体水平上，也可发生在 DNA 分子水平上。染色体结构和数目的改变称为染色体畸变。DNA 分子结构发生的化学变化称为基因突变。

染色体结构的改变是指染色体的某区段发生改变，从而改变了基因的数目、位置和顺序。主要包括缺失、重复、倒位和易位四种类型。其产生的主要原因在于某种内外因素的作用，导致染色体断裂后，新的断面彼此结合而形成。染色体数目的变异是指染色体数目发生不正常的改变。可归纳为整倍体的变异、非整倍体的变异和嵌合体。整倍体的变异是指细胞中整套染色体的增加或减少。其类型可分为一倍体、单倍体、二倍体和多倍体。多倍体又可分为三倍体、四倍体、五倍体、六倍体等。非整倍体的变异是指在正常染色体的基础上发生了个别染色体的增减。按其变异类型可分为单体、缺体、多体。多体又包括三体、双三体、四体等。嵌合体是指含有两种以上染色体数目细胞的个体，包括雌雄嵌合体和倍性嵌合体等。染色体数目变异的机理主要是：" 染色体分裂，细胞没有分裂，造成染色体数目成套地增加，即多倍体的变异；# 正常个体在减数分裂时个别染色体发生不正常的分裂，造成姐妹染色体没有分离，从而形成不正常的配子，交配后形成不同的超二倍体和亚二倍体。

基因突变指染色体上某一基因位点内部发生了化学性质的变化。基因突变可以按突变引起的表型、引起突变的物质及原因等划分为多种类型。包括体细胞突变和性细胞突变、大突变和小突变、显性突变和隐性突变、自发突变和诱发突变、正向突变和回复突变等。按照基因突变的表型效应有形态突变、生化突变、致死突变、条件致死突变、功能丧失突变、功能获得突变和抗性突变等。突变可以发生在生物体生长发育的任何阶段，既可以发生在性细胞，也可发生在体细胞。在自然条件下，突变发生的频率很低，而且随生物的种类和基因不同而差异很大。基因突变的一般特征包括突变的重演性、突变的可逆性、突变的多向性、突变的平行性、突变的有利性和有害性。

突变发生的分子机制实际上是 DNA 分子上碱基序列、成分和结构发生了改变，归纳起来有碱基替换、移码突变和 DNA 链的断裂。碱基替换可引起错义突变、无义突变和同义突变。移码突变可改组整条链三联体密码子，改组 mRNA 的编码顺序。在自发突变中，突变产生的原因有 DNA 复制错误、自发的化学变化、转座成分的致变作用以及增变基因的致变作用等。在诱发突变中，突变产生的原因有碱基类似物的诱发突变、使化学结构改变的化学诱变剂、结合到 DNA 分子上的诱变化合物、高能射线或紫外线引起 DNA 结构或碱基的变化等。

在原核和真核生物细胞中都存在一套比较完整的突变抑制和 DNA 修复系统，可以校正 DNA 复制出现的错误和修复各种 DNA 的损伤，使生物表现出来的突变率降到最低，从而保证了生物遗传的相对稳定性。这些机制主要有突变的抑制和 DNA 的修复，包括密码子的简并性、基因内突变的抑制、基因间突变的抑制、DNA 的聚合酶的修复、错配的修复系统、尿嘧啶糖基酶修复系统、紫外线损伤的修复系统以及其他损伤类型的修复系统等。

基因表达调控的方式有很多种，不同生物使用不同的信号来进行基因调控。真核生物基因表达的调控活动范围更大，内容更广，包括 DNA 水平、转录水平、转录后水平和翻译水平等多层次的调控。

◀ 思考题 ▶

1. 染色体畸变与基因突变有何区别？又有什么联系？

2. 如何理解基因突变的有害性和有利性？

3. 生物体生活在千变万化的复杂环境中，为什么又能保持相对的遗传稳定性？

4. 紫外线诱变的主要原因和诱变后的修复机制是什么？

5. 假定每个氨基酸的替换只是由一个核苷酸改变引起，那么什么位置的核苷酸发生替换容易改变氨基酸的性质？

6. DNA 的损伤是怎样修复的？其修复的生物学意义是什么？

7. 染色体结构变异和染色体数目变异都有哪些类型？

8. 染色体变异产生的原因是什么？

9. 染色体变异和基因突变对动植物育种有何意义？

10. 乳糖操纵子模型的要点是什么？

11. 真核生物的基因表达调控主要表现在哪些方面？

第五章　群体遗传学基础

群体遗传学（population genetics）是研究群体的遗传结构及其变化规律的遗传学分支学科。它是应用数学和统计学方法研究群体的遗传结构及其影响遗传结构变化的因素。群体的遗传结构包括基因频率和基因型频率。影响群体遗传结构变化的因素如选择、突变、迁移、遗传漂变及交配制度等。群体遗传学的目的在于阐明生物进化的遗传机制。前面所涉及的内容是在家系的基础上研究遗传现象和规律，即研究特定双亲与其后裔间的遗传关系，本章是在群体的基础上研究遗传现象及其规律。

第一节　群体的遗传组成

一、群体

所谓群体（population）是指一个种、一个亚种、一个变种、一个品种或一个其他同类生物的类群所有成员的总和。群体中的每一个成员称为个体。例如，秦川牛，不管是什么地方，只要是秦川牛，都属于秦川牛这个群体，每一个秦川牛都是这个群体中的一个个体。但不同类群生物个体的总和不能叫群体，如马和驴组成的个体群。

二、孟德尔群体

在群体遗传学中，所指的群体一般指孟德尔群体（Mendelian population）。所谓孟德尔群体，是指具有共同的基因库，并由有性交配个体所组成的繁殖群体。这里所说的基因库是指一个群体中全部个体所共有的全部基因。

在群体遗传的研究中，如果没有特殊说明，一般指孟德尔群体。孟德尔群体是以有性繁殖为前提的，因而其对象具有二倍体的染色体数，并限于进行有性繁殖的高等生物，完全无性繁殖的生物体不发生孟德尔分离现象，结果形成无性繁殖系或无性繁殖系群，其基因的分配规律就不能用孟德尔的方法进行研究和鉴别。因此这些纯系不能算作孟德尔群体，对于单倍体的微生物等原核生物一般也不称孟德尔群体。

三、基因频率与基因型频率

在个体中遗传组成用基因型表示，而在群体中遗传组成用基因型频率和基因频率表示。因此，基因频率和基因型频率可表示群体的遗传组成。不同群体的同一基因往往有不同频率，不同基因组合体系反映了各群体性状的表现特点。

（一）基因型频率

基因型频率（genotype frequency）是指群体中某一基因型个体占群体总数的比率。

$$基因型频率 = \frac{某一基因型个体数}{群体总数} \tag{5-1}$$

例：某牛群的有角和无角由一对等位基因 P 和 p 控制，它们组成的基因型有三种：即 PP，Pp 和 pp。设三种基因型的总数为 N，显性纯合个体（PP）数为 n_1，杂合个体数（Pp）为 n_2，隐性个体数（pp）为 n_3，即 $n_1+n_2+n_3=N$，用 D、H、R 分别表示三种基因型的频率即：

PP 的基因型频率 $D = \dfrac{n_1}{N}$，Pp 的基因型频率 $H = \dfrac{n_2}{N}$，Pp 的基因型频率 $R = \dfrac{n_3}{N}$

由此可知 $D+H+R=1$，即符号 D、H、R 表示了群体中基因型频率的组成。

（二）基因频率

基因频率（gene frequency）是指群体中某一基因占其同一位点全部基因的比率。

$$基因频率 = \frac{某基因个数}{群体中同一位点基因总数} \tag{5-2}$$

在上例中，有角和无角群体，每个个体有两个等位基因，群体中总的等位基因数为 $2N$，PP（无角）个体，有两个 P 基因，Pp 个体有一个 P 基因，所以该群体中 P 基因的总数为 $2n_1+n_2$，同理 p 基因的总数为 $2n_3+n_2$。于是：

P 基因频率　$p = \dfrac{2n_1+n_2}{2N} = \dfrac{n_1}{N} + \dfrac{n_2}{2N}$，$p$ 基因频率　$q = \dfrac{2n_3+n_2}{2N} = \dfrac{n_3}{N} + \dfrac{n_2}{2N}$

不同群体间的差异，由基因频率不同所引起，品种间的差异实际是基因频率的差异。

（三）基因型频率与基因频率的性质

（1）同一位点的各基因频率之和等于 1。

即：$p+q=1$

（2）群体中同一性状的各种基因型频率之和等于 1。

即：$D+H+R=1$

例：人的 ABO 血型决定于三个复等位基因：I^A、I^B 和 i。据调查，中国人（昆明）中，I^A 基因的频率为 0.24，I^B 基因频率为 0.21，i 基因的频率为 0.55，三者之和为 0.24+0.21+0.55=1。

（3）基因频率的范围为大于或等于 0，小于或等于 1，即：$0 \leqslant p（q）\leqslant 1$。

（4）基因型频率的范围也为大于或等于 0，小于或等于 1，即：$0 \leqslant D（H，R）\leqslant 1$

（四）基因频率与基因型频率的关系

1. 基因位于常染色体上

设有一对基因 A、a，它们的基因频率分别为 p、q，可组成三种基因型 AA、Aa、aa，基因型频率分别为 D、H、R，个体总数为 N，AA 个体为 n_1，Aa 个体数为 n_2，aa 个体数为 n_3。

从以上分析得知，$D = \dfrac{n_1}{N}$，　　　$H = \dfrac{n_2}{N}$，　　　$R = \dfrac{n_3}{N}$

$$p(A) = \frac{2n_1+n_2}{2N} = \frac{n_1}{N} + \frac{n_2}{2N} = D + \frac{H}{2} \tag{5-3}$$

$$q(a) = \frac{2n_3+n_2}{2N} = \frac{n_3}{N} + \frac{n_2}{2N} = R + \frac{H}{2} \tag{5-4}$$

因此：
$$p = D + \frac{H}{2}$$

$$q = R + \frac{H}{2}$$

即，一个基因的频率等于该基因纯合体的频率加上一半杂合体的频率。

2. 基因位于性染色体上

由于性染色体具有性别差异，在 XY 型的动物中：雌性（♀）为 XX，雄性（♂）为 XY；在 ZW 型的动物中，雌性（♀）为 ZW，雄性（♂）为 ZZ。所以，把雌雄看作两个群体分别计算。

（1）对性染色体同型群体（XX，ZZ） 与常染色体上基因频率和基因型频率的关系相同。

即：
$$p = D + \frac{H}{2} \qquad q = R + \frac{H}{2}$$

（2）性染色体异型的群体（XY，ZW） 由于基因的数量和基因型的数量相等，因此基因频率等于基因型频率：

即：
$$P = D \qquad q = R$$

只要是孟德尔群体，这种关系是在任何群体（平衡或不平衡）中都是适应的。

第二节　群体遗传平衡定律

英国数学家哈代（Hardy）和德国医生温伯格（Weinberg），经过各自独立的研究，于1908年同一年发表了有关基因频率和基因型频率的重要规律，现公称为哈代-温伯格定律，或叫基因平衡定律。

一、平衡群体的条件

所谓平衡群体是指在世代更替的过程中，遗传组成（基因频率和基因型频率）不变的群体。要达到平衡群体必须具备以下五个条件。

（1）必须是大群体 到底这个群体有多大，理论上是越大越符合平衡群体的条件。

（2）随机交配（random mating） 所谓随机交配是指在一个有性繁殖的生物群体中，一个性别的任何个体与相反性别的任何个体具有同样的交配机会，即每个雌雄个体间具有同样的交配概率。

随机交配不是自然交配（natural mating），也不是自由交配。所谓自然交配或自由交配是指将公母畜禽混在一个群体里，任其自由结合，这种交配方式实际上选配在其中起作用，最明显的就是灵活强壮的雄性，其配种的概率就高于其他雄性个体。

（3）无迁移现象 即指该群内的生物既不能跑出，外群生物也不能进来。

（4）无突变 没有任何突变发生。

（5）无选择 包括无人工选择（artificial selection）和自然选择（natural selection）。

如果符合以上条件，才能建立并保持平衡群体的特性。

二、哈代–温伯格定律的要点

（1）在随机交配的大群体中，若没有其他因素的影响，基因频率世代不变。

即：$$P_0=P_1=\cdots=P_n \qquad q_0=q_1=\cdots=q_n$$

（2）任何一个大群体，无论其基因频率如何，只要经过一代随机交配，一对常染色体基因型频率就达到平衡，若没有其他因素的影响，一直进行随机交配，这种平衡状态始终不变。

即：
$$D_1=D_2=\cdots=D_n$$
$$H_1=H_2=\cdots=H_n$$
$$R_1=R_2=\cdots=R_n$$

（3）在平衡群体中，基因频率和基因型频率的关系为：

$$D=p^2 \qquad\qquad (5\text{-}5)$$
$$H=2pq \qquad\qquad (5\text{-}6)$$
$$R=q^2 \qquad\qquad (5\text{-}7)$$

三、哈代–温伯格定律的证明

（一）证明方法一

1. 基因型频率的恒定性

设在一个群体中亲代 AA、Aa、aa 基因型频率分别为 $[D_0，H_0，R_0]$，A 和 a 的基因频率分别为 $[p_0，q_0]$，则有 $[D_0，H_0，R_0]=[p_0^2，2p_0q_0，q_0^2]$。让雌雄个体随机交配后得到表 5-1。

表 5-1　雌雄个体随机交配基因型频率

雌亲 ＼ 雄亲		AA	Aa	aa
		D_0	H_0	R_0
AA	D_0	D_0^2	D_0H_0	D_0R_0
Aa	H_0	D_0H_0	H_0^2	H_0R_0
aa	R_0	D_0R_0	H_0R_0	R_0^2

一世代基因型及其频率的变化，见表 5-2。

表 5-2　一世代基因型及其频率的变化

交配方式		子代基因型频率		
交配型	频率	AA	Aa	aa
$AA\times AA$	D_0^2	D_0^2		
$AA\times Aa$	$2D_0H_0$	D_0H_0	D_0H_0	
$AA\times aa$	$2D_0R_0$		$2D_0R_0$	
$Aa\times Aa$	H_0^2	$1/4H_0^2$	$1/2H_0^2$	$1/4H_0^2$
$Aa\times aa$	$2H_0R_0$		H_0R_0	H_0R_0
$aa\times aa$	R_0^2			R_0^2

一世代的基因型频率：

$$D_1=D_0^2+D_0H_0+1/4H_0^2=(D_0+1/2H_0)^2=p_0^2$$

$$H_1=D_0H_0+2D_0R_0+1/2H_0^2+H_0R_0=2(D_0+1/2H_0)(R_0+1/2H_0)(R_0+1/2H_0)=2p_0q_0$$

$$R_1=1/4H_0^2+H_0R_0+R_0^2=(R_0+1/2H_0)^2=q_0^2$$

继续进行随机交配，见表 5-3。

表 5-3　一世代随机交配

雌亲 ＼ 雄亲		AA	Aa	aa
		p_0^2	$2p_0q_0$	q_0^2
AA	p_0^2	p_0^4	$2p_0^3q_0$	$p_0^3q_0^2$
Aa	$2p_0q_0$	$2p_0^3q_0$	$4p_0^2q_0^2$	$2p_0q_0^3$
aa	q_0^2	$p_0^2q_0^2$	$2p_0q_0^3$	q_0^4

二世代基因型及其频率的变化，见表 5-4。

表 5-4　二世代基因型及其频率的变化

交配方式		子代基因型频率					
交配型	频率	AA		Aa		aa	
$AA \times AA$	p_0^4	1	p_0^4	0		0	
$AA \times Aa$	$4p_0^3q_0$	1/2	$2p_0^3q_0$	1/2	$2p_0^3q_0$	0	
$AA \times aa$	$2p_0^2q_0^2$	0		1	$2p_0^2q_0^2$	0	
$Aa \times Aa$	$4p_0^2q_0^2$	1/4	$p_0^2q_0^2$	2/4	$2p_0^2q_0^2$	1/4	$p_0^2q_0^2$
$Aa \times aa$	$4p_0q_0^3$	0		1/2	$2p_0q_0^3$	1/2	$2p_0q_0^3$
$aa \times aa$	p_0^4	0		0		1	q_0^4

二世代的基因型频率：

$$D_2=p_0^4+2p_0^3q_0+p_0^2q_0^2$$
$$=p_0^2(p_0^2+2p_0q_0+q_0^2)$$
$$=p_0^2(p_0+q_0)^2$$
$$=p_0^2$$
$$H_2=2p_0^3q_0+2p_0^2q_0^2+2p_0^2q_0^2+2p_0q_0^3$$
$$=2p_0^3q_0+4p_0^2q_0^2+2p_0q_0^3$$
$$=2p_0q_0(p_0^2+2p_0q_0+q_0^2)$$
$$=2p_0q_0(p_0+q_0)^2$$
$$=2p_0q_0$$
$$R_2=p_0^2q_0^2+2p_0q_0^3+q_0^4$$
$$=q_0^2(p_0^2+2p_0q_0+q_0^2)$$
$$=q_0^2(p_0+q_0)^2$$
$$=q_0^2$$

因此　　　　　　　　　　　　　　$D_2=D_1$

同理可证：　　　　　　　　　　　$H_2=H_1$

$$R_2=R_1$$

同理可证：　　　　　$D_n=D_{n-1}=\cdots=D_3=D_2=D_1$

$$H_n=H_{n-1}=\cdots=H_3=H_2=H_1$$
$$R_n=R_{n-1}=\cdots=R_3=R_2=R_1$$

2. 基因频率的恒定性

根据基因型频率与基因频率互换公式，可计算出一世代的基因频率：

$$p_1=D_1+\frac{1}{2}H_1=p_0^2+\frac{1}{2}2p_0q_0=p_0(p_0+q_0)=p_0$$

$$q_1=R_1+\frac{1}{2}H_1=q_0^2+\frac{1}{2}2p_0q_0=q_0(q_0+p_0)=q_0$$

即子代的基因频率与亲代的基因频率完全相等。

可计算二世子代的基因频率：

$$p_2=D_2+\frac{1}{2}H_2=p_0^2+\frac{1}{2}2p_0q_0=p_0(p_0+q_0)=p_0$$

$$q_2=R_0+\frac{1}{2}H_2=q_0^2+\frac{1}{2}2p_0q_0=q_0(q_0+p_0)=q_0$$

同理得：

$$p_n=p_{n-1}=\cdots=p_2=p_1=p_0$$

$$q_n=q_{n-1}=\cdots=q_2=q_1=q_0$$

（二）证明方法二

设在一个群体中亲代 AA、Aa、aa 的基因频率为 $[D、H、R]$，A 和 a 的基因频率为 $[p_0、q_0]$。

我们知道某一基因在群体中含量多，那么群体形成配子所含的这种基因也多，否则相反。在一个大群体中，群体中的基因频率也就是（等于）群体配子所含基因的频率，也就是说，0 世代的个体产生的配子所带 A 基因的频率为 p_0，带 a 基因的频率为 q_0，反过来说，有 p_0 个配子带有 A 基因，有 q_0 个配子带有 a 基因。

让 0 世代雌雄配子随机结合，见表 5-5。

表 5-5　0 世代雌雄配子随机结合

雌亲 ＼ 雄亲	A	a
	p_0	q_0
A　p_0	AA　p_0^2	Aa　p_0q_0
a　q_0	Aa　p_0q_0	aa　q_0^2

由表 5-5 可见：

一世代基因型频率：

$$D_1=p_0^2$$
$$H_1=2p_0q_0$$
$$R_1=q_0^2$$

一世代基因频率：

$$p_1=D_1+\frac{H_1}{2}=p_0^2+\frac{2P_0q_0}{2}=p_0(p_0+q_0)=p_0$$

$$q_1=R_1+\frac{H_1}{2}=q_0^2+\frac{2P_0q_0}{2}=q_0(q_0+p_0)=q_0$$

同理可证：

$$p_n=p_{n-1}=\cdots=p_2=p_1=p_0$$

$$q_n=q_{n-1}=\cdots=q_2=q_1=q_0$$

基因型频率的证明如下（表 5-6）。

因为 $\qquad D_1=p_0^2 \qquad H_1=2p_0q_0 \qquad R_1=q_0^2$

$$p_1=p_0 \qquad q_1=q_0$$

表 5-6　一世代雌雄配子随机结合

雌亲	雄亲	A		a	
		p_1		q_1	
A	p_1	AA	p_1^2	Aa	p_1q_1
a	q_1	Aa	p_1q_1	aa	q_1^2

由表 5-6 得：

$$D_2=p_1^2 \qquad H_2=2p_1q_1 \qquad R_2=q_1^2$$

因为 $\qquad\qquad p_2=p_0 \qquad q_2=q_0$

得 $\qquad\qquad D_2=D_1 \qquad H_2=H_1 \qquad R_2=R_1$

同理可证：

$$D_n=D_{n-1}=\cdots=D_3=D_2=D_1$$
$$H_n=H_{n-1}=\cdots=H_3=H_2=H_1$$
$$R_n=R_{n-1}=\cdots=R_3=R_2=R_1$$

由以上证明可以看出，基因频率虽然 $D_1 \neq D_0$，$H_1 \neq H_0$，$R_1 \neq R_0$，但经一代随机交配，基因型频率就达到平衡，基因频率也始终不变。

四、平衡群体的性质

性质 1：在二倍体遗传平衡群体中，杂合子（Aa）的频率 $H=2pq$ 的值永远不会超过 0.5。

证明：因为 $\dfrac{\mathrm{d}H}{\mathrm{d}q}=\dfrac{\mathrm{d}(2pq)}{\mathrm{d}q}=\dfrac{\mathrm{d}[2q(1-q)]}{\mathrm{d}q}=\dfrac{\mathrm{d}(2q-2q^2)}{\mathrm{d}q}=0$

求导得：$2-4q=0$，$q=\dfrac{2}{4}=\dfrac{1}{2}$

即 $q=\dfrac{1}{2}$ 时，H 最大，$p=1-q=1-\dfrac{1}{2}=\dfrac{1}{2}$

$$H=2pq=2\times\dfrac{1}{2}\times\dfrac{1}{2}=0.5 \text{（最大值）}$$

根据这个性质可知，H 值可大于 D 或 R，但不能大于 $D+R$，如果 $p>2q$，即 $p^2>2pq>q^2$。

利用这个性质可知，只要 $H>\dfrac{1}{2}$，就绝对不是平衡群体。

性质 2：杂合子频率是两个纯合子频率乘积平方根的二倍，即：

$$H=2\sqrt{DR} \qquad\qquad (5\text{-}8)$$

证明：因为 $D=P^2 \qquad H=2pq \qquad R=q^2$

所以 $\qquad\qquad \sqrt{DR}=\sqrt{p^2q^2}=pq$

两边同乘以 2

$$2pq = 2\sqrt{DR}$$

$$H = 2\sqrt{DR}$$

该性质给我们提供了检验群体是否达到平衡的一个简便方法，即，$\dfrac{H}{\sqrt{DR}} = 2$，就说明是平衡群体。

五、基因频率的计算

如前所述，计算基因频率的基本原理是依据表型频率估计各基因型频率，然后依基因型频率计算基因频率，由于基因作用的方式不同，因此就必须按不同类型来计算。

（一）无显性或显性不全时

在无显性或显性不全时，计算比较简单。因为基因型和表型一致，即由表型直接可以识别基因型，因此，只要知道表型的百分数，就可知道基因型频率，再通过基因型频率计算出基因频率，所用公式为：

$$p = D + \frac{H}{2} \qquad q = R + \frac{H}{2}$$

例：短角牛中有白色、红色和沙色，而沙色是红、白牛杂交的后代。在牛群中白、沙、红三种色分别占 35%，50% 和 15%，于是基因频率分别为：

$$p = D + \frac{H}{2} = 0.35 + \frac{0.50}{2} = 0.60$$

$$q = R + \frac{H}{2} = 0.15 + \frac{0.50}{2} = 0.40$$

（二）完全显性时

在这种情况下，一对基因有三种基因型，而只有两种表型，显性纯合子和杂合子表型相同，不能识别。所以，我们只能得到隐性纯合子的基因型频率和显性纯合子、杂合子基因型频率之和。因此，用上法求是不可能的。

如果是一个随机交配的大群体，根据哈代-温伯格定律，基因频率应处于平衡状态，于是，隐性纯合子的基因型频率就应等于 $R = q^2$，即 $q = \sqrt{R}$，$p = 1 - q$。这就很容易计算出基因频率了。

例：一个随机交配的牛群中，黑色对红色为显性，黑牛（*BB*，*Bb*）占 96%，红牛（*bb*）占 4%，求基因频率。

解：$q = \sqrt{R} = \sqrt{0.04} = 0.2$

$p = 1 - q = 1 - 0.2 = 0.8$

（三）伴性基因

对于伴性基因，将公母作为两群分开计算。

（1）当性染色体类型为 XY、ZW 的群体中，基因位于 X 或 Z 染色体的非同源部分。

基因频率=基因型频率

这种情况，只有两种基因型 X^+Y 和 XY 或 Z^+W 和 ZW，只要知道表型的百分数，就等于知道了该基因频率。

（2）对于性染色体同型的 XX 和 ZZ 的群体，按常染色体基因频率计算。

（四）复等位基因

1. 等显性的复等位基因

这种情况与不完全显性的情况相类似，但由于等位基因较多，基因型种类也较多，计算较复杂。其基本原则的是：某一基因的频率是该基因纯合体的频率加上含有该基因全部杂合体频率的1/2。

例：秦川牛，血红蛋白的基因有三个等位基因，可组成 6 种基因型，各基因型及频率见表 5-7。

表 5-7 秦川牛基因型及频率

基因型	AA	BB	CC	AB	AC	BC	总计
测定头数	27	0	0	8	5	0	40
基因频率	0.675	0	0	0.20	0.125	0	1

设 A、B、C 三个基因频率分别为 p、q、r；AB、AC、BC 的频率为 H_1、H_2、H_3；AA、BB、CC 的频率为 D_1、D_2、D_3，则

A 基因频率　$p = D_1 + \dfrac{H_1 + H_2 + \cdots + H_n}{2} = 0.675 + \dfrac{0.20 + 0.125}{2} = 0.8375$

B 基因频率　$q = D_2 + \dfrac{H_1 + H_2 + \cdots + H_n}{2} = 0 + \dfrac{0.20 + 0}{2} = 0.10$

C 基因频率　$r = D_3 + \dfrac{H_1 + H_2 + \cdots + H_n}{2} = 0 + \dfrac{0 + 0.125}{2} = 0.0625$

2. 等显性及有等级显隐性的复等位基因

人的 ABO 血型是受三个复等位基因 I^A、I^B、i 控制的，I^A 和 I^B 为等显性，在杂合状态下均可以得到表现，i 对 I^A 和 I^B 均为隐性。设 A、B、O 血型的比率分别为 A、B、O，$[I^A, I^B, i] = [p, q, r]$，那么随机交配下一代的基因型及频率如表 5-8 所示。

表 5-8 ABO 血型随机交配下一代的基因型及频率

雌亲 \ 雄亲		I^A (p)		I^B (q)		i (r)	
I^A	p	$I^A I^A$	p^2	$I^A I^B$	pq	$I^A i$	pr
I^B	q	$I^B I^A$	pq	$I^B I^B$	q^2	$I^B i$	qr
i	r	$I^A i$	pr	$I^B i$	qr	ii	r^2

表型与基因型频率如表 5-9 所示。

表 5-9 ABO 血型表型与基因型频率

表型	基因型	基因型频率	表型频率
A	$I^A I^A$	p^2	$p^2 + 2pr$
	$I^A i$	$2pr$	
B	$I^B I^B$	q^2	$q^2 + 2qr$
	$I^B i$	$2qr$	

续表

表型	基因型	基因型频率	表型频率
AB	I^AI^B	$2pq$	$2pq$
O	ii	r^2	r^2

由表型频率推知基因频率过程如下。

首先从隐性个体频率计算 i 基因的频率：$O=r^2$

i 基因频率：$r=\sqrt{r^2}=\sqrt{\text{O型频率}}$　　　　得 $r=\sqrt{O}$

因为　　　　　　　　　$A+O=p^2+2pr+r^2=(p+r)^2=(1-q)^2$

所以　　　　　　　　　　$1-q=\sqrt{A+O}$

$$q=1-\sqrt{A+O}$$

$$p=1-q-r$$

例：Fan C. S. 1944 年在昆明调查了 6000 个中国人的 ABO 血型，其中 O 型 1846 人，A 型 1920 人，B 型 1627 人，AB 型 607 人如表 5-10 所示。

表 5-10　Fan C.S. 血型调查表

血型	A	B	AB	O	合计
调查人数	1920	1627	607	1846	6000
表型频率	0.3200	0.27116	0.10116	0.30766	0.99998

基因频率：

$$r=\sqrt{O}=\sqrt{0.30766}=0.5547$$

$$q=1-\sqrt{A+O}=1-\sqrt{0.32+0.30766}=0.2077$$

$$p=1-q-r=1-0.2077-0.5547=0.2376$$

3. 显隐性等级的复等位基因

决定兔毛色的基因中有 3 个等位基因，其中 C 对 C^h 和 c 为显性，C^h 对 c 为显性，即 CC，CC^h，Cc 都表现为灰色，C^hC^h，C^hc 都表现"八黑"，cc 表现白化。

设 C、C^h、c 的基因频率分别为 p，q，r，八黑和白化兔的比率分别为 H 和 A。

在随机交配的大群体中，各种配子随机结合如表 5-11。

表 5-11　兔随机交配群体各配子

雌亲		雄亲 C		C^h		c	
		p		q		r	
C	p	CC	p^2	CC^h	pq	Cc	pr
C^h	q	CC^h	pq	C^hC^h	q^2	C^hc	qr
c	r	Cc	pr	C^hc	qr	cc	r^2

各种基因型及表型频率如表 5-12。

表 5-12　兔各种基因型及表型频率

表型	基因型	基因型频率	表型频率
灰色	CC	p^2	$p^2+2pq+2pr$
	CC^h	$2pq$	
	Cc	$2pr$	

续表

表型	基因型	基因型频率	表型频率
"八黑"	$C^h C^h$	q^2	q^2+2qr
	$C^h c$	$2qr$	
白化	cc	r^2	r^2

基因频率：

因为 $$A=r^2$$

所以 $$r=\sqrt{A}$$

因为 $$A+H=r^2+2qr+q^2=(r+q)^2=(1-p)^2$$

所以 $$1-p=\sqrt{A+H}$$

$$p=1-\sqrt{A+H}$$

$$q=1-p-r$$

如在一个随机交配的大兔群中，全色（灰色）占 75%，"八黑"占 9%，白化兔占 16%。
则：白化基因基因频率 $r=\sqrt{A}=\sqrt{0.16}=0.4$

全色基因基因频率 $p=1-\sqrt{A+H}=\sqrt{0.16+0.09}=\sqrt{0.25}=0.5$

"八黑"基因基因频率 $q=1-p-r=1-0.5-0.4=0.1$

4. 具有从性遗传复等位基因频率的计算

绵羊的角有 3 个等位基因控制：P 决定无角，P' 决定有角，p 在公羊决定有角，在母羊决定无角。P 对 P'、p 为显性；P' 对 p 为显性，这样 PP、PP' 和 Pp 在公母羊都表现为无角，$P'P'$ 和 $P'p$ 在公母羊都表现为有角，pp 在公羊表现为有角，在母羊表现为无角。

设 P、P'、p 的频率分别为 p、q、r，有角公羊在全部公羊中的比率为 T，有角母羊在全部母羊中的比率为 J，各基因随机结合（表 5-13）。

表 5-13　绵羊随机交配群体各配子

雌亲 ＼ 雄亲		P		P'		p	
		p		q		r	
P	p	PP	p^2	PP'	pq	Pp	pr
P'	q	PP'	pq	$P'P'$	q^2	$P'p$	qr
p	r	Pp	pr	$P'p$	qr	pp	r^2

注：假设基因在常染色体上，两性别中同一基因的频率是相等的

有角公羊的频率 $T=q^2+2qr+r^2=(q+r)^2=(1-p)^2$

因为 $$p=1-\sqrt{T}$$

有角母羊的频率 $J=q^2+2qr=(q+r)^2-r^2=(1-p)^2-r^2=T-r^2$

$$r^2=T-J$$
$$r=\sqrt{T-J}$$
$$q=1-p-r$$

例：某农场的大群东北细毛羊中，有角公羊 2%，有角母羊占 1%，求控制角的各基因频率（假设就"角"而言群体为随机交配）。

解：已知 $T=0.02$，$J=0.01$

设：P、P'、p 的频率 p、q、r。

$$p = 1 - \sqrt{0.02} = 1 - 0.1414 = 0.8586$$

$$r = \sqrt{T - J} = \sqrt{0.02 - 0.01} = 0.1$$

$$q = 1 - p - r = 1 - 0.8586 - 0.1 = 0.0414$$

第三节　影响基因频率和基因型频率变化的因素

基因频率和基因型频率的平衡是在一定条件下成立的，即大群体、随机交配、无突变、无迁移、无选择。然而在自然界中，不管是家畜群体，动物或植物群体，没有一个群体的遗传组成即基因频率和基因型频率不变化。研究变化的原因，对于阐明生物群体进化的遗传机制和加速畜禽改良速度都有重要意义。影响频率变化的因素也正是我们改良家畜遗传品质的措施所在。

影响频率变化的因素有：迁移、突变、选择、遗传漂变和随机交配的偏移。其中前三项能够导致基因频率有方向性变化，即发生可以预测增减的变化；遗传漂变能导致基因频率无方向性变化；随机交配的偏移只改变基因型频率，不改变基因频率。现就各种因素分别讨论如下。

一、迁移

迁移（migration）实际上就是两个基因频率不同群体的混杂。

迁移产生的原因有：①混群；②杂交；③引种。那么，两个群体混杂后，基因频率会发生什么样的变化？如何计算呢？

（1）设有 M 和 N 两个群体、分别以 m 和 n 个个体相混杂，M 群体的基因频率为 p_m，N 群体的基因频率为 p_n，混合群体的基因频率 p_{mn}。

于是，混合群体的基因频率就等于两个群体基因频率以各自群体个数为权的加数平均数。

即
$$p_{mn} = \frac{mp_m + np_n}{m + n} \tag{5-9}$$

例：有一个 100 个体的群体某一基因 A 的频率为 0.4，另有一个 200 个个体的群体，某基因 A 的频率为 0.5，混合群体的基因频率是多少？

解：已知 p_m=0.4，m=100，p_n=0.5，n=200，

$$P_{mn} = \frac{mp_m + np_n}{m + n} = \frac{100 \times 0.4 + 200 \times 0.5}{100 + 200} = 0.467$$

答：混合群体 A 基因的频率为 0.467。

（2）如果是两个群体的雌雄个体杂交所产生的杂种群体，其基因频率为两个亲本群体基因频率的简单平均数。

设甲群体为♂，某基因频率为 P_1；乙群体为♀，某基因频率为 P_2，那么，

$$杂种群体基因频率\ p = \frac{p_1 + p_2}{2} \tag{5-10}$$

例：无角牛群为♂，有角基因频率为 q=0，有角牛群为♀，有角基因频率为 q=1，那么，混

合群牛群有角基因频率 $q = \dfrac{0+1}{2} = 0.5$。

（3）如果知道混合群体中迁入者的比例，可用下式计算：

令：m=迁入者的比率

$\quad\quad$ $1-m$=原有个体的比率

$\quad\quad$ q_m=迁入个体中的基因频率

$\quad\quad$ q_0=原有个体中的基因频率

$\quad\quad$ q=混合群体的基因频率

即：$q=mq_m+(1-m)q_0$

$\quad\quad\quad =m(q_m-q_0)+q_0$ $\hfill$ （5-11）

经一代迁入基因频率的变化率：$\Delta q=q-q_0=m(q_m-q_0)$。迁入造成基因频率的改变量（$\Delta q$）决定于两个因素，一个是迁移率（$m$），一个是迁入者群体与原群体之间基因频率的差异。

遗传物质的引入在家畜育种中是很重要的。目前广泛采取的导入杂交就属于迁移的范畴，以增加群体中优秀基因的频率。

二、突变

（一）基因突变的作用

基因突变（mutation）对群体的遗传组成的改变有两个重要作用：

（1）可以形成新的基因，即等位基因和复等位基因，为选择提供了材料，如果突变与选择方向一致，基因频率改变的速度就更加快了；

（2）突变直接改变了基因频率，当 $A \rightarrow a$ 时，A 的频率减少，a 的频率增加。

（二）正突变与反突变对基因频率的影响

自然条件下，自发突变的频率是很低的，一般 $10^{-8} \sim 10^{-4}$，但正突变与反突变的频率往往不同，一般正突变大于反突变。

设：u 为 A 变为 a 的突变率，v 为 a 变为 A 的突变率

$$\begin{array}{c} u\text{（正突变的频率）} \\ A \xrightarrow{\hspace{3cm}} a \\ \xleftarrow{\hspace{3cm}} \\ v\text{（反突变的频率）} \end{array}$$

A 基因频率为 p，a 基因频率为 q，那么，

A 基因的减少量为：$up=u(1-q)$

a 基因的减少量为：vq

所以，每代 a 基因的增加频率为：$\Delta q=u(1-q)-vq$

如果正突变与反突变的个数相等，就达到平衡，即，

$$up=vq$$

因为 $\quad\quad\quad\quad\quad\quad\quad\quad u(1-q)=vq$

$$u-uq=vq$$

$$u=q(u+v)$$

所以
$$\hat{q} = \frac{u}{u+v}$$
（5-12）

同理
$$\hat{p} = \frac{v}{u+v}$$
（5-13）

此公式的意思是当隐性基因的频率等于正突变的频率与正突变频率加上反突变频率相比时，或反突变频率与正反突变率之和相比时基因就达到平衡。

如果 $A \rightarrow a$ 的突变率比 $a \rightarrow A$ 的突变率大一倍，即 $u = 2v$ 时，则 a 的频率逐代增加，增加到 $q = \frac{2}{3}$ 时，即这个群体的基因频率为 $q = \frac{u}{u+v} = \frac{2v}{2v+v} = \frac{2v}{3v} = \frac{2}{3}$ 时，基因频率又达到新的平衡；只要突变率不变，又没有其他因素的影响，这个基因频率就保持不变了。

（三）突变 n 代后，隐性基因频率 q_n

已知 $\Delta q = up - vq$

那么 $q_{n+1} = q_n + u(1-q_n) - vq_n = u + (1-u-v)q_n$

这样可以认为是 q_n 级数的序列方程，q_n 可以用 q_{n-1} 等依重复代入求得，即：

$$q_n = u + (1-u-v)q_{n-1}$$
$$= u + (1-u-v)[u + (1-u-v)q_{n-2}]$$
$$= u + u(1-u-v) + (1-u-v)^2 q_{n-2}$$
$$= \cdots$$
$$= u + u(1-u-v) + u(1-u-v)^2 + \cdots + (1-u-v)^n q_0$$

这时除去最后一项外，其余各项之和为几何级数之和，符合以下公式

$$S = \frac{a(r^n - 1)}{r - 1}$$

因为
$$S = \frac{u[(1-u-v)^n - 1]}{1 - u - v - 1}$$

所以
$$q_n = S + (1-u-v)^n q_0$$

$$= \frac{u[(1-u-v)^n - 1]}{1 - u - v - 1} + (1-u-v)^n q_0$$

$$= \frac{-u + u(1-u-v)^n}{-(u+v)} + (1-u-v)^n q_0$$

$$= \frac{u}{u+v} - \frac{u(1-u-v)^n}{u+v} + (1-u-v)^n q_0$$

$$= \frac{u}{u+v} - (1-u-v)^n \left(\frac{u}{u+v} - q_0 \right)$$

得
$$q_n = \frac{u}{u+v} - \left(\frac{u}{u+v} - q_0 \right)(1-u-v)^n$$
（5-14）

例：某群体中 $A \rightarrow a$，$u = 0.00003$，$a \rightarrow A$，$v = 0.00002$，$q_0 = 0.1$，问经 100 代后，q_n 为多少？

解：$q_n = \dfrac{0.00003}{0.00003 + 0.00002} - \left(\dfrac{0.00003}{0.00003 + 0.00002} - 0.1 \right)(1 - 0.00003 - 0.00002)^{100}$

$$= 0.6 - (0.6 - 0.1)(0.99995)^{100} = 0.1024938$$

当突变率一定时（包括 u、v），起始基因频率为 q_0，当 q_0 变为 q_n 时所需的代数 n 为：

由

$$q_n = \frac{u}{u+v} - \left(\frac{u}{u+v} - q_0\right)(1-u-v)^n$$

知：

$$(1-u-v)^n = \frac{\dfrac{u}{u+v} - q_n}{\dfrac{u}{u+v} - q_0}$$

两边同时取对数：

$$n\lg(1-u-v) = \lg\left[\frac{\dfrac{u}{u+v} - q_n}{\dfrac{u}{u+v} - q_0}\right]$$

$$n = \frac{\lg\left[\dfrac{\dfrac{u}{u+v} - q_n}{\dfrac{u}{u+v} - q_0}\right]}{\lg(1-u-v)}$$

因平衡时

$$q = \frac{u}{u+v}$$

得

$$n = \frac{\lg(q-q_n) - \lg(q-q_0)}{\lg(1-u-v)} \tag{5-15}$$

例：某群体正突变和反突变始终以 u、v 发生（$u=0.00003$，$v=0.00002$），起始基因频率为 $q_0=0.1$，当 a 的基因频率提高到 $q_n=0.2$ 时所需的代数为多少？

解：

$$q = \frac{u}{u+v} = \frac{0.00003}{0.00003+0.00002} = 0.6$$

$$n = \frac{\lg(q-q_n) - \lg(q-q_0)}{\lg(1-u-v)}$$

$$= \frac{\lg(0.6-0.2) - \lg(0.6-0.1)}{\lg(1-0.00003-0.00002)} = 4462.76（代）\approx 4463（代）$$

从计算可以看出，突变对生物的基因频率影响很少，基因频率从 0.1 增加到 0.2 就需要 4463 代，若按牛 5 年一代，就需要 22314 年。但是，在生物进化的漫长历史进程中，唯有变异才是生物群体变异的根本来源，加上自然选择的作用，促成了生物的进化。其次，由于突变才使隐性基因不易从畜群中消失，而被保存下来。

三、选择

在人类和自然界的干预下，某一群体的基因在世代传递过程中，某种基因型个体的比例所发生变化的现象称选择（selection）。选择是引起生物群体基因频率发生方向性变化的重要因素。在家畜育种中，选择是选种的重要手段，通过选择，把合乎人类要求的性状选留下来，使基因频率逐代增加，从而改变群体的遗传品质。

在选择中某一基因型个体在下一代平均保留后代数的比率，称为适合度（适应度）。某一基因型个体在下一代淘汰的个体数占总后代数的比率，称为选择系数或淘汰率，用 s 表示。

因此，适合度就等于 $1-s$，当淘汰率为 $s=0$ 时，即全部留种时，适合度就等于 1。

（一）淘汰全部显性状，选择隐性状

淘汰显性性状，能迅速改变基因频率。若外显率为 100%，经过一代淘汰，隐性基因和隐性性状的频率就达到 1。其显性基因和显性性状就完全消除（表 5-14）。

表 5-14　全部淘汰显性个体

基因型	AA	Aa	aa	合计
初始群体基因型频率	p_0^2	$2p_0q_0$	q_0^2	1
适合度	0	0	1	
选择后频率	0	0	q_0^2	q_0^2

连续两代间基因频率的关系：

$$q_1 = \frac{q_0^2}{q_0^2} = 1$$

$$p_1 = 1 - q_1 = 1 - 1 = 0$$

例：有一个羊群有白色、黑色，由一对基因控制，白对黑为显性，白羊 84%，黑羊占 16%，白羊全部淘汰后，基因频率如何？

解：$R_0 = 0.16$，原始群 $q_0 = \sqrt{R} = \sqrt{0.16} = 0.4$

$$p_0 = 1 - 0.4 = 0.6$$

$$D_0 = 0.6^2 = 0.36$$

$$H_0 = 2p_0q_0 = 2 \times 0.6 \times 0.4 = 0.48$$

经将 D_0、H_0 全部淘汰后，$p=0$，$q=1-p=1-0=1$

这种情况经一代淘汰，群体就全部纯化。

（二）对隐性个体的全部淘汰

由于隐性基因常常受到显性基因的作用而表现不出来，所以要淘汰隐性基因相对较慢。

1. 淘汰隐性个体后，隐性基因频率变化的计算

对隐性个体全部淘汰，即 $s=1$，适合度 $1-s=0$，基因变化见表 5-15。

表 5-15　对隐性个体的全部淘汰

基因型	AA	Aa	aa	合计
初始群体基因型频率	p_0^2	$2p_0q_0$	q_0^2	1
适合度	1	1	0	
选择后频率	p_0^2	$2p_0q_0$	0	$p_0^2 + 2p_0q_0$

下一代的基因频率为：

$$q_1 = \frac{p_0q_0}{p_0^2 + 2p_0q_0} = \frac{(1-q_0)q_0}{1-q_0^2} = \frac{(1-q_0)q_0}{(1-q_0)(1+q_0)} = \frac{q_0}{1+q_0}$$

经两代淘汰后：$q_2 = \dfrac{q_1}{1+q_1} = \dfrac{q_0/(1+q_0)}{1+q_0/(1+q_0)} = \dfrac{q_0/(1+q_0)}{(1+q_0+q_0)/(1+q_0)} = \dfrac{q_0}{1+2q_0}$

这是连续两次全部淘汰隐性纯合子后的隐性基因频率，那么要淘汰 n 代后，隐性基因的

频率该是多少呢？

同理可证：$q_n = \dfrac{q_0}{1+nq_0}$　　　　　　　　　　　　　　　　　　　　（5-16）

式中，q_n：每代全部淘汰隐性纯合体，n 代后隐性基因的频率；

　　　　n：淘汰的代数。

利用此公式，知道原始群体的基因频率，就可计算出经每代全部淘汰隐性个体，n 代后的基因频率。

2. q 的变化率

$$\Delta q = q_1 - q_0 = \frac{q_0}{1+q_0} - q_0 = \frac{-q_0^2}{1+q_0}$$　　　　（5-17）

这是每一代基因的改变量。

3. 使基因频率降到一定程度所需的代数（n）

因为　　　　　　　　　　　　　　$q_n = \dfrac{q_0}{1+nq_0}$

所以　　　　　　　　　　　　　　$q_n + nq_nq_0 = q_0$

　　　　　　　　　　　　　　　　$nq_nq_0 = q_0 - q_n$

两边同除以 q_nq_0

$$n = \frac{q_0}{q_nq_0} - \frac{q_n}{q_nq_0}$$

即　　　　　　　　　　　　　　　$n = \dfrac{1}{q_n} - \dfrac{1}{q_0}$　　　　　　　　（5-18）

根据这个公式，只要知道 0 世代的基因频率，就能计算出达到某一基因频率所需的代数。

例：有一猪群有白猪和黑猪，且白色对黑色为显性，已知这个猪群黑色基因频率为 0.4，经过把黑猪全部淘汰，下一代黑色基因的频率是多少？还会出现多少黑猪？假如淘汰 2 代、20 代又如何？假设要使黑色基因降到 0.01，采取逐代全部淘汰黑猪，共需多少代？

解：已知 $q_0 = 0.4$，$q_n = 0.01$，

求 $q_1 = ?$　　$R_1 = ?$　　$q_2 = ?$　　$R_2 = ?$　　$q_{20} = ?$　　$R_{20} = ?$　　$n = ?$

$$q_1 = \frac{q_0}{1+q_0} = \frac{0.4}{1+0.4} = 0.286$$

$$R_1 = q_1^2 = 0.286^2 = 0.0818$$

$$q_2 = \frac{q_0}{1+2q_0} = \frac{0.4}{1+2\times0.4} = 0.2222$$

$$R_2 = q_2^2 = 0.2222^2 = 0.04938$$

$$q_{20} = \frac{q_0}{1+20q_0} = \frac{0.4}{1+20\times0.4} = 0.0444$$

$$R_{20} = 0.0444^2 = 0.001975 = 0.002$$

$$n = \frac{1}{q_n} - \frac{1}{q_0} = \frac{1}{0.01} - \frac{1}{0.4} = 97.5（代）$$

这时 $R_{97.5} = q_n^2 = 0.01^2 = 0.0001$。

从此例可以看出淘汰 98 代，一万头猪中还会有一头黑猪，说明隐性基因是很牢固的，彻底从群体中消除是不容易的。

（三）对隐性个体的不完全选择

在家畜育种中，有时由于生产和育种的双重需要，对隐性个体采用部分淘汰的办法，这种情况基因频率的变化如表 5-16 所示。

设对显性个体全部留种，对隐性个体的淘汰率为 s，因此适合度就为 $1-s$。

表 5-16　淘汰部分隐性个体后基因型频率的变化

基因型	AA	Aa	aa	合计
初始群体基因型频率	p_0^2	$2p_0q_0$	q_0^2	1
适应度	1	1	$1-s$	
选择后频率	p_0^2	$2p_0q_0$	$(1-s)q_0^2$	$1-sq_0^2$

注：$p_0^2 + 2p_0q_0 + (1-s)q_0^2 = p_0^2 + 2p_0q_0 + q_0^2 - sq_0^2$
$\qquad = (p_0+q_0)^2 - sq_0^2 = 1 - sq_0^2$

1. 连续两代间基因频率的变化

下代的基因频率：

$$q_1 = \frac{p_0q_0 + (1-s)q_0^2}{1-sq_0^2} = \frac{q_0 - q_0^2 + q_0^2 - sq_0^2}{1-sq_0^2} = \frac{q_0(1-sq_0)}{1-sq_0^2}$$

概括起来，可写成：

$$q_{n+1} = \frac{q_n(1-sq_n)}{1-sq_n^2} \qquad (5\text{-}19)$$

$$p_{n+1} = \frac{p_n}{1-sq_n^2} \qquad (5\text{-}20)$$

这个公式说明，只要知道原来群体的基因频率和隐性个体的淘汰率（s）就可知道下一代的基因频率。

2. q 的一代变化率

由于淘汰 aa 个体而 q 每代减少，每代的改变量为：

$$\Delta q = q_1 - q_0$$
$$= \frac{q_0(1-sq_0)}{1-sq_0^2} - q_0$$
$$= \frac{q_0 - sq_0^2 - q_0 + sq_0^3}{1-sq_0^2}$$
$$= \frac{sq_0(q_0-1)}{1-sq_0^2}$$

得

$$\Delta q = \frac{sq_0(q_0-1)}{1-sq_0^2} \qquad (5\text{-}21)$$

根据此公式，当 q_0 值为中等时，Δq 的变化最明显，当 q_0 大或小时，Δq 的变化是很小的，如，当 $s=0.2$ 时

q	0	0.2	0.5	0.8	0.9	1
Δq	0	0.006	0.026	0.029	0.019	0

这说明当 s 固定时，这种选择对一个畜群的常见性状最有效，对稀有性状则无效。

3. 使某一基因频率减少到一定程度所需的代数

当 $s=0.01$ 或更小时，由于分母接近于 1，以至于式（5-21）可写成 $\Delta q=-sq^2(1-q)$

此式写成微分方程式为 $\dfrac{\mathrm{d}q}{\mathrm{d}t}=-sq^2(1-q)$

得

$$\frac{\mathrm{d}q}{q^2(1-q)}=-s\mathrm{d}t$$

两端同时作 n 代的积分：

$$\int_{q_0}^{q_n}\frac{\mathrm{d}q}{q^2(1-q)}=-s\int_0^n\mathrm{d}t$$

$$右边：-s\int_0^n\mathrm{d}t=-st\Big|_0^n=-sn$$

$$左边：\int_{q_0}^{q_n}\frac{\mathrm{d}q}{q^2(1-q)}=-\left[\frac{1}{q}+\ln\frac{1-q}{q}\right]_{q_0}^{q_n}$$

$$=-\left(\frac{1}{q_n}+\ln\frac{1-q_n}{q_n}-\frac{1}{q_0}-\ln\frac{1-q_0}{q_0}\right)$$

$$=-\left(\frac{q_0-q_n}{q_nq_0}+\ln\frac{(1-q_n)q_0}{(1-q_0)q_n}\right)$$

得

$$sn=\frac{q_0-q_n}{q_nq_0}+\ln\frac{(1-q_n)q_0}{(1-q_0)q_n}$$

$$n=\frac{1}{s}\left[\frac{q_0-q_n}{q_nq_0}+\ln\frac{(1-q_n)q_0}{(1-q_0)q_n}\right] \tag{5-22}$$

利用上面公式，只要我们知道起始世代的基因频率，按照一定的比率（s）淘汰隐性纯合体，就能算出达到某一基因频率所需的代数。

例：某一牛群有 81% 个体有角，若每代以 5% 淘汰有角牛，若要使这个牛群的有角个体减少到 25% 时，需要多少代？

解：设无角对有角为显性，原牛群中有角基因：

$$q_0=\sqrt{R}=\sqrt{0.81}=0.9$$

$$s=0.05$$

$$q_n=\sqrt{R_n}=\sqrt{0.25}=0.5$$

于是：

$$n=\frac{1}{s}\left[\frac{q_0-q_n}{q_0q_n}+\ln\frac{(1-0.5)\times0.9}{(1-0.9)\times0.5}\right]$$

$$= \frac{1}{0.05} \left[\frac{0.9 - 0.5}{0.9 \times 0.5} + \ln \frac{(1-0.5) \times 0.9}{(1-0.9) \times 0.5} \right]$$

$$= \frac{1}{0.05}(0.89 + 2.1973)$$

$$= 61.72（代）$$

（四）用测交选择显性纯合子公畜留种

显性类型包括显性纯合子和杂合子两种，如果种公畜都是显性纯合子，即使母畜不作选择，下一代隐性基因就会下降一半，因为公畜100%地携带着显性基因，所以母畜群显性基因的频率就是下一代纯合子基因型频率，母畜群隐性基因频率就是下一代杂合子的频率（表5-17）。

表5-17　公畜为显性纯合子时子代基因频率的变化

♀卵子类型及频率		♂精子类型及频率		A	1
A	p_0			AA	p_0
a	q_0			Aa	q_0

下一代基因型频率：$D_1 = p_0$，$H_1 = q_0$，$R_1 = 0$

$$q_1 = \frac{H_1}{2} = \frac{q_0}{2}$$

$$q_2 = \frac{H_2}{2} = \frac{q_1}{2} = \frac{\frac{q_0}{2}}{2} = \frac{q_0}{2^2}$$

经过 n 代：

$$q_n = \frac{q_0}{2^n} \tag{5-23}$$

$$2^n = \frac{q_0}{q_n} \qquad n\lg 2 = \lg\left(\frac{q_0}{q_n}\right)$$

得

$$n = \frac{\lg q_0 - \lg q_n}{\lg 2} \tag{5-24}$$

这也就是说，如果每代都以测交选择纯合子公畜留种，而对母畜不作选择，那么 n 代之后，隐性基因的频率就是选择前原始群体隐性基因频率除以 2 的 n 次方之商。

例：要使一个有 81% 的有角牛群体，以测交选择显性纯合子无角公牛留种，现在要使该牛群育成一个纯种无角牛群，需要多少代，才能使无角牛占到 99.96%？

解：已知 $R_0 = 0.81$，$R_n = 1 - (D + H)$

$$q_0 = \sqrt{0.81} = 0.9$$

$$q_n = \sqrt{1 - 0.9996} = \sqrt{0.004} = 0.02$$

因为

$$q_n = \frac{q_0}{2^n}$$

所以

$$2^n = \frac{q_0}{q_n}$$

两边取对数：
$$n\lg 2 = \lg\left(\frac{q_0}{q_n}\right)$$

$$n = \frac{\lg q_0 - \lg q_n}{\lg 2} = \frac{\lg 0.9 - \lg 0.02}{\lg 2} = 5.6（代）\approx 6（代）$$

（五）淘汰部分显性类型的随机交配群体

以相同的淘汰率淘汰公畜和母畜中的一部分显性类型，交配是随机的，这时隐性基因频率的变化如表 5-18 所示。

表 5-18 淘汰部分显性类型的情况

基因型	AA	Aa	aa	合计
初始群体基因型频率	p^2	$2pq$	q^2	1
相对适应度	$1-s$	$1-s$	1	
选择后频率	$p^2(1-s)$	$2pq(1-s)$	q^2	$1-s(1-q^2)$

选择后频率总合计：
$$\begin{aligned}
& p^2(1-s) + 2pq(1-s) + q^2 \\
&= (p^2 + 2pq)(1-s) + q^2 \\
&= (1-q^2)(1-s) + q^2 \\
&= 1 - s - q^2 + sq^2 + q^2 \\
&= 1 - s(1-q^2)
\end{aligned}$$

选择后下一代的隐性基因频率：
$$\begin{aligned}
q_1 &= \frac{pq(1-s) + q^2}{1 - s(1-q^2)} \\
&= \frac{(1-q)q(1-s) + q^2}{1 - s(1-q^2)} \\
&= \frac{q - q^2 - sq + sq^2 + q^2}{1 - s(1-q^2)}
\end{aligned}$$

得
$$q_1 = \frac{q - s(q - q^2)}{1 - s(1-q^2)} \tag{5-25}$$

利用这个公式，根据对显性类型的淘汰率，就可计算下一代的隐性基因频率。

（六）突变和选择的联合效应

前面我们讨论了突变和选择对基因频率的影响，在考虑选择对基因频率的影响时，实际上假定了没有发生突变的前提，在考虑突变的影响时，实际上假定无选择作用。但在自然界这种影响往往是同时存在的，所以同时探讨选择和突变对基因频率的影响是更接近于实际的。

如果突变和选择对基因频率的影响是相同的，那么基因频率的变化就大一些，如果两者的影响不同，方向相反，那么它们的效应就会相互抵消，最后成为一个稳定的平衡状态。

1. 突变与选择之间的平衡

如果每代突变改变的基因频率与选择改变的基因频率相当，方向相反，基因频率就会维持不变，处于一种平衡状态。

设 $A \rightarrow a$ 的频率为 u，A 的频率为 p；$a \rightarrow A$ 的频率为 v，a 的频率为 q；对隐性个体每代的淘汰率为 s。

就有：突变每代变化量 $\Delta q = up - vq$　　（增加）

对隐性个体作不完全选择时，每代变化量为

$$\Delta q = \frac{sq^2(1-q)}{1-sq^2}　　（减少）$$

当 $v=0$，突变与选择的变化量相等时，有

$$up = \frac{sq^2(1-q)}{1-sq^2}$$

当 q 很小时，上式可写为（分母为 1）

$$up = sq^2(1-q)$$
$$u(1-q) = sq^2(1-q)$$

此时两种效应会彼此抵消，群体处于平衡状态，即 q 就是平衡时的隐性基因频率：

$$u(1-q) = sq^2(1-q)$$

解方程得：

$$u = sq^2$$
$$q^2 = \frac{u}{s}$$
$$q = \sqrt{\frac{u}{s}}$$

即当隐性基因频率等于 $\sqrt{\dfrac{u}{s}}$ 时，群体处于平衡状态。

2. 基因突变率的估计

因为

$$q^2 = \frac{u}{s}$$

所以

$$u = sq^2 \tag{5-26}$$

利用这一公式，只要测定出 s 和知道群体中 q，就可估计算基因的自发突变率。人类的许多基因的自然突变就是根据此公式估计的。另外，在选择上还有各种各样的选择办法如：①对不完全显性状态下的隐性个体和杂合体的部分选择；②对显性纯合子和隐性纯合子的部分选择；③对杂合子的部分选择；④涉及多个位点的选择等各种形式，这些选择形式基因频率的变化各不相同。

四、遗传漂变

（一）遗传漂变的概念

由某一代基因库中抽样形成下一代个体的配子时所发生的试验误差，这种试验误差而引起基因频率的变化称为基因的遗传漂变或随机漂移（random genetic drift）。或者说，用随机抽样的办法建立小群体时，由于抽样误差引起基因频率随机波动的现象。譬如，有一猪群体中闭肛的基因频率为 0.001，正常基因为 0.999，原群 $D=0.998$，$H=2pq=0.002$。我们从这个群体中购两头猪，这两头猪有可能都是显性纯合子（概率 0.996），也可能两头都是杂合子（概率

0.000004），也可能有一头为杂合子，一头为纯合子（概率 0.001994）。由它们建立的群体产生的基因频率变化如表 5-19。

已知：原始群 $q=0.001$，$p=0.999$，$D=p^2=0.999^2=0.998$

$H=2pq=2\times0.001\times0.999=0.001998$ $R=q^2=0.001^2=0.000001$

表 5-19 抽样产生的基因频率的改变

抽样：两个	抽样概率	新群体基因频率
均为 AA	$D^2=0.998^2=0.996$	$p=1$ $q=0$
均为 Aa	$H^2=0.001998^2=0.000004$	$p=0.5$ $q=0.5$
一个 AA 一个 Aa	$D\times H=0.001994$	$p=0.75$ $q=0.25$

从此例可以看出，相同的抽样方法，就会有不同的结果，因此，群体越小，就容易导致基因频率的增高或降低。

（二）遗传漂变的方向

（1）遗传漂变的方向是不定的，但趋势是频率高的基因容易向高频率漂变，频率低的基因容易消失，低频率基因向高频率基因漂变概率很小。

（2）随着抽样群体的增大，遗传漂变趋于缓和，故群体越大，愈难纯化。

（三）遗传漂变的原因

遗传漂变一般由引种、留种、分群、建系、近交及传染病死亡等引起。

（四）遗传漂变的范围

基因频率遗传漂变的范围为大于 0 而小于 1（0<漂变<1）。在基因频率为 $p=1$，$q=0$ 或 $p=0$，$q=1$ 的群体中是不会发生遗传漂变的。

五、随机交配的偏移

平衡群体的交配制度是随机交配，但在实际生物群体常常出现的是非随机交配，尤其在当今人工授精技术得到广泛应用的条件下更是如此。

（一）非随机交配的四种类型

（1）同型交配 指相同基因型个体间的交配。如 $AA\times AA$、$Aa\times Aa$ 或 $aa\times aa$ 的交配。

（2）异型交配 指不同基因型个体间的交配。如 $AA\times aa$、$AA\times Aa$ 或 $Aa\times aa$ 的交配。

（3）同质交配 指表型相同或相似个体间的交配。也就是说在体质、类型、生物学特性、生产性能及产品品质等方面相同或相似的个体间的交配。

（4）异质交配 指不同表型个体间的交配。

（二）非随机交配的遗传效应

同质交配和近交含有部分的同型交配，异质交配含有部分的异型交配，因此可归结为同型交配和异型交配两种情况来讨论。

如果有一对基因 A、a，可组成三种基因型 AA、Aa、aa，就是说会有三种同型交配，即 $AA \times AA$、$Aa \times Aa$ 和 $aa \times aa$。第一、第三种同型交配，子代与亲代基因型相同；第二种交配方式即 $Aa \times Aa$，后代有三种基因型 AA、Aa、aa，它们的比率分别为 0.25、0.5 和 0.25。即每交配一代，杂合子的频率降低一半，增加了两种纯合子的频率。如果原始群体的基因型频率为 $D=0$、$H=1$、$R=0$，则连续进行同型交配，各代的基因型频率变化如表 5-20 所示。

表 5-20　连续同型交配各代的基因型频率变化情况

世代数 n	AA	Aa	aa
0	0	1.0000	0
1	0.2500	0.5000	0.2500
2	0.3750	0.2500	0.3750
3	0.4375	0.1250	0.4375
4	0.4683	0.0625	0.4683
5	0.4844	0.0312	0.4844
6	0.4922	0.0158	0.4922

基因型频率代代变化，但基因频率却始终不变：

0 世代　　$p = 0 + \dfrac{1}{2} = 0.5$　　　　$q = \dfrac{1}{2} + 0 = 0.5$

1 世代　　$p = 0.25 + \dfrac{0.5}{2} = 0.5$　　$q = \dfrac{0.5}{2} + 0.25 = 0.5$

2 世代　　$p = 0.375 + \dfrac{0.25}{2} = 0.5$　　$q = \dfrac{0.25}{2} + 0.375 = 0.5$

3 世代　　$p = 0.4375 + \dfrac{0.125}{2} = 0.5$　　$q = \dfrac{0.125}{2} + 0.4375 = 0.5$

$\vdots$　　　　$\vdots$　　　　　　　　　　$\vdots$

由此可以得出同型交配的效应为：

（1）纯合子的同型交配，基因频率和基因型频率世代不变；

（2）杂合子的同型交配，基因频率不发生改变，但可改变基因型频率，即每经一代杂合子频率减少一半；

（3）同型交配只能改变基因型频率，不改变基因频率。

近交和同质交配是不完全的同型交配，其效应程度不如完全的同型交配，但效应的性质是相同的，即能使杂合子逐代增加，群体趋向分化，而对基因频率则无影响。

异型交配的效应与同型交配的效应正好相反，它可以增加杂合子的频率，减少纯合子的基因型频率，但均不改变基因频率。

◀ **本章小结** ▶

群体遗传学是研究群体的遗传结构及其变化规律的遗传学分支学科。它是应用数学和统计学方法研究群体基因频率和基因型频率以及影响这些变化的因素，如选择、突变、迁移、遗传漂变及交配制度等。群体遗传学的目的在于阐明生物进化的遗传机制，是动物育种学的基础学科。

群体遗传学中所研究的群体一般指孟德尔群体。个体的遗传组成用基因型表示，而群体的遗传组成用基因型频率和基因频率表示，不同群体的同一基因往往有不同频率，不同基因组合体系反映了各群体性状的表现特点。

群体中同一位点的各基因频率之和及同一性状的各种基因型频率之和等于 1，所以基因频率和基因型频率的范围在 0 与 1 之间。如果基因位于常染色体上，基因频率和基因型频率存在 $p=D+H/2$，$q=R+H/2$ 的关系。

在世代更替的过程中，遗传组成（基因频率和基因型频率）不变的群体称为平衡群体。平衡群体必须具备五大要素，即：大群体、随机交配、无迁移、无突变和无选择。

英国数学家哈代和德国医生温伯格，经过各自独立的研究，于 1908 年同一年发表了有关群体基因频率和基因型频率的重要规律，现称为哈代-温伯格定律。其要点为：①在随机交配的大群体中，若没有其他因素影响，基因频率世代不变。②任何一个大群体，无论其基因频率如何，只要经过一代随机交配，一对常染色体基因型频率就达到平衡，若没有其他因素的影响，一直进行随机交配，这种平衡状态始终不变。③在平衡群体中，基因频率和基因型频率的关系为 $D=p^2$，$H=2pq$，$R=q^2$。哈代-温伯格定律揭示了基因频率和基因型频率是生物变异的根本原因，揭示了群体遗传的基本规律，为保持群体遗传稳定性提供了理论根据，为计算群体的基因频率创造了条件。

基因频率和基因型频率的平衡是在一定条件下成立的，在自然界中，不管是家畜群体，动物或植物群体，没有一个群体的基因频率和基因型频率不变化，研究变化的原因，对于阐明生物进化的遗传机制和加速畜禽改良速度都有重要的意义。影响频率变化的因素也正是我们改良家畜遗传品质的措施所在。影响频率变化的因素有：迁移、突变、选择、遗传漂变和随机交配的偏移。其中前三项能够导致基因频率有方向性变化，遗传漂变能导致基因频率无方向性变化，随机交配的偏移只改变基因型频率，不改变基因频率。

◀ 思考题 ▶

1. 哈代-温伯格定律的要点是什么？怎样证明？它有何性质？

2. 影响基因频率和基因型频率变化的因素有哪些？试简述之。

3. 能够品尝某一特殊化学药物的能力归因于某一特定显性基因的存在。在一个 1000 人的群体中，有 16 人是不能品尝者。试估算隐性基因的频率。

4. 对于等位基因 A 和 a，下列群体哪一个处于哈代-温伯格平衡？

A. 50AA，2Aa，48aa；

B. 49AA，42Aa，9aa；

C. 100AA，10aa；

D. 50AA，50aa；

E. 75AA，1Aa，30aa。

5. 有一种纯种牛，每 100 头小牛中有一头是身上带红色斑点的，其他牛则带黑色斑点（红色斑点是隐性基因产生的）。在这个群体中，红色斑点的基因频率是多少？在黑色斑点的牛中，纯合体的频率和杂合体的频率各是多少？

6. 在人类中，大约 12 个男性中有一个为色盲患者（色盲是由于性连锁隐性基因引起的）。问女性中色盲的概率是多少？

7. 有人随机统计了 6000 头短角牛的毛色，发现红色牛占 48%，棕色牛占 42.5%，白色牛占 9.5%。红色毛基因和白色毛基因属于同一位点的两个等位基因，彼此并无显隐性关系，杂合时呈棕色。求红色毛和白色毛基因的频率。

8. 在一个原来平衡的群体中对隐性纯合子进行完全选择。已知在原群体中显性纯合子的频率是 0.36。问需要经过多少代的选择才能使隐性基因频率下降到 0.005？

9. 一个群体中血友病基因的频率是 0.0001。求该群体中有关血友病的各种基因型频率。

10. 假设在一个牛群中，红、黑基因数目相等。要使红牛的比例下降到 1/100，需要多少代？要使其频率从 1/100 下降到 1/900，需要多少代？（假定选择是完全的，另外红牛为纯合子造成的表型）

11. 从人群中抽样 420 人进行 MN 血型分析，发现 137 人是 M 血型，196 人是 MN 血型，87 人是 N 血型。计算 M 基因频率 p 和 N 基因频率 q。

12. 有人在 190177 人中进行 ABO 血型分析，发现 O 型有 88783 人，A 型有 7933 人。计算 i^A 基因频率 p，i^B 基因频率 q 和 i 基因频率 r。

13. 人的白化症频率大约是两万分之一，假若采用禁婚的办法使其频率降低为现有的一半，试问应需多长时间？

14. 基因 A 突变为隐性等位基因 a 的速率是 a 突变为 A 的 4 倍。在平衡时 a 的频率是多少？

第六章　数量遗传学基础

第一节　质量性状与数量性状

一、质量性状和数量性状的遗传

动物的遗传性状，按其表型特征和遗传机制的差异，可分为三大类：一类叫质量性状（qualitative trait），一类叫数量性状（quantitative trait），再一类叫阈性状或门阈性状（threshold trait）。动物的经济性状（economic trait）大多是数量性状。因此，研究数量性状的遗传方式及其机制，对于指导动物的育种实践，提高动物生产水平具有重要意义。所谓质量性状是指由一对或少数几对基因控制、在类型间有明显界限，呈不连续变异的性状。这类性状不易受环境条件的影响，相对性状间大多有显隐性的区别。例如，牛的无角与有角，鸡的芦花毛色与非芦花毛色等，它的遗传表现服从于三大遗传定律。数量性状是指受微效多基因控制的，在类型间没有明显界限，具有连续性变异的性状。这类性状受环境因素影响大，如产奶量、产卵量、产毛量、日增重、饲料利用率等。阈性状或门阈性状是指由微效多基因控制的，呈不连续变异的性状。这类性状具有潜在的连续分布遗传基础，但其表型特征却能够明显地区分。例如，仔猪成活或死亡，精子形态正常或畸形，这类性状的基因效应是累积的，只有达到阈值水平才能表现出来。

二、数量性状的一般特征

数量性状的表型变异是连续的，一般呈正态分布（normal distribution），很难划分成少数几个界限明显的类型。例如，乳牛的产奶量性状，在群体中往往从 5000 kg 至 14000 kg 范围内，各种产量的个体都有。由于数量性状具有这样的特点，所以对其遗传变异的研究，首要的任务是对性状的变异进行剖分，估计出数量性状变异的遗传和环境的影响程度。具体地说，要做到以下几点：第一，要以群体为研究对象；第二，数量性状是可以度量的，研究过程要对数量性状进行准确的度量；第三，应用生物统计方法进行分析；第四，在统计分析基础上，弄清性状的遗传力以及性状间的相互关系。对数量性状遗传的深入研究，可为动物的品质改良提供可靠数据，为选种和杂交育种找出正确而有效的方法，从而可以加速育种进程。

三、数量性状的遗传方式

数量性状的遗传有以下几种表现方式。

（一）中间型遗传

在一定条件下，两个不同品种杂交，其杂种一代的平均表型值介于两亲本的平均表型值之间，群体足够大时，个体性状的表现呈正态分布。子二代的平均表型值与子一代平均表型值相近，但变异范围比子一代增大了。

（二）杂种优势

杂种优势是数量性状遗传中的一种常见遗传现象，指两个遗传组成不同的亲本杂交的子一代在产量、繁殖力、抗病力等方面都超过双亲的平均值，甚至比两个亲本各自的水平都高的现象。但是，子二代的平均值向两个亲本的平均值回归，杂种优势下降，以后各代杂种优势逐渐趋于消失。

（三）越亲遗传

两个品种或品系杂交，一代杂种表现为中间类型，而在以后世代中，可能出现超过原始亲本的个体，这种现象叫作越亲遗传。例如，在鸡中有两个品种，一种叫新汉夏鸡，体格很大，另一种叫希氏赖特观赏鸡，体格很小，两者杂交产生出小于希氏赖特鸡和大于新汉夏鸡的杂种，由此可能培育出更大或更小类型的品种。

第二节　数量性状的遗传机制

一、多基因假说

数量性状也是由基因决定的，但它具有与质量性状不同的遗传机制。数量性状为什么会呈现连续的变异并出现中间型遗传现象呢？瑞典遗传学家尼尔逊·埃尔（Nilsson Ehle）通过对小麦籽粒颜色的遗传研究，于 1908 年提出了数量性状遗传的多基因假说（multiple-factor hypothesis）。

尼尔逊·埃尔以深红色的小麦品种与白色品种杂交，F_1 结出中等红色的种子。F_2 中有 15/16 是红色，1/16 是白色。进一步观察，他发现 F_2 的红粒中又呈现各种程度的差异：有的深红，有的中深红，有的中红，有的淡红；其中，深红色的最少，约占 F_2 总数的 1/16，大多数是不同程度的中间红色。

尼尔逊·埃尔提出，在这个例子中，小麦种子颜色由 R_1，r_1 和 R_2，r_2 两对基因决定。这两对基因的作用是累加的，大写的 R 对小写的 r 并不是简单的显性关系，红的程度取决于 R 因子的数目。因此，含有 4 个 R 的最红，3 个 R 者次之，2 个 R 者更次之，1 个 R 者为淡色，没有 R 的（都是 r）是白色。

设 R_1r_1 及 R_2r_2 为两对决定种皮颜色的基因，以大写 R 表示增效，小写 r 表示减效，在此没有显隐性关系。其杂交模式如图 6-1 所示。

推而广之，如果某个数量性状由 n 对基因决定，表型比例就是 $(1:2:1)^n$ 展开式（$n=$基因的对数），即 n 表示决定数量性状的杂合基因对数，F_2 分离比例刚好是杨晖三角形 $2n+1$ 层的系数。杨晖三角形如图 6-2 示。

如上述例子中的小麦不同品种杂交，涉及两对基因时，$n=2$，$4^n=16$，各种基因型的频率为：

1/16 $-$ ： 4/16 　$+-$ ： 6/16 　$++-$ ： 4/16 　$+++-$ ： 1/16 　$++++$

在这里 "$+$" 表示大写，即增效；"$-$" 表示小写，即减效。

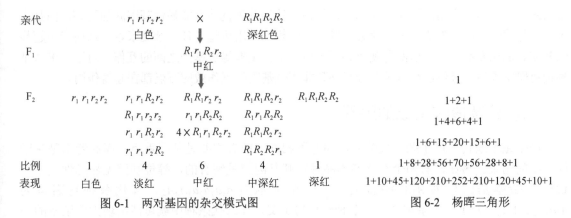

图 6-1　两对基因的杂交模式图　　　　　　图 6-2　杨晖三角形

尼尔逊·埃尔的多基因假说的要点如下。

（1）数量性状是由许多微效基因（minor effect polygenes）的联合效应造成的，它们的效应相等可累加，所以微效基因又称加性基因（additive gene）。

（2）微效基因之间大多数缺乏显隐性（dominant-recessive effect）。虽然可用大小写字母表示等位基因，但大写基因并不掩盖小写基因的表现，大写只表示增效，小写表示减效。

（3）控制数量性状的微效基因与控制质量性状的主效基因（major effect gene）都处于细胞核中的染色体上，多基因的遗传行为同样符合遗传基本定律，具有复制、分离和重组、连锁和交换的特性。

（4）由于微效基因的效应微小，多基因（polygenes）并不能予以个别辨认，只能按性状的表现对所涉及的基因对数做粗略的估计。但是屠代（Thoday）对果蝇刚毛数的研究证明，有时多基因也可予以个别辨认，识别数量性状的主效基因。

二、基因的非加性效应与杂种优势

多基因假说认为控制数量性状的各个基因的效应是累加的，即基因对某一性状的共同效应是每个基因对该性状单独效应的总和。由于基因的加性效应，就使杂种个体表现为中间遗传现象。

但是，进一步研究表明，基因除具有加性效应外，还有非加性效应。基因的非加性效应包括显性效应和上位效应，是造成杂种优势的原因。由等位基因间相互作用产生的效应叫作显性效应。例如，有两对基因，A_1，A_2 的效应各为 15 cm，a_1、a_2 的效应各为 8 cm。理论上讲，杂合基因型 $A_1a_1A_2a_2$ 按加性效应计算其总效应为 46 cm，而实际效果是，在杂合状态下（$A_1a_1A_2a_2$）同样为两个 A 和两个 a，其总效应可能是 56 cm，这多产生的 10 cm 效应是由于 A_1 与 a_1、A_2 与 a_2 间互作引起的，这就是显性效应。由非等位基因之间相互作用产生的效应，叫作上位效应或互作效应。例如，A_1A_1 的效应是 30 cm，A_2A_2 的效应也是 30 cm，而 $A_1A_1A_2A_2$ 的总效应则可能是 70 cm，这多产生的 10 cm 效应是由这两对基因间相互作用所引起的，这叫上位效应。

一般认为，杂种优势与基因的非加性效应有关。目前，对产生杂种优势的机制有三种学说，即显性学说、超显性学说和上位互作学说。

显性学说认为，杂种优势是由于双亲的显性基因在杂种中起互补作用，显性基因遮盖了不良（或低值）基因作用的结果。而超显性学说则认为杂种优势并非显性基因间的互补，而是由于等位基因的异质状态优于纯合状态，等位基因相互作用可超过任一杂交亲本，从而产生超显性效应。现在多数认为，这两种观点并不矛盾。上位是非等位基因之间的互作。对于大多数杂种优势现象来说，等位显性基因杂合互补和非等位基因的互作效应可能都在起着作用。

三、越亲遗传现象的解释

产生越亲遗传与产生杂种优势的原因并不相同。前者主要是基因重组，而后者则是基因间互作的结果。譬如，有两个杂交亲本品种，其基因型是纯合的，等位基因无显隐性关系，设一个亲本基因型为 $A_1A_1A_2A_2a_3a_3$，另一个亲本为 $a_1a_1a_2a_2A_3A_3$，一代杂种基因型为 $A_1a_1A_2a_2A_3a_3$，介于两个亲本之间。杂种一代再杂交，在二代杂种中就可能出现大于亲本的个体 $A_1A_1A_2A_2A_3A_3$ 和小于亲本的个体 $a_1a_1a_2a_2a_3a_3$，越亲遗传产生的越亲个体，可以通过选择保持下来成为培育高产品种的原始材料。

第三节　数量性状遗传分析的模型

一、数量性状表型值的剖分

性状的表型是基因型与环境条件共同作用的结果。不论是基因型还是环境条件发生改变，都会引起表型值的变异。因此，数量性状的表型值（以 P 表示）可按其变异原因剖分为两部分：由基因型控制的能遗传的部分，叫作遗传值，或基因型值（以 G 表示）；由环境影响造成的不遗传的部分，叫作环境偏差（以 E 表示），写成公式：

$$P = G + E$$

二、基因型值的分解

根据基因作用类型的不同，进一步分析基因型值，还可再剖分为：加性效应值（additive effect，以 A 表示）、显性效应值（dominance deviation，以 D 表示）和互作或上位效应值（interaction or epistatic deviation，以 I 表示），则 $G = A + D + I$，代入上式得：

$$P = A + D + I + E$$

式中的 D 和 I 虽然包括在基因型值内，但都属于基因的非加性效应值，不能确定遗传，只有基因的加性效应值（A）能得到固定。因此，把基因的加性效应值叫作育种值，把 D 和 I 以及环境偏差（E）合并，统称剩余值（residual value，以 R 表示），则 $R = D + I + E$。这样，表型值的剖分就可写成：

$$P = A + R$$

三、群体基因型值的平均数与基因平均效应

（一）基因型值的标准尺度

以一对基因为例加以说明。设 A 和 a 为一对等位基因，A 对性状有增效作用，a 对性状有

减效作用，两个纯合类型之间的差数可用 2a 表示，两者之间的中点可用 O（origin）表示，三种基因型（AA、Aa 和 aa）的效应值分别为 a，d 和−a，两种纯合基因型值为 O+a，O−a。显然，两种纯合子的中亲值 O 在[a+(−a)]/2=0 点上，如图 6-3 所示。

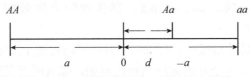

图 6-3　一对基因的加性、显性效应模型

其中 a 表示距离中亲值正向或负向的基因型加性效应理论值，d 表示由显性效应引起的与中亲值的离差。d 的大小决定于显性程度。如果无显性存在，d=0；如果 A 为显性时，d>0 为正值；如果 a 为显性时，d<0 为负值；当完全显性时，d=±a，杂合子与纯合子之一完全相同；存在超显性时 d≥a 或 d<−a。

例：有一种小型猪（aa）6 月龄体重为 10 kg，正常纯合体（AA）猪 6 月龄体重平均为 90 kg，杂合子（Aa）的平均体重为 70 kg。这些猪饲养在相同条件下。试计算中亲值 m，基因加性效应 a 和显性离差 d。

解：平均体重的表型值可以当作体重的基因型值，由此可得：

$$m=(10+90)/2=50（kg）$$
$$a=90-50=40（kg）$$
$$d=70-50=20（kg）$$

（二）群体基因型值的平均数

有了基因型值，就可将基因型频率结合计算群体基因型值的平均数。所谓群体平均数，是指基因型频率与基因型值的乘积。

设随机交配群体中 A，a 的基因频率为 p 和 q，且 p+q=1，则 AA、Aa 和 aa 三种基因型的频率为 p^2、2pq 和 q^2，群体基因型平均值的计算如表 6-1。

表 6-1　群体平均数的计算

基因型	频率（f）	基因型值（x）	频率×基因型值（fx）
AA	p^2	O+a	$(O+a)p^2$
Aa	2pq	O+d	(O+d)2pq
aa	q^2	O−a	$(O-a)q^2$

所以，平均数 $\mu=(\sum fx)/(\sum f)=[(O+a)p^2+(O+d)2pq+(O-a)q^2)]/(p^2+2pq+q^2)=O+a(p-q)+2dpq$

（三）基因频率对群体平均数的影响

由群体平均数的计算公式可以看出，任何位点对群体平均数的贡献可分为两部分：一部分为 a(p−q)，属于纯合体的累加效应；另一部分为 2dpq，属于杂合体的显性效应。两部分的大小都直接与基因频率有关。

（1）当无显性时，d=0，则 $\mu=a(p^2-q^2)=a(2p-q)=a(1-2q)$，群体平均数正比于群体基因频率。

（2）当完全显性时，d=a，则 $\mu=a(p^2-q^2)+2dpq=a(1-2q^2)$，群体平均数正比于群体基因频

率的平方。

（3）如果为部分显性，即 $d<a$，那么群体平均数取决于群体等位基因频率的差异。差异越大，群体平均数越大，当 p 或 q 为 1 时，即 $A(p=1)$ 或 a 固定 $(q=1)$，$\mu=a$ 或 $\mu=-a$；差异越小，群体平均数越小，当 $p=q$ 时，即 $p=q=0.5$，群体内纯合体效应正负抵消，群体平均数 $\mu=a(1/2-1/2)+2\times1/2\times1/2d=1/2d$

（4）如果位点存在超显性情况时，即 $d>a$，群体平均数处于上述区间的外面。

在多基因情况下，假定各个基因效应相等可累加，那么所有基因位点联合效应所得的群体平均数为 $\mu=\sum a(p-q)+2\sum dpq$。超显性不存在时，总区间为 $2\sum a$。

这个式子对育种工作特别重要，由于基因型值 a，d，$-a$ 一般不能改变，所以，提高基因型值平均数 μ 的方法是改变基因频率 p 和 q。可以看出，增效基因的频率 p 越大，则基因型值平均数 μ 越大。这也说明，选择的作用是让较多含有增效基因的个体繁殖，达到提高畜群平均数，亦即育种值的目的。

（四）基因的平均效应

随机交配群体中，一个等位基因的平均效应，就是具有该等位基因的基因型所引起的平均值与群体平均数的离差。

基因型　　　　AA　　　Aa　　　aa
基因型值　　　$O+a$　　$O+d$　　$O-a$

A 基因的频率为 p，a 基因的频率为 q，一个 A 配子与来自群体的配子随机联合所得的基因型频率，凡为 AA 的必为 p，凡为 Aa 的必为 q，所以 $AA+Aa$ 的平均值 $=O+pa+qd$。由于 $\mu=O+a(p-q)+2dpq$，所以 A 的平均效应

$$\alpha_1=O+pa+qd-[O+a(p-q)+2dpq]=q[a+d(q-p)]$$

同理，a 基因的平均效应 $\alpha_2=O+pd-qa-[O+a(p-q)+2dpq]=-p[a+d(q-p)]$

基因平均效应的概念可以从一个基因替代的平均效应概念去理解。例如，在一个群体内，如能够以随机方式把 a 基因替换为 A 基因，然后看其数值的最终变化，就是基因的平均替代效应。

设以 α 作为基因替代的平均效应，则它就等于一个等位基因的平均效应减去其他等位基因的平均效应，亦即

$$\alpha=\alpha_1-\alpha_2=q[a+d(q-p)]+p[a+d(q-p)]=a+d(q-p)$$

用 α 来分别表示等位基因 A 和 a 的平均效应，则有

$$\alpha_1=q\alpha$$
$$\alpha_2=-p\alpha$$

四、育种值、显性离差、上位效应

（一）基因的加性效应

多基因假说认为，控制数量性状的各基因，它们的效应是加性的，即它们对某一性状的共同效应是每个基因对该性状单独效应之和。所谓基因型的育种值是指基因型值中所有组成它的等位基因的平均效应的总和组成的部分，如表 6-2 所示。

表 6-2　群体育种值与其基因频率的平均值

基因型	频率（f）	育种值
AA	p^2	$2\alpha_1 = 2q\alpha$
Aa	$2pq$	$\alpha_1 + \alpha_2 = (p-q)\alpha$
aa	q^2	$2\alpha_2 = -2p\alpha$
合计	1	$3(\alpha_1 + \alpha_2) = 3(p-q)\alpha$

所以，平均育种值 $= 2p^2 q\alpha + 2pq(p-q)\alpha - 2pq^2\alpha = 2pq\alpha(p+q-p-q) = 0$

由此可知，在一个平衡群体中，平均育种值必为零，如果以绝对单位表示育种值，那么它必等于平均基因型值，也等于平均表型值。

实际上，个体的育种值 $= 2$（个体表型值－亲本均值）＋群体均值

（二）显性离差

在一对等位基因的情况下，各基因型的基因型值与其加性效应的离差称为该基因型的显性离差值，实际上显性效应是指在等位基因间相互作用产生的效应。

基因型值 $G = \mu + A + D$

所以显性离差值 $D = G - \mu - A$

就单个位点（A，a）而言，

已知：AA 基因型值 $A_{AA} = 2\alpha_1$

$\qquad\qquad\qquad\qquad = 2q[a+d(q-p)]$

所以显性离差值 $D_{AA} = G_{AA} - \mu - A_{AA}$

$\qquad\qquad\qquad = O + a - \mu - 2q[a+d(q-p)]$

$\qquad\qquad\qquad = -2q^2 d$

同理，$D_{Aa} = G_{Aa} - \mu - A_{Aa}$

$\qquad\qquad = O + d - \mu - (q-p)[a+d(q-p)] = 2pqd$

$D_{aa} = G_{aa} - \mu - A_{aa}$

$\qquad\quad = O - a - \mu + 2p[a+d(q-p)] = 2pqd = -2p^2 d$

由此可知，显性离差值为 d 的函数，当 $d=0$ 时，则上述三种基因型的显性离差为 0，表明不存在显性。

值得注意的是，平均显性离差等于 0，即 $-2dp^2 q^2 + 4dp^2 q^2 + (-2dp^2 q^2) = 0$。

（三）互作离差（上位效应）

当只考虑一个位点时，基因型值由加性效应（育种值）和显性离差组成。但是，当性状由多个位点基因控制时，基因型值就可能还包括另一个非加性组分——上位效应，从而引起另一种离差——互作离差（G_{AB}）或上位离差 I，于是有

$$G = G_A + G_B + G_{AB}$$

全部位点记为

$$\sum G = \sum A + \sum D + \sum I$$

现在以单位点为例，说明计算除上位离差以外的各种效应的方法。

例 1：某位点三种基因型 AA、Aa 和 aa 的基因型值分别为 30、25 和 10，A 基因的频率为 0.70，a 基因的频率为 0.30，试计算加性效应值和显性离差。

解：根据已知条件（表 6-3）可得 $\mu_0=(\sum fx)/(\sum f)=0.49\times30+0.42\times25+0.09\times10=26.1$

表 6-3　群体平均数的计算

基因型	频率（f）	基因型值（y）	基因型离差值 $g=y-\mu_0$
AA	0.49	30	3.9
Aa	0.42	25	−1.1
aa	0.09	10	−16.1

由基因效应图解可知，

$$a=(y_1-y_3)/2=(30-10)/2=10$$
$$d=y_2-(y_1+y_3)/2=25-(30+10)/2=5$$

则，A 基因的平均效应 $\alpha_1=q[a+d(q-p)]=0.30\times[10+5\times(0.30-0.70)]=2.40$

a 基因的平均效应 $\alpha_2=-p[a+d(q-p)]=-0.7\times[10+5\times(0.30-0.70)]=-5.60$

所以，基因替代的平均效应 $\alpha=\alpha_1-\alpha_2=2.40-(-5.60)=8.0$

从而根据以上计算结果可以对各种基因型的加性效应和显性离差计算如表 6-4。

表 6-4　加性效应和显性离差计算

基因型	频率（f）	基因型离差值（g）	加性值（育种值）	显性离差
AA	0.49	3.9	$2\alpha_1=4.80$	$-2q^2d=-0.9$
Aa	0.42	1.1	$\alpha_1+\alpha_2=-3.20$	$2dpq=2.10$
aa	0.09	−16.1	$2\alpha_2=-11.20$	$-2dp^2=-4.9$

五、遗传方差

（一）方差的遗传分析

由前所述，表型值可根据其组成剖分为各种原因组分，$P=G+E$，$G=A+D+I$，所以，$P=A+D+I+E$，当各个组分之间相互独立时，有 $V_P=V_A+V_D+V_I+V_E$，而 $V_G=V_A+V_D+V_I$ 称为基因型方差，V_A 称为加性遗传方差，V_D 称为显性方差，V_I 称为互作方差，$V_D+V_I=V_{NA}$ 称为非加性遗传方差，V_E 称为环境方差。

单个位点不考虑交互作用方差时，可得表 6-5。

表 6-5　育种值和显性离差

基因型	育种值	显性离差	频率
AA	$2q\alpha$	$-2q^2d$	p^2
Aa	$(q-p)\alpha$	$2dpq$	$2pq$
aa	$-2p\alpha$	$-2dp^2$	q^2

根据平方和 $SS=\sum(x-\bar{x})^2$，且育种值的平均值和显性离差的平均值都等于 0，所以，育种值及显性离差的方差就是它们的频率乘上它们的平方：

$$V_A=\alpha^2[4p^2q^2+2pq(q-p)^2+4p^2q^2]$$

$$=2pq\alpha^2(2pq+p^2+q^2-2pq+2pq)$$
$$=2pq\alpha^2=2pq[a+d(q-p)]^2$$

同理 $V_D=d^2[4p^2q^2+8p^3q^3+4p^4q^2]=(2pqd)^2$

因而 $V_G=V_A+V_D=2pq[a+d(q-p)]^2+(2pqd)^2$

注意，当 $d=0$ 时，总遗传变量就等于累加遗传变量。

例 2： 以例 1 为例，试计算基因型方差、加性遗传方差和显性遗传方差。

解： 根据已知条件可得

$$V_A=2pq\alpha^2=2\times0.7\times0.30\times8.0^2=26.88$$
$$V_D=(2pqd)^2=(2\times0.7\times0.30\times5)^2=4.41$$
$$V_G=V_A+V_D=26.88+4.41=31.29$$

（二）遗传协方差

协方差又称协变量，遗传协方差是主要描述亲属间的遗传相关的变量。

1. 子女与单亲的协方差（图 6-6）

表 6-6　遗传协方差计算

	亲本（P）		子女（O）
基因型	频率（f）	基因型值（x）	频率×基因型值（fx）
AA	p^2	$2q(\alpha-qd)$	$q\alpha$
Aa	$2pq$	$(q-p)\alpha+2dpq$	$1/2(q-p)\alpha$
aa	q^2	$-2p(\alpha+pd)$	$-p\alpha$

$$\text{COV}_{o\bar{p}}=p^2 2q(\alpha-qd)q\alpha+2pq[(q-p)\alpha+2dpq]1/2(q-p)\alpha+q^2[-2p(\alpha+pd)](-p\alpha)$$

$$=pq\alpha^2=1/2V_A$$

因此，子女与一个亲本的协方差等于加性遗传方差的一半。

2. 半同胞协方差

一群半同胞来自一个个体与一群异性个体的随机交配，并由每个配偶产生一个后代，因而一群半同胞的平均基因型值可以定义为共同亲本的育种值的一半。所以

$$\text{COV}_{Hs}=p^2(q\alpha)^2+2pq[1/2(q-p)\alpha]^2+q^2(-p\alpha)^2=1/2pq\alpha^2=1/4V_A$$

因此，半同胞协方差等于 1/4 加性遗传方差。

3. 子女与中亲的协方差

子女平均数与双亲均值（指中亲值）的协方差，是指 O 与 $1/2(P_1+P_2)$ 的协方差，用 $\text{COV}_{o\bar{p}}$ 表示，即 $\text{COV}_{o\bar{p}}=1/2\text{COV}_{op}$。假设 $\text{COV}_{op1}=\text{COV}_{op2}$，同时 $\text{COV}_{op}=\text{COV}_{o\bar{p}}$，即只要双亲具有相等的协方差，则子代与中亲的协方差就等于子代与一个亲本的协方差。已知，$\text{COV}_{op}=1/2V_A$，所以 $\text{COV}_{o\bar{p}}=1/2V_A$。

这一结论可推广于其他类型的亲属，即任何个体与一些同类亲属的平均数的协方差等于它与这些亲属之一的协方差。COV_{op} 还可以由表 6-7 推导出来。

表 6-7　协方差计算

交配类型	交配频率	中亲值	子代与其值			子代平均值	子代平均值×中亲值	（子代平均值）²
			AA	Aa	aa			
			a	d	$-a$			
$AA×AA$	p^4	a	1	0	0	a	a^2	a^2
$AA×Aa$	$4p^3q$	$1/2(a+d)$	1/2	1/2	0	$1/2(a+d)$	$1/4(a+d)^2$	$1/4(a+d)^2$
$AA×aa$	$2p^2q^2$	0	0	1	0	d	0	d^2
$Aa×Aa$	$4p^2q^2$	d	1/4	1/2	1/4	$1/2d$	$1/2d^2$	$1/4d^2$
$Aa×aa$	$4pq^3$	$1/2(-a+d)$	0	1/2	1/2	$1/2(-a+d)$	$1/4(-a+d)^2$	$1/4(-a+d)^2$
$aa×aa$	q^4	$-a$	0	0	1	$-a$	a^2	a^2

将上表中（子代平均值×中亲值）乘以相应频率，可以得到平均积 MP：

$$MP=a^2p^4+1/4(a+d)^2×4p^3q+1/2d^2×4\ p^2q^2+1/4(-a+d)^2×4pq^3+a^2×q^4$$

$$=a^2(p^4+q^4)+p^3q(a^2+d^2+2ad)+pq^3(a^2+d^2-2ad)+2p^2q^2\ d^2$$

$$=a^2(p^4+q^4)+p^3qa^2+p^3qd^2+2p^3qad+pq^3a^2+pq^3d^2-2pq^3ad+2p^2q^2\ d^2$$

$$=a^2(p^4+q^4)+p^3qa^2+pq^3a^2+pq^3d^2-2pq^3ad+p^3qd^2+2p^3qad+2p^2q^2\ d^2$$

$$=a^2[p^3(p+q)+q^3(q+p)]+2p^3qad-2pq^3ad+pq^3d^2+p^3qd^2+2p^2q^2\ d^2$$

$$=a^2(p^3+q^3)+2pqad(p^2-q^2)+pqd^2(p^2+q^2+2pq)$$

$$=a^2[p^3(p+q)+q^3(q+p)]+2pqad(p^2-q^2)+pqd^2(p^2+q^2+2pq)$$

$$M^2=a^2(p^2-2pq+q^2)+4pqad(p-q)+4p^2q^2\ d^2$$

式中，M^2 为群体平均数的平方，即子代平均数的平方，为校正数，于是可以得出：

$$COV_{o\bar{p}}=MP-M^2=a^2pq-2pqad(p-q)+pqd^2(p-q)^2$$

$$=pq[a+d(q-p)]^2$$

$$=pq\alpha^2=1/2V_A$$

4. 全同胞协方差

全同胞协方差是全同胞家系的平均数的方差，由表 6-7 可知，除了含有 d^2 的第三、第四项外，（子代平均值）² 与子代平均值×中亲值的其余各项完全相等，因此，

均方 MS 可以由 MP 求得

$$MS=MP+d^2×2p^2q^2-1/4d^2×4p^2q^2=MP+d^2p^2q^2$$

同理采用同样校正数（M^2），可以得出全同胞协方差为

$$COV_{Fs}=COV_{o\bar{p}}+d^2p^2q^2$$

$$=pq\alpha^2+d^2p^2q^2=1/2V_A+1/4V_D$$

有了这些协方差之后，求解遗传力和遗传相关就很容易了。

第四节　数量性状的遗传参数

研究数量性状的遗传必须采用统计方法。为了说明某种性状的特性以及不同性状之间的表型关系，可以根据表型值计算平均数、标准差、相关系数等，统称表型参数。为了估计个体的育种值和进行育种工作，必须估计遗传参数。常用的遗传参数有三个，即遗传力、重复力和遗传相关。

一、遗传力

（一）遗传力的概念

表型变异有两个来源：由遗传因素引起的和由环境因素引起的。在生物统计学上，用方差作为变异的度量。所以，如果设 V_P 为表型方差，V_G 为遗传方差，V_E 为环境方差，则

$$V_P = V_G + V_E$$

所谓遗传力，就是遗传方差在总表型方差中所占的比率，用公式表示：

$$H^2 = \frac{V_G}{V_P}$$

H^2 称为广义遗传力。由于育种中只有加性效应值，即育种值能在后代中固定，因此，在实践中常用狭义的遗传力（h^2）来代替广义的遗传力（H^2）。其公式是：

$$h^2 = \frac{V_A}{V_P}$$

所谓狭义遗传力，即基因的加性方差在总表型方差中所占的比率。

遗传力估计值可以用百分数或者小数来表示。如果遗传力估计值是 1（即 100%），说明某性状在后代畜群中的变异原因完全是遗传所造成的；相反，如果遗传力估计值是 0，则说明这种变异的原因完全是环境造成的，与遗传无关。事实上，没有任何一个数量性状的变异与遗传或与环境完全无关。因此，数量性状的遗传力估计值总是介于 0～1。

遗传力估计值只是说明对后代群体某性状的变异来说，遗传与环境两类原因影响的相对重要性，并不是指该性状能遗传给后代个体的绝对值。例如，假设有一个猪群留种的公、母猪 8 月龄时膘厚平均为 5 cm，膘厚遗传力为 0.5（50%）。在此绝不是说平均膘厚 5 cm 中只有一半（2.5 cm）能遗传给后代，而其余一半不能传给后代，而是指留种的个体膘厚的变异部分，有一半来自遗传原因，另一半则是由环境条件造成的。

根据性状遗传力值的大小，可将其大致划分为三等，即 0.1 以下为低遗传力；0.1～0.3 为中等遗传力；0.3 以上者为高遗传力。

（二）遗传力的估算方法

遗传力是育种值方差与表型值方差的比率。育种值方差不能直接度量，只能利用亲属表型值间的关系，通过统计分析来间接估计育种值方差。常用的遗传力估算方法有亲子回归法和同胞相关法两种。

1. 亲子回归法

此法是用子女和父母两代的表型资料求出其回归系数，以估计性状遗传力。因为子代与亲代的相似性可以反映遗传力，相似性的程度在统计学中往往用回归系数来表示。在动物育种中，一般只用母女回归法来估计其遗传力。

估计遗传力的公式是：

$$h^2 = 2b_{OP}$$

式中，P 是母亲某性状的表型值；O 是女儿该性状的表型值。

用此法计算性状遗传力时，为什么要将回归系数乘上 2 呢？这是因为母亲与女儿的亲缘系数 r_A 是 $\frac{1}{2}$，即

$$b_{OP} = \frac{1}{2}h^2$$

$$h^2 = 2b_{OP}$$

用此法计算某性状的遗传力，往往用多个公畜的母女性状表型值的资料，这时就要计算公畜（组）内母女回归系数，然后再乘上 2，求性状的遗传力。

求公畜内母女回归系数的公式是：

$$b_{W(OP)} = \frac{SP_{W(OP)}}{SS_{W(P)}}$$

式中，$b_{W(OP)}$ 是公畜内母女回归系数，$SP_{W(OP)}$ 是母女性状表型值的组内乘积和，$SS_{W(P)}$ 是母亲性状的组内平方和。

下面举例说明母女回归估计遗传力的方法。

例 3：现有某猪场部分母猪乳头数的母、女配对资料如表 6-8。

表 6-8　某种猪场猪的乳头数资料　　　　　　　　（单位：个）

序号	1 号公猪		2 号公猪		3 号公猪	
	母	女	母	女	母	女
1	12	13.7	16	13.5	13	13.3
2	15	15.0	12	13.9	13	13.8
3	14	13.3	13	13.5		
4	12	14.1	15	14.2		
5	14	13.7				
6	14	14.0				
7	12	13.8				
8	15	14.7				
9	14	14.2				
10	14	13.2				

试计算该性状的遗传力。

解：计算步骤如下。

（1）计算二级数据　按公猪组分别计算出 $\sum P$、$\sum O$、$\sum P^2$、$\sum OP$。

表 6-9　公猪内母女对的乳头数

序号	P	P^2	O	OP
1	12	144	13.7	164.4
2	15	225	15.0	225.0
3	14	196	13.3	186.2
4	12	144	14.1	169.2
5	14	196	13.7	191.8
6	14	196	14.0	196.0
7	12	144	13.8	165.6
8	15	225	14.7	220.8
9	14	196	14.2	198.8
10	14	196	13.2	184.8
$n=10$	136	1862	139.7	1902.3

以 1 号公猪内母女对的数据为例，说明计算方法。以 P 代表母亲乳头数，O 代表女儿的

平均乳头数，列表计算各项数据如表 6-9 所示：

$$C_P = \frac{(\sum P)^2}{n} = \frac{(136)^2}{10} = \frac{18496}{10} = 1849.6$$

$$C_{OP} = \frac{\sum P \cdot \sum O}{n} = \frac{136 \times 139.7}{10} = 1899.92$$

其他各组如上法计算出这些数据。

（2）将各组的上述数据加起来列表如表 6-10 所示。

表 6-10　母女乳头数计算的各项数据

公猪组	$\sum P^2$	$\sum OP$	C_P	C_{OP}
1	1862	1902.3	1849.6	1899.92
2	400	384.8	392	383.5
3	732	740.8	729	739.8
Σ	2994	3027.9	2970.6	3023.22

（3）计算组内平方和、组内乘积和

母亲的组内平方和 $SS_{W(P)} = \sum\sum P^2 - \sum C_P$

$$= 2994 - 2970.6 = 23.4$$

女与母的组内乘积和 $SP_{W(OP)} = \sum\sum OP - \sum C_{OP}$

$$= 3027.9 - 3023.22 = 4.68$$

（4）计算公猪组内母女回归系数和遗传力

公猪组内母女回归系数 $b_{W(OP)} = \frac{SP_{W(OP)}}{SS_{W(P)}} = \frac{4.68}{23.4} = 0.2$

乳头数性状遗传力 $h^2 = 2b_{W(OP)} = 2 \times 0.2 = 0.4$

计算结果，猪的乳头数遗传力为 0.4。

2. 半同胞相关法

所谓半同胞就是同父异母或同母异父的兄弟姐妹。通过对若干公畜（或母猪）的女儿某性状表型值的度量，用方差分析法可求得组间（公畜或母畜间）方差和组内方差。组间方差反映了公畜的遗传差异，即育种值方差。再由育种值方差与总方差之比，求出组内相关系数（r_{HS}），然后乘以 4 即是该性状的遗传力。

公式是：

$$h^2 = 4r_{HS}$$

为什么要将半同胞组内相关系数乘上 4 才等于遗传力呢？因为半同胞亲缘系数（r_A）为 1/4，故

$$r_{HS} = 1/4 h^2 \qquad h^2 = 4r_{HS}$$

根据生物统计原理，组间方差除以总方差得到组内相关系数 r。用公畜分组的子女资料计算时，其组内成员间的关系即半同胞关系，所以这时的组内相关系数即是半同胞相关系数，用 r_{HS} 表示，即

$$r_{HS} = \frac{\sigma_S^2}{\sigma_S^2 + \sigma_W^2}$$

为了计算方便，也可采用下式：

$$r_{HS} = \frac{MS_B - MS_W}{MS_B + (n-1)MS_W}$$

式中，MS_B 为公畜间均方，MS_W 为公畜内均方，n 为各公畜的女儿数。利用上式计算出半同胞组内相关系数后，再乘上 4，即为该性状的遗传力。当资料中各公畜女儿数不等时，要用加权平均女儿数 n_0 来代替 n。计算 n_0 的公式是：

$$n_0 = \frac{1}{S-1}\left(\sum n_i - \frac{\sum n_i^2}{\sum n_i}\right)$$

式中，S 代表公畜数。

（三）遗传力的应用

遗传力的用途主要有以下几点。

1. 估计种畜的育种值

前面提到，育种值是表型值中能确实遗传给后代的部分。根据育种值来选种最准确有效。性状的遗传力用以估计育种值的方法，将在"动物种用价值评定"一章中进一步叙述。

2. 确定选择方法

遗传力高的性状，根据个体表型值选择效果好；而遗传力低的性状（如产仔数等），其变异受环境影响大，根据个体表型值选择就不可靠，应根据同胞或后裔平均表型值来选种。所以，根据性状遗传力参数，采取不同的选种方法，可以提高选种的效果。

3. 确定繁育方法

一般地说，对遗传力高的性状的改良，可以采用本品种选育的方法；对遗传力低的性状的改良，用杂交方法效果较好。在育种工作中，考虑性状的遗传力，可恰当地采用不同的繁育方法。

4. 应用于综合选择指数的制订

在制订多个性状同时选择的"综合指数"时，必须用到遗传力这个参数。具体应用将在有关章节叙述。

二、重复力

（一）重复力的概念

重复力是估计动物一生中可达到的生产水平的参数。一个动物一生中有多次产量度量值，要确定各次度量值之间变动小还是变动大，必须求出各次度量值间的组内相关系数，即重复力，也称重复率。如果家畜每次产量都相同或极其相似，重复力就等于 1 或接近于 1；如果每次度量值大小很不一致，重复力就会接近于 0。因此，根据性状重复力大小，可以预测家畜一生的生产成绩。

重复力是遗传方差（V_G）加上一般环境方差（V_{Eg}）占表型总方差（V_P）的比率。即

$$重复力\ r_e = \frac{V_G + V_{Eg}}{V_P}$$

环境效应有两种：一种叫一般环境效应或永久性环境效应，这部分虽不属遗传因素，但能影响个体终生的生产性能，如犊牛在生长发育期间营养不良、发育受阻，对生产力的影响是永久性的；另一部分是特殊环境效应，譬如，暂时的饲养条件变化，造成产量下降，当条件改善时，产量即可恢复正常。而遗传力为 $h^2 = \dfrac{V_A}{V_P}$，因此，性状的重复力一般大于性状的遗传力。

（二）重复力的估计方法

计算重复力同计算半同胞相关的方法相同。它是用畜群多头个体的多次度量值组，求出组内相关系数，即为重复力。计算公式是：

$$重复力 r_e = \frac{个体间方差}{个体间方差 + 个体内度量间方差}$$

$$= \frac{\sigma_B^2}{\sigma_B^2 + \sigma_W^2}$$

若以 MS_B 代表个体间均方，MS_W 代表个体内度量间均方，n 为度量次数，则用下式计算较方便：

$$重复力 r_e = \frac{MS_B - MS_W}{MS_B + (n-1)MS_W}$$

从上式可以看出，如果个体间方差愈大，个体内度量间的方差相对就愈小，个体各次度量值间愈相似，计算结果的组内相关系数也愈大。所以组内相关系数（即重复力）可以用来表示个体不同次度量值之间的相似程度。

（三）重复力的应用

1. 确定性状需要度量的次数

重复力高的性状，说明各次度量值间相关程度强，只需要度量几次就可正确估计个体生产性能；相反，重复力低的性状，则需要多次度量才能做出正确的估计。根据计算结果，当 $r_e=0.9$ 时，度量 1 次即可。$r_e=0.7\sim0.8$ 时，需度量 2～3 次。$r_e=0.5\sim0.6$ 时，需度量 4～5 次。$r_e=0.25$ 时，需要度量 7～8 次。如仔猪平均初生重 $r_e=0.1359$，说明其相关程度低，选种时要根据母猪 8～9 次产仔的平均初生重才能确定该性状表现的优劣。

2. 估计个体可能达到的平均生产力

有了重复力参数，可以从动物早期生产记录资料估计其一生可能达到的平均生产力，从而能在早期确定留种或淘汰。Lush 提出的估计畜禽可能生产力的公式是：

$$P_x = (P_n - \bar{P}) \frac{nr_e}{1 + (n-1)r_e} + \bar{P}$$

式中，P_x 代表个体 x 的可能生产力，P_n 是个体 n 次度量的均值，$\bar{P}$ 是全群平均值。$nr_e/[1+(n-1)r_e]$ 是 n 次度量的重复力系数。个体记录次数愈多，重复力的准确度愈大。所以根据个体性状度量的次数，乘上这个系数，估计的生产力愈接近实际。

例 4：设有两头母猪，1 号母猪 3 胎仔猪平均断乳窝重为 216 kg；2 号母猪 2 胎仔猪平均断乳窝重 221 kg。全群猪断乳窝重 185 kg，仔猪断乳窝重的重复力为 0.25，试估计这两头母猪产仔的平均断乳窝重可能达到多少。

解：将 1 号母猪（x_1）和 2 号母猪（x_2）的数据分别代入公式得：

$$P_{x_1} = (216 - 185) \frac{3 \times 0.25}{1 + (3-1)0.25} + 185$$

$$= 31 \times 0.5 + 185$$

$$= 200.5 \text{（kg）}$$

$$P_{x_2} = (221 - 185) \frac{2 \times 0.25}{1 + (2-1)0.25} + 185$$

$$= 36 \times 0.4 + 185$$

$$= 199.4 \text{（kg）}$$

计算结果，2 号母猪可能生产力稍低，但二者相差并不大。

3. 应用于评定动物育种值

在评定动物育种值时，重复力是不可缺少的一个参数。

三、遗传相关

（一）遗传相关的概念

动物有机体是一个统一的整体，各性状间存在着或大或小的联系，这种联系程度称为性状间的相关，用相关系数来表示。性状间的相关除遗传因素外，也有环境因素的影响。所以表型相关同样可剖分为遗传相关和环境相关两部分。群体中个体两个性状间的相关称表型相关，以 $r_{P(xy)}$ 表示；两个性状基因型值（育种值）之间的相关叫遗传相关，以 $r_{A(xy)}$ 表示；性状的环境效应或剩余之间的相关叫环境相关，以 $r_{E(xy)}$ 表示。按照数量遗传学的研究方法，性状的表型相关、遗传相关和环境相关的关系如下：

$$r_{P(xy)} = h_x h_y r_{A(xy)} + e_x e_y r_{E(xy)}$$

上式中，$e_x = \sqrt{1 - h^2 x}, e_y = \sqrt{1 - h_y^2}$。可见，表型相关并不等于两个性状的遗传相关和环境相关简单之和；只有 $r_{A(xy)}$ 和 $r_{E(xy)}$ 分别乘上系数 $h_x h_y$ 和 $e_x e_y$ 时，相加才等于表型相关 $r_{P(xy)}$。

从表型相关的组成来看，如果两个性状的遗传力较高，则表型相关主要受遗传相关的影响；相反，遗传力较低时，表型相关主要受环境的影响。有时表型和遗传相关相差很大；甚至一个是正相关，一个是负相关。例如，鸡的体重和产卵量的相关，在卵用鸡中，饲养好的鸡群，体重大则产卵量高，两者表型相关为正值（$r_{P(xy)} = 0.09$）。但从遗传上看，体重大的鸡比体重小的鸡，其产卵量却较低，即体重与产卵量的遗传相关为负值（$r_{A(xy)} = -0.16$）。在育种实践中，重要的是遗传相关，因为只有这部分相关是能遗传的。

造成遗传相关的原因是基因的一因多效和基因连锁。如果某一基因有两种以上的效应，就会造成性状间的遗传相关。例如，那些增加生长率的基因，使体长和体重都增加，因此引起这两种性状间的相关。其次，不同的基因连锁在同一条染色体上时，也会出现遗传相关。

（二）遗传相关的估计方法

遗传相关系数的估计方法主要有两种：一是利用亲子两代的资料来估计；二是利用半同胞的资料来估计。由于遗传相关系数的估计牵涉两个性状、两代表现，因而计算起来比较复杂，要用到协方差的分析方法。下面介绍应用半同胞资料来估计遗传相关系数，计算公式是：

$$r_{A(xy)} = \frac{COV_{B(xy)}}{\sqrt{\sigma^2_{B(x)} \cdot \sigma^2_{B(y)}}}$$

式中，$COV_{B(xy)}$ 是 x 与 y 性状的组间协方差，$\sigma^2_{B(x)}$ 是 x 性状的组间方差，$\sigma^2_{B(y)}$ 是 y 性状的组间方差。为了计算方便，可将上式简化为：

$$r_{A(xy)} = \frac{MP_{B(xy)} - MP_{W(xy)}}{\sqrt{(MS_{B(x)} - MS_{W(x)})(MS_{B(y)} - MS_{W(y)})}}$$

式中，$MP_{B(xy)}$ 是组间均积，即 x 和 y 性状的组间乘积和，除以组间自由度；$MP_{W(xy)}$ 是组内均积，即 x 和 y 性状的组内乘积和，除以组内自由度；$MS_{B(x)}$ 是 x 性状的组间均方；$MS_{B(y)}$ 是 y 性状的组间均方；$MS_{W(x)}$ 是 x 性状的组内均方；$MS_{W(y)}$ 是 y 性状的组内均方。

（三）遗传相关的应用

性状间的遗传相关系数，主要用于间接选择。

（1）利用两性状的遗传相关，选择容易度量的性状，间接提高不易度量的性状。如猪的日增重与饲料利用率为强的正遗传相关，日增重容易度量，而饲料利用率难以度量，可以通过选择猪的日增重这个性状来间接提高猪的饲料利用率。

（2）找出幼畜与成年畜某些性状间的遗传相关，进行早期选种。如猪的初生重与断奶后平均日增重呈强的正遗传相关（$r_A=0.65$），通过选择初生重大的个体留种，以提高后代猪群断奶后的平均日增重。据研究，幼年时期的某些内部指标与成年时期主要性状之间有一定的相关，如乳牛血液中血红蛋白含量与产乳量等，这对早期选择有很大意义。

（3）遗传相关系数是制定综合选择指数的重要参数。在制定一个合理的综合选择指数时，需要研究性状间的遗传相关；如果两个性状间呈负的遗传相关，要想通过选择同时提高两个性状，就较难达到预期效果。

第五节　数量性状的选择进展

决定数量性状选择进展的因素很多，除了选种目标、选种依据和方法外，还有遗传力、选择差、世代间隔及性状间遗传相关等。

一、遗传力

性状遗传力直接影响选择反应。在相同选择差的条件下，遗传力高的性状其选择反应就比遗传力低的性状大，选种效果亦较好。遗传力还影响选种的准确性。遗传力越高的性状，如猪的脊椎数（$h^2=0.74$），表型的优劣大体上可以反映基因型的优劣；相反，如果所选性状的遗传力很低，如猪的每窝产仔数（$h^2=0.15$），表型值在很大程度上不能反映基因型值，单按表型值选种，效果就不确定。

二、选择差

（一）选择差的概念

选择差是指选留的种畜某一性状的平均表型值 P 与畜群该性状的平均表型值 $\overline{P}$ 之差。简单说，是选留群体的均值 P 与原群体均值 $\overline{P}$ 之差 S。其表达式是：

$$S = P - \overline{P}$$

式中，S 为选择差；P 为选留群体的均值；$\overline{P}$ 为原群体均值。例如，某一鸡群平均年产蛋 250 枚，而选留个体平均年产蛋 270 枚，则选择差 S=270−250=20 枚。

（二）选择差与留种率

首先，选择差的大小与留种率有关。留种率是指留种数占全群总数的百分率，即留种率=$\dfrac{留种数}{全群总数} \times 100\%$。留种率越小，所选留的个体平均质量越好，选择差越大，选种效果也越好。相反，留种率越大，选择差越小，选种效果就越差。

其次，选择差的大小与畜群变异程度有关。同样的留种率，标准差大的性状，选择差也大。

（三）选择强度与选择反应

1. 选择强度

不同性状由于单位不同和标准差不同，它们的选择差之间不能相互比较。为了统一标准，以各自的标准差做单位，换算成选择强度进行比较。以性状的表型标准差为单位的选择差称为选择强度（i），或叫"标准化的选择差"。即：

$$i = \frac{S}{\sigma} \qquad （即 S = i\sigma）$$

2. 选择反应

通过选择在下一代得到的遗传改进量，也就是选留种畜下一代的均值与上代原群体均值之差，称为选择反应（R）。用公式表示就等于选择差乘以遗传力，即 $R=Sh^2$。选择效果是以选择反应的大小来衡量的。所以影响选种效果的两个基本因素，就是性状的遗传力和选择差。

三、世代间隔

（一）世代间隔的概念

家畜育种中，经历一代所需的年数叫世代间隔，它可以双亲产生子女时的平均年龄来计算。例如，公母猪都在 8 月龄配种，怀孕期按 4 个月计算，8+4=12 个月，公母猪产生子女时的平均年龄为 1 岁，即世代间隔为 1 年。

畜群平均世代间隔，按每头成活留种的家畜出生时父母的平均年龄来计算。公式为：

$$G_i = \frac{\sum\limits_{1}^{n} N_i a_i}{\sum\limits_{1}^{n} N_i}$$

式中，G_i 为畜群平均世代间隔；N_i 为各组留种数，a_i 为父母的平均年龄，n 为组数（父母平均年龄相同的为一组）。

（二）年改进量

前面讲到，选择反应是每一代所获得的改进量，而世代间隔越长，则平均每年取得的遗传改进也越少。所以，世代间隔直接影响畜群的年改进量。

$$年改进量 = \frac{R}{G_i}$$

从上式可见，年改进量与选择反应成正比，与世代间隔成反比。世代间隔越长，年改进量越少，选种进展越慢。在家畜育种中，缩短世代间隔的措施是：改进留种方法，尽可能实行头胎留种，加快畜群周转，减少老龄家畜的比例，这样就能加快畜群改良的速度。

四、性状间的遗传相关

动物的许多经济性状之间存在着一定程度的相关，如体重大的肉牛，其产肉量也多，这种现象称为性状间相关。性状间相关又分表型相关和遗传相关。从育种角度看，重要的是遗传相关，因为遗传相关就是两个性状育种值间的相关。考虑性状间的遗传相关，可以取得较好的选种效果。

首先，利用性状间遗传相关，可以进行间接选择和早期选种，间接选择是指两个遗传相关较高的性状，通过选择其中一个性状，间接提高另一相关性状。间接选择多用于选择表现较晚或难于度量的某些性状。例如，役牛的挽力和速度难以按统一的标准进行系统的度量，可以通过和它有较高遗传相关的体尺和外形评分来进行选择。早期选种就是在动物幼年时就确定其去留。选择与家畜成年主要经济性状有较高遗传相关的幼年性状，可提高早期选种的准确性。人们正在寻找某些生理生化性状，如血型、某种蛋白含量等，作为对晚期表现的经济性状进行间接选择的辅助性状，以进行较准确的早期选种。这样可以节省种畜饲养成本，缩短选种时间，提高选种效果。

其次，了解性状间的遗传相关可以在育种中少走弯路。例如，过去在绵羊育种中强调选择多皱褶的个体作种用。殊不知皮肤皱褶与净毛率间存在负相关，结果降低了绵羊后代的净毛率。在生长速度与肉的品质等性状的选择方面，也存在类似的问题。因此，在选种中必须充分研究各个性状间的遗传相关，以提高选种的准确性和选种效果。

再次，由于性状间的遗传相关，就有可能通过对一个性状的选择来间接选择需要改良的某性状。当育种工作中需要改良的一个性状的遗传力很低，或者某性别不能表现，或者难以精确度量，或者不能活体度量，就可以采用间接选择方法。这种情况下，需要找到一个与目标性状（x）有高度遗传相关、本身遗传力又高且易度量的辅助性状（y），通过对 y 性状的选择来间接提高 x 性状的选择方法称为间接选择。这种方法在早期选种中具有特别重要的意义。

通过分析间接选择反应来预测间接选择效果。设 x 性状随 y 性状的提高而提高，则 x 性状的间接选择反应为

$$CR_x = b_{A(xy)} R_y$$

而 x 性状对 y 性状的遗传回归系数为

$$b_{A(xy)} = r_{A(xy)} \sigma_{A(x)} / \sigma_{A(y)} = r_{A(xy)} (h_x \sigma_x) / (h_y \sigma_y)$$

y 性状的直接选择反应为

$$R_y=i_y\sigma_y h_y^2$$

所以，$CR_x=b_{A(xy)}R_y=r_{A(xy)}(h_x\sigma_x)/(h_y\sigma_y)i_y\sigma_y h_y^2=r_{A(xy)}(h_x\sigma_x)i_y h_y$

设 R_x 是 x 性状的直接选择反应，则间接选择与直接选择的效果相比为

$$CR_x/R_x=r_{A(xy)}(h_x\sigma_x)i_y h_y/(i_x\sigma_x h_x^2)=r_{A(xy)}i_y h_y/(i_x h_x)$$

因而，要使间接选择优于直接选择，其一，两个性状有高的遗传相关 $r_{A(xy)}$；其二，辅助性状有高的遗传力 h_y^2；其三，辅助性状可以加大选择强度 i_y，使得 $r_{A(xy)}i_y h_y>i_x h_x$。

诚然，如果直接选择和间接选择同时并用，选择进展无疑会大于任何单一方法。

五、选择性状的数目

对家畜进行选择时，往往考虑多个性状，因为一种家畜的生产性能和其他品质是由多个性状所决定的。如鸡的产蛋性能既要考虑产蛋量，又要考虑蛋重和饲料利用率等。但是，同时选择的性状不宜过多，否则会分散力量，降低每个性状的遗传改进量，如果以单个性状的选择反应为 1，则同时选择 n 个性状时，每个性状的反应只有 $1/\sqrt{n}$。如果一次选择两个性状，其中每个性状的遗传改进量相当于单性状选择时的 $1/\sqrt{2}=1/1.414=0.71$。如果同时选择 4 个性状，则每个性状的遗传改进量相当于单性状选择时的 $1/2=0.50$。所以，在选择时，要突出重点，只选择少数最重要的性状。

◀ 本章小结 ▶

动物的遗传性状，按其表现特征和遗传机制的差异，可分为质量性状、数量性状和阈性状三类。动物的经济性状大多是数量性状，其遗传方式可分为中间型遗传、杂种优势和越亲遗传三种，其遗传机制存在多基因假说、基因的非加性效应与杂种优势等多种假说。数量性状的表型值可按其变异原因剖分为基因型值和环境偏差两部分，而基因型值还可再剖分为加性效应值、显性效应值和互作或上位效应值。基因的加性效应值又叫作育种值，因此，研究数量性状的遗传方式及其机制，对于指导动物的育种实践，提高动物生产水平具有重要意义。

研究数量性状的遗传必须采用统计方法，因此，为了估计个体的育种值和进行育种工作，必须估计遗传参数。常用的遗传参数有遗传力、重复力和遗传相关。决定数量性状选择进展的因素很多，除了选种目标、选种依据和方法外，还有遗传力、选择差、世代间隔及性状间遗传相关等。

◀ 思考题 ▶

1. 名词解释：

数量性状　质量性状　阈性状　基因型值　育种值　遗传力　重复力　遗传相关　世代间隔　选择差　选择强度　选择反应　留种率　间接选择

2. 数量性状的遗传方式有哪些？
3. 数量性状的遗传机制有哪些假说？
4. 简述遗传力、重复力和遗传相关的估计原理。
5. 影响遗传进展的因素有哪些？

第七章　动物育种学基础

第一节　家养动物的起源与驯化

一、物种的概念及形成原因

（一）物种的概念

物种简称种，是指具有一定形态、生理特征和自然分布区域的生物类群，是生物分类系统的基本单位。一个种中的个体一般不与其他种中的个体交配，即使交配也不能产生有生殖能力的后代。物种是在自然选择条件下形成的具有独特性质的生物群体。物种是生物学分类的基本单位，一般根据形态学、生态学、细胞学、遗传学等原则划分。

物种具有非适应性和非随意性特征。非适应性指物种并非在任何时候、任何环境条件下就能塑造与此环境相适应的生物群体，生物物种在其发展演变过程中有其亲缘关系。非随意性指物种的划分不是主观随意的，物种之间的发展演变，彼此间一般并无直接关系。

（二）物种形成和保持的主要原因

隔离是物种形成和保持的主要原因。隔离的主要作用在于保存和巩固物种形成过程中产生的各种适应性状，没有隔离，各种新的适应性状可能会由于基因重组而被拆散消失。隔离还可使已巩固的适应性状具独立性和特异性，这也是物种进化缓慢和保守的原因。隔离方式主要有地理生态隔离、生殖生理隔离和基因染色体隔离。

二、家养动物的概念

家养动物是指由野生动物驯化而来的，在人类干预下能正常繁殖，使有利性状充分表现并能遗传的驯养动物。家养动物包括家养的兽、鸟、虫、鱼，家养的哺乳纲驯养兽类称为家畜，属于鸟纲的驯养动物则称为家禽。因而，家养动物就是人们经常提到的家畜、家禽、家鱼、家蚕、家蜂等。

家养动物与野生动物主要区别如下。

（1）能否进行人工繁殖　所有称作家养的动物，都可在人工条件下正常繁殖，而野生动物直接被关闭起来，则通常表现不能繁殖或不能顺利繁殖。

（2）选择性状能否得到发展　家养动物在人工选择下，那些适于人类需要的性状都得到充分表现，并能逐代遗传下去，而野生动物直接被关闭起来饲养后，这些性状都不能充分表现出来。

三、家养动物的野生祖先

利用比较解剖学、生理学、考古学、遗传学、杂交方法等几个方面的研究资料，可确定现代各种家养动物的野生祖先。

（一）家牛的野祖

一元论者认为原牛（*Bos primigenius*）是家牛的野祖，也有人认为家牛的祖先是亚洲野牛（*Bos namadicus*）。多元论者认为家牛的野祖是原牛的几个变种，如长头原牛（*Bos primigenius*）、短角原牛（*Bos brachyceros*）、大额原牛（*Bos frontosus*）和短面原牛（*Bos brachycephalus*）。

（二）家猪的野祖

家猪起源于野猪，野猪在全世界有 27 个亚种。家猪的祖先主要有欧洲野猪（*Sus scrofa-ferus*）和印度野猪（*Sus cristatus*）两种。前者分布在欧洲和亚洲许多地方，后者有好几个变种，主要分布在东南亚、印度等地。中国猪种汇集了境内 7 个野猪亚种的血统。

（三）家山羊的野祖

家山羊的野生始祖是野山羊（*Capra aegagrus*）。野山羊包括 3 个亚种：弯角羊骨羊，即 Bezoar（*Capra aegarus*）；旋角羊骨羊，即 Markhol（*Capra falconeri*）；羊原羊，即 Ibex（*Capra ibex*），三者已被认定为同种。一般认为弯角羊骨羊是全世界家山羊的共同始祖。家山羊在西亚初步驯化，先后形成了原始型（亦称弯角羊骨羊或 Bezoar，具有立耳、刀状角等许多原始特征的小型种，分布在亚、欧、非大陆）、旱原（Savannah）型（旋角，主要分布于亚洲和非洲干旱地带）、努比亚（Nubian）型（凸颜、大垂耳、卷角或无角，多为大型乳用种，分布于北非和南亚），我国有其中前两型和两型的混血类型。

（四）绵羊的野祖

全世界有 6～7 个绵羊野生种，但与家绵羊起源有关的有摩佛伦羊（*Ouis musimon*）、阿卡尔羊（*Ouis orientalis arcar*）、乌利尔羊（*Ouis uignei*）和盘羊（*Ouis ammon*），一般认为摩佛伦羊是家绵羊的野生直系始祖。中国绵羊可能是盘羊、乌利尔羊和摩佛伦羊的混血后代。

（五）马和驴的野祖

马的野生类型有太盘马和蒙古野马两种。尽管太盘马现已绝迹，但考古学研究证明，家马起源于太盘马。中国家马也起源于太盘马，但不排除含有蒙古野马血液成分的可能性。

全世界的家驴都是努比亚驴（*Equus asinus africanus*，非洲野驴的亚种之一）的后裔。亚洲野驴即骞驴的各亚种，包括藏野驴和蒙古野驴都不是中国家驴的野祖。

（六）家鸡的始祖

分布在东南亚南部和西亚东部与北部的赤色野鸡被公认为是家鸡的始祖，与其分布地域邻近的其他 3 种野鸡，即灰色野鸡（*Gallus sonnralii*）、锡兰野鸡（*Gallus lafayettii*）、绿胸野鸡（*Gallus varius*）是否对家鸡血统有不同程度影响，目前尚无定论。

（七）家鸭的始祖

中国是世界上最早养鸭的区域，中国家鸭起源于两个野生种，即分布在欧亚、北美洲北方的绿头鸭和分布在亚洲的斑嘴鸭。

（八）家鹅的始祖

全世界的家鹅主要起源于3个野生种，即鸿雁、灰雁和真雁。我国境内的鹅分为中国鹅（遍布南北各地）和伊犁鹅（分布于伊犁、博尔塔拉）两大系统，前者是鸿雁的后裔，后者是当地灰雁的家养种。

（九）鹌鹑的始祖

鹌鹑野生种分布在东亚，一般认为家养鹌鹑起源于日本鹌鹑。

（十）蜜蜂的始祖

一般认为家养蜂的始祖是分布于亚洲南部类似于胡蜂的昆虫，西方蜜蜂可能起源于小蜜蜂（*A.florea*）和岩蜂（*A. dorsata*）。

四、动物驯化途径

人类为了自己生活的需要，让某些动物提供肉、奶、蛋、丝、毛皮和畜力，将野生动物驯化为家养动物。为了娱乐，也驯化了斗鸡、金鱼等家养动物，人畜之间逐渐建立起共生关系。人类由捕捉野生动物到饲养家养动物是一个重大变革。据推断，动物驯化大致经过两个阶段。

（1）驯养阶段　人们利用陷阱、围栏等方法捕捉活的幼龄野生动物或捕捉受伤的野兽，为以后利用把它们暂时留养起来，即古书记载"拘兽以为畜"的驯养方法。

（2）驯化阶段　从养育的野生动物中挑选最符合人类利益又能在人工条件下繁殖的个体留做种用，并改善饲养管理条件，经过多代选育，逐渐成为真正的家养动物。

第二节　家养动物的系统分类

按比较解剖学和形态学原则进行生物分类，其分类等级由大到小依次为界、门、纲、目、科、属、种。家养动物属于动物界、两门（节肢动物门和脊索动物门）、四纲（哺乳纲、鸟纲、昆虫纲、鱼纲）。各自在动物分类学中的地位见表7-1。

表 7-1　家养动物在动物分类学中的地位

纲	亚纲	目	亚目	科	亚科	属	种
哺乳纲	真兽亚纲	食肉目	裂角亚目	犬科 猫科 鼬科		犬属 猫属 鼬属	狗 猫 美洲水貂
哺乳纲	真兽亚纲	奇蹄目	马亚目	马科		马属	马 驴
哺乳纲	真兽亚纲	兔形目		兔科		穴兔属	兔
哺乳纲	真兽亚纲	长鼻目	象亚目	象科		象属	亚洲象 非洲象

续表

纲	亚纲	目	亚目	科	亚科	属	种
哺乳纲	真兽亚纲	偶蹄目	反刍亚目	牛科	牛亚科	牛属	黄牛 瘤牛 牦牛
						水牛属	水牛
哺乳纲	真兽亚纲	偶蹄目	反刍亚目	羊科	山羊亚科	盘羊属 山羊属	绵羊 山羊
哺乳纲	真兽亚纲	偶蹄目	反刍亚目	驼科		驼属	双峰驼 单峰驼 驼羊 羊驼
哺乳纲	真兽亚纲	偶蹄目	反刍亚目	鹿科	真鹿亚科 异角鹿亚科	鹿属	马鹿 梅花鹿 驯鹿
哺乳纲	真兽亚纲	偶蹄目	非反刍亚目	猪科		猪属	猪
鸟纲	今鸟亚纲	鹈形目		鸬鹚科		鸬鹚属	鸬鹚
鸟纲	今鸟亚纲	雁形目	雁鸭亚目	鸭科	鸭亚科	鸭属 雁属	鸭 鹅
鸟纲	今鸟亚纲	鸡形目	鹑鸡亚目	雉科	雉亚科	原鸡属 鹑属	鸡 鹌鹑
鸟纲	今鸟亚纲	鸡形目	鹑鸡亚目	吐绶鸡科 珠鸡科		吐绶鸡属 珠鸡属	火鸡 珠鸡
鸟纲	今鸟亚纲	鸽形目		鸠鸽科		鸽属	鸽
鱼纲	硬骨鱼亚纲	鲤形目		鲤科	鲢亚科		鲢 鳙
					鲤亚科	鲤属	鲤鱼
					青草鱼亚科	青鱼属 草鱼属	青鱼 草鱼
昆虫纲	有翅亚纲	膜翅目	束腰亚目	蜜蜂科	蜜蜂亚科	蜜蜂属	中国蜜蜂 意大利蜜蜂
昆虫纲	有翅亚纲	鳞翅目	蛾亚目	家蚕蛾科		蚕属	蚕

第三节　家养动物品种的形成、分类与结构

在自然条件下，野生动物受自然选择的长期作用出现物种或变种；家养动物受人工选择的长期作用，演变为各具特色的类型，并进一步形成形形色色的品种。

一、品种和品系的概念

（一）品种的概念

品种是人类在一定的社会条件下，为了生产和生活的需要，通过长期选育而形成的具有共同经济特点，并能将其特点稳定地遗传给后代的，具有一定数量的动物类群。品种是进行动物生产时所采用的一级分类单位，不是生物学的分类单位。作为品种的动物群体至少应具备以下五个条件。

1. 血统来源相同

同一品种的动物个体，其血统来源是基本相同的，彼此间有血统上的联系，故其遗传基础也基本相似。例如，新疆细毛羊的共同祖先是哈萨克羊、蒙古羊、高加索羊及泊列考斯羊等四个品种。

2. 性状及适应性相似

由于血统来源、培育条件、选育目标和选育方法相同，就使品种内所有个体在体型结构、生殖机能、重要经济性状，以及对自然条件的适应性等方面都很相似，并以此构成该品种的基本特征，据此与其他品种相区别。

3. 性状的遗传性稳定

品种只有具备稳定的遗传性，才能将其典型的优良性状遗传给后代，并使品种得以保持，表现出较高的种用价值，这是与杂种动物的根本区别。任何一个品种，遗传性的稳定总是相对的，而"变"是绝对的，都有一个形成、发展和消亡的过程。

4. 一定的结构

一个品种不是一些动物简单的汇集，而是由若干各具特点的类群构成。这些各具特点的类群构成品种的异质性，使其在纯种繁育条件下仍能继续得到改进和提高。品种内的类群，由于形成的原因不同，可区分为以下几种。

（1）地方类型　同一品种由于分布地域等各方面的条件不同，形成若干互有差异的类群。

（2）育种场类型　同一品种由于所在牧场的饲养管理条件和选种选配方法不同，形成不同的类群。

（3）品族　这都是构成品种的主要结构单位，品族是指源自一头优秀族祖的高产畜群。

5. 足够的数量

品种内个体数量多，才能保持品种的生命力，才能保持较广泛的适应性，才能进行合理的选配而不至于近交。我国各畜禽选育协作组根据实际情况，分别提出了一些数量标准。例如，猪的新品种应有分属五个以上不同亲缘系统的50头以上生产公猪和1000头以上生产母猪，即公母比例应在1：20左右；绵羊、山羊新品种的特级、一级母羊应在3000只以上，等等，不同国家在不同时期对不同畜禽品种的数量要求也不尽相同。

综上可见，品种是人类劳动的产物，是畜牧业生产的工具。品种是一个既有较高经济价值、种用价值、历史文化价值，又有一定结构的动物集团。目前全世界有各种畜禽品种2885个以上，其中：牛1000个，猪203个，绵羊160个，山羊570个，马250个，家鸡230个，兔60个，狗400个，鹿12个。在我国地方品种中，黄牛55个，水牛26个，猪83个，牦牛17个，鸡114个，绵羊43个，山羊60个，鸭37个，马29个，驴24个，鹅30个，双峰驼5个，犬3个，驯鹿1个，瘤头鸭2个；近代育成品种中，家牛14个，猪38个，鸡81个，绵羊29个，山羊11个，鸭8个，鹅3个，马13个，犬11个。

（二）品系的概念

品系是在品种基础上的具有突出优点并能将这些突出优点稳定遗传下去的种畜群。品系可视为进行动物生产时所采用的二级分类单位。按其形成方式可分为以下几类。

1. 地方品系

在品种的发展过程中，由于数量的增加和分布区域的扩大，同一品种的个体在各自的生存地域受自然条件、饲养管理条件、人工选择的作用，产生的具有不同特点的畜群。例如，太湖猪包括分布于金山、松江一带的枫泾猪；分布于嘉定、太仓一带的梅山猪；分布于武进、江阴一带的二花脸猪；分布于靖江、泰兴一带的礼士桥猪；分布于启东、崇明一带的沙乌头猪；分布于嘉兴地区的嘉兴黑猪；分布于上虞等地的海北大头猪等多个地方品系。

2. 单系

以一头卓越系祖发展起来的品系。单系往往以少数几项突出的生产性能或外形特征作为标志，并以该系祖的名号命名。

3. 群系

挑选具有所需优秀性状的个体建立基础群，群内闭锁繁育，选种选配，使群体中的优良性状迅速集中，建立的具有相同性状且能稳定遗传的群体，这就是群系。由于群系的规模比单系大，所以遗传性较为丰富，保持时间也较单系长。

4. 近交系

采用高度近交方法而建立起来的品系。近交系数通常在 37.5% 以上，也有人主张在 40%～50%。近交系本身的生产性能不一定高，但近交系间杂交所产生的杂种后代往往表现出较强的杂种优势。近交系在养禽业中已推广应用。

5. 专门化品系

根据畜禽的主要性状，在品种内建立各具特点，并专门用于与另一特定品系杂交的不同品系，利用这些品系分别作父本和母本，通过品系间杂交，获得优于一般品系的畜群。例如，肉用家畜中可建立繁殖力高的母本品系，生长快、饲料报酬高和肉质好的父本品系。二者杂交后，使肉畜生产获得明显的杂种优势。专门化品系在养禽业和养猪业中应用较为普遍。

（三）家系的概念

来自卓越种畜的全同胞或半同胞所组成的群体。在直系或旁系中，三代以内都有该种畜血统的二分之一，自群繁育时也维持在二分之一的水平上。根据垂直亲属关系有父系家系和母系家系，根据平行亲属关系有同父同母的全同胞家系及同父异母或同母异父的半同胞家系。如果连续进行同类亲属关系的繁殖就可形成该家系的近交系。家系可视为动物生产中所采用的三级分类单位。

二、动物品种分类的原则和方法

为了客观描述和观察不同动物类别的多个品种，需要对动物品种按不同标准进行分类，划分品种类型的标准主要有以下几个方面。

（一）相对大小

根据动物品种的体型相对大小来划分。同一物种内通常根据体型大小分成大型、中型和小型品种。例如，兔成年体重在 5.0 kg 以上为大型兔品种，3.0～5.0 kg 重的为中型兔品种，2.5 kg 以下的为小型兔品种。

（二）外形特征

根据动物外部形态特征标记来划分品种。经常采用的外部标记有角、尾、被毛等。

（1）角的有无　牛分为长角、短角和无角品种。

（2）尾的大小　绵羊分为长尾、短尾和脂尾品种。

（3）被毛颜色　猪分为黑、白、花猪品种，其他多种动物也据此划分品种。

（三）培育程度

动物品种依改良、培育程度分为以下三类。

（1）原始品种　在人工选择程度不高，饲养管理粗放的条件下，在原产区所形成的品种。原始品种具有鲜明的特点：一般比较晚熟，个体相对较小，体格协调，生产力低但全面，耐粗饲，抗逆性强。原始品种是培育新品种所必需的原始材料。

（2）培育品种　经人们系统选育而成的品种。其特点在于：早熟，体型较大，生产力高且比较专门化，对饲养管理条件要求高，分布范围广。

（3）过渡品种　由原始品种向培育品种过渡的品种。过渡品种往往很不稳定，如能加强选育，可能很快会成为培育品种。

（四）产品方向

根据饲养动物的生产目的来划分品种，并根据各类动物所提供的产品品名来命名。

（1）猪　根据胴体瘦肉率高低分为脂肪型、肉脂型和瘦肉型品种。瘦肉率在50%以下的为脂肪型，在50%～60%的为肉脂型，在60%以上的为瘦肉型。

（2）鸡　根据产品方向分蛋用、肉用、蛋肉或肉蛋兼用、观赏以及药用品种。

（3）牛　根据产品方向分乳用、肉用、役用以及侧重点不同的兼用品种。

（4）绵羊　有毛用（粗毛、细毛、半细毛）、肉用、皮用（羔皮、裘皮），以及侧重点不同的兼用品种。

（5）山羊　有乳用、肉用、绒用、毛皮用以及侧重点不同的兼用品种。

（6）马　有挽、乘、驮等役用，肉用，乳用以及侧重点不同的兼用品种。

根据相对大小、外形特征、产品种类和培育程度等四项综合来划分品种类型较为全面。

三、品种的形成过程

动物品种形成速度一般随社会生产的发展速度的加快而加快。近200年间，由于选用理想型小群体近交，又采用迁入杂交，并加速人工选择，使品种形成速度大大加快，同时还在品种内形成一个金字塔式的锥形结构。

尽管动物类别不同，但其品种的形成过程有共同之处。

（1）动物群体内存在理想型个体　识别与其他个体在血统来源上相似，并符合人类利益需要的理想型个体。

（2）理想型个体集中形成育种群　组成育种群后不再导入或引入其他血统，也不再进行杂交混配。

（3）育种群内有意识近交　封闭畜群不与外界混杂，只在本群内部有意识近亲选配，使畜群中等位基因纯合的机会增加，再伴以选择，就会使畜群性状逐渐趋向一致。

（4）育种群扩大繁殖与推广应用　理想型个体所具有的优良性状在育种群中能稳定遗传时，迅速繁殖扩大育种群体的后裔数量，使之具备品种所要求的几个条件。通过品种鉴定、登记后，面向社会，推广应用。

四、影响品种形成演变的因素

（一）社会经济因素

社会经济条件是影响品种形成的首要因素。其具体影响有以下几点。

（1）市场需要　品种的结构、形态、机能，随市场和人类对于畜产品的利用方式、利用程度等不同而变化。例如，随市场的需求，猪肉生产由脂肪型转向瘦肉型，由小型猪转为大型猪。

（2）生产水平　随社会生产水平的不断提高，动物品种的形态结构也发生了明显变化。传统的动物生产，依靠的纯种繁育畜禽是原始品种，而现代的动物生产，依靠的纯种畜禽则是性能全面分化的专门化品种。

（3）集约程度　动物生产的集约化，使动物品种的数量及其应用受到明显影响。品种数量由多到少，高产品种从局部扩散至全球，并且少数高产品种受自然环境的影响越来越小。

（二）自然环境因素

自然环境条件不易改变，对动物品种特性的形成有全面的深刻的影响，并且其影响比较恒定持久。

（1）气候　主要是指温度、湿度对动物直接或间接的影响。直接影响表现在动物的体型结构和体格大小。例如，寒冷地区动物体大紧凑，体表面积相对较小，皮厚毛多。而炎热地区动物则体小疏松，体表面相对较大，皮薄毛稀。间接影响表现在植被生长状态，从而影响草食性动物的体型结构。

（2）海拔高度　主要是气压及空气成分对动物的直接和间接影响。直接影响表现在高海拔地区的动物都有发达的呼吸循环系统，血液内红细胞多，携氧能力强等。

（3）光照　主要是指阳光对于动物的直接或间接影响。直接影响表现在光照通过视觉及神经影响个体的内分泌变化，进而影响繁殖、产蛋及换羽等。

可以说，每个品种都打上了其原产地自然条件的烙印，都是与原产地的环境条件密切相关的。

第四节　生长发育规律

动物的任何性状都是在生命周期中逐渐形成与表现的，整个生命周期通常就是生长发育的全过程。个体形态机能的表达，是由个体的遗传基础所决定的，并受所处生活环境的影响，可以观察到的每种性状的生长与发育，都有其一定的规律，都有一定的变化节律和彼此制约的关系。

一、生长发育的概念

（一）生长

动物机体经过同化作用进行物质积累，细胞增大，数量增多，组织器官的体积和重量相应增大的这种现象称为生长。生长就是以细胞增大和细胞分裂为基础的一个量变过程。

（二）发育

细胞分裂到某阶段时，分化出与原来的细胞不相同的细胞，并在此基础上形成新的组织与器官的过程称为发育。发育是以细胞分化为基础的一个质变过程。

（三）生长与发育的关系

生长与发育，虽在概念上有区别，但实际上又是相互联系，不可分割的两个过程。分别讨论动物个体的量变过程和质变过程就是生长和发育合并讨论个体的综合变化过程，这就是生长发育。也可以说，生长是发育的基础，而发育又反过来促进生长，并决定生长的发展与方向，在这个彼此依存、互相促进的过程中，动物的不同性状与特点就会逐步出现和表达，直到个体生命的终止。

二、生长发育的阶段

在动物个体生长的全过程中，可以观察到几个能够明显区分的阶段。从自然选择过程中，可以发现配子数量多于受精卵，只有部分性细胞能够参与受精过程。受精卵数量多于成活的胚胎数，只有部分受精卵能够发育成活；成活的胚胎数量多于新生仔畜数，只有部分成活胚胎能够出生；新生仔畜数量多于成年家畜数量，只有部分新生仔畜能够成活。结合个体生长的具体事实看，哺乳动物仔畜脱离母体的出生时间点是两个不同发育生长阶段的重要转折点。据此，可分胚胎期和生后期。胚胎期又可根据个体发育特征分为胚期、胎前期和胎儿期。同样，生后期也根据个体发育特征分为哺乳期、幼年期、青年期、壮年期和衰老期。

（一）胚胎期阶段

在此期内新个体从不足 1 mg 的微小的未分化的受精卵，经过急剧的发育生长过程，转变成具备完整组织器官系统的能够开始进行独立生活的幼小个体。在完成这个转变过程中，需经历下述三个子阶段。

（1）胚期　胚期是指从受精卵开始到着床为止的这一阶段。在输卵管内受精的卵子，一边进行卵裂增殖，一边向子宫角移动，形成囊胚。囊胚通过表面的滋养层直接接触子宫腺体分泌物（子宫乳），采用渗透方式获得生长所需的营养物质，进一步生长分化成三个胚层并产生胚盘，与母体子宫建立联系。

（2）胎前期　胎前期是指从着床开始到幼小个体成型。此期开始时依靠子宫获得营养物质，随后过渡到通过胎盘直接从母体获得生长所需的营养物质。

（3）胎儿期　胎儿期是指从幼小个体成型到临出生前。此期内各组织器官及整个躯体迅速发育生长并形成被毛和汗腺。胎儿依靠胎盘从母体获得生长所需的营养物质。

（二）生后期阶段

在此期内，新出生个体从离开稳定的母体环境后，经过迅速生长和性成熟过程，转化成长为能够传宗接代的壮年个体，然后逐渐衰老，整个转变过程可划分下述五个子阶段。

（1）哺乳期　哺乳期是指从出生到断乳独立生活。哺乳期对生后个体来说是最重要的阶段。其一是新生个体刚刚离开母体的保护环境，开始直接接触大自然，对新环境适应能力差，如低温容易造成幼畜死亡或生长受阻；其二是本期为生后发育生长最强烈的阶段，同时还要完成组织器官的机能转化调整，所有需要顺序完成的发育、生长如果受到阻碍将影响终身。此期生长所需营养物质主要是母体供应的初乳和常乳。初乳所含的免疫球蛋白特别多，对新生个体有特殊保护作用。

（2）幼年期　幼年期是指从断奶到性成熟。此期对生后个体来说是仅次于哺乳期的重要阶段。首先要在断奶前，注意训练独立采食自营生活的能力；其次要在断奶后，注意满足继续发育生长所需的营养物质，使此期内发育最快的消化器官和生殖器官得到充分生长。

（3）青年期　青年期是指从性成熟到体成熟。体成熟是个体生长达到顶点。体成熟完成后，个体基本定型。

（4）壮年期　壮年期是指从体成熟到开始衰老前。进入壮年期后，各项能力表现稳定。临近衰老时的表现是开始沉积脂肪，各项能力下降。此期生产性能达到最高峰。

（5）衰老期　衰老期是从衰老开始到死亡。正常的动物生产一般都不会饲养老龄动物。低等动物个体生长阶段可参照高等动物并结合其自身特点进行划分。

三、生长发育的观察与度量

（一）观察与度量

一般观察研究个体的生长状况时，多采用定期称重和测量体量的方法来取得有关数据，经处理分析得到相应阶段的代表值。此外，专门深入观察研究个体的生长状况时，也采用定期应用仪器进行性状观察度量（如用超声波进行活体测膘）或抽取血液、奶液等组织成分进行分析度量。

（1）观察度量的时间　确定观察度量的具体时间应视动物种类和度量目的而异。世代间隔短的家养动物如鸡、猪可采用周龄；对于世代间隔长的家畜如马、牛可采用月龄。例如，牛在 6 月龄以前，从出生起每隔 1 个月度量 1 次，6 月龄以后每隔 3 个月度量 1 次，1 年之后每隔半年度量 1 次，2 年以后每隔 1 年度量 1 次。因不同动物种类和目的可以适当增加或减少观察度量次数。

（2）观察度量的阶段　进行观察度量具体阶段的确定应按个体的生长特点划分。细致研究时可从受精卵形成开始，生长观察时可从出生开始，然后在生长过程中的各个关键时点进行观察度量。各关键时点之间是否还需进行观察度量，可根据工作需要酌情确定。

（3）观察度量应注意的问题　首先，用来度量的个体应有与度量要求相适应的代表性。标准正常环境条件下与非标准异常环境条件下的生长是不同的。如在营养不足条件下的幼小个体，体内各部分生长受到不同程度的影响，各部分生长比例将会异常，而与正常的幼小个体不同。其次，应注意度量的准确性。体重和体尺常因个体的喂养、排泄、姿势等直接影响度量的结果。所用仪器的调试和使用熟练程度等也直接影响度量结果，还有血、奶取样方法和处理过程等也都直接影响度量结果。为此，每次度量的时限，习惯规定个体初生的度量值应在出生后 24 h 内完成，其他的度量值应在规定的时间点前后 1 日（提前 1 日，当日和拖后 1 日）内完成。测量活体重和取血样等的时间，应在早饲前进行。最后，还应注意度量值的精确性。要求记录读数精确到基本度量单位后一位。如称体重时的基本度量单位为 kg，记录读数应精确到 0.1 kg，即刚好为 6 kg 时记作 6.0 kg。当超过或不足 6 kg 时，视高低情况可估计为 6.3 kg 或 5.8 kg 等。

（二）生长动态的分析方法

观察个体由小到大的动态发展，可以是整体的发展动态，也可以是局部（组织、器官、部位）的发展动态。主要是观察整体、部位、器官和组织随个体年龄改变所发生的变化。为此，要求在个体的不同年龄的时间点上观察度量所需的有关数据。

（1）累积生长 对任何动物个体所测得的生长值，都是该个体在此测定前生长的累积结果。因此，表示任一时点的生长结果度量值叫累积生长。如将不同年龄时的个体增长量画在横坐标为年龄，纵坐标为增长量的坐标系内，连成曲线即构成累积生长曲线。这样得到的实际累积生长曲线是有波动的，经数学处理后可得到消除波动的理论累积生长曲线。此理论曲线，开始时一般上升很慢，以后迅速提高，经过一段时间又趋于缓慢，逐渐与横轴平行呈"S"形曲线（见图 7-1）。

（2）绝对生长 动物个体在一定时间内的平均生长量，是说明动物个体在此期内的绝对生长速度。因此，表示任一时期内的生长速度计算值叫绝对生长。绝对生长的计算公式为：

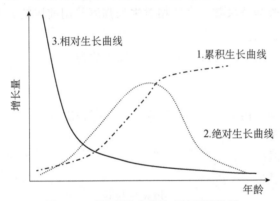

图 7-1 不同生长曲线的理论图形比较

$$G = \frac{w_1 - w_0}{t_1 - t_0}$$ (7-1)

式中，G：平均生长速度，即绝对生长；

w_0：初始或前 1 次测定值；

w_1：终止或后 1 次测定值；

t_0：初始或前 1 次测定时的年龄；

t_1：终止或后 1 次测定时的年龄。

个体的平均生长速度在不同阶段是不同的。发育生长早期，由于个体小，绝对生长也小，以后随着个体成长逐渐加快生长速度，但达到一定水平时又开始下降。如将不同年龄时的个体生长速度曲线表示出来，此曲线在理论上是呈钟状对称的正态曲线（见图 7-1 中的曲线 2），其最高点相当于累积生长曲线的转折点，此点在动物个体上是性成熟的时间。

（3）相对生长 考查动物个体在一定时间内的生长值占初始值或平均初始值的比例，来说明动物个体在此期内的相对生长强度。因此，表示任一时间内的生长强度比率叫相对生长。

相对生长计算公式：

$$R = \frac{w_1 - w_0}{w_0} \times 100 \tag{7-2a}$$

或

$$R = \frac{w_1 - w_0}{(w_1 + w_0)/2} \times 100 \tag{7-2b}$$

式中，R 为相对生长强度；w_0 及 w_1 的含义与绝对生长中相同。

用增长值占初始值的百分率表示生长强度，可补充只用单位时间内平均增长量的不足。例如，60 kg 的一头肉猪与 90 kg 的一头肉猪，都平均每天生长 1 kg，从增重的绝对生长值看相同，但是个体小的那头肉猪生长强度大，为 1.7%，而体重大的那头肉猪生长强度小，只有 1.1%。计算相对生长，如仅以初始重为基础进行比较，不考虑新形成的部分立即参与个体今后生长的事实，是不够合理的。为此，改进后的公式是以初始值加终止值的平均数为比较基础的。

个体的相对生长强度在不同阶段也是不同的。如在坐标系内制成相对生长曲线（见图 7-1 中曲线 3），可以看出此曲线随年龄增长而下降。因为个体在幼年时发育生长最强烈，随年龄增长逐渐下降，成年后相对生长强度趋于稳定，甚至接近于零。

（4）生长系数与生长加倍次数　个体相对生长强度除用前述的 R 表示外，还可以用生长系数与生长加倍次数来表示。

生长系数是终止值占初始值的百分率，设生长系数为 C，则计算公式为：

$$C = \frac{w_1}{w_0} \times 100\% \tag{7-3}$$

生长加倍次数一般是以初生时的初始值为基础的翻番次数。

设，w_i：累积终止值；

$\quad\ w_0$：生长初始值；

$\quad\ n$：生长加倍次数。

据此有

$$n = \frac{\lg w_1 - \lg w_0}{\lg 2} \tag{7-4}$$

（5）分化生长　又称为相关生长。指动物个体个别部分与整体相对生长之间的相互关系。

假设，y：代表所研究的器官或部分的重量或大小；

$\quad\ x$：代表整体减去被研究器官后的重量或大小；

$\quad\ b$：代表所研究器官或部位的相对重量或大小，为一常数；

$\quad\ a$：代表分化生长率，是被研究器官的相对生长和整个机体相对生长之间的比率。

分化生长的计算公式为：

$$y = bx^a$$

在实际应用中，a 的数值只能根据两次或两次以上的测定材料才可得出。

假设第一次测得个别器官的重量为 y_1，除去该器官重量后的整体体重为 x_1，第二次称重后相应为 y_2、x_2。

则

$$y_1 = bx_1^a$$
$$y_2 = bx_2^a$$

等式两边取对数，建立方程组得：

$$lgy_1 = lgb + algx_1$$
$$lgy_2 = lgb + algx_2$$

解方程组得：$a = \dfrac{\lg y_2 - \lg y_1}{\lg x_2 - \lg x_1}$　　　　　　　　　　　　　　　（7-5）

例：长白猪初生时骨重 0.25 kg，皮、骨、肉、脂总重 0.80 kg；6 月龄时骨重 8.50 kg，皮、骨、肉、脂总重 88.50 kg。计算其骨骼与屠体的分化生长。

解：已知 $y_1 = 0.25$ kg　　　　　　$x_1 = 0.80 - 0.25 = 0.55$ kg

$y_2 = 8.50$ kg　　　　　　$x_2 = 88.50 - 8.50 = 80.00$ kg

$a = \dfrac{\lg y_2 - \lg y_1}{\lg x_2 - \lg x_1} = \dfrac{\lg 8.50 - \lg 0.25}{\lg 80.00 - \lg 0.55} = \dfrac{1.531}{2.163} = 0.71$

总结，在生后期：

当 $a>1$ 时，说明局部生长大于整体的生长速度，该局部为晚熟部位；

当 $a=1$ 时，说明局部与整体的生长速度相等；

当 $a<1$ 时，说明局部生长小于整体的生长速度，该局部为早熟部位。

在胚胎期：

当 $a<1$ 时，说明局部生长小于整体的生长速度，该局部为晚熟部位。

当 $a>1$ 时，说明局部生长大于整体的生长速度，该局部为早熟部位。

四、生长发育的规律性

经过广泛的研究，生物个体的生长发育具有不平衡、非等速和顺序性的表现规律。所有组织器官部位或整体在不同时龄的生长发育都是不平衡的，这种不平衡性和顺序性表现在许多方面。

（一）生长发育的不平衡性

（1）增重的不平衡性　个体从形成合子开始，体重就随着年龄的增长而增加，通过表 7-2 表明，年龄越小生长强度越大，胚胎期比生后期高就是证明。当然在胚胎期内或生后期内也是早期大于晚期。一般到性成熟时才基本完成生长过程。

表 7-2　几种家畜的重量生长加倍次数

家畜种类	合子重（mg）	初生重（kg）	成年重（kg）	重量加倍次数			初生重占成年重比例（%）
				胚胎期	生后期	全期	
马	0.6	50	500	26.3	3.3	29.6	10
牛	0.5	35	500	26.1	3.8	29.9	7
羊	0.5	3	60	22.5	4.3	26.8	5
猪	0.4	1	200	21.3	7.6	28.9	0.5

（2）体躯的不平衡性　从整体观察个体的生长变化，首先是从头开始向后生长，接着从尾开始向前生长，头和尾两个生长波汇合于腰荐处，其次是从四肢系部（草食及杂食动物）向上生长并汇合于体轴处或从体轴（肉食动物前肢）向下生长致使肩胛部轻小而下肢粗大。

个体的体躯长度、宽度和高度的生长强度也随年龄改变。对个体一生来说，长度和宽度有两次高峰，高度只有 1 次生长高峰，此生长强度示意性变化曲线见图 7-2。

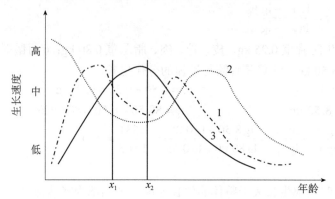

图 7-2　个体一生体躯生长强度变化曲线示意图

1. 长度生长变化曲线；2. 宽度生长变化曲线；3. 高度生长变化曲线；
x_1. 肉食、猪及啮齿类动物出生时点；x_2. 草食动物出生时点

从图 7-2 可见不同动物的出生时点位置有变化。肉食类动物是在完成第一次长度和宽度生长高峰后出生的，因此，体躯较为长宽，四肢相对较短。草食类动物是在达到高度生长高峰后出生的，因此体躯相对短窄，四肢相对高长而头也相对较大。

（3）体组成的不平衡　个体在不同年龄生长的体成分组成也是不平衡的。生后早期长骨骼，晚期长脂肪是个体生长中的普遍现象。图 7-3 给出猪体组成的生长曲线变化过程。

从图 7-3 可以看出猪生后正常的生长优势排序为骨骼→肌肉→脂肪。当个体受到营养不良等恶劣环境的影响时将会推迟顺序，但对各体成分的影响程度是不完全相同的。就单一体成分来看，骨骼在胚胎期生长很快，为适应自然选择的需要生后也较快结束生长；肌肉虽在胚胎期生长很快，为适应自然选择和人工选择的需要生后也很快生长，但比骨骼迟结束生长；脂肪在胚胎期生长很慢，仅在内脏器官附近有贮存备耗的脂肪，生后随着年龄增长，首先在肌肉间，继而在皮下，最后在肌纤维束间沉积脂肪。

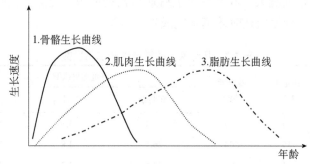

图 7-3　猪体组成的生长曲线变化过程

（二）生长发育的顺序性

生物个体根据自身特点，各组织器官都按一定顺序依次分化生长，达到某一年龄阶段就开始具有生活、繁殖和生产等能力。在生长发育过程中，生物个体在不同时龄形成不同的能力。生物个体在特定时间顺序内按其物种生物钟运转，表现该物种或品种特有的各种能力的

时间阶段叫作生理成熟。按个体生长发育顺序和经济利用来看，主要有五种生理成熟。

（1）分娩成熟　各物种的胚胎期个体达到分娩时应有机能形态的程度称为分娩成熟。各物种的分娩成熟程度是有很大区别的。在家畜中，马和牛的分娩成熟程度比狗、兔的分娩成熟程度更完善。马和牛的仔畜初生时机能形态完整，生后不久即可独立站立行走；而狗和兔的仔畜初生时机能形态不完整，体表少毛，需经哺育后才逐渐开始独自活动。每一物种内的胚胎期个体的分娩成熟程度也是有区别的。例如，各种原因造成的早产仔畜都是没有完成分娩发育成熟的个体；即使正常分娩，那些在胚胎期受到干扰的个体也会在机能形态上表现异常，如和正常犊牛相比表现出头大体矮、关节粗大、四肢短、尻部低等特征的犊牛就是胚胎后期发育受阻的现象，此现象称为胚胎型稚态延长。物种的分娩成熟程度和其妊娠期长短有关。

各种家畜的妊娠期长短有较大的变化。马怀骡妊娠期将延长 10 天左右，驴怀骡可提前 10 天左右。单峰驼为 369 天，双峰驼为 403 天。在双峰驼中，怀母驼时的妊娠期比怀公驼短 4.5 天。

（2）哺育成熟　各物种的新生个体从生后达到可脱离双亲等保护而能独立生活的发育成熟程度称为哺育成熟。各物种达到哺育成熟的程度标准是一致的，即能适应环境独立生活。但是，哺育成熟期的长短受多种因素影响，是有变化的。表 7-3 给出部分畜禽的自然哺育期。

表 7-3　部分畜禽的哺育期

畜禽类别	哺育期	畜禽类别	哺育期
牛	6 个月	鸡	6 周（42 天）
羊	4 个月	蛋鸭	4 周（28 天）
猪	56 天	肉鸭	3 周（21 天）
马	6 个月	鹅	4 周（28 天）

各种畜禽的哺育期长短有很大的变化。马一般为 6 个月；但在放牧马群内可长达 1 年。畜禽个体在哺育期内发育受阻，则其机能形态将有异常表现。例如，犊牛遭受营养不良，则其体躯浅窄、四肢相对较高，此牛将终生保持幼年的外形特征，这就是人们称为幼稚型的稚态。

（3）性成熟　幼年动物个体达到能够产生、排出成熟的生殖细胞，并出现一系列性行为表现时的发育成熟程度称为性成熟。性成熟的早晚受多种因素的影响。在同一物种内，品种、性别和环境等因素都有影响。猪的早熟品种在生后 3～4 月龄时达到性成熟；一般品种则在生后 6～7 月龄时达到性成熟。在骆驼中，母驼早熟，3 岁时达到性成熟；公驼晚熟，4 岁时才达到性成熟。

（4）体成熟　动物个体达到自身生长停止时的发育成熟程度称为体成熟。比较看，从出生到性成熟所需时间较短，而从出生到体成熟所需时间较长。牛性成熟为 8～14 月龄，而体成熟为 66～88 月龄。

（5）经济成熟　动物个体达到能向人类提供适宜产品时的发育成熟程度称为经济成熟。各种畜禽的经济成熟年龄差异极大。例如，从刚生下来的山羊羔剥离的"猾子皮"羔皮，其经济成熟极早；需经过 6 个月左右饲养才能上市的肉猪、其经济成熟所需时间较长；而生后 28 个月左右才能挤奶的奶牛，则其经济成熟所需时间就更长了。

（三）发育受阻及其补偿

由于饲养管理不良或其他原因，使动物体重停止增长或减轻，外形和组织器官发生相应变化，生产性能低下，这种现象称为生长发育受阻或生长发育不全。以后随年龄增长仍保持开始受阻阶段的特征，这种现象称为稚态延长。以其受阻时间和外形表现之不同，可分为以下三类。

（1）胚胎型　动物在胚胎期营养不良，致使出生后仍保持胚胎期间的体躯结构特征。如草食家畜，在胚胎期四肢骨的生长发育最旺盛，而受营养不良的影响也最大。形成的胚胎型表现出头大，四肢短，关节粗大，尻部低等特征。性机能正常，但发育较早的组织，如心脏和消化系统，可能发育不全或出现畸形。

（2）幼稚型　动物在出生后营养不良，导致成年后体躯结构仍保持幼年时的外形特征。如草食家畜，出生后生长旺盛的是中轴骨，故长度、高度和宽度的增长受营养的影响最大。幼稚型表现为体躯短、浅、窄，四肢较高，尤以后肢为然。

（3）综合型　生前和生后都营养不良，使以上两种类型的部分特征都兼而有之。表现出体躯短小，体重不大，晚熟，生产力低。

发育受阻后，能否可以完全或者部分得到补偿，这要视具体情况而定。出现受阻的时间越早，延续时间越长，则动物所受影响越深，甚至可能造成永久性影响，即使以后大力改善饲养条件，也只能在部分外形特征上得到一些补偿；出现受阻的时间越晚越短，则受阻的程度越轻，完全补偿的可能性就越大。

五、影响个体发育生长的因素

通过探讨影响个体发育生长的因素，将有助于人们去直接控制动物个体的生长。已知影响个体发育生长的主要因素有两类：一类是遗传因素，另一类是环境因素。遗传因素包括种或品种、性别和个体的差别。环境因素包括母体、营养和生态因子的差别。

（一）品种

不同品种的大小差异十分明显，从出生到成年一直保持此种差异。例如，荷斯坦大型奶牛与娟姗小型奶牛。不同品种的性成熟早晚差异也十分明显。例如，中国南方猪生后 3 或 4 月龄时即可配种繁殖，而其他猪种多在 6 月龄以后。不同品种的生产能力的差异也十分明显。例如，产蛋鸡的产蛋量比一般鸡的产蛋量高出数倍。

（二）性别

雌雄性个体间的遗传差别直接影响体躯的大小和形态。一般雄性个体生长快而大。去势将会使个体发育生长受到影响，特别是早期去势（猪在 2 个月龄前，牛在 4 个月龄前）使个体第二性征不再发育，骨骼生长滞缓，肌肉疏松、脂肪沉积增强。相反，晚期去势（牛 8～12 个月龄，马 1～2 岁）使骨骼生长不受阻抑，其他变化较小。一般要求肉用家畜早去势，役用家畜晚去势。

（三）个体

个体的遗传组成不同造成生长发育以及能力表现的差别。动物生产中的选种就是要选拔出优秀的个体。遗传优秀个体在相同条件下和各方面表现明显优于一般个体。

（四）母体效应

一般是母畜越大，仔畜生长也越快。例如。母马所生的马骡明显大于母驴所生的驴骡。还有每胎产仔头数越多，仔畜初生重越小。母畜环境对仔畜的直接影响作用将持续到断奶，并可能对个体断奶后的生长发育带来某些间接影响。

（五）饲养管理

妊娠母畜的营养过度不足，将使腹内胚胎期个体生长受阻，仔畜生后仍保持胚胎早期的形态，具有头大体矮、尻低肢短、关节粗大等胚胎型稚态延长表现。哺育期家畜的营养过度不足，将使该个体生长受阻，这类个体成年后仍保持幼年时的形态，具有体躯浅窄、四肢相对较高等幼年型稚态延长的表现。成年家畜的营养过度不足，将使该个体能力表现受阻，这类个体一旦获得足够营养还可基本恢复原有能力。现代动物生产经常通过营养来控制动物的生长。例如，肉猪在完成早期快速生长后，通过一段限制采食阶段来提高猪的瘦肉率和肉的品质。

（六）生态环境

光（照）、热（温度）、水（湿度）、气（空气组成和风速）、海拔、经纬度、土壤等自然因素都对个体生长有影响。例如，光照变化对绵羊和鸡的繁殖、产蛋有明显的影响，环境温度低更直接影响幼小个体的成活。

第五节 体 质 外 形

动物体质、外形统称为体型。体型评定对遗传品质提高，动物改良发挥较大的作用。随性能测定方法的建立，体质外形评定的作用越来越小，但在综合估计动物产肉、产蛋、产奶和产毛等能力时仍发挥一定的作用，与生产性能有密切关系的外形性状可以作为评定生产性能的辅助指标，这些外形性状可以作为选择种用个体的重要性状。

一、体型的概念

（一）体质

体质描述个体的禀性气质、轮廓结构、健康状况等整体表现。这样看来体质是比较抽象的概念。禀性气质指的是个体神经系统对外界刺激的反应方式、表情变化和习性。轮廓结构是个体骨骼系统支撑的比例与连接和协调的整体框架。

（二）外形

外形是描述个体的各外部形态及其相互间比例的具体表现。通过观察研究可以直接度量各外形部位。因此，外形则是很具体的概念。

体质、外形既有区别又有联系，二者关系密切，凡没有加以具体限定区分时，体质外形在实践应用上可理解为体型。

二、个体体质的类型

（一）体质的神经类型

（1）胆汁质的敏锐型体质　此型个体对外界刺激敏锐，容易过敏，从而表现惊慌胆怯。对此类神经质动物的管理需要稳定的饲养环境。

（2）忧郁的阻抑型体质　此型个体对外界刺激反应迟钝，不易引起神经兴奋，从而表现呆笨固执。对此类动物的管理需要给予适当关照和调教。

（3）多汁质的活泼型体质　此型个体对外界刺激反应灵敏确切而不过度兴奋，从而表现聪明灵敏。此类温顺动物易于饲养管理。

（4）黏液质的迟钝型体质　此型个体对外界刺激反应缓慢，但引起的神经兴奋不易消失，从而表现行为迟缓。此类动物较易饲养管理。

（二）体质的结构类型

（1）细致型　人工选择程度高的动物个体均有倾向细致型的体质。由于和商品生产有关的组织器官得到充分发展，结果其自然适应能力下降。一般外形表现骨骼细致、头轻、皮薄、被毛短稀。

（2）粗糙型　人工选择程度低的动物个体均有倾向于粗糙型的体质。和动物本身适应性有关的组织器官得到较充分发展。结果其自然适应能力较强。一般外形表现骨骼粗大、头重、皮厚、被毛长密。

（3）结实型　介于上述两个类型之间的个体体质。在开放性动物生产上，多希望饲养结实型体质的家养动物。

三、体型度量与比较的方法

体型度量主要是研究各部位的长、宽、高和围度、角度等特征，并在此基础上研究比较各部位间的相互关系。

（一）体型度量项目

根据动物种类和工作需要来确定。一般动物经常测量体高、体斜长、胸围和管围这四项体尺性状。测量时应在平静保持动物个体自然站立姿势下进行。

（1）体高　度量动物的体高一般是从耆甲最高点到地面的垂直距离。体高能表现个体的一般生长情况。

（2）体斜长　一般说来，不同动物有不同的度量方法。马、牛、羊多用体斜长，度量从肩端前缘（肱骨隆凸的最前点）到臀端后缘（坐骨结节最后内隆凸）的距离。度量方法有两种，一是用测杖量直线距离，二是用卷尺沿体躯侧面量曲线距离。猪、兔多用体直长，猪从两耳连线中点到尾根的曲线或直线距离。兔从鼻端到尾根的直线距离。体长也表示个体的生长状况。

（3）胸围　度量时沿肩胛骨后缘垂直绕体躯一周的长度。胸围可表示胸部发育的容积大小。

（4）管围　左前肢管部（掌骨）的上 1/3 的最细点的水平周径。管围可表示骨骼的生长情况。

（二）体型指数

对分别度量得到的体尺间进行比较，可以找出能够反映体态特征的体型指数。体型指数就是任何两种体尺之间的比率。这样体型指数的种类很多，可根据实际情况灵活计算。最常用的体型指数有下述三项。

（1）体长指数　用来说明体长和体高的相对生长情况。计算公式是：

$$体长指数(\%) = \frac{体长}{体高} \times 100$$

（2）胸围指数　用来说明体躯的相对发育程度。计算公式是：

$$胸围指数(\%) = \frac{胸围}{体高} \times 100$$

（3）管围指数　用来说明骨骼的相对生长情况。计算公式是：

$$管围指数(\%) = \frac{管围}{体高} \times 100$$

第六节　生产性能

动物改良育种的最终目的是搞好动物生产，就是要从每个动物个体那里最终经济地获得质量大的动物产品，仅研究动物个体的生长发育和评定体型是远远不够的。从人类利益出发，最重要的还是动物个体提供畜产品的性能。

在动物育种中，按照个体的产品方向，如肉、奶、蛋、毛、皮以及役用等，对不同动物要度量不同的性能指标。性能指标较多，应度量那些决定产品数量和质量的直接指标或对生产效率有明显作用的指标。为了便于群体和个体间比较，宜在相似环境条件下对动物性能进行测定。以下就对肉、奶、蛋、毛的测定指标和有关问题作以说明。

一、产肉性能的测定

一般肉用动物主要有肉猪、肉牛、肉羊、肉鸡，还有马和驴、兔、狗、鸭、鹅、火鸡和鸽等。测定这些肉用动物产肉能力高低，必须从肉畜本身及其产肉环境来考虑。影响产肉能力的自身因素有动物品种类型、杂交组合、个体素质、性别和年龄等。公认各种优良肉用动物品种的杂交种经过去势，利用早期快速生长能力，可在较短时期内用较少的饲料获得较大的增重。影响产肉能力的环境因素有圈舍环境、营养水平和管理技术等。公认各种肉畜在适宜环境条件下，给予全价饲料，配合有效经营措施可获得较高的效益。在正常环境条件下，度量和比较产肉能力主要是看繁殖效率和产肉效率。现以猪为例说明应该测定哪些产肉能力指标和有关问题。

（一）繁殖效率指标

（1）窝产仔数　首先，要记录分娩时每窝活仔数。这是表示母猪个体或品种群体平均的繁殖能力高低的指标；其次，要记录3周（21日）龄时每窝仔猪数，这是表示母猪繁殖和哺乳能力以及仔猪成活能力好坏的指标之一；最后，需要时可记录8周（56日）龄时每窝仔猪数。这也是表示母猪个体或群体繁殖和哺育能力以及仔猪成活能力好坏的指标之一。

（2）**窝重**　重点记录 3 周（21 日）龄时每窝仔猪总重量，窝重是表示母猪繁殖和哺乳能力以及仔猪成活和生长能力好坏的指标之一。需要时也可记录初生时窝重及 8 周（56 日）龄窝重。

（3）**产仔（犊）间距**　记录母畜从上次正常分娩到下次正常分娩的日数。这是估计母畜繁殖效率的参数。

（4）**母猪年产仔力**　这是估计母猪繁殖效率的综合指标。3 周龄或 8 周龄断奶的母猪年产仔力指数大小的计算公式：

$$3或8周龄年产仔力 = \frac{365}{产仔间距} \times 3或8周龄窝仔猪数$$

（二）产肉效率指标

（1）**平均日增重**　肉猪一般划分为哺乳期、快速生长期和经济生长期 3 个阶段或哺育期和生长期 2 个阶段。至少应记录肉猪从断奶后，即相当 20 kg 或 30 kg 到 90 kg 时的平均日增重。这是表示肉猪的生长增重能力的指标。

（2）**饲料（增重）效率**　记录肉猪上市前生长全程的增重并除以所用饲料量的比值，即饲料效率=增重/采食量。这是表示肉猪在生长全程中的饲料利用能力的指标。

（3）**肉猪增重力**　这是估计肉猪上市前生长效率的综合指标。断奶后的商品肉猪上市前的全程增重力指数大小的计算公式：

$$肉猪的增重力=饲料效率\times平均日增重$$

$$经济效率(\%) = \frac{每1\,kg产品所需的饲料重量(kg)\times每1\,kg饲料价值}{每1\,kg产品的价值}$$

（4）**屠宰率**　记录临宰前活重和胴体重，并将胴体重除以宰前活重得屠宰率。猪胴体是指放血宰后去掉毛、头、蹄、尾和内脏（不包括板油和肾脏）后的全净膛重，有带皮的和不带皮的两种胴体重。

（5）**商品瘦肉率**　记录商品瘦肉重，商品瘦肉重是指各号分割肉的重量和。商品瘦肉分割如图 7-4 所示。进行时半片胴体剥离板油和肾脏后，从第六和第七肋间切下第一刀，从腰荐结合处切下第二刀，将胴体分成 3 大块。前块的颈肩部为一号肉，前腿部为二号肉，中块上部为三号肉，后块为四号肉。每块均要切去皮和皮下脂肪，并尽量刮去肌肉表面的脂肪，在剔除全部骨骼时要尽量保持肌肉完整。根据一、二、三和四号商品瘦肉总重量可估计商品瘦肉率。

$$商品瘦肉率（\%）=一、二、三和四号瘦肉总重量/胴体重量\times100\%$$

（6）**其他**　根据需要记录有关肉色、肌肉内的脂肪分布（肉的雪花性或大理石纹分布状况）、肉的 pH 变化以及膘厚、眼肌面积等。

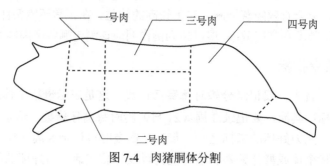

图 7-4　肉猪胴体分割

二、产蛋性能的测定

蛋用家禽主要有鸡、鸭、鹅、鹌鹑、鸽子等。蛋用家禽在产蛋生产上也是有周期性变化的，如鸡基本上是一年一个产蛋期，类似奶牛的泌乳期，通常是产过一定数量的蛋后即转入休产和换羽。一生中各产蛋期的产量变化是逐渐减少的，如鸡的第一产蛋期为100%的话，那么，以后各期逐次减少20%左右。

（一）表现产蛋数量的指标

（1）产蛋数　统计母禽在产蛋期内的产蛋数有个体平均和群体平均两种。蛋鸡和蛋鸭不论个体平均还是群体平均的第一年产蛋数都要统计到生后72周或504日的产蛋数。个体产蛋数可直接统计每一个体的蛋数。群体平均的产蛋数通常有两种估计方法：一种是入舍母禽数的平均产蛋数，此方法不考虑产蛋期内母禽的死亡影响，从育种选种考虑是合适的；另一种是饲养母禽数的平均产蛋数，此方法要扣除产蛋期内母禽的淘汰、死亡等影响，从上报成绩考虑是合适的。两种方法的计算公式：

$$入舍母禽平均产蛋数 = \frac{统计期内的总产蛋数}{入舍母禽数}$$

$$饲养母禽平均产蛋数 = \frac{统计期内的总产蛋数}{平均饲养母禽数^*}$$

注意，*平均饲养母禽数=统计期内累加饲养只日数÷统计期日数。

（2）产蛋率　在养禽业中，要经常了解母禽在统计期内的产蛋百分比。为此，要估计产蛋率。估计产蛋率也有两种方法：

$$入舍母禽产蛋率(\%) = \frac{统计期内的总产蛋数}{入舍母禽数×统计日数}×100\%$$

$$饲养母禽产蛋率(\%) = \frac{统计期内的总产蛋数}{母禽在统计期内累加饲养只日数}×100\%$$

（3）蛋重　个体蛋重通常在300日龄前后连续称取3个蛋的重量求平均蛋重。群体蛋重可用300日龄前后的抽取日产蛋数5%左右的蛋称重求平均蛋重。产蛋期的总蛋重可由平均产蛋数与平均蛋重（g）的乘积得出总重量（kg）的计算公式：

$$总蛋重(kg) = \frac{平均蛋重(g)×(平均)产蛋数}{1000}$$

（二）表现产蛋质量的指标

（1）蛋形指数　应用游标卡尺测量蛋的纵径与最大横径，求其间的比值。计算公式：

$$蛋形指数(\%) = \frac{纵径}{横径}×100$$

（2）蛋壳色泽、强度和厚度　蛋壳颜色有白、浅褐、深褐、青色等。蛋壳强度用专门测定仪测定每$1cm^2$蛋壳破裂时的压力（kg）大小。蛋壳厚度用专门测定仪测定钝端、中部和锐端三点厚度求平均值。

（3）蛋的比重　用盐水漂浮法测定比重（相对密度）大小。

（4）蛋黄颜色和蛋白高度　用比色法对蛋黄颜色分级。用蛋白高度测定仪测定蛋黄边缘与浓蛋白边缘的中点平均距离，通常表示蛋白高度的单位称为哈氏单位。

（5）**血斑和肉斑率**　蛋内有血斑和肉斑则影响质量，通常在测量蛋白高度的同时也要统计含有血斑和肉斑的百分比。

$$血斑和肉斑率(\%) = \frac{含有血斑和肉斑的蛋数}{测定的总蛋数} \times 100\%$$

（三）表现种蛋种鸡繁殖存活能力的指标

（1）**受精率**　统计受精蛋占入孵蛋的百分比。鸡一般在入孵后 3～4 天进行照蛋，凡有血圈血线的蛋皆按受精蛋计算。受精率（%）计算公式：

$$受精率(\%) = \frac{受精蛋数}{入孵蛋数} \times 100\%$$

（2）**孵化率**　统计出雏数占受精蛋的百分比。出雏数指自动出壳雏鸡数。

（3）**健雏率**　统计健康雏鸡占出雏数的百分比。健雏是指出壳后绒毛正常、脐部愈合良好、精神活泼、无畸形表现的雏鸡。

综合上述 3 项，在孵化管理正常条件下，可统计入孵蛋健雏率。

$$入孵蛋健雏率(\%) = \frac{健雏数}{入孵蛋数} \times 100\%$$

（4）**育成率**　可分前期育成率和后期育成率，或全期育成率。

$$前期育成率(\%) = \frac{42日龄雏鸡数}{入舍雏鸡数} \times 100\%$$

$$后期育成率(\%) = \frac{140日龄雏鸡数}{42日龄雏鸡数} \times 100\%$$

$$全期育成率(\%) = \frac{140日龄雏鸡数}{入舍雏鸡数} \times 100\%$$

（5）**生存率**　统计 20 周龄到 72 周龄时的存活率。

$$生存率(\%) = \frac{504日龄存活鸡数}{140日龄时入舍鸡数} \times 100\%$$

（四）表现产蛋能力的其他指标

（1）**初产日龄**　个体的初产日龄是出生后产出第一个蛋时的日龄。群体的初产日龄是全群日产蛋率达到 50% 时的日龄。

（2）**连产性和巢性**　优良个体的连产性良好。正常蛋鸡应无巢性，以利产蛋。

（3）**饲料效率**　计算统计期内（蛋鸡为 72 周）每千克蛋重所耗饲料量。

三、产奶性能的测定

乳用家畜有奶牛、奶山羊，还有水牛、牦牛、骆驼和马等。

（一）305 天产奶量

分娩后开始挤奶到 305 天为止的累计产奶量。自然泌乳期短于 305 天但超过 240 天的仍按 305 天产奶量计算。超过 305 天者超出部分不计算在内。

（二）乳脂率

奶中脂肪所占的百分比。一般以个体多次检测的平均值来代表。

（三）标准奶（FCM）

乳脂率为4%的奶。由于每头母牛所产奶的成分不同，个体间比较时不能直接应用305天产奶量，要按能量相等的原则将305天产奶量折算成标准奶，才可进行个体间比较（表7-4）。标准奶的计算公式：

$$4\%FCM = (0.4 + 15 \times 乳脂率) \times 305天产奶量$$

表7-4　计算 4%FCM 的换算系数

乳脂率（%）	换算系数	乳脂率（%）	换算系数
3.0	0.850	4.1	1.015
3.1	0.865	4.2	1.030
3.2	0.880	4.3	1.045
3.3	0.895	4.4	1.060
3.4	0.910	4.5	1.075
3.5	0.925	4.6	1.090
3.6	0.940	4.7	1.105
3.7	0.955	4.8	1.120
3.8	0.970	4.9	1.135
3.9	0.985	5.0	1.150
4.0	1.000		

（四）饲料效率

生产每千克牛奶所消耗的饲料及成本。

四、产毛性能的测定

一般毛用动物有绵羊、山羊、兔、牦牛等。现以绵羊为例介绍产毛（绒）性能的一些指标。

（一）质量指标

（1）*颜色*　指羊毛洗净后的自然颜色。一般分为白色、黑色、棕色、褐色和杂色等。

（2）*光泽*　指洗净的羊毛对光线的反射能力。据光泽强弱，一般分为玻光、丝光、银光和弱光四种。

（3）*弹性*　对羊毛施压外力使其变形，当除去外力时，羊毛仍可恢复原来形状和大小的性能。

（二）数量指标

（1）*净毛率*　从羊体上剪下的羊毛称污毛，亦称原毛。其中含有油汗和杂质等，经洗毛除去油汗杂质的羊毛称净毛。净毛重占原毛重的百分比，称为净毛率。

（2）*细度*　指羊毛纤维横切面直径的大小，用 μm 表示。工业上一般用支数来计算。以每 1 kg 净梳毛能纺成 1000 m 长的纱的个数衡量。如 1 kg 净梳毛纺成 60 个 1000 m 长的纱，则其细度为 60 支。

（3）长度　毛丛在自然状态下的长度称为羊毛的自然长度。将单根纤维拉直后所测得的长度，称为羊毛的伸直长度。

（4）伸度　将已伸直的羊毛纤维再拉伸到断裂时所增加的长度，其增加的长度占原来伸直长度的百分比，称为羊毛的伸度。

──────◀ **本章小结** ▶──────

　　家养动物是由野生动物驯化而来的，经过了驯养和驯化阶段，与野生动物的主要区别在于能否进行人工繁殖和选择性状能否得到发展。家养动物受人工选择的长期作用，形成形形色色的品种。在品种基础上，具有突出优点并能将这些突出优点稳定遗传下去的种畜群形成品系。动物的任何性状都是在生命周期中逐渐形成与表现的，整个生命周期通常就是生长发育的全过程。每种性状的生长与发育，都有其一定的规律性，而且受品种、性别、个体、母体效应、饲养管理和生态环境等因素的影响。动物的体型评定对遗传品质提高和动物改良发挥较大的作用。

──────◀ **思考题** ▶──────

　　1. 名词解释：

　　物种　　品种　　品系　　生长　　发育　　体质

　　2. 动物品种分类的原则是什么？

　　3. 作为品种，应该满足什么条件？

　　4. 影响品种形成演变的因素有哪些？

　　5. 试述生长和发育二者之间的关系。

　　6. 研究生长发育的方法有哪些？

　　7. 生长发育的规律性体现在哪些方面？

　　8. 影响生长发育的因素有哪些？

第八章　动物种用价值评定

从动物群体中选出符合育种目标的优良个体留作种用，同时把不良个体淘汰，这就是选种。其目的在于增加群体中某些优良基因和基因型频率，减小某些不良基因和基因型频率，从而定向改变群体的遗传结构，在原有群体基础上创造出新的类型。

选种时，既要选好种公畜，也要重视选择种母畜，因为双亲对子代的遗传影响是相同的。种公畜的需要量较母畜少，但对群体的影响较大，因此选好种公畜尤为重要。另外，在重视数量性状选择的同时，还不能忽视质量性状的选择。

种用价值的鉴定和评定是科学选种的基础。通过鉴定和评定，可以确定群体中各方面都达到种用最低要求的个体，再集中少数主要性状对这些个体选优去劣，选出一定数量的种公畜、种母畜。

第一节　个体综合鉴定

根据动物的生产力，体质外貌、生长发育及系谱资料来评定动物的品质称为鉴定。鉴定可以分阶段进行。幼年时期以系谱鉴定为主，结合生长发育状况；成年以后要进行体质外貌和生长发育鉴定，有生产力以后就要以生产力鉴定为主。每次鉴定以后，及时淘汰不合格个体。后备畜开始配种前要进行全面鉴定，优良者可定为后备种畜。后备种公畜经过后裔测定或育种值估计以后，最后确定其是否留种。成年种母畜一般不再鉴定，根据其生产和繁殖情况决定是否淘汰。

一、生产力的鉴定

动物生产力的含义很广泛，指动物生产各种产品的数量与质量，以及生产动物产品过程中利用饲料和设备等的能力。生产力是代表个体品质最现实的指标。

（一）生产力鉴定的意义

饲养动物的目的在于生产更多更好的动物性产品（观赏动物除外），而生产力是代表个体品质最现实的指标，因而生产力是重点选择的性状。生产力鉴定是确定饲养动物种类与数量、评定生产成绩的依据，也是选择种用动物的依据，是动物育种不可缺少的基础工作。

（二）生产力鉴定时注意的问题

（1）兼顾产品的数量、质量和生产效率　生产力鉴定时，既要考虑产品数量的多少，又要考虑产品质量的好坏，还应考虑生产效率和经济效益。饲养成本是生产成本中最大的一项开支，无论生产何种产品，都应具体分析饲料利用率、生产周期和劳动生产率。

（2）在同样条件下评比　动物生产力的高低受年龄、性别、胎次、饲养管理条件等因素的影响。在生产力鉴定时，应事先研究先掌握各种因素对生产力的影响程度和规律，尽量在同样条件下评比，也可以利用相应的校正系数，将实际生产力校正到相同标准的生产力进行评比。例如，奶牛产奶量的胎次校正、乳脂率校正等。

二、体质外貌的鉴定

动物体质外貌鉴定是选种的重要内容之一，体质外貌鉴定既需要掌握理论标准，又需要丰富的经验。

（一）家养动物的外貌特点

外貌观察可以鉴别不同品种或个体间体型的差异，判断其生产用途，判断动物的健康状况和对生态条件的适应性；还可鉴别动物的年龄，以及判断其生长发育是否正常。动物种类不同，其外貌特征相差甚远。

（1）肉用动物　头轻小，颈粗短，胸宽深，背腰平直而宽，臀部丰满肉多，四肢较短，体型呈长方形，整体呈圆桶形，肉用家禽则要求毛松、胸宽、体深、脚粗短，整体圆桶形。

（2）卵用动物　羽毛紧贴体躯，头清秀，冠及肉髯大，胸深且向前突出，胸骨长而直，背长腹大，耻骨间宽，皮薄而软，皮下脂肪少，体型轻小，活泼敏捷。

（3）乳用动物　头轻颈细，胸深长，肋间宽，背腰宽平，腹容量大，后躯及乳房发育良好，皮薄有弹性，皮下脂肪少，被毛光滑，棱角突出，体型呈三角形。

（4）毛用动物　全身被毛密度大，皮薄有弹性，头宽较大，颈中等长，胸深肋圆，背腰宽而平直，四肢长而结实，肢势正直。细毛羊的颈部有 1～3 个皱褶。

（5）役用动物　因使役种类不同，外貌特点也有差异。耕牛、挽马要体大，肌肉发达结实，皮厚有弹性，头粗重，鬐甲低，胸宽深，前躯发达，躯干宽广，四肢相对粗短，重心较低，蹄大且正，步态稳健。乘用马则要求清秀，鬐甲高，身体高，背腰宽平，肌肉结实有力，四肢稍长，皮肤有弹性。

（二）外貌鉴定的方法

通过外貌鉴定，对动物的体型结构、品种特征、精神表现、有无失格等做出评价。

1. 肉眼观察

在动物自然正立、不做修饰的情况下，通过肉眼观察其整体及各个部位，并辅之以手摸或行动观察，以辨其优劣。鉴定时，鉴定者要与被鉴定动物保持一定的距离，先概观，后细察，由前面→侧面→后面→另一侧面，有顺序地进行。还可让其走动，观其动作，察其步态以及有无跛行及其他疾病。例如，对肉牛外貌鉴定总结出的谚语"先看一张皮，再看四肢蹄，前看胸膛宽，后看屁股齐"。

肉眼鉴定不受时间、地点等条件的限制，不用特殊的器械，也不致被鉴定动物过分紧张，并能观察其全貌。但这种方法常常有鉴定员一些主观的好恶成分，要求鉴定员对所属品种的外形特征有深入细致的了解，丰富的实践经验是必不可少的。

2. 评分法

根据不同品种的各部位，如头、颈、躯干、四肢等在生产中的相对重要性，规定相应的最高分数和系数，对于不符合理想标准或失格的个体适当扣分，再按得分多少评优或淘汰。打分有 100 分和 5 分制。例如，在奶牛评分表中，规定头与颈最高分为 5 分，胸部 10 分，鬐甲、背、腰为 10 分，中躯 10 分，臀部 20 分，乳房 15 分，四肢 5 分，一般发育情况 25 分，总计 100 分。鉴定员根据总分评出等级，80 分以上者列入特级，75～79 分列入一级，70～74 分列入二级。

（三）外貌鉴定时注意的问题

外貌鉴定时，鉴定员对于不同品种，不同生产方向的动物要有各自理想型的形象，并了解其外形特征随年龄、性别等因素的变化规律。动物外形的优劣取决于整体结构的匀称结实性及符合理想型的程度。因此在鉴定时要有整体观念，并做到动静结合。俗称说"一膘遮百丑"。过肥易掩盖体躯结构上的缺陷，过瘦则会埋没其优点。

三、系谱鉴定

系谱是记载种用动物祖先编号、名字、生产成绩及鉴定结果的原始记录。系谱有不完全系谱与完全系谱之分。不完全系谱是指只记载祖先名、号的系谱，而完全系谱除记载各代祖先的编号、名字外，还记载祖先的生产成绩、育种值、发育情况、外貌评分以及有无遗传疾病和外貌缺陷，等等，系谱上的各项资料来自日常的原始记录。

以审查动物的系谱来推断被鉴定个体种质优劣的方法称为系谱鉴定。

（一）系谱的种类及其编制

系谱一般记载 3～5 代祖先的材料，系谱一般有以下几种形式。

（1）竖式系谱　种用动物的名号写在上端，下面是父母（祖 I 代），再向下是父母的父母（祖 II 代），再向下是曾祖父（祖 III 代）。各代祖先中的雄性祖先记在右侧，雌性祖先写在左侧，系谱正中画一垂线，右半边为父方，左半边为母方，竖式系谱的格式如表 8-1 所示。

表 8-1　被鉴定的种用动物

I	母				父			
II	外祖母		外祖父		祖母		祖父	
III	外祖母之母	外祖母之父	外祖父之母	外祖父之父	祖母之母	祖母之父	祖父之母	祖父之父

在实际编制过程中，祖先一般都用名、号来代表。另外，可以简写各祖先的产量、体尺测量结果等。

（2）横式系谱　被鉴定动物在系谱中左边，历代祖先依次向右记载，越向右祖先的代数越高。各代的雄性祖先记在上方，雌性祖先记在下方。系谱正中可画一横虚线，上边为父方，下边为母方（图 8-1）。

在实际编制过程中，被鉴定的动物，历代祖先一般都用名、号表示，也可以简写上各祖先的产量及体尺测量结果等。

（3）群体式系谱　在制定选种与选配计划时，为分析整个群体各个体间的血缘关系，以及各个体在群体中所起的作用而编制的群体系谱。

（4）结构式系谱　为分析个体的近交系数或亲缘系数而编制的系谱。

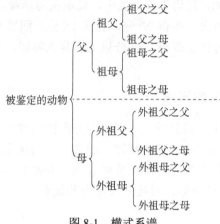

图 8-1　横式系谱

（二）系谱鉴定的方法

系谱鉴定的目的在于通过分析各代祖先的生产性能、发育、外形等，估计其种用价值，并了解该种用动物祖先的近交情况。其具体方法是将两头以上的被鉴定动物系谱放在一起比较，选出祖先较优秀的个体留作种用。比较鉴定时，两个系谱要同代的祖先互相比，即亲代与亲代、祖代与祖代、父亲与母亲的祖先分别比较。重点以审查亲代为主，血统越远，影响越小。

系谱鉴定以比较生产性能为主，并注意有无遗传缺陷。

系谱鉴定在动物幼年还没有生产性能时就可以进行，确定其选留还是淘汰，并适用于某些限性性状的早期选择。通过系谱鉴定，还能发现选留个体的祖先是否有遗传缺陷。但单纯根据系谱选种准确性较差，一般与其他选种方法结合使用。

第二节　种用价值的测定

在第一节中介绍了利用个体本身所固有的有关信息，对其做出种用价值的评定。除此而外，还可以根据其同胞的成绩，及其后代的成绩，来对这一个体本身的种用价值做出评定。

一、同胞测定

同胞测定，就是根据其同胞的成绩，来对这一个体本身做出种用价值的评定。

（一）同胞测定的意义

针对某些不能度量的性状或活体难以度量的性状，个体选择非常困难，如瘦肉率、胴体品质等。采用同胞测定，简便易行，效果较好。针对某一性别才能表达的限性性状，如产蛋量、泌乳量、产仔数、射精量等性状的选择，虽然可以从系谱和后裔的资料加以评定，但系谱选择对数量性状的准确性有限，而后裔选择又延长了世代间隔，降低了遗传进展，宜采用同胞测定选种。因而，同胞测定在选种方面，具有不可替代的作用。

（二）同胞测定的方法

同胞分全同胞和半同胞两类。同胞测定不是选它们的父母亲，而是选同胞中优秀的个体。

（1）全同胞测定　同父同母的子女之间为全同胞。在猪、禽等多仔动物中全同胞的数量较大，测定时，将后备种畜各自的全同胞成绩排列比较（不包括测定个体本身的成绩），全同胞成绩优秀的留作种用。在马、牛等单胎动物中，全同胞出现的机会较少，即使出现，也不在同一生产年度，无实际选种意义。

（2）半同胞测定　同父异母或同母异父的子女之间为半同胞。实际当中，由于公畜可配种的母畜数量大（特别是采用冷冻精液人工授精技术），其后代多数是同父异母的半同胞。测定时，将后备种畜各自的半同胞资料排列比较（不包括测定个体本身的成绩），其半同胞成绩优秀的个体留作种用。

（3）混合家系测定　在多仔动物中，更常见的是全同胞和半同胞的全半混合家系。例如：

$$公畜\ A \times 母畜 \begin{cases} 1 \to A_{11},\ A_{12},\ A_{13},\ A_{14} \\ 2 \to A_{21},\ A_{22} \\ 3 \to A_{31},\ A_{32},\ A_{33} \\ 4 \to A_{41},\ A_{42},\ A_{43},\ A_{44},\ A_{45} \\ \cdots \to \cdots \end{cases}$$

以上是一公畜家系。一头公畜 A 与若干头母畜 1，2，3 …交配，每头母畜又生下若干头仔畜 A_{11}，A_{12}，…，A_{21}。仔畜中任意两头之间的关系为全同胞（如 A_{21}、A_{22}），或为半同胞（如 A_{11}、A_{45}）。在这个全半混合家系中，既可以作全同胞的测定，又可以作半同胞测定。同时，将后备种畜各自的混合家系资料比较分析，按其混合家系的成绩选留种用个体，即混合家系测定。

二、后裔测定

就是根据其后代的成绩，对个体本身做出种用价值的评定。

（一）后裔测定的意义

选种就是为了要选出能产生优良后代的种畜。当仔畜出生不久（小公牛）或断奶以后（猪），就应根据其系谱和同胞成绩，决定哪些可留作后备种畜继续观察；在其本身有了性能表现以后，可据其发育情况和生产性能以及更多的同胞资料，再一次选优去劣。只有最优秀的个体才饲养至成年进行后裔测定，确认为是优良种畜，才能加强利用。

后裔测定只有等到其后裔有性能表现时方才进行。所需时间长，耗费较多。因此，后裔测定多用于公畜的选种，以主要生产性能为限性性状的选择。

（二）后裔测定的方法

常用的后裔测定方法有以下几种。

（1）母女对比法　将公畜的女儿成绩和其母畜，即女儿的母亲成绩相比较，以判断公畜的优劣。凡女儿成绩超过母亲的，则认为公畜是"改良者"；女儿成绩低于母亲的，认为公畜是"恶化者"；母女成绩差异不大，则认为公畜是"中庸者"，这种测定方法多用于公畜。

母女对比法简单易行，但往往由于母女所处年代、季节、饲养管理条件不同，其测定结果可靠性较差。另外，所谓"改良者""中庸者"的概念比较模糊，缺乏数量上的明确性。一头公畜在某一畜群可能是"改良者"，转移到另一畜群，则可能是"恶化者"。

（2）公畜指数法　对于某些限性性状，其性能表现仅限于母畜，但公畜在该性能方面是有遗传影响的。为衡量公畜泌乳量、产仔数等限性性状的遗传性能，提出公畜指数。

假设双亲对女儿某一性状表现有同等的影响，因此女儿该性状表型等于其父母同一性状表型值的平均数。公式表示如下：

$$D = \frac{1}{2}(F + M)$$

$$F = 2D - M$$

式中，D：女儿某一性状的平均表型值；

　　　M：母亲同一性状的平均表型值；

　　　F：该性状的公畜指数。

这种方法简单易行，公畜的遗传贡献有了具体的数量指标，便于公畜间互相比较。在饲养管理条件基本稳定的群体中，其测定结果比较准确。但仍然无法克服母女年代、季节不同对测定结果带来的影响。

（3）同群比较法　也称同期同龄女儿比较法。在采用冷冻精液人工授精的技术前提下，将同一品种、同一季节出生的几个公畜的女儿分散在饲养管理条件相同的场站，女儿长大后同期配种，最后按女儿第一胎平均生产性能比较，来选择女儿的父亲。这种方法可以克服年代、季节及饲养管理条件不同对测定结果的影响，因而在国内外奶牛业中广泛采用。

（4）后代比较法　测定母畜时，将数头被测定的母畜，在同时期与同一种公畜交配，所生后代都在同一条件下饲养管理，同一季节生长发育，分析比较各自后代的资料，判定各母畜的优劣。测定公畜时，将数个被测定的公畜在同一时期与若干母畜交配，相同季节分娩，所生后代均在相同条件下饲养管理，通过后代的性能比较，判断种公畜的优劣。单独测定一头种公畜时，可将其后代与畜群中其他种公畜的同龄后代比较，或与畜群平均值比较。

以上四种方法，仅后代比较法，既可以测定公畜，也可以测定母畜，其余三种方法多数只用于种公畜的评定。

（三）后裔测定时注意的问题

后代品质决定于双亲的遗传基础，同时还受生活条件的影响。后裔测定的结果还与后代的数量等有关。后裔测定时应注意以下几个方面。

（1）环境条件要一致　被测定公畜的后代，应在相似的环境条件下，提供能保证其遗传性得以充分表现的条件，与其交配母畜应在同一胎次、同一季节分娩，才便于比较，否则，要做必要的胎次和季节校正。

（2）资料统计无遗漏　无特殊原因，统计资料时应将每头种畜的所有健康后代都包括在内，无论其性能表现是优是劣，有意识地选择部分优秀后代进行比较，会人为造成评定的误差。统计后代的头数愈多，所得评定结果愈准确。一般而言，后裔测定时，大家畜至少需要20头有生产性能表现的后代，多胎家畜可适当多一些。

（3）全面分析　后裔测定中，除突出后代的某项主要生产性能外，还应全面分析其体质外形、适应性、生产性能及遗传缺陷如遗传疾病等情况，因此，后裔测定还应与系谱测定、体形外貌鉴定等方法相结合，确保选种的可靠性。

第三节　育种值的估计

一、表型值的剖分

任何一个数量性状的表型值，都是遗传与环境共同作用的结果，遗传效应是基因的作用造成的，因此表型值可以剖分为基因效应值和环境效应值两大部分，即

$$P=G+E$$

式中，P：数量性状的表型值；

　　　G：遗传效应值；

　　　E：环境效应值。

基因具有三种不同的作用，即加性作用、显性作用和上位作用。因此，基因效应值可剖分为基因的加性效应值（A）、显性效应值（D）和上位效应值（I）。即：

$$G=A+D+I$$
$$P=A+D+I+E$$

显性效应和上位效应，虽是基因作用造成的，但遗传给后代时，由于基因的分离和重组，这两部分一般不能真实遗传，因而在育种过程中不能被固定。所能固定的只是基因的加性效应部分。

基因的加性效应值称为育种值。只有育种值能真实地遗传给后代。根据育种值进行选种，才能更快提高选择效果。但育种值不能直接度量，要从表型值进行间接估计。

二、估计育种值的原理

运用回归原理，由表型值间接估计育种值。利用两个变量间的回归关系，由一个变量估计另一变量。假设回归方程

$$\hat{y} = b_{yx}(x - \bar{x}) + \bar{y}$$

式中，x：自变量；

　　　y：应变量；

　　　b_{yx}：y 对 x 的回归系数。

现以表型值（P）为自变量，育种值（A）为应变量，通过下列回归方程由 P 估计 A。

$$\hat{A} = b_{AP}(P - \bar{P}) + \bar{A}$$

因为在大群体的均数中，各种偏差正负抵消，所以 $\bar{P} = \bar{A}$。

$$\hat{A} = b_{AP}(P - \bar{P}) + \bar{P}$$

又由于 $b_{AP}=h^2$

所以 $\hat{A} = (P - \bar{P})h^2 + \bar{P}$

三、估计育种值的方法

通常可以依据个体本身、祖先、同胞、后裔等单项或多项记录资料，间接估计同一性状

的育种值，以育种值的高低来选留种畜。

（一）依据单项资料估计育种值

根据个体本身、祖先、同胞及后裔记录中的一种资料估计育种值。

1. 根据个体本身记录

可以根据个体本身的一次或多次记录估计育种值。其公式为：

$$\hat{A}_x = (P_{(n)} - \bar{P})h_{(n)}^2 + \bar{P}$$

其中

$$h_{(n)}^2 = \frac{nh^2}{1 + (n-1)r_e}$$

式中，$\hat{A}_x$：个体 x 某性状的估计育种值；

$\quad$ $P_{(n)}$：个体 n 次记录的平均表型值；

$\quad$ $h_{(n)}^2$：n 次记录的加权遗传力；

$\quad$ $\bar{P}$：群体该性状的平均表型值；

$\quad$ h^2：该性状的遗传力；

$\quad$ n：记录次数；

$\quad$ r_e：该性状的重复力。

例：一个平均剪毛量 3.0 kg，r_e=0.50，h^2=0.30 的羊群中，有一只母羊两次剪毛量分别为 3.8 kg、4.8 kg，在另一只平均剪毛量 4.5 kg，r_e=0.60，h^2=0.35 的羊群中，一只母羊两次剪毛量分 3.7 kg、4.0 kg。从剪毛量的育种值看，哪一只更好？

解：假设两只母羊分别为 x 和 y

$$\hat{A}_x = (4.3 - 3.0) \times \frac{2 \times 0.30}{1 + (2-1) \times 0.50} + 3.0 = 3.52(\text{kg})$$

$$\hat{A}_y = (3.85 - 4.5) \times \frac{2 \times 0.35}{1 + (2-1) \times 0.60} + 4.5 = 4.22(\text{kg})$$

从育种值看，当然选后一只羊更好。

2. 根据祖先记录

种畜无本身表型记录时，可根据系谱记载，以其祖先的表型值，间接估计育种值。历代祖先中最主要的是父母，根据父母资料估计个体育种值有多种情况，因而有多种公式。在育种实践中，较为常用的是根据多次记录估计育种值。其公式为：

$$\hat{A}_x = \frac{1}{2}(P_{(D)} - \bar{P})h_{(D)}^2 + \bar{P}$$

其中

$$h_{(D)}^2 = \frac{Dh^2}{1 + (D-1)r_e}$$

式中，$P_{(D)}$：母亲 D 次记录的平均表型值；

$\quad$ $\bar{P}$：群体平均表型值；

$\quad$ $h_{(D)}^2$：母亲 D 次记录加权遗传力；

$\quad$ D：母亲记录的次数；

$\quad$ h^2：该性状的遗传力；

$\quad$ r_e：该性状的重复力。

例：在平均产仔数 9.21 头的猪群中，产仔数的遗传力和重复力分别为 0.25 和 0.55。有一头 589 号母猪 5 个胎次的产仔数记录为 8、10、9、9、10。求其女儿产仔数的育种值。

解：已知 $h^2=0.25$，$r_e=0.55$

$$P_{(D)} = \frac{1}{5}(8+10+9+9+10) = 9.20 \text{（头）}$$

$$h^2_{(D)} = \frac{5 \times 0.25}{1+(5-1) \times 0.55} = 0.40$$

$$\hat{A}_x = \frac{1}{2}(9.20-9.21) \times 0.40 + 9.21 = 9.21 \text{（头）}$$

则其女儿产仔数的育种值为 9.21 头，近似等于全群均值。

3. 根据同胞记录

旁系亲属主要有全同胞和半同胞，更远的旁系亲属对估计育种值意义不大。实践中，对猪、禽、兔等多胎动物可用全同胞资料估计育种值，对于牛、羊等单胎动物一般只用半同胞资料估计个体的育种值，其估计公式分别为：

$$\hat{A}_x = (P_{(FS)} - \bar{P})h^2_{(FS)} + \bar{P}$$

$$\hat{A}_x = (P_{(HS)} - \bar{P})h^2_{(HS)} + \bar{P}$$

其中

$$h^2_{(FS)} = \frac{0.5nh^2}{1+(n-1)0.5h^2}$$

$$h^2_{(HS)} = \frac{0.25nh^2}{1+(n-1)0.25h^2}$$

式中，$P_{(FS)}$：个体 n 个全同胞的平均表型值；

$P_{(HS)}$：个体 n 个半同胞的平均表型值；

$\bar{P}$：同胞或半同胞所在群体的平均表型值；

$h^2_{(FS)}$：该性状全同胞的遗传力；

$h^2_{(HS)}$：该性状半同胞的遗传力；

h^2：该性状的遗传力；

n：全同胞或半同胞的记录次数。

例：西农巴克夏猪群中，平均初生重 1.28 kg，88 号公猪从 2018 年出生的后代 109 头中留下来，平均初生重为 1.39 kg，这 109 头后代分别来自 109 头母猪。计算 88 号公猪初生重育种值（$h^2=0.15$）。

解：已知 $n=109$，$h^2=0.15$，$\bar{P}=1.28$，$P_{(HS)}=1.39$

$$h^2_{(HS)} = \frac{0.25 \times 109 \times 0.15}{1+(109-1) \times 0.25 \times 0.15} = 0.81$$

$$\hat{A}_{88} = （1.39-1.28）\times 0.81 + 1.28 = 1.37 \text{（kg）}$$

即 88 号公猪初生重的育种值为 1.34 kg。

4. 根据后裔记录

依据后裔表型值来估计育种值多用于种公畜。如果与配母畜是群体的随机样本，其公式为：

$$\hat{A}_X = (P_{(O)} - \bar{P})h^2_{(O)} + \bar{P}$$

其中
$$h_{(O)}^2 = \frac{0.5nh^2}{1+(n-1)0.25h^2}$$

式中，$P_{(O)}$：子女的平均表型值；

$\bar{P}$：群体平均表型值；

$h_{(O)}^2$：子女多次记录加权遗传力；

n：子女记录的次数；

h^2：该性状的遗传力。

例：一只种公鸡，随机交配母鸡所产种蛋孵出的 100 只供测后裔的平均 500 天产蛋量为 260 枚，与这些后裔同期鸡群的平均 500 天产蛋量为 250 枚，产蛋量的遗传力为 0.05，问这只公鸡 500 天产蛋量的估计育种值是多少？

解：已知 $n=100$，$h^2=0.05$，$P_{(O)}=260$，$\bar{P}=250$

$$h_{(O)}^2 = \frac{0.5 \times 100 \times 0.05}{1+(100-1) \times 0.25 \times 0.05} = 1.12$$

$$\hat{A}_x = (260-250) \times 1.12 + 250 = 261.20 \ （枚）$$

这只公鸡 500 天产蛋量的估计育种值是 261.2 枚。

用数字模拟以上四种方法估计育种值，发现以半同胞后裔群表型值估计育种值在任何数字条件下都是最有效的。以祖先表型值估计育种值在任何数字条件下都是最不可靠的。采用何种估计方法，取决于性状的遗传效率，记录资料取得的早晚及难易程度。实践中，对于低遗传力性状采用半同胞后裔，有时也用全同胞后裔记录估计育种值；中等遗传力性状，可以用本身资料估计育种值；高遗传力性状，可用本身记录有时也用祖先记录估计育种值。

（二）根据多项资料估计育种值

可把同一性状的各种资料（本身、祖先、同胞、后裔）综合起来估计育种值，由于利用了所有可能获得的遗传信息，这种方法估计育种值选种比单项资料估计育种值效果更好。但计算较为复杂，需要求出多种参数方可进行，在本书中不予以介绍。

◀ 本章小结 ▶

动物种用价值的鉴定和评定是科学选种的基础。通过鉴定和评定，可以确定群体中各方面都达到种用最低要求的个体，再集中少数主要性状对这些个体选优去劣，选出一定数量的种公畜、种母畜。估计个体的育种值，除了个体本身的生产性能记录外，还可以根据其祖先、同胞及其后代的成绩来估计，对这一个体本身的种用价值做出评定。

◀ 思考题 ▶

1. 生产力鉴定时应该注意的问题是什么？

2. 后裔测定的意义有哪些？

3. 育种值估计的方法有哪些？

第九章 性状的选择

性状的选择对提高畜禽性状的经济价值具有重要的作用，如动物的毛色、角型以及遗传缺陷评定等，在动物生产中有直接或间接的经济价值。因此，性状的选择是动物育种的重要组成部分。质量性状受一对或几对基因控制，而数量性状受微效多基因控制，因此，质量性状选择方法较数量性状简单。

第一节 显性基因的选择

对显性基因的选择即对隐性基因的淘汰。隐性基因控制的性状，有时并非全为有害性状，但因与生产与管理有关或不合人意而需要淘汰。如奶牛的无角对有角为显性；安格斯牛的黑毛对红毛为显性；猪的白毛对黑毛为显性。在选育中要对角及毛色进行选择，即淘汰隐性基因。而对于完全显性的质量性状而言，很难通过表型区分显性杂合子与显性纯合子，如控制海福特牛侏儒症的等位基因为隐性基因，隐性纯合子表现为侏儒症且往往在 1 岁前死亡，而杂合子公牛具有粗壮、紧凑的体躯和清秀的头部，在选种时常被选中，这样就使得某些牛群中侏儒症等位基因频率较高且通过表型选择难以剔除。由于家畜的质量性状受少数等位基因控制，如果区分出显性纯合子和杂合子，即通过基因型选择，就能较准确地淘汰杂合个体中的隐性基因，提高选择的效率。在家畜育种过程中，通过测交可确定杂合子与显性纯合子，从而实现基因型选择。下面介绍如何根据表型淘汰隐性纯合个体。

在自然选择中，因一些性状隐性纯合子致死，未能参加繁殖而淘汰隐性纯合个体；但如果隐性纯合个体能参加繁殖，就需要通过人工选择淘汰畜群中隐性个体。

假设某性状受等位基因 A、a 控制，A 对 a 基因为显性；存在 AA、Aa 和 aa 基因型，需要全部淘汰隐性纯合个体 aa。若 A、a 等位基因频率分别为 p 和 q，则全部淘汰隐性纯合个体后的各基因频率变化如表 9-1 所示。

如果畜群经过一代选择后随机交配，根据表 9-1 提供的信息，下一代隐性等位基因频率为：

表 9-1　全部淘汰隐性纯合个体的基因型频率变化

基因型	AA	Aa	aa
原始群体基因型频率	p^2	$2pq$	q^2
留种率	1	1	0
选择后群体基因型频率	$\dfrac{p^2}{p^2+2pq}$	$\dfrac{2pq}{p^2+2pq}$	0

$$q_1 = \frac{p_0 q_0}{p_0^2 + 2p_0 q_0} = \frac{q_0}{p_0 + 2q_0} = \frac{q_0}{(1-q_0)+2q_0} = \frac{q_0}{1+q_0}$$

$$q_2 = \frac{q_1}{1+q_1} = \frac{\dfrac{q_0}{1+q_0}}{1+\dfrac{q_0}{1+q_0}} = \frac{q_0}{1+2q_0}$$

......

当淘汰全部隐性纯合子后，因杂合个体中存在隐性基因，在后代中仍然会出现隐性纯合子，经 t 世代选择后，隐性基因 a 的频率为：

$$q_t = \frac{q_0}{1+tq_0}$$

如需计算基因频率由 q_0 变化到 q_t 所需的代数 t：

$$q_t(1+tq_0) = q_0$$

$$q_t + tq_0q_t = q_0$$

所以
$$t = \frac{q_0 - q_t}{q_0 q_t} = \frac{1}{q_t} - \frac{1}{q_0}$$

例1：某地黄牛中有 0.25% 的黄白花个体，用表型选择的方法淘汰这种性状，经 20 代选择之后，牛群中隐性白花基因频率是多少？

解：
$$q_0 = \sqrt{R_0} = \sqrt{0.0025} = 0.05$$

$$q_{20} = \frac{q_0}{1+20 \times q_0} = \frac{0.05}{1+20 \times 0.05} = 0.025$$

即淘汰 20 代后，隐性基因频率才下降一半。

例2：某一畜群中，隐性疾病出现频率（q^2）为 1/20000，在无突变的情况下，每代淘汰患病家畜，多少年才能将隐性疾病个体减少到目前的一半？

解：已知 $q = \sqrt{\dfrac{1}{20000}} = \dfrac{1}{141}$，当隐性疾病个体减少一半，即

$q_t^2 = \dfrac{1}{2} \times q_0^2 = \dfrac{1}{2 \times 20000} = \dfrac{1}{40000}$ 时，$q_t = \sqrt{\dfrac{1}{40000}} = \dfrac{1}{200}$

代入：$t = \dfrac{q_0 - q_t}{q_0 q_t} = \dfrac{1}{q_t} - \dfrac{1}{q_0} = \dfrac{1}{\dfrac{1}{200}} - \dfrac{1}{\dfrac{1}{141}} = 200 - 141 = 59$ （代）

如果是大家畜，世代间隔为 4 年，需要经过 59×4=236 年才能将隐性个体减少至原来的一半。由此可见，畜群中某性状隐性基因频率较低且世代间隔长时，选择进展缓慢。但当初始隐性基因频率较高或中等时，如 q_0=0.5 时，经一代淘汰，隐性纯合个体可以减少至 $\dfrac{5}{36}$ $\left(R_0 - R_1 = \dfrac{1}{4} - \dfrac{1}{9} = \dfrac{5}{36}\right)$，选择有一定的效果；但当隐性基因频率很低时，选择进展也逐渐减慢。如 q_0=0.02 时，原始群体中有 $q_0^2 = 0.02^2 = 0.0004$ 的隐性个体，经过 50 代的淘汰，仍有 $R_{50} = \left(\dfrac{q_0}{1+tq_0}\right)^2 = \left(\dfrac{0.02}{1+50 \times 0.02}\right)^2 = 0.0001$ 的隐性个体存在。所以要想从畜群中彻底剔除隐性基因，单纯通过表型淘汰隐性个体是不行的，还应利用测交淘汰杂合子。

第二节　隐性基因的选择

对隐性基因的选择就是对显性基因的淘汰。畜禽育种中，有时需要选留由隐性基因控制的性状，如使由于品种混杂而出现一部分白腹个体的黄牛群重新成为单一的纯黄牛群，或者要淘汰黑白花牛群中的白头牛、全黑牛等，所选择的都是一个位点的隐性基因，所淘汰的是其显性等位基因。

从理论上讲，隐性基因的选择比较简单。由孟德尔定律可知，隐性纯合子的基因型和表型是完全对应的，因此只要淘汰显性个体就能达到选择效果。如果淘汰全部显性个体，选留个体均为隐性纯合体，只需一代就能将显性基因从群体中全部清除，下一代不再分离出非理想型个体。如牛的毛色遗传中，黑毛基因（E）对红毛基因（e）是完全显性，如需从黑白花和红白花混合牛群选育成纯红白花牛群，理论上只要将黑白花牛全部淘汰就能达到目的。然而，在育种实践中，育种目标往往与经济价值相关，如上例中一次性淘汰所有黑白花个体的同时，会使一部分有利于提高产奶性能的基因从群体中消失，不利于产奶量等数量性状的提高。因此，育种实践中需要在保证产奶性能等主要生产性状的前提下，逐步完成对红毛基因的选择，即对隐性基因的选择不一定非要在一代内完成，或淘汰部分显性个体，经过数代后达到育种目标。

假设某质量性状受 A、a 等位基因控制，A 基因频率为 p，a 基因频率为 q；A 对 a 完全显性；在一个没有选择的原始群体中，基因型 AA、Aa 和 aa 频率分别为 p^2、$2pq$ 和 q^2。淘汰部分显性个体，即淘汰率为 s，则留种率为 $1-s$，选择后各基因型频率的变化如表 9-2。

表 9-2　淘汰部分显性个体的基因频率变化

基因型	AA	Aa	aa
原始群体基因型频率	p^2	$2pq$	q^2
留种率	$1-s$	$1-s$	1
选择后群体基因型频率	$\dfrac{p^2(1-s)}{1-s(1-q^2)}$	$\dfrac{2pq(1-s)}{1-s(1-q^2)}$	$\dfrac{q^2}{1-s(1-q^2)}$

$$选择后的基因型频率 = \frac{原始基因型频率 \times 留种率}{\sum(原始基因型频率 \times 留种率)}$$

表 9-2 中选择后的基因型频率分母部分推导过程如下：

$$上式分母 = p^2(1-s)+2pq(1-s)+q^2$$
$$= (p^2+2pq)(1-s)+q^2$$
$$= (p^2+2pq+q^2-q^2)(1-s)+q^2$$
$$= (1-q^2)(1-s)+q^2，因为 p^2+2pq+q^2=1$$
$$= 1-s-q^2+sq^2+q^2$$
$$= 1-s+sq^2$$
$$= 1-s(1-q^2)$$

假设选择后 a 基因频率为 q_1，则：

$$q_1 = \frac{1}{2} \times \frac{2pq(1-s)}{1-s(1-q^2)} + \frac{q^2}{1-s(1-q^2)}$$

$$= \frac{pq(1-s) + q^2}{1-s(1-q^2)} = \frac{q(1-q)(1-s) + q^2}{1-s(1-q^2)}$$

$$= \frac{q - q^2 - sq + sq^2 + q^2}{1-s(1-q^2)}$$

$$= \frac{q - s(q - q^2)}{1-s(1-q^2)}$$

选择后 a 基因的变化值 Δq 为：

$$\Delta q = q_1 - q = \frac{q - s(q - q^2)}{1-s(1-q^2)} - q$$

$$= \frac{q - s(q - q^2) - q + sq(1-q^2)}{1-s(1-q^2)}$$

$$= \frac{s(q - q^2 - q + q^2)}{1-s(1-q^2)} = \frac{sq^2(1-q)}{1-s(1-q^2)}$$

$$= \frac{spq^2}{1-s(1-q^2)}$$

当 $s=1$ 时，则 $\Delta q = p$，原始群体中的基因频率为 q，选择后新增基因频率为 p，选择后隐性基因 a 频率为 $q+p=1$，即全部淘汰了显性个体，选择 1 代后隐性基因频率为 1，群体全部为隐性纯合子；当 $s=0$ 时，$\Delta q = 0$，即群体未有选择，其基因频率也没有发生变化。

例 3：在 100 头牛的群体中，有角牛 81 头，无角牛 19 头，无角对有角为显性。要想建立 1 个有角牛群，但又因生产原因只能淘汰 50% 的无角牛，则经过一代选择后隐性基因的频率是多少？如果每头牛只生一个后代，下一代有角和无角牛的比例是多少？

解：已知有角基因频率 $q = \sqrt{R} = \sqrt{81/100} = 0.9$，无角基因频率 $p=1-q=1-0.9=0.1$，淘汰率 $s=50\%=0.5$，则：

$$q_1 = \frac{q - s(q - q^2)}{1-s(1-q^2)} = \frac{0.9 - 0.5(0.9 - 0.81)}{1 - 0.5(1 - 0.81)} = 0.945$$

$$R_1 = q_1^2 = 0.945^2 = 0.89$$

由于 $D_1 + H_1 = 1 - R_1 = 0.11$，即下一代有角牛占 89%，无角牛占 11%。

例 4：在 150 只山羊组成的羊群中，有角羊 120 只，无角羊 30 只。若对无角羊的淘汰率为 80%，经一代选择后隐性基因 q 的频率将上升多少？

解：已知 $s=0.8$；选择前有角羊的频率为 $R=120/150=0.8$；选择前有角隐性基因的频率（遗传平衡群体）为 $q^2=R$。

因为 $q = \sqrt{R} = \sqrt{0.8} = 0.8944$

所以 $q_1 = \dfrac{q - s(q - q^2)}{1-s(1-q^2)} = \dfrac{0.8944 - 0.8(0.8944 - 0.8944^2)}{1 - 0.8(1 - 0.8944^2)}$

$$= 0.9749$$

$$\Delta q = q_1 - q = 0.9749 - 0.8944 = 0.0805$$

经过这样一代选择，隐性基因的频率上升了 0.0805。

第三节 单性状的选择

一、单性状的选择原理

从数量角度看，选择可以利用个体及其所在家系（全同胞或半同胞家系）的资料，结合性状的遗传力来做出判断。

设某一数量性状的表型值 P，是个体与群体平均数的离差，可以被剖分为两部分之和，即个体表型值（P_i）与家系均值（P_f）的离差及家系均值（P_f）与全群均值（$\bar{P}$）的离差之和。即

$$P_i - \bar{P} = (P_i - P_f) + (P_f - \bar{P})$$

或
$$P = P_w + P_f$$

式中，P_w：家系内偏差；

P_f：家系均值。

可见，选择的方法取决于家系均值和家系内偏差的重视程度。

二、单性状的选择方法

（一）个体选择

对家系均值和家系内偏差同等重视，即把超出群体均值最多的个体留作种用就是个体选择，用公式表示：

$$P_w \times 1 + P_f \times 1 = P$$

个体选择实质是根据个体表型值的选择，其选择反应是：

$$R = i\sigma_p h^2$$

式中，R：个体选择反应；

i：选择强度；

σ_p：表型标准差；

h^2：性状的遗传力。

在一定选择强度下，遗传力高的性状，标准差大的群体，用个体选择效果好。对于遗传力低的性状，由于选择反应不大，个体选择的效果一般难以确定。一般认为，个体选择对于遗传力为 0.20 以上的性状是适宜的。

（二）家系选择

就是根据家系均值（平均表型值）进行选择，即在选留或淘汰种畜禽时，完全忽略家系内偏差，只根据家系均值选择，即把超出群体均值最多的那些家系选留种用。用公式表示：

$$P_w \times 0 + P_f \times 1 = P_f$$

家系选择根据家系均值的高低予以留种或淘汰，而个体值除影响家系均值外，一般不予考虑。其选择反应是：

$$R_f = i\sigma_f h_f^2$$

其中

$$h_f^2 = h^2 + \frac{(n-1)r}{1+(n-1)t}$$

式中，R_f：家系选择反应；

　　i：选择强度；

　　σ_f：家系均值的标准差；

　　h_f^2：家系均值的遗传力；

　　h^2：性状遗传力；

　　r：家系成员间的亲缘相关；

　　t：家系成员间的表型相关；

　　n：家系成员数。

使用家系选择时有下列两种不同的情况：一是根据包含被选个体在内的家系均值进行选择，即为家系选择；二是根据不包含被选个体在内的家系均值进行选择，这时该家系均值来自被选个体的同胞，则称之为同胞选择（sib selection），若来自被选个体的子女则称之为后裔选择（progeny selection），也叫后裔测定（progeny testing）。在家系含量小时有一定的差异，但家系含量大时，两者基本上是一致的。

家系选择的适用条件是：①所选性状的遗传力低；②由共同环境造成的家系间差异小；③家系较大。在这些共同环境条件下，家系平均观测值可能接近于基因型值；家系中的成员数越多，这种估测效果就越好。因此，对于大家系且家系间差异小，低遗传力的性状，宜采用家系选择。例如，鸡的产蛋性能就适宜采用家系选择。

（三）家系内选择

完全忽略家系均值，只根据家系内偏差选择，即在每个家系内选择超出家系均值最多的个体留作种用就是家系内选择。用公式表示：

$$P_w \times 1 + P_f \times 0 = P_w$$

家系内选择是从每个家系中选留表型值高的个体，是一种在每个家系中的个体选择。其选择反应为：

$$R_w = i\sigma_w h_w^2$$

其中

$$h_w^2 = h^2 \frac{1-r}{1-t}$$

式中，R_w：家系内选择反应；

　　i：选择强度；

　　σ_w：家系内离差的标准差；

　　h_w^2：家系内离差的遗传力；

　　r：家系内成员间的亲缘相关；

　　t：家系内成员间的表型相关。

家系内选择适用于家系间差异大、家系内表型相关强度高，遗传力低的性状或群体。例如，仔猪的断奶重就宜采用家系内选择。

（四）合并选择

同时考虑家系均值与家系内偏差，分别以家系均值的遗传力和家系内偏差的遗传力加权，以这两部分的选择反应之和来估计个体的种用价值就是合并选择。用公式表示：

$$P_w h_w^2 + P_f h_f^2 = I'$$

合并选择就是结合个体表型值与家系均值进行选择，对 P_w 和 P_f 各乘以各自的遗传力，这样计算比较麻烦。可以把部分的 P_w 和 P_f 合并为 P 乘以 1，再对 P_f 乘以一个系数，实际等于把家系离差作为一个校正项，再对校正后的个体值进行选择。

从理论上说，合并选择充分利用了个体和家系各方面的遗传信息，合并后的指数可以尽可能准确地反映个体的遗传水平，如果多个个体都利用这种方法评定它们的遗传素质时，可以根据指数大小排队，并根据留种率大小从高到低选留种畜，因而选择的准确性超过个体选择、家系选择和家系内选择方法。

第四节　多性状的选择

前面所介绍的鉴定、测定和选择方法，都是对单个性状的选择，但在实际育种工作中，经常要同时选择几个性状，如绵羊的剪毛量、毛长、羊毛细度，猪的产仔数、日增重、背膘厚等。有时还要结合生活力或外形性状进行选择。

一、多性状的选择方法

多性状的选择受遗传相关等因素的影响，对不同性状宜采用相应的选种方法，否则会影响选种的效果。选择多个性状有下述方法。

（一）顺序选择法

顺序选择法是指对所要选择的几个性状，依次逐个进行选择的方法，即选择一个性状，达到预定要求后，再选另一性状，如此逐个选择下去。这种选择方法的优点是对某一性状来说，遗传进展较快，选种效果较好。但若所选的几个性状之间存在负相关，有顾此失彼之嫌，往往这个性状通过选种提高了，另一个性状却下降了。这样会拖延育种时间。如对奶牛产奶量、乳脂率及乳腺炎抗性进行改进，按照顺序选择的原则，至少需要 2~3 个世代的时间改进产奶量，然后再用 2~3 个世代时间改进乳脂率，最后再改进乳腺炎抗性。这种选择方法显然不理想，家畜的世代间隔一般均较长，要使所有重要的经济性状都有很大改善则需要很长时间。另外，性状间的相关对选择方法影响很大。如果选择性状间都存在正相关，则在选择一个性状的同时，也提高了其他要选择的性状，这时总的遗传进展就较快；但如果要选择的几个性状间有负相关的情况，则在选择一个性状并使之得到改进后，同时却引起另一性状值的降低。

（二）独立淘汰法

独立淘汰法是对所要选择的几个性状，分别规定选留标准，凡其中有一性状达不到标准要求的个体一律淘汰。这种选择方法的优点是标准具体，容易掌握，但往往会将一些主要性状（如生产性能）表现很突出，而个别次要性状较差的个体淘汰掉，同时选择的性状越多，中选的个体越少，要想多选留，势必要降低标准。例如，在性状间无相关的情况下，同时选择距群体均值一个标准差以上的 3 个性状，则中选的个体只占供选总数的 0.41%，即 16%×16%×16%=0.41%。要增加留种数，就只有降低各性状的淘汰水平。

（三）综合选择法

将要选择的性状，按其遗传特点和经济重要性综合成一个便于个体间相互比较的指数，这个指数称为综合选择指数。根据综合选择指数的高低进行选种的方法称为综合选择法。实践证明，综合选择法在多性状选择中能够获得最快的遗传进展。综合选择指数法具有较高的选择效果，迄今在畜禽育种中已得到较为广泛的应用。

$$I = W_1 h_1^2 \frac{P_1}{\bar{P}_1} + W_2 h_2^2 \frac{P_2}{\bar{P}_2} + \cdots + W_n h_n^2 \frac{P_n}{\bar{P}_n}$$

$$= \sum_{i=1}^{n} W_i h_i^2 \frac{P_i}{\bar{P}_i}$$

式中，I：综合选择指数；

  W_i：第 i 个性状的经济性状；

  h_i^2：第 i 个性状的个体遗传力；

  P_i：第 i 个性状的个体表型值；

  $\bar{P}_i$：第 i 个性状的群体平均值。

二、制订综合选择指数注意的问题

在制订综合选择指数选种时，除考虑各性状的经济加权值外，还应注意下面问题。

1. 突出主要经济性状

一个选择指数不应该也不可能包括所有的经济性状。同时选择的性状越多，每个性状的遗传改进就越慢。一般而言，选择指数中包括 2~4 个性状为宜。

2. 选择早期易度量的性状

综合选择指数主要针对有主要价值的数量性状。这些性状应容易度量或称测；越是早期性状，越有利于选种。早期选种可以缩短世代间隔，提高选种进展的效率。

3. "下选"性状的加权系数

有些性状要求表型值越高越好，而有些性状则要求表型值越小越好。例如，瘦肉型猪的背膘厚度、蛋鸡的开产日龄、动物的耗料量等都属于"下选性状"。其加权系数要用负值，但所有性状的加权系数绝对值之和等于1。

4. 性状间负相关的处理

性状间存在的负相关，如乳牛的产奶量和乳脂率，鸡的产蛋数和蛋重等。在制订综合选择指数时，尽可能将其合并为一个性状来处理。

──────── ◀ 本章小结 ▶ ────────

　　选择是家畜育种的核心工作。从进化角度理解，选择是物种起源与形成的动力；而从家畜育种层面理解，选择是畜禽育种工作的基础，只有应用一定的方式和方法选出优秀种畜，才能开展选配、繁育体系建设等其他后续工作。控制畜禽质量性状的基因一般存在显隐性的区别，因此对显性基因和隐性基因的选择方法不同。数量性状是由微效多基因控制的，可以利用各类信息，准确、快速开展种畜禽选择的方法，包括对单性状的个体选择、家系选择、家系内选择和合并选择，以及对多性状的顺序选择、独立淘汰和综合选择指数等选择方法。

──────── ◀ 思考题 ▶ ────────

　　1. 假设某安格斯牛群中红毛牛个体占群体的 1/20000，那么红毛基因的频率是多少？每代淘汰红毛个体，将红毛牛在群体中的比例降低一半即 $q^2=1/40000$，那么红毛基因的频率变为多少？需要多少世代？

　　2. 单性状选择的方法有哪些？

　　3. 个体选择、家系选择和家系内选择有什么区别和联系？

　　4. 多性状的选择方法有哪些？各有什么优缺点？

　　5. 制订综合选择指数时应该注意的问题有哪些？

第十章 选 配

实践证明，优良的个体间或品种间交配，并不一定都能产生优良的后代。因为能否产生优良的后代，不仅决定于双亲各自的品质优劣，而且取决于亲本双方组合配对是否适宜。所以，在动物育种中，要想获得理想的后代，除必须做好选种工作外，还必须做好选配工作。

第一节 选配的作用和种类

一、选配的概念和作用

动物的交配方式大体上可分为随机交配和非随机交配两大类。随机交配指物种内任何一个雌性或雄性个体均有同等机会彼此进行交配繁殖。对大多数驯养动物而言，一般都会受到人工选择的压力,随机交配会受到干扰。随机交配一般是不存在的,而非随机交配则是普遍的。

（一）选配的概念

选配是根据动物遗传育种的需要，有计划有目的地控制亲本双方的交配。实质上是在人工干预下的一种非随机交配制度。其目的是对两性动物进行有意识的组合配对，使其优良基因得到良好组合，获得人类需要的类型。

（二）选配的作用

选配是控制和改良畜禽品质的一种强有力的手段。在动物育种工作中，表现以下 3 个方面的作用。

（1）改变群体遗传结构　在选配中，与配双方可能是同一品种，也可能是不同品种；可能有亲缘关系，也可能不存在亲缘关系；其遗传品质可能相似，也可能相去甚远。它们交配产生的后代，遗传结构重新组合，为培育优良品种的理想类型提供了选择的素材。

（2）固定理想性状　遗传基础相同或相似的个体间交配，其后代群体中纯合子的基因型频率上升，逐代选配下去，就可使符合育种目标的理想性状在群体中固定。

（3）把握变异的方向　群体中出现有益的变异时，将携带这种变异的优良公母畜选出，经过多代的选种选配和培育，有益的变异就会在群体内定向发展，形成该群体独具的特点，以至形成一个新的类群。

二、选配的种类

根据与配双方的表型性状异同可将选配分为同质选配和异质选配。根据配偶双方的亲缘关系有无分为近交和远交。在进行表型选配和亲缘选配时，只考虑不同个体间的个别交配效果称为个体选配，而观察不同群体间的批量交配效果称为群体交配。

（一）表型选配

根据交配双方的表型特征而组织的选配。

1. 同质选配

选用品质相同或相似的个体进行交配称为同质选配。所谓品质，可以指一般品质，如体型、外形特征、生产性能、遗传品质等。其目的在于获得与双亲品质相同或相似的后代，使后代群体中具有某种优良性状的个体数量不断增加。

同质选配的效果，与优良性状基因型的判断是否准确密切相关。在同质选配前，如果能对与配公母畜主要性状进行基因型判定，可以收到良好的选配效果。同质选配时应注意，选配双方应有共同的优点，没有共同的缺点，尽量选用最好的配最好的或最好的配一般的，不要一般的配一般的。

2. 异质选配

选用不同优良性状的公母畜交配或同一优良性状但优劣不同的公母交配，称为异质选配。其目的是通过基因重组，综合双亲的优点，以提高后代的品质，丰富群体中优良性状的遗传基础，创造新类型，并提高后代的适应性和生活力。

由于存在基因连锁和性状间的负相关等原因，异质选配时双亲的优良性状不一定都能很好地结合在一起，为了保证异质选配的良好效果，必须考虑性状的遗传规律和遗传相关。

在动物育种实践中，同质选配和异质选配往往是结合进行的。在育种初期，多采用异质选配，当在后代群体中出现理想类型后，常转为同质选配，使获得的优良性状得以稳定。在具体实施当中，对某些性状可能是同质选配，而对另外一些性状则可能是异质选配。例如，对一头产仔性能好、日增重小的母猪，选一头日增重大，产仔性能育种值高的公猪与之交配，对产仔力来说是同质选配，而对日增重则是异质选配。在实践中要针对具体情况灵活应用，才能收到良好的效果。

（二）亲缘选配

根据交配双方的亲缘关系有无和远近来组织动物选配，称为亲缘选配。亲缘选配基本上以品种为界限分成远缘选配和近缘选配。

1. 远缘选配

指不同品种间、不同物种间、不同属间或更远关系间的个体交配。其目的在于：通过一定模式，有计划地进行 2 个或多个品种间的杂交，产生具有明显杂种优势的 F_1 来提高生产能力，通过 2 个或 2 个以上品种间的杂交，产生有更大遗传变异的育种素材；通过现存品种有计划引进优良品种的基因，改进原有的动物品种；通过属间或物种间的动物交配，产生有利用价值的属间或杂种动物。

属间交配的成功实例很多，例如：

家牛×美洲野牛的正反交均可进行，所生 F_1 表现杂种优势，且 F_1 雌性个体有生殖能力，而雄性个体无生殖能力。

家鸭×番鸭的正反交均可进行，所生 F_1 表现杂种优势；但 F_1 雌雄两性均无生殖能力。

物种间交配的实例更多，例如：

家牛×瘤牛的正反交均可进行，且所生 F_1 的雌雄两性个体均有生殖能力。

家牛×牦牛的正反交均可进行，但所生的 F_1 雌性个体（称为犏牛）无生殖能力。

马×驴的正反交均可进行，所生 F_1 的两性个体基本均无生殖能力。

家猪×野猪的正反交均可进行，且所生 F_1 的雌雄两性个体均有生殖能力。F_1 表现杂种优势，一般表现比家猪更耐粗饲，且可改善肉质。

2. 近缘选配

指同一品种内、同一品系内或更近亲缘关系的个体交配。其目的在于：通过品种内各种不同品系间的交配，有效的利用品系间的杂种优势；通过品种内近缘交配，可使现有品种或品系的形态和能力的特征保持不变，并使群体内优良基因进一步纯合固定。

综上所述，选配的种类可归纳为：

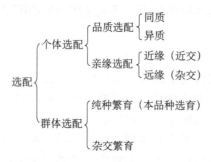

三、选配和选种的关系

家畜育种的成效大小与进度快慢，很大程度是取决于种畜的改良和利用方法。前者即为选种的科学性和准确性，后者则为选配的合理性和有效性。选种和选配，是相互联系而又彼此促进的，利用选种以改变畜群的各种基因比例，利用选配以有意识地组合后代的遗传基础。这是可以经常利用的两大育种手段，其具体关系如下。

1. 选种和选配二者互为基础

选种是选配的基础，因为有了种畜才好选配。然而，选配也是选种的基础，因为可以根据选配的需要而选择种畜，还可以根据选配所得优良后代选择下次配种所需种畜，亦即二者能互为基础。

2. 选种是选配的前提、选配又能促进选种

选种时要考虑下一步的选配，配后所得后代是否优良，足以证明选种选配是否适宜。

3. 选配巩固选种、选种加强选配

没有合理的选配，选种成果是不可能得到巩固的。因为要使所选优良品质，能在后代中得到保持和加强，就必须同时也选具有这种相应品种的家畜作配偶，才能达到目的。此外，从程序上看它们是交替进行的，先选种而后选配，选配后又要选种，但有时也有很明确划分，譬如后裔鉴定，无疑是属于选种范畴，而要取得好的后裔，则又必须通过选配。

四、选配计划的制订

为了制订好选配计划和做好选配工作，应对以下事项切实加以注意。

（1）有明确目的　选配在任何时候都必须切实根据既定的育种目标来进行，在分析个体和畜群特性的基础上，注意如何加强其优良品质和克服其缺点。

（2）尽量选择亲合力好的家畜来交配　在对过去交配结果具体分析的基础上，找出那些选配组合产生过好的后代，现在不但应继续维持，而且还应增选具有相应品质的母畜与之交配。

（3）公畜等级要高于母畜　因公畜有带动和改进整个畜群的作用，而且选留数量较少，所以对其等级和质量，都要求高于母畜。对特级、一级公畜应充分使用，二级、三级公畜则只能控制使用。最低限度也要等级相同，绝不能使用低于母畜等级的公畜来交配。

（4）相同缺点或相反缺点者不能选配　绝不能使具有相同缺点（如毛短与毛短）或相反缺点（如凹背与凸背）的公母畜相配，以免加重缺点的发展。

（5）不任意近交　近交只宜在育种群必要时使用，它是一种局部而又短期内采用的方法。在一般繁殖群，远交则是一种普遍而又长期使用的方法。为此，同一公畜在一个畜群的使用年限不能过长，应定期作好种畜交换和血缘更新工作。

（6）搞好品质选配优秀的公母畜　一般情况下都应进行同质选配，在后代中巩固其优良品质。对品质欠优的母畜，或为了特殊的育种目的才采用异质选配。对改良到一定程度的畜群，不能任意用本地公畜或低代杂种公畜来配种，这样就会使改良后退。

第二节　近　交

一、近交的概念及作用

（一）近交的概念

畜牧学上把亲缘交配简称为近交，指 5 代以内双方具有共同祖先的公母畜交配。在动物中近交程度最大的是父女、母子和全同胞的交配，其次是半同胞交配如祖孙、叔侄、姑侄、堂兄妹、表兄妹之间的交配。

（二）近交的作用

无论是繁殖场还是生产场，近交一般会产生近交衰退，但是近交有其特殊的用途，表现如下。

1. 固定优良性状

近交可使基因纯合，使控制优良性状的基因型纯合化，从而能够比较真实地遗传给后代。近交后，群体中纯合基因型频率增加，增加的程度与近交程度成正比。根据遗传学原理，一对杂合基因型个体交配，其后逐代进行遗传同型交配，杂合体频率每代减少一半，纯合体频率相应增加。假设 0 世代亲本群，杂合体 Aa 的频率为 1；一世代 Aa 频率为 0.5；二世代 Aa 频率为 $0.5 \times 0.5 = 0.25$，依次类推（图 10-1）。

设一个群体的杂合体频率 0 世代为 H_0，则一世代 $H_1 = \frac{1}{2} H_0$，二世代 $H_2 = \frac{1}{2} H_1 = \frac{1}{4} H_0$，$n$ 世代杂合体频率为 $H_n = \frac{1}{2^n} H_0$。这是一对杂合基因的演化规律，对于含多对基因的群体，基因型

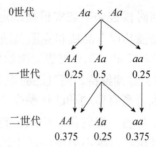

0世代　　　　　　$Aa \times Aa$

一世代　　　AA　Aa　aa
　　　　　0.25　0.5　0.25

二世代　　　AA　　Aa　　aa
　　　　　0.375　0.25　0.375

图 10-1　近交使杂合体频率下降示意图

频率的变化与此相似，只是所含的杂合基因对数越多，近交的纯合速度就越慢，优良性状的固定也就减慢。

2. 群体类型分化

近交后，杂合体的子代由于分离定律的作用，将会分化为多种基因型。含一对杂合基因的个体，子代分化成 $3^1=3$ 种基因型，其中有 $2^1=2$ 种纯合基因型；含二对杂合基因的个体，2 代分化成 $3^2=9$ 种基因型，其中有 $2^2=4$ 种纯合基因型。含有 n 对杂合基因时，在自由组合定律的作用下，将会产生 3^n 种基因型，其中 2^n 种纯合基因型。由于个体中杂合基因对很多，近交子代的基因型也会很多。在个体基因型纯合的同时，群体分化为若干各具特点的纯合类型。

3. 暴露有害基因

决定有害性状的基因大多数是隐性基因，在非近交情况下，隐性性状不易出现。近交使隐性基因型趋于纯合，暴露隐性有害性状。

二、近交衰退

（一）近交衰退的含义

指由于近交，家畜的繁殖性能，生理活动以及与适应性有关的各性状，都较近交前有所削弱的现象。具体表现是：繁殖能力减退，死胎和畸形增多，生活力下降，适应性变差，体质变弱，生长较慢，生产力降低。从表 10-1 上可以看出近交所产生的衰退程度。

表 10-1　近交对福建黑猪部分性状的影响

亲缘关系	产仔数（头）	死胎率（%）	损征率（%）	日增重（克）	料肉比
2 代全兄妹	9.45	17.54	51.10	323	4.66∶1
父女	9.75	13.33	33.30	338	4.12∶1
全兄妹	9.20	13.21	26.10	352	4.08∶1
2 代半兄妹	9.50	17.39	31.60	385	3.96∶1
全姑侄	10.20	10.87	24.40	408	3.86∶1
半兄妹	11.25	4.26	11.10	416	3.78∶1
无亲缘	12.60	4.53	4.80	430	3.76∶1

注：损征指家畜身体局部后天发生的遗传性疾病或缺陷

（二）近交衰退的原因

近交衰退的原因在于基因纯合，使两性细胞的差异减少，基因间互相作用的种类减少，平时不显现的隐性有害基因发挥作用。从生理生化角度看，近交后代生活力减退，大概是由于某种生理上的不足，或由于内分泌系统的激素不平衡，或者是未能产生所需要的酶，或者是产生不正常的蛋白质及其他化合物。

（三）影响近交衰退的因素

衰退并不是近交引起的必然结果，即使引起衰退，其结果也是不完全相同的。衰退程度因动物种类、群体或个体特性、性状、生活条件等不同而出现差异。

（1）动物种类 神经敏感型动物（如马）比迟钝的动物（如绵羊）衰退严重；小动物由于世代较短，繁殖周期快，近交的不良后果积累较快，易发生近交衰退。肉用型动物对近交的耐受性高于乳用型和役用型动物。

（2）群体特性 一般而言，纯合程度较差的群体，由于群体中杂合体频率高，一旦近交，衰退表现严重；经过长期近交的群体，由于排除了部分有害基因，近交衰退较轻。

（3）体质与饲养条件 体质健康结实的动物，近交危害较小；饲养管理条件较好，可在一定程度上减轻近交衰退的危害。

（4）性状 近交时，遗传力低的性状，如产仔数、初生重、泌乳量等，其衰退程度较严重；遗传力较高的性状，如胴体品质、毛长、乳脂率等，其衰退不明显。据统计，群体近交系数每增加10%，牛的产乳量下降3.2%，猪的产仔数下降4.6%，羊的剪毛量下降5.5%，鸡的产蛋数下降6.2%。

（四）防止近交衰退的措施

为防止近交衰退，除了正确运用近交、严格掌握近交程度和时间外，一般应注意采取以下措施。

（1）严格淘汰 为了将分化出来的不良隐性纯合子淘汰掉，而将含有较多优良显性基因的个体留作种用，因此应将那些不合理想要求的，生产力低、体质衰弱、繁殖力差、表现有衰退迹象的个体，从近交群体中清除出去。实践证明，只要实行严格淘汰，猪、鸡虽连续近交10代，兔连续近交20代，白鼠连续近交90多代，也不会出现明显衰退。

（2）血缘更新 自群繁育或有意识进行几代近交后，为防止不良影响的过多积累，可以考虑从外地引入同品种同类型，但无亲缘关系的同质种公畜或冷冻精液，进行血缘更新，以提高后代的生活力和生产性能。对于商品生产场或一般繁殖群，宜采用"异地选公，就地配母"进行繁殖，避免近交不良效应的积累。

（3）加强饲养管理 近交后代的遗传性较稳定，种用价值较高，但生活力较差，表现为对饲养管理条件的要求较高。如果能满足其饲养管理条件的要求，就可使衰退缓解，不表现或者少表现，相反，饲养管理条件低劣，则可能会导致较严重的衰退。

三、近交程度的分析

畜牧学上衡量和表示近交程度的方法较多，但主要有近交系数法和亲缘系数法两种。其共同点均是从系谱中后代距离共同祖先出现的远近和多少出发的。

（一）近交系数

近交系数指个体由于双亲具有共同祖先而造成相同等位基因的概率，也就是个体的全部基因中，来自共同祖先的基因所占的百分数，表示杂合基因比近交前所占比例减少的程度。

1. 个体近交系数

由个体 x 所形成的两个配子间的相关系数，即 X 的近交系数（F_x）应为：

$$F_x = \sum \left[\left(\frac{1}{2} \right)^{n_1 + n_2 + 1} (1 + F_A) \right]$$

式中，n_1：代表由父亲到共同祖先所经过的代数；

　　　n_2：代表由母亲到共同祖先所经过的代数；

　　　F_A：代表共同祖先本身的近交系数；

　　　$\frac{1}{2}$：表示各代遗传结构之半数；

　　　$\sum$：表示所有共同祖先计算值之总和。

公式中的方次，为什么还要加 1，这是因为从父母到子代，每个亲本只贡献了一半血统。

如果共同祖先不是近交所生，此时 $F_A = 0$，公式简化为：

$$F_x = \sum \left(\frac{1}{2} \right)^{n_1 + n_2 + 1}$$

例 1：个体 X 的横式系谱为：

$$X \begin{cases} P \begin{cases} S \\ \\ D \end{cases} \\ \\ Q \begin{cases} S \\ \\ R \end{cases} \end{cases}$$

求 X 个体近交系数。

解：先将横式系谱改写为结构式系谱

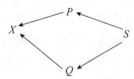

S 为共同祖先，其近交系数 $F_A = F_S = 0$，$n_1 = 1$，$n_2 = 1$，代入公式

$$F_X = \left(\frac{1}{2} \right)^{1+1+1} = \left(\frac{1}{2} \right)^3 = 0.125 \text{或} 12.5\%$$

例 2：个体 X 的结构式系谱为：

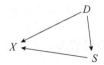

解：D 为共同祖先，又为 X 个体的双亲之一，D 的近交系数为 0，这时 $n_1=0$，$n_2=1$，代入公式：

$$F_X = \left(\frac{1}{2}\right)^{1+0+1} = \left(\frac{1}{2}\right)^2 = 0.25 \text{或} 25\%$$

例 3：X 个体的横式系谱为：

$$X \begin{cases} S \begin{cases} 1 \\ 2 \end{cases} \\ D \begin{cases} 1 \\ 2 \end{cases} \end{cases}$$

求 X 个体的近交系数。

解：将系谱改写为结构式系谱

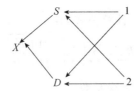

1 和 2 都为共同祖先，且二者都为非近交个体，近交系数为 0，从共同祖先 1 和 2，分别与父亲（S）和母亲（D）连接的通路为：

$$S \longleftarrow 1 \longrightarrow D \qquad n_1+n_2=2$$
$$S \longleftarrow 2 \longrightarrow D \qquad n_1+n_2=2$$

$$F_X = \left(\frac{1}{2}\right)^{2+1} + \left(\frac{1}{2}\right)^{2+1} = 0.25 \text{ 或 } 25\%$$

2. 群体近交系数

估计一个动物群体的平均近交程度，可根据实际情况区别对待。

（1）小群体　可先求出每个个体的近交系数，再计算其平均数。

（2）大群体　可随机抽取一定数量的个体，逐个计算其近交系数。再用样本平均数代表群体平均近交系数。或将大群体分为近交程度不同的若干类别，求出每一类的近交系数，再以其加权平均数代表群体平均近交系数。

（3）闭锁群体　对于长期不从外面引进种畜的闭锁畜群，此时群体平均近交系数以每代平均近交系数增量来表示。

$$\Delta F = \frac{1}{8N_S} + \frac{1}{8N_D}$$

式中，ΔF：群体平均近交系数的每代"增量"；

$\quad N_S$：每代参加配种的公畜数；

$\quad N_D$：每代参加配种的母畜数。

在一般情况下，畜群中母畜数量较人，其数量在 30 头以上时， $\dfrac{1}{8N_D}$ 部分略去不计。

例 4：在一个不存在亲缘关系猪场中，每个世代使用 4 头种公猪配种，6 年中没有引进种公猪，也没有在引进繁殖母猪的儿子中选留种公猪。求这个猪群的平均近交系数。

解：对猪而言，1.5 年约为 1 个世代，6 年约为 4 个世代。每一代的近交增量为：

$$\Delta F = \frac{1}{8N_S} = \frac{1}{32}$$

6 年累计近交系数增量为 $4 \times \dfrac{1}{32}$ =0.125。由于猪群起始近交系数为 0，则 6 年后的平均近交系数亦为 0.125。

（二）亲缘系数

亲缘系数是两个个体间的遗传相关系数。亲缘关系有两种，即直系亲属和旁系亲属。

1. 直系亲属间的亲缘系数

即祖先和后代之间的亲缘系数。计算公式为：

$$R_{XA} = \sum \left(\frac{1}{2}\right)^N \sqrt{\frac{1+F_A}{1+F_X}}$$

式中，R_{XA}：后代 X 与祖先 A 之间的亲缘系数；

　　　N：后代 X 到祖先 A 的代数；

　　　F_A：祖先 A 的近交系数；

　　　F_X：后代 X 的近交系数；

　　　$\sum$：后代 X 与祖先 A 之间亲缘系数之和。

若后代 X 与祖先 A 都不是近交个体，公式简化为：

$$R_{XA} = \sum \left(\frac{1}{2}\right)^N$$

2. 旁系亲属间的亲缘系数

指既不是祖先又不是后代的亲属间的亲缘系数。其计算公式为：

$$R_{SD} = \frac{\sum \left[\left(\frac{1}{2}\right)^N (1+F_A)\right]}{\sqrt{(1+F_S)(1+F_D)}}$$

式中，R_{SD}：个体 S 和 D 间的亲缘系数；

　　　N：个体 S 和 D 分别到共同祖先的代数之和；

　　　F_S：个体 S 的近交系数；

　　　F_D：个体 D 的近交系数；

　　　F_A：共同祖先 A 的近交系数。

如果个体 S、D 和祖先 A 都不是近交个体，则公式可简化为：

$$R_{SD} = \sum \left[\left(\frac{1}{2}\right)^N\right]$$

例5：根据以下结构式系谱：

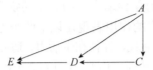

计算 E 与 A，E 与 D 的亲缘系数。

解：先求解 R_{EA}。E 与 A 是直系亲属，$F_A=0$，由 E 到 A 的路径有：

$$E \longleftarrow A \qquad\qquad N=1$$
$$E \longleftarrow D \longleftarrow A \qquad\qquad N=2$$
$$E \longleftarrow D \longleftarrow C \longleftarrow A \qquad\qquad N=3$$

$$F_E = \left(\frac{1}{2}\right)^{1+0+1} + \left(\frac{1}{2}\right)^{2+0+1} = \left(\frac{1}{2}\right)^2 + \left(\frac{1}{2}\right)^3 = 0.375$$

$$R_{EA} = \left[\left(\frac{1}{2}\right)^1 + \left(\frac{1}{2}\right)^2 + \left(\frac{1}{2}\right)^3\right] \times \sqrt{\frac{1}{1+0.375}} = 0.746$$

再求解 R_{DE}。$F_D=0.25$，E 与 D 既可以是直系亲属，也可以是旁系亲属（半同胞）。当 E 与 D 是直系亲属时，$E \leftarrow D$

$$R_{DE1} = \left(\frac{1}{2}\right) \cdot \sqrt{\frac{1}{1+0.375}} = 0.426$$

当 E 与 D 是旁系亲属时，作为半同胞 $E \leftarrow A \rightarrow D$，作为叔侄 $E \leftarrow A \rightarrow C \rightarrow D$，即：

$$R_{DE2} = \frac{\left[\left(\frac{1}{2}\right)^{1+1} + \left(\frac{1}{2}\right)^{2+1}\right]}{\sqrt{(1+0.375)(1+0.25)}} = 0.286$$

所以 E 与 D 的亲缘系数为：

$$R_{ED} = R_{ED1} + R_{ED2} = 0.426 + 0.286 = 0.712$$

第三节 杂 交

一、杂交的概念及作用

（一）杂交的概念

在遗传学中，一般把两个基因型不同的纯合子间的交配称为杂交。在育种学上，一般把不同种群（种、品种、品系）的公母畜的交配称为杂交，不同品系间的交配称为系间杂交，不同种或属间的交配称为远缘杂交。杂交是种群选配的方法之一。

（二）杂交的作用

杂交的遗传效应与近交的遗传效应相反。杂交使群体杂合频率增加，非加性基因效应增大，从而提高了群体平均值。杂交也可以使群体性状表现趋于一致，个体间性状表现均匀整齐，在生产性能和生长发育方面的差异缩小，因而使动物产品的规格更加一致，以利于工厂化和商品化生产。概括起来，杂交的作用表现在以下两个方面。

（1）产生杂种优势　杂交所生后代，往往在生活力、适应性、抗逆性及生产性能等方面都比纯种繁育的后代有所提高，产生"杂种优势"。在以商品生产为目的，特别是以肉类生产为目的的畜牧业中，杂种优势利用是一个不可或缺的重要环节。据实践，猪的杂种后代肥育日增重可提高 10%～20%，杂种母猪窝产仔数平均可提高 5%～10%，仔猪断奶窝增重可提高 8%～17%。

（2）进行杂交育种　杂交能使基因和性状实现重新组合，杂种具有较多的新变异，利于选种，也使杂种后代具有较大的适应范围。杂交后代综合了双亲的性状，使原来不在一个群体的基因集中到一个群体中来，原来分别在不同种群个体身上表现的性状集中到同一种群个体上来。以此为素材，通过合理的选种选配，可能育成新的品种。杂交还具有改良作用，能迅速提高低产品种的生产性能，改变个别缺点或改变种群的生产方向。例如，用细毛羊品种的种公羊与粗毛羊品种的母羊杂交，可把粗毛羊改良成细毛羊。同样，也可用乳牛品种与役用牛杂交以生产乳用或乳役兼用牛。

二、杂交的分类

杂交的分类方法较多，通常依种群关系远近、杂交目的不同进行分类。

（一）根据种群关系的远近

按照杂交双方种群关系的远近，可将杂交分为系间杂交（杂配）、品种间杂交（杂交）、属或种间杂交（远缘杂交）等几种。目前在我国的杂交利用和杂交育种中，采用较多的是品种间杂交。

（二）根据杂交的目的

按照杂交目的不同，可将杂交分为经济杂交和育种性杂交两类，其中经济杂交包括简单杂交、三元杂交、顶交、底交、轮回杂交、生产性双杂交等杂交方式，育种性杂交包括级进杂交、导入杂交、育成杂交等杂交方式。

杂交方式和目的是有一定联系的，但也不一定完全一致。以下概括介绍各种杂交方式的概念和应用。

1. 简单杂交

就是选用能够产生最大特殊配合力的两个品种或品系直接进行品种间或品系间的二元杂交，所产生的杂种一代无论公母，全部作为商品生产的畜禽加以利用。其最大特点就是仅仅利用 F_1 本身的杂种优势，而没有利用父本和母本的杂种优势，故称为简单杂交。这种形式也称经济杂交，简单易行，并有良好的实际效果，可在杂交生产利用的起步阶段广泛使用。

对于特定地区，开展二元杂交时，应以当地最多的品种、品系作为母本，然后经过杂交试验引进能产生最大特殊配合力的品种、品系作为父本即可。

2. 导入杂交

也称引入杂交。指一个品种或种群基本上符合要求，但有某项缺点时，选择一个与之基本相同但能改进其缺点的品种（引入品种）与之杂交的方式。其目的是改良种群的某种缺陷，并不是改变、甚至是有意保留它的其他特性或特征。一般情况下，不需要改变品种的生产方向、不需要根本改造品种或畜群，或自然条件和经济条件不能满足外来品种的要求时，都可以应用导入杂交。

应用导入杂交时，应慎重选择引入品种，保证引入品种的生产方向与原品种基本相同，且具有针对其缺点的显著优点；引入的公畜最好经过后裔测验，证明其遗传的稳定性。一般导入外血的量不超过 1/8～1/4。外血过多，会导致原品种特性的丧失，一般在所生后代具有 1/8 引入品种"血液"和 7/8 原来品种"血液"时才进行横交（图 10-2）。对于特定地区，应用导入杂交应在保留一定规模的地方良种纯繁群的基础上进行，限定范围在育种场内进行少量杂交，切忌在良种产区普遍进行，以免造成地方良种混杂。

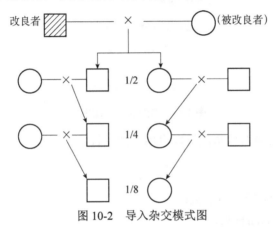

图 10-2 导入杂交模式图

3. 级进杂交

又称改良杂交、改造杂交或吸收杂交。把两个品种杂交得到的杂种连续与其中一个品种进行回交，直至被改良品种得到根本改造，最后得到的畜群基本上与一个品种相同，但也吸收了另一个品种的个别优点。其实质是通过杂交以动摇被改良品种的遗传性，并使杂种母畜一代复一代与改良品种回交，使改良品种的血统份额随代数增加。一级一级向改良品种靠近，最后使之发生根本性变化（图 10-3）。级进杂种的外血份额可依下式计算：

$$外血份额=\frac{2^n-1}{2^n}$$

式中，n：代表级进代数。

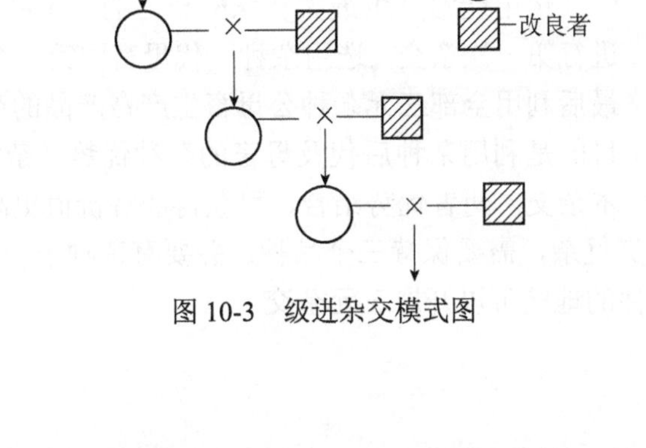

图 10-3 级进杂交模式图

　　为了快速提高动物的某种生产性能，获得大量适应性强、生产性能高或其他用途的畜禽时，往往采用级进杂交。在培育新品种的过程中，也采用级进杂交对原品种进行过渡性改良。

　　级进杂交时，杂交代数要适当。级进达到育种要求后，就应自群繁育，不必过多地追求杂交代数。实践证明，用细毛羊改良粗毛羊，肉用牛改良役用牛，一般杂交到 3～4 代即可。猪的级进杂交以 2～3 代为宜。代数过多，杂种体质下降，反而会降低生产性能。

　　4. 轮回杂交

　　指利用两个或两个以上品种有计划地轮流杂交，可以大量使用轮回杂种母畜禽作母本，只需引进少量纯种父本即可连续进行杂交的方式（图 10-4）。其目的是利用杂种后代及母本的杂种优势。

$$A\male \times B\female$$
$$\downarrow$$
$$AB\female \times C\male$$
$$\downarrow$$
$$CAB\female \times A\male$$
$$\downarrow$$
$$ACAB\female \times B\male$$
$$\vdots$$

图 10-4　轮回杂交示意图

　　轮回杂种畜禽各世代的遗传基础组成可用下式估计：

$$K = \frac{a}{2^n - 1}$$

式中，K：轮回杂种遗传组成平衡系数；

　　　n：参加轮回杂种的品种数；

　　　a：按 1，2，4，8，16… 变化的几何级数。

例 6：3 品种轮回杂交后，求轮回杂种畜禽的遗传平衡系数。

解：
$$K = \frac{1}{2^3 - 1} : \frac{2}{2^3 - 1} : \frac{4}{2^3 - 1}$$
$$= \frac{1}{7} : \frac{2}{7} : \frac{4}{7}$$

　　杂种畜禽的遗传基因有 4/7 源自产生该个体的父亲品种，2/7 来自产生该个体的祖父品种，1/7 来自产生该个体的曾祖父品种，此比例逐代交替轮流顺次变换。

　　轮回杂交的优点是利用母畜在繁殖性能方面的杂种优势，每代引入种公畜，交配双方遗传基础差异较大，始终都能保持较强的杂种优势。

　　5. 三元杂交

$$A（\female） \times B（\male）$$
$$\downarrow$$
$$F_1\female \times C（\male）$$
$$\downarrow$$
$$F_2$$

图 10-5　三元杂交模式图

　　选用能够产生最大特殊配合力的三个品种，先用其中两个品种进行第一次杂交，选用杂种一代母畜同第三个品种进行第二次杂交，最后利用全部三元杂种公母畜生产畜产品的杂交方式（图 10-5），其目的是利用杂种后代及母畜的杂种优势。杂种母本与第三个优良父本杂交，两者优势结合，可获得经济价值更高的三元杂交种。

　　三元杂交比二元杂交复杂，需要保持三个品种，并要有杂种子一代母畜群，但其杂交效果比二元杂交好。有条件的地区可以开展三元杂交。

6. 双杂交

用 4 个品种先两两分别进行二元杂交生产单杂交杂种，然后再利用这两个二元单交种进行杂交生产四元双交种，四元双交种无论公母，都作经济利用，生产高产商品种（图 10-6）。其目的是利用杂交后代、母本和父本的杂种优势。其优点是遗传基础广泛，容易获得更大的杂种优势。发达国家在肉蛋生产中基本上应用四元双杂交或类似四元双杂交进行生产。一般白壳蛋鸡 A、B、C、D 四元配套杂交鸡基本上都是来航鸡的各种近交系；肉鸡多数是由白洛克鸡（CD 鸡）与考尾会鸡（AB 鸡）分别选出特殊配合力最佳的 4 个品系；肉猪多数是长白、大白（CD 系）与汉普夏、杜洛克（AB 系）四个品种选出的最佳配套组合。国内目前也在逐步推广应用双杂交进行肉蛋生产。

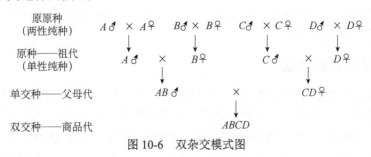

图 10-6 双杂交模式图

7. 顶交

以近交系的公畜与没有亲缘关系的非近交系母畜杂交，以结合近交系公畜在主要性能方面的有利显性基因和非近交系母畜在繁殖力等方面的优势，创造比较全面的杂种优势。

8. 底交

利用非近交系的公畜与近交系的母畜杂交的方式。

三、杂种优势及其度量

远在两千多年前，我国古代劳动人民利用驴、马杂交产生骡，其耐力和役用性能均优于驴和马。汉唐时从西域引入大宛马，与本地母马杂交产生健壮的杂种马，总结出"既杂胡种，马乃益壮"的宝贵经验。直至近代，提出了杂种优势的概念，并就其产生的机理、利用等开展了比较深入的研究。目前，杂种优势利用已成为现代工厂化动物生产不可缺少的重要环节，在方法上也日趋精确和高效，已由种间或品种间杂交，发展为配套系间杂交的一整套体系。

（一）杂种优势

指不同种群品种、品系或其他种用类群杂交所生的杂种后代在生活力、耐受力、抗病力、繁殖力等生产性能方面的表现优于亲本纯繁个体的现象。就性状而言，是指杂种某一性状的表型值超过双亲该性状平均表型值。例如，某引进优良品种的平均日增重为 600 g，本地猪群体平均日增重 350 g，两者杂交产生的杂种群体平均日增重 500 g，这就表现了平均日增重性状的杂种优势。

杂种优势的产生，主要是由于优良显性基因的互补和群体中杂合子频率的增加，从而抑制或削弱了不良基因的作用，提高了整个群体的显性效应和上位效应。对于动物整个机体表现为生活力、耐受力、抗病力和繁殖力提高，饲料利用能力增强，生长速率加快。对于数量性状，表现为群体平均表型值提高。对于质量性状，表现为畸形、缺损、致死或半致死现象减少。

杂交不一定都产生杂种优势，就像近交未必都会产生近交衰退一样。杂种是否表现优势，在哪方面表现优势，有多大优势，主要取决于杂交用的亲本群体的质量以及杂交组合是否恰当。如果亲本群体缺少优良基因，或亲本群体在主要经济性状上基因频率差异不大，或在主要性状上两亲本群体所具有的非加性效应很小，或发挥杂种优势的饲养管理条件不具备，等等，都不能表现出理想的杂种优势。

杂交有时也会出现不良的效应。由于某些基因间存在负的显性效应，杂交时的基因重组使得这些非等位基因增加了互作的机会；或者某些等位基因间存在负的显性效应，因而杂合子的基因型值低于两纯合子的平均基因型值，杂种的群体均值反而低于双亲均值，出现杂种劣势现象。但总的看来，杂种优势总是多于劣势。另外，所谓优劣是相对的，随育种目标的变化，判断优劣的标准也随之变化。

（二）杂种优势的度量

一般用杂种后代的群体平均值与亲本纯繁时群体均值相比较，来估计或度量杂交效果。

（1）预估杂种优势的依据　　就种群而言，种群间差异较大（分布地域距离远、来源差别较大、类型不同的种群），或长期与外界隔绝的种群间杂交，一般可获得较大的杂种优势。就性状而言，遗传力较低，近交衰退比较严重的性状，或变异系数小的经济性状，一般说来杂交效果较好。

（2）度量指标　　一般采用杂种优势值和杂种优势率作为衡量杂交效果的计量指标。公式如下：

$$H = \overline{F}_1 - \overline{P}$$

$$H(\%) = \frac{\overline{F}_1 - \overline{P}}{\overline{P}} \times 100\%$$

式中，H：杂种优势值；

　　　H（%）：杂种优势率；

　　　$\overline{F}_1$：子一代杂种平均值，即杂交试验中杂种组的平均值；

　　　$\overline{P}$：亲本种群平均值，即杂交试验中各亲本种群纯繁组的平均值。

为了便于不同性状间比较，把杂种优势值以相对值表示，即杂种优势率。

（三）配合力

配合力就是种群通过杂交能够获得杂种优势的程度。为了确定种群间杂交效果的大小或所能获得的杂种优势的程度。通过杂交试验进行配合力测定，选择理想的杂交组合，配合力有一般配合力和特殊配合力之分（图10-7）。

（1）一般配合力　　一个种群与其他各种群杂交所能获得的平均效果。其遗传基础是基因的加性效应，因为显性效应和上位效应在各杂交组合中有正有负，在平均值中已相互抵消。如果一个品种与其他各品种杂交经常能够得到较好的效果，如内江猪与许多品种猪的杂交效果都很好，说明其一般配合力好。

（2）特殊配合力　　两个特定种群之间杂交所能获得的超过一般配合力的杂种优势。其遗传基础是基因的非加性效应，即显性效应和上位效应。

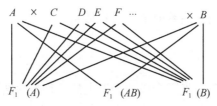

图 10-7　两种配合力概念示意图

F_1（A）：A 种群与 B、C、D、E、F…各种群杂交所生各种一代杂种性状的平均值，即 A 种群的一般配合力；

F_1（B）：B 种群与 A、C、D、E、F…各种群杂交所生各种一代杂种性状的平均值，即 B 种群的一般配合力；

F_1（AB）：A、B 两种群杂交产生的一代杂种性状的平均值；

F_1（AB）$-\dfrac{1}{2}[F_1（A）+F_1（B）]$：$A$ 与 B 种群的特殊配合力

　　实际上，一般配合力所反映的是杂交亲本群体平均育种值的高低，所以，一般配合力主要依靠纯种繁育来提高。遗传力高的性状，一般配合力的提高比较容易；反之，则不易提高一般配合力。特殊配合力所反映的是杂种群体平均基因型值与亲本平均育种值之差，其提高主要依靠杂交组合的选择。遗传力高的性状，各组合的特殊配合力不会有多大差异，而遗传力低的性状则相反。

　　（3）配合力测定　一般通过设立全部亲本的纯繁组作为对照，并设置一二个重复，在相同或相似的饲养管理条件下进行杂交试验进行配合力测定。主要是测定以杂种优势率表示的特殊配合力。

　　例 7：某种动物亲本纯繁群和杂种二代的平均日增重效果如表 10-2 所示。

表 10-2　杂交试验结果

组别	平均日增重（g）
$A×A$	180.56
$B×B$	258.85
$C×C$	225.10
$C×AB$	278.41

在三品种杂种中，亲本 C 占 1/2 血统，亲本 A、B 各占 1/4 血统，求杂种优势率。

解：

$$\bar{P} = \frac{1}{4}(180.56 + 258.85) + \frac{1}{2} \times 225.10$$

$$=222.40（\text{g}）$$

$$H(\%) = \frac{278.41 - 222.40}{222.40} \times 100\%$$

$$=25.18\%$$

（四）提高杂种优势的措施

　　首先，杂交亲本的选择与提纯是杂种优势利用最基本的环节。亲本群体愈纯，杂交双方基因频率之差愈大，杂种的基因组合能产生较大的非加性效应，杂种优势愈明显。所以，亲本的纯度和质量直接影响杂交的效果。其次，选择最佳杂交组合是杂种优势利用的关键环节。通过配合力测定，选出品种或品系间的最佳杂交组合，确定本地区杂种优势利用的主要配套品种或品系。最后，建立专门化品系或杂交繁育体系。

四、杂交育种

所谓杂交育种就是运用杂交将两个或两个以上的品种特性结合在一起，通过合理的选种、选配、品种培育，创造出新的品种。杂交育种是培育家养动物新品种的重要途径，在国内外都普遍采用。

（一）杂交育种的方法

通过杂交培育新品种，在方法上是各式各样的。

1. 依品种数量而分

根据杂交育种过程中应用品种的数量，可分为简单杂交育种和复杂杂交育种。

（1）简单杂交育种　通过两个品种杂交培育新品种的方法。这种方法所用品种少，杂种的遗传基础相对比较简单，获得理想型和稳定其遗传性比较容易，因此培育的速度较快，所用时间较短，成本也低。我国的新淮猪、乌克兰草原白猪就是通过简单杂交育成的。

（2）复杂杂交育种　通过三个以上品种的杂交培育新品种的方法。这种方法用的品种较多。后代的遗传基础较复杂，杂种后代的变异范围常常较大，需要的培育时间往往较长。我国的新疆毛肉兼用细毛羊、东北毛肉兼用细毛羊、内蒙古毛肉兼用细毛羊就是通过复杂杂交育成的。

2. 依育种目的而分

依育种工作的具体目的，可将杂交育种方法分为三类。

（1）改变生产力方向的杂交育种　原来畜禽品种的产品和种类不能满足经济和市场需求的情况下，通过导入杂交、级进杂交等方式，改变原品种生产力方向。例如，我国役用牛的需要量逐步减少，役用牛面临着生产力方向的改变。

（2）提高生产性能的杂交育种　原来畜禽品种的产品和种类尚能满足需要，但主要经济性状的表现水平较低，通过导入杂交、轮回杂交等方式，提高原品种的生产性能。我国地方畜禽品种数量众多，具有体质结实、耐粗饲、抗逆性强等特点，生产性能全面但低下，在保存地方品种资源的基础上，开展提高生产性能杂交育种工作是一项长期而艰巨的任务。

（3）增强抗逆性的杂交育种　任何畜禽品种都是在特定自然和生态条件下的产物，具有本身最适宜的推广范围。异地饲养，有些品种会对一些特殊条件如热带、寒带或有地方病地区就不能适应，采用导入杂交，级进杂交等方法，增进其抗逆性能。我国土地辽阔，生态条件复杂，培育具有特异抗逆性、抗病性的品种非常必要。

（二）杂交育种的步骤

杂交育种过程划分为三个阶段。

1. 杂交创新阶段

通过杂交手段来达到创造新的理想型目的的阶段。应用杂交的方法，用两个或两个以上品种的优良特性，通过基因重组和培育，改变原有家畜类型，创造新的符合育种目标的理想型。育种初期，通过杂交试验进行配合力测定，确定父本和母本品种，考虑采用什么样的选配方式，杂交究竟进行几代。为保证新品种能适应当地条件，亲本品种应当有一个是当地品种。

实践中，杂交育种可在原品种杂交改良的基础上进行，这样可以缩短育种周期。杂交代数的多少，采用哪一种杂交方式，要根据育种目标和以往杂交结果而定。一般在杂种出现理想类型后，杂交即停止，转入下一阶段。

2. 理想型横交固定阶段

通过自群繁育的手段，使杂种理想型达到相对稳定的阶段。在杂交阶段，由于基因分离重组，杂种个体多种多样。当杂种群占总数15%左右的个体达到理想型要求，要培育出遗传性较稳定的杂种公畜时，即可组成杂种自群繁育基础群。再通过杂种间互相选配（横交），使后代遗传性稳定下来。

自群繁育基础群的个体，可以包括几个世代的杂种，凡是符合理想型的杂种个体都可以集中在基础群内进行横交。对参加横交的杂种公畜，必须严格挑选。一般而言，同类型的一代杂种不宜互相交配，因其后代可能出现严重分离现象。另外，建立基础群时，考虑选育出若干优良父本，以品系繁育方式，建立若干品系，以便形成品种结构。

3. 扩群提高阶段

通过繁育手段使已完型的类群数量增加，质量提高，以至成为一个品种的阶段。大量繁殖已固定的理想型，迅速增加其数量，扩大其分布地区，提高品种品质，培育新品系，建立品种整体结构，达到一个品种所应具备的条件。

实践中，一般实行繁殖与推广相结合生产利用方式。积极推广优良种畜，在生产中检验其种用价值，并逐步扩大其数量和分布地区，使该品种具有广泛的适应性。

通过以上三个阶段形成的品种，经过有关单位鉴定验收，认为符合品种条件时，即确立为一个新的品种。通过品种比较试验，进一步示范和推广。

───── ◈ **本章小结** ◈ ─────

动物的交配方式大体上可分为随机交配和非随机交配两大类。选配是根据动物遗传育种的需要，有计划有目的地控制亲本双方的交配。可以根据个体的表型进行选配，也可以根据个体间的亲缘关系进行选配。选种和选配，是相互联系而又彼此促进的，利用选种以改变畜群的各种基因比例，利用选配以有意识地组合后代的遗传基础。5代以内双方具有共同祖先的公母畜交配是近交，而不同种群（种、品种、品系）的公母畜的交配是杂交。杂交可以产生杂种优势，也是培育家养动物新品种的重要途径。

───── ◈ **思考题** ◈ ─────

1. 名词解释：
选配　同质选配　异质选配　近交　近交衰退　杂交　杂种优势　配合力
2. 选配的作用有哪些？
3. 选种和选配的关系如何？
4. 近交的作用有哪些？
5. 防止近交衰退的措施有哪些？
6. 杂交的作用有哪些？
7. 简述杂交的分类。
8. 简述杂交育种的步骤。

第十一章 育种体系与育种方案

第一节 育种的原理与方法

本品种选育、品系繁育在纯种繁育、杂交育种以及杂种优势利用等方面，发挥着重要作用。

一、本品种选育

（一）概念

本品种选育是在一个品种的生产性能基本上能满足社会和市场需要，不必作重大方向性改变时，在本品种内部通过选种选配、品系繁育、改善培育条件等措施，或针对某些严重缺陷导入不超过 1/8 外血，以提高品种性能的一种方法。其目的是保持和发展本品种的优良特性，增加品种优良个体的比例，克服本品种的某些缺点，并保持品种纯度和提高整个品种质量。

纯种繁育与本品种选育是有区别的。纯种繁育一般是在本品种内进行繁殖和选择，目的是获得纯种，并强调保纯。本品种选育不仅包括本品种纯种繁育，也包括某些地方品种和群体的改良和提高，不强调保纯，也不排斥某种程度的小规模杂交。

（二）作用

首先，本品种选育可以有效防止品种退化。任何一个良种，虽然控制优良性状的基因在该群体中有较高频率，但是由于漂变、突变、自然选择等作用，优良基因的频率就会逐渐降低，甚至消失，导致品种退化，因而必须开展经常性的选育工作。其次，通过本品种选育，可为育种提供选择的素材。任何品种内部都存在着差异，这些彼此有差异的个体间交配，由于基因重组，后代中出现多种多样的变异，为选择提供丰富的原材料。因此，通过本品种选育可以迅速提高地方良种和培育品种的质量。例如，新疆细毛羊生长、产毛量的提高，秦川牛体重、体尺的增加等，都是本品种选育的结果。

二、品系繁育的含义及作用

（一）含义

狭义的品系繁育是指一种特殊的近交方式，即围绕畜群中某一优秀祖先或某一血统进行近交，使后代同系组保持较近的血缘关系，使系祖的优良性状能稳定地遗传下去。广义的品系繁育则包括建系目标的确立、基础群的选择、选配方式的确定，近交的具体应用、配合力测定以及品系的鉴定、验收和利用等一系列繁育措施。

（二）作用

在动物育种实践中，品系繁育是培育品系和提高现有品种的一项重要措施。品系繁育可以改良现有品种和促进新品种的形成，能充分利用杂种优势。其作用表现在以下三个方面。

（1）提高品种质量　一般情况下，动物群体中的优秀个体是少数。采用品系繁育，就能比较迅速地增强优秀个体对群体的影响，使个别优秀个体的优点迅速扩散为群体所共有的特点，甚至使分散在各个体中的优良特性，迅速集中并转变为群体所共有的特点。但品系繁育不是简单地保持并复制优秀系祖的特点，还可吸收其他祖先的优良性状，使之集中、巩固、代代提高。另外，品种改良需要改变的性状往往不至一两个，性状间可能存在负相关，同时改良几个性状，会出现此升彼降的现象，选择进展较慢，若将各个性状分别在不同畜群中选择，建立几个各自突出某一优良性状的品系，再通过有计划的品系间杂交，形成兼备多种优良性状的新品种，则大大提高选育效率。

（2）充分利用杂种优势　品系是闭锁繁育群体，通过若干代的选同交配和近交，品系遗传性逐步稳定，基因型逐步趋于纯合。这样的种群既具较高的种用价值，又是杂种优势利用的良好亲本。通过品系繁育，能更有效地利用杂种优势，选育杂交亲本，生产规格一致、品质优良的商品畜禽。近年来，猪、禽肉类生产中，都广泛地采用了品系间杂交。

（3）促进新品种育成　在杂交育种过程中，获得一定数量的理想杂种群时，可采用品系繁育方法，培育出若干各具特色的品系，再经过品系间杂交，建立品种的整体结构，促进新品种的育成。例如，世界著名的短角牛育成过程中，品系繁育发挥了重大作用。

第二节　品系的建立与维持

一、建立品系的必备条件

品系繁育是一项极其重要的育种措施，技术性比较强。其基础工作是品系的建立，建立品系必须具备几个条件。

（一）数量条件

畜禽数量是决定建系成败的重要保证，要建立一个品系需要一个相当规模的畜群。在少数几头家畜中进行品系繁育是不可能的，只有一个品系也无法进行品系繁育。世界各国对于建系所应具备的数量要求不一。例如，德国学者认为，猪每一个品系应有 8～20 个家系，每个家系应有 30 头母畜、2 头公畜和 3 头后备公畜，合计要 280～700 头。加拿大拉康比猪仅以 396 头的规模获得了种畜证书。我国的广东大花白猪以 120 头左右的基础群规模通过了品系鉴定。另外，建立单系一般比群系所需的基础群要小些。

（二）质量条件

品系必须是高产的畜群。只有在性能优越于当地平均水平的畜群中建系，才能保证新建立的品系能发挥改良和杂交的作用，这就要求基础群的种畜从质量上是优秀的、有特点的。

（三）外界条件

饲养管理条件的相对稳定，是保证选育成功的必备条件之一，没有合理而稳定的饲养管理，就会影响品系繁育的效率。育种组织的管理、协调、物力、财力、技术的支撑等都是进行品系繁育必不可少的条件。

二、建系的方法

建系的方法较多，但从基本理论上大体可分为系祖建系法、近交建系法和群体继代建系法三种。

（一）系祖建系法

从品种中准确选出遗传性稳定、性能突出的优秀个体作为系祖，大量繁殖、选择、培育系祖的继承者，由那些完整继承其优良性状的个体成员组成品系。其实质是选择和培育系祖及其继承者，并进行适宜的近交或同质选配，巩固优良性状并使之变为群体的共有特点。其建系步骤如下。

（1）发掘系祖　分析系谱，发掘高产家畜或家族，从中物色系祖。运用后裔测验或测交，证明系祖确实能将优良性状稳定地遗传给后代，且无不良隐性基因。系祖一般最好是公畜。

（2）选种选配　围绕系祖，以一定数量的基础群母畜与之交配，在最初一二代采用同质交配，到第三代围绕系祖进行交配。为迅速巩固系祖的优良性状，也可以采用较高程度的近交；最好采用近交与远交交替的方式，以防止衰退或性状遗传性的动摇。

（3）扩大繁殖　优秀系祖继承者之间交配，迅速繁殖，群体内的亲缘系数上升，优良性状得到巩固，从而形成遗传性稳定、生产性能一致的群体成员，达到品系要求的数量和质量条件。

系祖建系法简单易行，群体规模也小，无固定的选配模式，以获得大量符合品系要求的优秀后代为最终目的。

（二）近交建系法

利用高度近交如母子、全同胞或半同胞交配，使优良性状的基因迅速达到纯合，以达到建系目的，其建系步骤如下。

（1）建立基础群　高度近交易出现衰退，需淘汰大量不良个体，因而需要用较多数量的母畜和一定数量的公畜组建基础群。基础群的公畜要求品质优良且为同质，最好经过后裔测验或测交，证明其遗传性稳定、育种价值高且不携带隐性不良基因。

（2）实施高度近交　一般采用连续的全同胞交配来建立近交系，虽然亲子交配与全同胞交配产生后代的近交系数不同，但前者后代的基因更多地来源于一个亲本，后者基因均等地来自两个亲本。对于隐性有害基因的纯合来说，连续全同胞交配优于亲子交配。近交时，既考虑亲本个体的品系，又要分析选配的效果，以上一代的近交效果决定下一代的选配方式。出现衰退的个体，坚决予以淘汰。为避免近交衰退而导致的建系失败，有人提出采用小群分散建立支系，然后综合最优秀的支系，建立近交系。这样，分散的支系群体小，易于控制，即使建系失败，损失也较小。

（3）选优固定　近交4~5代起出现优良性状组合，群体纯合化。从中严格选择，并大量繁殖，从而建成优良的近交系。

近交建系与系祖建系不同，不仅在于近交程度的不同，而且近交的方式也不同。前者需要建立基础群。在鸡、猪育种方面，可以采用近交建系法。品系纯度高的近交系，对疫苗和药物的效价反应灵敏，准确度高，因而试验动物培育近交系更具特殊意义。

（三）群体继代建系法

从选集基础群开始，封闭畜群，在闭锁小群体内逐代根据生产性能、体质外貌、血统来源等进行相应的选种选配，培育遗传性能稳定、整齐均一、符合品系预定标准的畜群。其建系步骤如下。

（1）选集基础群　按建系目标，将预定的每一特征、特性的优良基因都汇集到基础群的基因库中。基础群的个体，必须具有优良的高遗传力性状。如建立突出个别性状的品系，基础群的个体以同质为好，如建立兼具多方面性状特点的品系，基础群的个体以异质为好。另外，为保证基础群具有广泛的遗传基础，群内个体间应无亲缘关系，并保持适当的数量和公母比例。根据实践，猪的基础群每个世代应用 50～100 头母猪、10 头以上的公猪；鸡的基础群应用 1000 只母鸡和 200 只公鸡为宜。

（2）闭锁繁育　选集基础群后，严格封闭畜群，不再引入其他来源的种畜，以加速理想基因型的纯合，迅速集中和稳定优良性状。闭锁繁育时，采用有控制的随机交配和适当的近交，严格淘汰不良个体。继代选育时，坚持从基础群的后代中选留后备种公畜、种母畜，至少在 4～6 个世代不再引入其他种畜。

（3）严格选留　在始终如一的选种目标指导下，使基因频率定向改变，促成基因型的逐步纯合。为加快选择进展，可采用本身生产性能测定和同胞测定，确定后备种畜选留与否，严格淘汰。一般要照顾到各个家系都要留种，但不必强调家系等数留种，最后集中到若干优良家系选种，其余家系淘汰。另外，继代选育过程中，每代都应有较大的选择强度，并力求保持相对稳定的饲养管理条件，使各世代的性状可以直接比较，提高选种的准确性。这样，基础群经过 4～6 代的闭锁繁育，近交系数达到 10%～15%，群体遗传性稳定，性状指标达到建系目标要求时，群系即告建成。

群体建系法强调缩短世代间隔，加快遗传进展，因此建系速度较快。此方法广泛应用于养猪业、养禽业。目前还采用几个品种的优秀个体组成基础群来培育专门化品系，并通过配合力测定，找出理想的杂交组合，以获得生产性能高的商品畜禽。

以上三种建系方法，可根据实际情况选用，如畜群中个体的品系差异很大，且具有不同的突出性状，可采用异质群体继代选育建系法。如畜群中具有类似或同样特点的优秀个体较多，且相互间无亲缘关系或亲缘关系较远，可采用同质群体继代选育建系，畜群中同一类群只有极少数优秀个体，且经过后裔测定证实具有优良的遗传性能，则采用系祖建系法。若畜群中有突出优点的个体虽然数量不多，但公、母畜都有，应采用近交建系法。

三、品系的维持

畜群选择到一定程度后，根据其性能指标、纯度、数量、遗传稳定性、杂交效果等情况，申请并通过鉴定验收。育成品系的目的在于选择提高和推广利用。因此，必须以品系的维持为先决条件，没有品质的维持，就谈不上推广利用。

品系的维持，在技术措施上一般要在原有规模的基础上扩大，适当通过选种选配增大后代群的变异，采用延长世代间隔、各家系等数留种等方法控制近交系数的上升速度，防止品系衰亡。

具体可以考虑如下措施。

（一）扩大畜群数量

品系育成后，要在原有规模的基础上扩大，防止品系衰亡的发生。为了使群体有效含量加大，有利于品系的维持，可以考虑多留些公畜。为了发挥系内公畜的更大作用，在完成品系配种的同时，还可与系外的一般母畜配种。

（二）控制近交系数上升速度

在一般情况下，年平均近交系数上升越快，品系衰亡的可能性就越大。因此，务必控制近交率上升速度。在系内选配家畜时，尽可能选择亲缘关系较远的公母畜交配，以降低平均亲缘系数，也就控制了近交系数的上升速度。例如，每年平均亲缘系数上升为0.8%左右，有意识使群内血缘关系较远的公母畜交配，则年平均近交系数很可能保持在0.3%～0.4%，15年也才上升到5%左右。即使加上品系育成时的近交系数8%～10%，也不过只有12%～15%，说明品系育成后可充分利用15年还不致衰亡。

（三）扩大后代群的变异

加强选种选配，培育继承者，建立一些支系，丰富系群结构，都可使后代群的变异扩大。

（四）延长世代间隔

在建系过程中，为了加快选育进展，就要尽量缩短世代间隔，多数采用头胎留种的世代更替法。如能做到一年一个世代，则每年和每代的亲缘系数都平均上升2%，但是在品系维持阶段，就需将世代间隔适当延长，如能做到两年半更替一个世代，则亲缘系数每年不过上升0.8%，与一年一个世代相比，相差在3倍左右。

延长世代更替，关键在于延长公、母畜的使用时间，而且后备种畜必须在亲代年龄较大时才能选留，使后备种畜与其亲代的年龄之差尽量加大。

（五）各家系等数留种

为使近交系数递增较慢，在品系维持阶段选留种畜时，最好采用各家系等数留种，即每头公畜选留一头最好的子代公畜，每头母畜选留一头最好的子代母畜。尽量避免随机留种。

第三节　引种与风土驯化

一、引种与风土驯化的含义

（一）引种

将异地优良品种、品系或类型引进当地，或将异地优良种用动物的精液或胚胎引入当地，直接作为推广或作为育种材料的工作，就叫作引种。

从动物的生态分布情况看，各种动物都有其特定的分布范围，各自在特定的自然环境条件下生存繁衍，并与其历史发展和农牧业条件相适应，对原产地有特殊的适应能力。一般而言，热带地区的动物品种引入较寒冷的地区容易适应；育成历史悠久，分布地区广泛的优良品种，具有广泛的适应性。

随着国民经济的发展，需要不断提高动物生产的效益，满足人类日益增长的多种多样的需求，必须迅速改良当地原有的动物品种或直接从国外引进优良品种从事动物生产。因而，动物引种会更加频繁。

（二）驯化

动物适应新环境条件的过程中，除能生存、正常地生长发育和繁殖后代外，还能保持其原有的特征和特性，包括育成品种对不良生活条件的适应能力、原始品种对于丰富饲料和良好管理条件的反应以及动物对某些疾病的免疫能力。驯化有两条途径。

（1）直接适应 动物对反应范围内的新环境条件，从引入个体开始，经过后裔每一代个体的发育过程，不断对新环境条件的直接适应。

（2）间接适应 新的环境条件超越了动物的反应范围，可通过交配制度的改变、杂交和选择，淘汰不适应的个体，逐渐改变群体中基因频率和基因型频率，在引入品种保持原有主要特征的前提下，改变其遗传基础，间接适应当地的环境条件。

二、引种时注意的问题

引种必须采取慎重的态度，防止盲目引种，一味崇洋媚外。在认真调研后，确认需要引种时，做好以下几个方面的工作。

1. 正确选择引入品种

在符合经济发展需要和品种资源区域规划的基础上，选择引入具有良好经济价值和种用价值，并具有良好适应性的品种。对于引种后动物暂时性的变化、适应性变异和退化等遗传性变化应有足够的认识。最可靠的办法是先引入少量个体进行试验观察，证明其经济价值及育种价值良好，能适应当地自然条件和饲养管理条件后，再大量引种。

2. 慎重选择个体

严格挑选引入个体。一般选择幼年、健壮的个体，并注意个体间不宜有亲缘关系，公畜最好来自不同品系，个体间品种特性、体质外形等应一致，不携带有害基因和遗传疾病。

3. 妥善安排调运季节

安排调运时间时注意原产地与引入地的季节差异，使动物机体有一个逐步适应的过程。如由温暖地区引至寒冷地区，宜于夏季抵达，而由寒冷地区引至温暖地区，宜于冬季到达。

4. 严格检疫制度

加强动物检疫制度，严格实行隔离观察，切实防止疾病传入。

5. 加强饲养管理

接运过程中，根据原来的饲养习惯，创造良好的饲养管理条件，选用适宜的日粮类型和饲养方法，添加抗应激药物，携带原产地饲料，供途中和初到新地区饲喂，并注意营造小气候，预防水土不服。同时，预防地方性寄生虫病和传染病。

6. 加强适应性锻炼

采用各种方式，使引入动物建立起与引入地相适应的生理机制，真正使其在新引入地安家落户。

三、引入品种的选育提高

从本质上看，引入品种的选育属于本品种选育的范畴，凡本品种选育的措施，同样适用于引入品种的选育提高。但引入品种来源于异地，应在风土驯化的基础上开展选育提高。实践中，采取以下措施。

1. 集中饲养

引入同一品种的种畜集中饲养，建立良种场，提高利用效率，良种群的大小因畜种而不同。一般良种场需经常保持 50 头以上的母畜和 3 头以上的公畜，以控制近交系数的上升速度。严格选种选配，保证出场种畜的等级质量。

2. 慎重过渡

创造有利于引入品种特性发展的饲养管理条件，科学饲养，使之逐步适应新的环境条件。

3. 逐步推广

在风土驯化过程中，深入了解品种特性，研究其生长、繁殖、采食、放牧及舍饲行为和生理反应等方面的特点，提供相应的生产和管理配套技术，逐步推广到生产单位饲养。

4. 开展品系繁育

在巩固和发展引入品种优良性状的基础上，可以通过品系繁育，改进引入品种的某些缺点，使之更符合当地的要求。还可以通过同一品种、不同品系的系间杂交，培育当地的综合品系。

另外，引入品种的选育提高还需要建立相应的选育协调机构，负责种畜的调剂和利用。

第四节　品种资源的保存和利用

动物品种和其他生物品种一样，处于动态发展变化之中，一成不变的品种是不存在的。任何动物品种都要经历从无到有的形成、发展和衰退的变化过程。伴随着高产通用少数品种的普及推广，使世界各地经过长期历史发展育成的众多品种资源迅速减少或消失。这种情况在发达国家是早已出现过的过程，在发展中国家还处于出现的过程中，若不重视品种资源的保存将会引发世界性的品种资源危机。

一、品种资源保存的含义和必要性

（一）含义

品种资源保存即保种，就是要妥善地保存既有的品种、特殊的生态型（包括未定名的类群、尚无品种分化的特殊动物种类）以及保存品种中特殊的变异类别，特别是眼前特定利用方式和饲养条件下相对不利的品种，避免其混杂、退化和泯灭。其实质是保存品种（或类型）的基因库，保存品种所具有的基因种类与特有的基因组合体系，使其中每一种基因都不丢失，无论其现在是否有利。

保存动物的品种资源，既不同于微生物，也不同于植物。动物保种要维持一定数量的生活群体，而微生物和植物只要建立种质库就可以进行长期、大批量的种源保存，需用时取出即可。被保存的动物品种多是经济效益不高的，故维持费用很高，要想保存下来十分困难。动物品种资源一旦丧失，就很难再恢复。

（二）必要性

保种问题是目前全球范围内重要的研究课题，保种显得迫切而必要。其原因大致有：①被保存的品种包含着进一步改进现代良种所需要的基因资源，以其作为新品种培育或经济杂交亲本，其价值不可低估。②人类对各种家养动物的利用方式以及不同类型动物产品的社会经济价值是发展变化的，而未来人类对动物产品的需求方向是难以预测的。③不同类型的品种，对各种疾病的非特异性不同，品种的单一化导致许多抗性基因资源的丧失。④人们在不同的自然条件和社会条件下塑造的各种类型的品种，在各自的条件下有其相对的优势，在"良种必须良养"的趋势下，多种多样的品种同时存在，有助于更合理地利用能够用以发展动物生产的自然资源。⑤任何动物的品种都是特定历史条件下的产物，是历史发展的活化石。动物品种是历史赋予我们的丰厚的文化遗产，也是人类文化遗产的重要组成部分。

总之，今天看来似乎"没用"的遗传资源，未来可能有用。而这些资源一旦丧失，就难再恢复。地球只有一个，地球上的生物资源属于我们只有一次。二十一世纪是生物学的世纪，遗传学的发展已经展现了在生物界的广阔范围内通过基因重组塑造新型生物的前景，如果人类在获得这个能力之前就已经丧失了许多不可缺少的基因资源，这将是人类文明史上不可挽回的悲剧。

二、保种原理与方法

（一）保种原理

保种的目标是使基因库的每一种基因都不丢失。从群体遗传学中基因平衡定律可知，只要在群体内进行随机交配就可以使群体的基因频率达到平衡，进而使群体的基因型频率也达到平衡，达到保种标准的基本要求。可见，凡能影响基因频率变化的因素就是影响保种标准实现的因素。

1. 选择

从保种角度看，为使群体各种基因频率保持不变，不带倾向性的选择才有利于维持群体的基因平衡。一旦带有倾向性的选择，将会影响群体的基因平衡，不利于保种。

2. 漂变

保种时，如果具有繁殖能力的群体过小，极易发生遗传漂变而失掉某些基因。从保种角度看，保种群体应有适度规模。

群体规模的大小，影响近交系数上升的速度。在生产中多采用总个体数或有繁殖能力的个体数来表示，但这种方法即使在总头数相同的前提下，因公母比例之不同，使其遗传差异甚大。为便于比较，采用有繁殖能力的有效个体数（N_e），即群体有效规模来表示。

群体有效规模指就近交系数增量的效果而言，群体实际规模（N）所相当于理想群体的个数。

理想群体指规模恒定、公母各半（或雌雄同体），没有选择、迁移和突变，也没有世代交替的随机交配群体。

群体规模对近交系数上升速度的影响有直接影响和间接影响两条途径。其直接影响表现为群体规模与一代间近交系数增量存在数量关系：

$$\Delta F = \frac{1}{2N_e}$$

$$F_t = 1 - (1 - \Delta F)^t$$

式中，ΔF：每代的近交系数增量；

$\quad\quad N_e$：群体有效规模；

$\quad\quad F_t$：t 代的近交系数；

$\quad\quad t$：世代数。

例：要使畜群自繁 4 代后的近交系数不高于 1.5625%，所必需的最小规模是 126.75 头。在一个规模为 100 头的畜群，自繁 4 代以后的近交系数是 1.925%。

3. 留种和交配方式

品种内群体进行随机交配是理想的情况。

实际中，因地理分布和亲缘关系有意或无意被隔离成若干个实际繁殖机会不等的次级群体单位。隔离为若干个次级群体单位后，将会像近亲交配那样导致基因型中的纯合体比例增加和杂合体比例减少。从保种角度看，只要能保存住若干个次级群体再进行随机交配，就可基本保证全群的基因频率稳定。

留种方式也影响保种的效果，留种方式一般有以下三种。

（1）随机留种　在公母比例为 1∶1 的理想群体中，每个交配组合的留种个数完全由机遇决定。这时，保种群有效规模和实际规模相等，即 $\sigma_k^2 = 2$，

$$N_e = \frac{4N}{\sigma_k^2 + 2} = \frac{4N}{2 + 2} = N$$

式中，N_e：群体有效规模；

$\quad\quad N$：群体实际规模；

$\quad\quad \sigma_k^2$：每个个体在群体中留下配子数的方差。

在公母比例不等的非理想群体中，此时

$$N_e = \frac{4N_S \cdot N_D}{N_S + N_D} \quad\quad\quad \Delta F = \frac{1}{8N_S} + \frac{1}{8N_D}$$

式中，N_S：实际参加繁殖的公畜数；

$\quad\quad N_D$：实际参加繁殖的母畜数。

（2）有选择地合并留种　群体中存在有利于一部分交配组合的选择作用时，$\sigma_k^2 > 2$，$N_e < N$。

（3）各家系等数留种　在理想群体中，每个交配组合在群体中留下等数的子女（也就是每个个体留下等数的配子）$\sigma_k^2 = 0$。

$$N_e = \frac{4N}{\sigma_k^2 + 2} = \frac{4N}{0 + 2} = 2N$$

即有效规模是实际规模的两倍，这是最有利于保种的留种方式。

在非理想群体中，此时

$$N_e = \frac{16 N_S \cdot N_D}{N_S + 3N_D}$$

$$\Delta F = \frac{3}{32 N_S} + \frac{1}{32 N_D}$$

例：一群体由 4 头公畜和 20 头母畜组成，采用随机留种，每世代都保持 4 头公畜和 2 头母畜，群体有效含量

$$N_e = \frac{4 \times 4 \times 20}{4 + 20} = 13.33 \text{头}$$

每一世代近交系数的增量为

$$\Delta F = \frac{1}{2 N_e} = \frac{1}{8 N_S} + \frac{1}{8 N_D} = \frac{1}{32} + \frac{1}{160} = 0.0375$$

4. 迁移

被隔离的群体内进行随机交配时均分别有稳定的基因频率，但当群体间出现个体交换时则因迁移导致群体的基因频率改变。如果群体间连续进行迁移，将会使所有群体间的基因频率趋于相等，结果使群体间的差异消失。可见，从保种角度看应控制迁移。

（二）保种方法

保种要求在若干相邻世代内，群体的各种基因频率基本保持不变。为了维持群体现有的基因库在一定时间内基本不变，应采取各种有效的技术措施。

1. 适度规模的保种群

保持一个品种的特性，必须有一个合理的保种群体含量。当然，群体含量愈大，对保种愈有利。但从经营角度看，群体的增大势必要增加相应的资金投入，给保种工作带来许多困难。保种群需要多大的群体，即需要有多少头公母畜，才不致因近交出现退化现象呢？这是非常重要的问题。

保种群体含量的大小与群体的公母比例、留种方式、每世代近交系数增量等密切相关，确定保种群最小规模的方法如下。

（1）确定每世代近交系数的增量　基础群在繁殖过程中，必须使每一世代的近交系数增量不要超过使畜群可能出现衰退现象的危险界限。一般认为，家畜每世代近交系数的增量不应超过 0.5%～1%，家禽则不应超过 0.25%～0.5%。否则，就有可能出现不良现象。

（2）确定群体公母比例　群体中的公畜数过少，难以避免因近交而造成的退化。根据实际情况，各种家畜保种的公母比例猪、鸡为 1:5，牛、羊为 1:8 较为适宜。

（3）确定最低需要的公畜数量　确定群体的适宜近交系数增量和最低公畜数量，可按下列公式计算一个保种基础群所需的最低公畜数，再按比例计算所需母畜数。

随机留种时

$$N_S = \frac{n+1}{\Delta F \times 8n}$$

各家系等数留种时

$$N_S = \frac{3n+1}{\Delta F \times 32n}$$

式中，N_S：保种所需的最少公畜数；

　　ΔF：每世代近交系数的增量；

　　n：公母比例中的母畜数。

例：某一品种羊群，保种目标确定每世代近交系数增量为 0.01，公母比例为 1：8。试问在实行随机留种和家系等数留种情况下，保种基础群规格各需多大？

解：已知 ΔF=0.01，n=8

在随机留种情况下 $N_S = \dfrac{8+1}{0.01 \times 8 \times 8} = 14.06 \approx 15$

即在随机留种时，保种基础群规模至少应有 135 只，其中公羊 15 只，母羊 120 只。

在各家系等数留种情况下

$$N_S = \frac{3 \times 8 + 1}{0.01 \times 32 \times 8} = 9.77 \approx 10$$

$$N_D = 8N_S = 80$$

即实行各家系等数留种时，保种基础群规模至少应有 90 只，其中公羊 10 只、母羊 80 只。

2. 选用最佳的留种方式

采用各家系等数留种时，各家系含量的方差为零，群体有效规模达到最大，是最利于保种的留种方式。实践中，只要做到每头公畜留下等数的子代公畜和等数的子代母畜参加繁殖，每头母畜留下等数的子代母畜参加繁殖，便会收到比较理想的保种效果。

3. 实行随机的交配制度

随机交配有助于在大群体内保持基因平衡，即使在小群体内也可降低群体的近交速率。在保种实践中，只要不出现有害性状，就应尽可能在群内实行完全或不完全的随机交配。

4. 避免无计划的杂交

不应向保种群引进其他品种进行杂交。一旦迁入本品种以外的基因，可使保种群基因种类和频率发生迅速改变。坚持本品种纯繁是很重要的技术措施，切不可为暂时利用杂种优势而使保种群混杂以至泯灭。

5. 有计划建立品种内结构

在较大保种群内应计划建立次级群。建立次级群会分别增加各次级群纯合体的比例，然后各次级群间进行迁移杂交，经若干世代又可使次级群消失。这样的过程可使基因频率恢复到起始状态，以达到保种之目的。

三、动物品种资源的利用

动物品种资源的利用包括家养动物的地方品种资源利用和野生动物资源开发、驯化及利用。前者是品种资源保存利用的问题，后者是野生资源保护驯养的问题。从保存和保护来看，二者既相似又有一致的地方，从利用和驯养来看，两者大不相同。

我国是世界上品种资源最为丰富的国家之一，地方品种一般具有抗逆性强、体质结实、耐粗饲、生产力低但全面的特点。受高产通用性强的外来品种的影响，地方品种正处于存亡的危急时刻。地方品种资源的保存利用问题显得迫切而重要。

（一）地方品种资源的保存利用

绝对化保种是难以实现的。需要经常保存起来的品种资源仅仅是整体中的一部分，其余大部分包括种群增殖部分在内的非保种群都要进行充分利用。其保存利用有以下几个方面。

（1）作为育成新品种的素材　随着社会的发展和人类需求的不断变化，需要不断育成适应现代和未来需要的新品种。可以利用保种群体的某些特点作为育成新品种的素材，通过适当的育种手段育成动物新品种。

（2）作为产生杂种优势的亲本　地方品种内非保种部分可以直接用作产生杂种优势的亲本。既可以直接利用地方品种作为经济杂交的母本，也可以利用其子一代作为经济杂交的母本。实践证明，直接杂交得到的子一代和子一代基础上进一步杂交得到的子代均有提高商品率的杂种优势。

（3）作为本品种选育提高的素材　地方品种内非保种部分也可以根据需要在原产地开展有计划的选育工作。参照社会经济发展的需要，规划育种目标，组建育种群开展本品种选育。这样，既不影响已建立的保种群，也有助于淘汰原有群体内有害的低产基因，同时对地方品种的继续存在是有利的。

总之，保种是利用的前提和基础，保种的最终目的是更好地利用。

（二）野生动物资源的家养利用

20 世纪 70 年代以来，由于发展中国家食物蛋白缺乏的倾向日益严重，药材、毛皮日益增长的社会需求和自然界现存的药用动物和毛皮兽资源贮备急剧下降，野生动物产品在需求多样性上能弥补传统家畜在性能上的不足，且对其产品价值的深入认识等原因，使驯养野生动物的相对经济效益日益提高，使得开发具有相对优势的野生动物资源成为一种合乎逻辑的趋势和客观需要，是引发野生动物驯化再度兴起的动因。野生动物的家养利用有以下几个方面。

（1）建立野生动物保护区　根据实际需要和可能，应有重点地设置一定数量的野生动物保护区，这是保护、开发和合理利用野生动物资源的重要措施。在保护区内还需根据生态情况，采取合理利用和猎取的措施。

（2）进行野生动物的人工饲养繁殖　凡能人工饲养的野生动物，提倡活捉以利于连续生产人类所需要的产品，改变对野生动物杀鸡取卵的毁灭性生产方式。在野生动物保护区周围建立发展一批野生动物饲养场，首先养殖那些经济价值高，易于繁殖且饲料容易解决的野生动物，然后再逐渐扩大发展。

（3）开展野生动物家养化的研究　有重点地选择某些野生动物进行深入的驯化选育研究，逐渐变野生为家养。我国正在驯化的野生动物有梅花鹿、马鹿、林麝、紫貂、水獭等。野生动物驯化面临的主要问题不是技术问题，而是经济支持的问题。随着社会经济的发展，人类饲育的家养动物种类将不断增加。

──────◀ **本章小结** ▶──────

　　本品种选育是在一个品种的生产性能基本上能满足社会和市场需要，不必作重大方向性改变时来提高品种性能的一种方法。其目的是保持和发展本品种的优良特性，增加品种优良个体的比例。纯种繁育一般是在本品种内进行繁殖和选择，目的是获得纯种，并强调保纯。当一个品种不能满足社会需求时，可通过将异地优良品种、品系或类型引进当地，或将异地优良种用动物的精液或胚胎引入当地，直接作为推广或育种材料。引入品种引入当地后，应在风土驯化的基础上采取必要的措施进行选育提高。

　　动物品种处于动态发展变化之中，一成不变的品种是不存在的。任何动物品种都要经历从无到有的形成、发展和衰退的变化过程。因此需要重视品种资源的保存，以避免世界性的品种资源危机。

──────◀ **思考题** ▶──────

　　1. 名词解释：

　　本品种选育　　纯种繁育　　引种

　　2. 品系建立的必备条件是什么？

　　3. 品系建立的方法有哪些？

　　4. 品系维持需要考虑的因素有哪些？

　　5. 引种时需要注意的问题有哪些？

　　6. 简述品种资源保存的含义和必要性。

　　7. 保种的方法有哪些？

　　8. 地方品种资源保存利用的方式有哪些？

第十二章 现代育种原理与方法

现代育种主要指以生物技术和生物信息学为基础的育种方法。归结起来是在分子和细胞水平上的育种，包括分子标记辅助育种、全基因组选择育种、转基因育种、基因编辑育种、体细胞克隆育种、干细胞育种等。分子水平上的选择育种也叫分子育种（molecular breeding）或基因育种（gene breeding），分子育种包括标记辅助选择（marker-assisted selection，MAS）育种、全基因组选择（genomic selection，GS）育种、转基因育种和基因编辑育种。分子育种是利用分子数量遗传学理论和生物技术来改良动物品种的一门新兴学科，是传统动物育种理论和方法的新发展，是现代动物育种技术和方法的重要组成部分。也可以说是在 DNA 水平对动物进行选择、品种选育与改造的技术。细胞水平上的育种包括体细胞克隆育种、干细胞育种等。它是利用细胞生物学、分子生物学技术与胚胎生物工程技术相结合培育新品种的一种综合技术。

本章就现代育种的原理、方法及进展情况做以介绍。为了更好地理解现代育种的原理和方法，有必要先对基因工程基础方面的知识作以概述。

第一节 基因工程基础

基因工程（genetic engineering）是在分子水平上进行的遗传操作，指将一种或多种生物体（供体）的基因或基因组提取出来，或者人工合成的基因，按照人们的愿望，进行严密的设计，经过体外加工、重组或基因编辑，转移到另一种生物体（受体）的细胞内，使之能在受体细胞遗传并获得新的遗传性状的技术。由于被转移的基因一般须与载体 DNA 重组后才能实现转移，因此，供体、受体和载体称为基因工程的三大要素，其中相对于受体而言，来自供体的基因属于外源基因。除了少数 RNA 病毒外，几乎所有生物的基因都存在于 DNA 结构中，而用于外源基因重组拼接的载体也都是 DNA 分子，所以基因工程也叫重组 DNA 技术（recombinant DNA technology）。

传统的育种方法只能通过有性杂交获得动植物新品种，但是由于生殖隔离的制约，有性杂交只能在物种内进行，远缘杂交受到很大限制。基因工程最突出的特点，是打破了常规育种难以突破的物种之间的界限，可以使原核生物与真核生物之间、动物与植物之间，以及人与其他生物之间的遗传信息进行重组和转移。基因工程的研究和应用，为解决农业、工业、医药等生产领域所面临的许多重大问题开辟新的途径。

一、基因工程的研究内容

（一）基因工程基础研究

自基因工程问世以来，基因工程的基础研究一直受到科技工作者的重视。它包括构建一系列克隆载体和相应的表达系统；建立不同物种的基因组文库和 cDNA 文库；开发新的工具酶；探索新的基因工程操作方法；新的基因编辑技术；新的基因克隆技术；基因功能验证技术等。各方面取得了丰硕的研究成果，使基因工程技术不断趋向成熟。

（二）基因工程克隆和表达载体的研究

基因工程的发展与克隆载体的构建密切相关。因此，构建克隆载体是基因工程技术的中心环节，最早构建和发展的用于原核生物的克隆载体，促进了以原核生物为对象的基因工程研究的迅速发展。动物病毒克隆载体的构建成功，使动物基因工程研究取得重要进展。至今虽已构建了数以千计的克隆载体和表达载体，但是构建新的克隆载体和表达载体仍是今后研究的重要内容之一。尤其是构建适合用于高等动植物转基因的表达载体和定位整合载体。

（三）基因工程受体系统的研究

基因工程的受体与载体是一个系统的两个方面。前者是克隆载体的宿主，是外源目的基因表达的场所。受体可以是单个细胞、组织、器官，甚至是个体。用作基因工程的受体可分为两类，即原核生物和真核生物。

在原核生物中，如大肠杆菌是早期被采用的最好受体系统，应用技术成熟，几乎是现有一切克隆载体的宿主。以大肠杆菌为受体建立了一系列基因组文库和 cDNA 文库，创立了大量转基因工程菌株，开发了一大批基因工程产品。

在真核生物中，酵母菌是十分简单的单细胞真核生物，基因组相对较小，有的株系还含有质粒，便于基因操作，是较早被用作基因工程受体的真核生物。动物体细胞也可用作基因工程受体，获得的系列转基因细胞系，可用作基础研究材料，或用来生产基因工程药物。动物以生殖细胞或胚细胞作为基因工程受体，已获得转基因鼠、鱼、鸡及各种家畜等。动物和人类体细胞作为基因工程受体将成为 21 世纪越来越被重视的研究课题。

（四）目的基因研究

基因是一种资源，而且是一种有限的战略性资源，开发基因资源竞争激烈。基因工程研究的基本任务是开发人们特殊需要的基因产物。

目的基因即用于基因工程的外源基因。具有优良性状的基因理所当然是目的基因，而致病基因在特定情况下同样可作为目的基因，具有很大的开发价值。

获得目的基因的途径很多，主要是通过构建基因组文库或 cDNA 文库，从中筛选出特殊需要的基因；也可以使用 PCR 技术直接从某生物基因组或 RNA 反转录产物中扩增出需要的基因；对于较小的目的基因也可用人工化学合成。动物基因工程的目的基因大致可分为三类：第一类是抗性基因，包括抗病和抗恶劣生境的基因；第二类是编码具特殊营养价值的蛋白或多肽的基因；第三类是与动物优异经济性状相关的基因。

（五）生物基因组学研究

近年来生物基因组的研究越来越受到重视，已成为基因工程研究的重要内容。通过生物基因组学的研究试图搞清楚某种生物基因组的全部基因，为全面开发各种基因奠定基础。从实施"人类基因组计划"以来，大部分家畜基因组分析都已完成，并逐渐深入到基因组的功能研究。目前，生物基因组研究已发展从全基因组、外显子组、转录组、甲基化组、miRNA 组、lncRNA 组等的理论研究开始走向实践应用阶段。

"人类基因组研究计划"从 1990 年开始，先后由美国、英国、日本、德国、法国等国实施，我国于 1999 年 9 月也获准参加这一国际性计划，承担人类基因组 1%的测序任务。2000 年完成了人类基因组"工作框架图"。2001 年公布了人类基因组图谱及初步分析结果，针对人体 23 对染色体全部 DNA 的碱基对（3×10^9）序列进行排序，对大约 25 000 个基因进行了染色体定位，构建了人类基因组遗传图谱和物理图谱。为人类几千种遗传性疾病的病因分析及基因治疗提供可靠的依据，并且将保证人类的优生优育，提高人类的生活质量。

在动物方面，2005 年 6 月 6 日家猪基因组序列对外公开；2006 年牛的基因组序列公布；2008 年底，中国参与的鸡基因组计划完成；2010 年 9 月来自澳大利亚、英国、德国、荷兰、韩国、西班牙以及美国的研究人员参与的火鸡基因组测序工作完成；2013 年山羊的基因组序列发布；2014 年绵羊基因组序列发布。

（六）基因功能研究

近几年来，转基因技术已成为研究基因功能常用的重要方法之一。尤其是利用一些模式生物，如鼠、兔、斑马鱼、拟南芥等动植物。转基因技术、基因敲除技术和基因干扰技术可以在细胞和活体上进行基因功能验证。转基因技术是将未知功能的外源基因导入受体细胞，使外源基因随机整合到受体细胞的染色体上，并随着受体细胞的分裂将外源基因遗传给后代，从而获得携带外源基因的转基因生物方法，根据其转基因生物的表型、生理生化等特征的变化证明外源基因的功能。基因敲除技术是采用动物胚胎干细胞介导定向基因转移，使动物体内的特定基因丧失功能的技术，以验证基因的功能。基因沉默技术是针对 mRNA 的操作，旨在抑制基因表达产物的生成，反向验证基因的功能。

（七）基因工程应用研究

基因工程应用研究涉及医、农、牧、渔等产业，甚至与环境保护也有密切的关系。包括基因工程药物、基因工程疫苗、转基因动物研究以及酶制剂工业、食品工业、化学与能源工业及环境保护等方面。

二、基因工程的基本操作程序

依据基因工程研究的内容，概括起来其基本操作程序主要如图 12-1 所示。①基因设计：按照人们对性状的要求，进行目的基因的设计；②基因分离：分离、克隆或合成期望的目的基因；③基因编辑、基因重组与基因验证：对目的基因进行编辑，连接相适应调控序列，或目的基因与载体结合重组并检验表达情况；④转入细胞：把拼接重组的基因转入到受体细胞核中；⑤表达鉴定：检测外源基因是否整合、表达及传递；⑥评价应用：评价和鉴定，确定是否可以推广与应用。

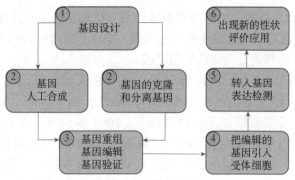

图 12-1　基因工程的基本操作程序

三、基因工程中外源基因表达的技术要点

基因工程的主体战略思想是外源基因的稳定高效表达。为此目的，可从以下四个方面考虑。

（1）DNA 分子高拷贝复制　将外源基因与载体分子重组，通过载体分子的扩增提高外源基因在受体细胞中的剂量，借此提高其宏观表达水平。

（2）转录调控元件的选择　筛选、修饰和重组启动子、增强子、操作子、终止子等基因的转录调控元件，并将这些元件与外源基因精细拼接，通过强化外源基因的转录提高其表达水平。

（3）翻译调控元件选择　选择、修饰和重组核糖体结合位点及密码子等 mRNA 的翻译调控元件，能够强化受体细胞中蛋白质的生物合成过程。

（4）受体细胞增殖控制　合理控制受体细胞的增殖速度和最终数量，是提高外源基因表达产物产量的主要环节。

第二节　标记辅助选择育种

一、分子标记辅助育种的概念

分子标记辅助育种是利用分子标记与目标性状基因紧密连锁的特点，通过对分子标记的检测和选择，达到对目标基因和目标性状选择的目的。

分子标记（molecular marker）是以个体间遗传物质内核苷酸序列变异为基础的遗传标记，是 DNA 水平遗传多态性的直接的反映。与其他形态学标记、生物化学标记、细胞学标记相比，DNA 分子标记的优越性表现在：大多数分子标记为共显性，对隐性性状的选择十分便利；基因组变异丰富，分子标记的数量多；在生物发育的不同阶段，不同组织的 DNA 都可用于标记分析等。所以，要进行分子标记辅助育种首先是必须检测基因组中分子遗传标记的遗传多态性。其次要进行遗传多态性与性状间的关联分析。如果遗传多态性类型与性状间存在显著的关联性，这种标记就可以用于分子标记辅助选择育种。

进入 20 世纪 80 年代中后期以来，随着分子生物学、分子遗传学的迅速发展，以候选基因和 DNA 分子标记为核心的各种分子生物技术不断出现。随之而来，动物遗传育种也已进入分子水平,即分子育种,使育种朝着快速改变动物基因型的方向发展。随着分子生物学和各种分子生物技术的发展,人们可直接从遗传物质的基础上揭示生物的性状特征,而且遗传标记的种类多,因此分子育种越来越受到人们的重视。采用分子育种,可使培育动物新品种的时间由过去的 8~10 代缩短到 2~3 代,其主要方法是对主要经济性状进行基因定位,通过参考群动物利用遗传连锁法和候选基因法测定数量性状座位(quantitative trait locus,QTL)的主效基因以及 DNA 标记辅助选择。这些措施的综合应用,可以大大提高经济性状的选择效率和选择进展,加快品种的改良和新品种的培育速度。

二、分子标记辅助育种的步骤

分子标记辅助育种的步骤见图 12-2。其具体步骤是:①先通过测定动物参考群目标性状的表型值,并做好记录,同时采集参考群个体的血样或耳组织样品,难以采集血样或耳组织样品的动物也可以采集毛发、粪便等;②第二步是测定动物个体基因组 DNA 的多态性,确定每个个体的基因型;③然后进行表型值与分子标记基因型间的关联分析;④通过关联分析,寻找出具有显著差异的分子标记,可供选择性状用;⑤进行待选群体的采样和分子标记的检测;⑥根据基因型检查结果,选择优秀的基因型个体作为候选对象和留种,特别是可以进行早期选择。

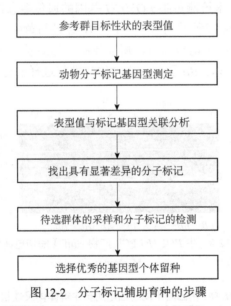

图 12-2 分子标记辅助育种的步骤

三、分子标记技术的类型

动物基因组变异是动物基因育种的基础。分子标记技术的类型取决于基因组遗传变异的类型。从基因组变异的大小可将变异来源分为四个层次:①染色体水平上的变化所引起的染色体重排(chromosomal rearrangement);②基因组中拷贝数变异(copy number variations,CNV),即基因或序列拷贝数的增加或减少,一般 CNV 长为 1 kb 或者更长;③基因组中的微插入/缺失(insertion/deletion,InDels),即基因组序列上某区段碱基的插入或缺失的变异,一般为长度<1 kb 的 DNA 片段;④单核苷酸多态性(single nucleotide polymorphism,SNP),即

基因组序列上的单碱基的改变，即点突变。在分子水平上，一般后三种情况常用于分子标记辅助选择育种。

分子标记技术是在 DNA 的分离提取、DNA 的扩增合成、DNA 的限制性酶切和序列测定等技术的基础上产生的。对于拷贝数变异（CNV），常用 qPCR 技术和测序技术，该技术可以根据检测基因组中 DNA 拷贝数量的变化把个体分为增加型，正常型和减少型三种类型。对于微插入/缺失（InDels），可以设计包含 InDels 片段在内的引物，用 PCR 直接扩增，电泳后就可直接观察判定，并配合测序会更加准确。一般可以得到插入纯合型（II），插入/缺失杂合型（ID）和缺失纯合型（DD）三种类型。对于 SNP 的检测，可用的方法很多，如测序、DNA 杂交、DNA 指纹（DNA fingerprint，DFP）技术、PCR-限制性片段长度多态性（PCR-restriction fragment length polymorphism，PCR-RFLP）技术以及 PCR 技术基础上衍生的许多方法，如 RAPD（random amplified polymorphic DNA，RAPD）技术、RAMP（random amplified microsatellite polymorphism，RAMP）技术、扩增长度多态性（amplified length polymorphism，ALP）、特异性扩增多态性（specific amplified polymorphism，SAP）、微卫星 DNA（microsatellite DNA）标记、小卫星 DNA（minisatellite DNA）标记、单链构型多态性标记（single-strand conformation polymorphism，SSCP）等。此外，还有差异显示（differential display）技术和 DNA 序列分析等。在分子标记基因型确定之后，再与动物性状表型值进行关联分析，得出结果。

例：利用 PCR-RFLP 技术检测黄牛 *POU1F1* 基因的遗传多态性并进行关联分析。结果发现黄牛群体出现 *AA*、*AB*、*BB* 三种基因型（图 12-3），经过与黄牛体尺性状的关联分析，*BB* 型个体在初生重、6 月龄断奶前平均日增重、周岁体高、体斜长、胸围和体重方面都显著的优越，差异显著（表 12-1）。所以，*BB* 型就可作为体尺性状选择的分子标记，将 *BB* 型个体作为候选个体留种。

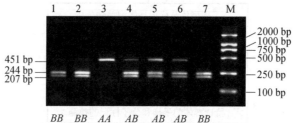

图 12-3　牛 *POU1F1* PCR 产物 *Hinf* I 酶切电泳图

M：Marker

表 12-1　*POU1F1* 基因座不同基因型对黄牛群体体尺性状的关联分析

年龄	生长发育性状	基因型		
		AA	*AB*	*BB*
初生	体重（kg）	30.208±1.162	28.669±0.764 [a]	32.514±0.853 [b]
	断奶前平均日增重（kg）	0.751±0.037	0.718±0.024 [a]	0.799±0.027 [b]
	体高（cm）	109.444±1.246	107.598±0.819	109.056 ±0.914
6 月龄	体斜长（cm）	108.694±1.624	106.686±1.067 [a]	110.861±1.192 [b]
	胸围（cm）	132.361±2.266	130.200±1.489 [a]	135.167±1.662[b]
	体重（kg）	166.949±7.378	159.347±4.849[a]	177.982±5.414[b]

续表

年龄	生长发育性状	基因型		
		AA	AB	BB
12月龄	体高（cm）	115.556±1.321	113.045±0.868 ᵃ	116.306±0.969 ᵇ
	体斜长（cm）	118.583±2.382	116.533±1.565 ᵃ	123.639±1.748 ᵇ
	胸围（cm）	142.361±2.746	141.914±1.805 ᵃ	149.000±2.015 ᵇ
	体重（kg）	210.811±11.516 ᵃ	207.091±7.568 ᵃ	241.692±8.450 ᵇ

注：同一行标注 a 与 b 表示差异显著，没标注的和标注相同字母的表示之间差异不显著

四、分子标记辅助育种的优缺点

分子标记辅助育种的优点是：①操作简便、快速、易于实施；②对群体的规模要求不太严格；③对单基因控制性状特别有效，如：无角、毛色及有害基因控制的性状等；④快速，可以早期选择，加快育种进程，克服传统杂交选择法的各种缺陷，缩短世代间隔；⑤成本比较低。但也有其不足之处：①此方法涉及的位点少，对数量性状选种的准确性有一定的影响；②参考群体若太小，影响准确性。一般参考群体最好在 300 头以上，越大越好。

五、分子标记辅助育种研究进展

1. 研究涉及的 DNA 序列

目前，分子标记辅助育种研究已涉及动物整个基因组序列，既包括核基因组功能基因序列、基因调控序列、基因间隔序列、内含子序列、微卫星序列等，也包括线粒体 DNA 的全序列、编码功能基因序列及 D-loop 区的序列等。在肉牛上，研究的基因已经超过 200 多个功能基因（表 12-2）和 40 多个微卫星位点。

表 12-2　中国黄牛各性状相关部分功能基因研究汇总表

性状	基因名称
肉质脂肪	IGF1R, TCAP, DECR1, PRKAG3, PPARG, CIDEC, CAST, LEP, TG, FABP3, PPARGC1A, CACNA2D1, LPL, MYOD, CDIPT, DNMT1, DNMT3a, DNMT3b, SSTR2, HSP70-1, SCD1, DGAT1……
繁殖性状	GPR54, TMEM95, GRB10, HIF-3α, FSHR, PGR, ESRα, RXRG……
生长性状	NPC1, NPC2, NRIP1, GLI3, STAM2, Pax7, TMEM18, GHRHR, AZGP1, ANGPTL4, MGAT2, GHRL, SDC1, IGFBP-5, PPARG, PCSK1, Ghrelin, AdPLA, GDF10, RARRES2, SH2B1, VEGF-B, PRDM16, TMEM18, BMP8b, KCNJ12, Orexin, PLA2G2D, ADIPOQ, MYH3, FHL1, MICAL-L2, MYH3, SHH, GBP6, NCSTN, MLLT10, PLIN2, ACTL8, MXD3, SPARC, CRTC3, ACVR1, RET, SIRT4, TPR, KCNJ12, SERPINA3, PLAG1, ADD1, MYLK4, OLR1, LEP, TNF, ANGPTL8, GBP2, IGF-1, MC4R, LEPR, CART, MT-ND5, SMAD3, Nanog, SIRT7, I-mfa, PNPLA3, LPL, FLII, CaSR, NOTCH1, ATBF1, WNT8A, PPARY, PPARA, AR, SDC3, BMPER, HSD17B8, TG, SMO, ANGPTL3, CIDEC, CFL2, LHX3, MC3R, NCAPG, STAT3, HNF-4α, PAX3, IGFALS, Foxa2, LXRα, IGF2, ZBED6, SIRT2, PPARGC1A, BMP7, BMP8B, PROP1, PAX6, SH2B2, SIRT1, MYH3, HGF, Wnt7a, ADIPOQ, RXRα, FBXO32, VEGF, MyoG, NPY, SST, GDF10, KLF7, PRLR, GDF5, RBP4, SREBP1c, NPM1, MEF2A, GAD1, NUCB2, PRDM16, POMC, GHSR……
能量代谢	SOD1, HSPB7, EIF2AK4, HSF1……
泌乳性状	MBL1, LAP3, CDH2, GABRG2, SCD, PLSCR5, CLASP1, SMARCA2……
ncRNA	microRNA 370, lncRNA ADNCR……

2. 研究涉及的性状和品种

分子标记辅助育种研究涉及的性状有动物生长发育性状、屠宰性状、肉品质性状、繁殖

性状、抗逆、抗病性状、行为性状、各种经济性状，如产蛋性状、产乳性状、产毛性状、产绒性状等。研究涉及的品种有地方品种、培育品种、引进品种，也有杂交种，几乎涵盖了全部家养动物。

目前，在奶牛、肉牛、猪、绵羊、肉羊、奶山羊、绒山羊、马、驴、鸡、鸭、鹅及许多经济动物上都开展了许多研究。每种家畜家禽都取得一定的阶段性成果。一些成果已用于动物性状的标记辅助选择、品种鉴定和有害基因检测。

六、分子标记研究的应用

分子标记的研究，大大促进了动物分子育种工作的开展，其应用主要表现在以下方面。

（1）构建分子遗传图谱，基因定位　目前用 DNA 分子标记已构建了一些动物的分子遗传图谱，这些图谱将对动物的进一步开发利用提供重要的基础资料。

（2）基因的监测、分离和克隆　主要经济性状主效基因和一些有害基因的监测、分离和克隆。

（3）个体及种群遗传关系的分析　DNA 分子标记所检测到的动物基因组 DNA 上的差异稳定、真实、客观，可用于品种资源的调查、鉴定与保存，以及研究动物的起源进化、杂交亲本的选择和杂种优势的预测等。

（4）DNA 标记辅助选种　利用各种 DNA 分子标记与动物主要经济性状之间的关联分析，进行 DNA 标记辅助选种，这也是分子育种的一个重要方面。

（5）性别诊断与控制　一些 DNA 标记与性别有密切关系，如有些 DNA 标记只在一个性别中存在。利用这一特点，可以制备性别探针，进行性别诊断；也可通过性别决定基因，进行家畜胚胎移植前的性别鉴定。

（6）突变分析　由于大部分 DNA 分子标记符合孟德尔遗传规律，有关后代的 DNA 图谱可以追溯到双亲，如后代中出现而双亲中没出现的条带肯定来自于突变。

第三节　全基因组选择育种

一、全基因组选择育种的概念及原理

（一）定义

全基因组选择（genomic selection，GS）是一种利用覆盖全基因组的高密度标记进行选择育种的新方法，可通过早期选择缩短世代间隔，提高基因组估计育种值（genomic estimated breeding value，GEBV）的估计准确性等加快遗传进展，尤其对低遗传力、难测定的复杂性状具有较好的预测效果，真正实现了基因组技术指导育种实践。

（二）原理

常规育种手段主要利用性状记录值、基于系谱计算的个体间亲缘关系，通过最佳线性无偏估计（best linear unbiased predication，BLUP）来估计各性状个体育种值（EBV），通过加权获得个体综合选择指数，根据综合选择指数高低进行选留。

标记辅助选择（marker assisted selection，MAS）育种，利用遗传标记，将部分功能验证的候选标记联合 BLUP 计算育种值，这样不仅可以提高育种值估计的准确性，而且可以在能够获得 DNA 时进行早期选择，缩短世代间隔，加快遗传进展。

而 GS 则通过覆盖全基因组范围内的高密度标记进行育种值估计，继而进行排序、选择，可以理解为全基因组范围内的标记辅助选择，主要方法是通过全基因组中大量的遗传标记估计出不同染色体片段或单个标记效应值，然后将个体全基因组范围内片段或标记效应值累加，获得基因组估计育种值，其理论假设是在分布于全基因组的高密度 SNP 标记中，至少有一个 SNP 能够与影响该目标性状的数量遗传位点（quantitative trait loci，QTL）处于连锁不平衡（linkage disequilibrium，LD）状态，这样使得每个 QTL 的效应都可以通过 SNP 得到反映。

相比 BLUP 方法，全基因组选择可以有效降低计算个体亲缘关系时孟德尔抽样误差的影响；相比 MAS 方法，全基因组选择模型中包括了覆盖全基因组的标记，能更好地解释表型变异。

二、全基因组选择的操作流程

全基因组选择是通过参考群体估计出不同 SNP 的效应；预测群体的基因组估计育种值，该步骤可以直接预测无表型记录，但是有基因型资料动物个体的 GEBV。所以动物全基因组选择的操作流程主要包括（图 12-4，图 12-5）：①参考群目标性状的性能测定；②采集血样或组织样品；③全基因组测序或 SNP 芯片；④全基因组关联分析并估计所有标记效应值；⑤待测群体全基因组测序或 SNP 芯片测定基因型；⑥通过标记基因型估计个体育种值；⑦按照育种值对候选个体排队；⑧确定选择留种个体。

图 12-4　全基因组选择的操作流程

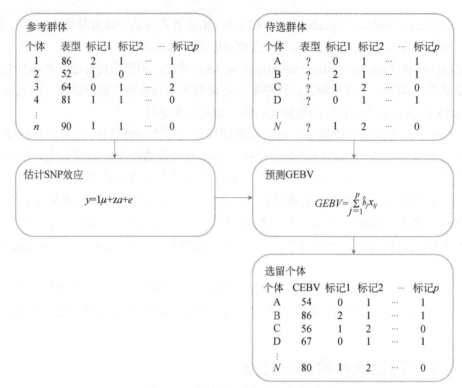

图 12-5　全基因组选择的一般步骤

三、全基因组选择育种的模型选择

统计分析模型是 GS 的核心，极大地影响了基因组预测的准确度和效率。目前常用的统计模型主要包括以下几类。

1. 贝叶斯方法

最开始科学家提出了两种贝叶斯（Bayesian，Bayes）方法：BayesA 和 BayesB。这种方法可以解决 SNP 标记数目通常远远多于表型记录的问题。BayesA 假设所有 SNP 位点都有效应，且所有 SNP 效应的方差服从尺度逆卡方分布的正态分布。BayesB 与 BayesA 的区别在于对 SNP 效应的先验假设不同。BayesA 假设所有 SNP 都有效应，而 BayesB 假设只有一小部分标记位点有效应，其他大部分染色体片段效应为 0；这一小部分有效应的位点，其效应方差服从的分布与 BayesA 一样。与 BayesA 不同，BayesB 使用混合分布作为标记效应方差的先验，所以难以构建标记效应和方差各自的完全条件后验分布。

2. GBLUP 方法

GBLUP 方法是通过构建基因组关系矩阵（G 矩阵）替换基于系谱信息构建的分子血缘关系矩阵（numerator relationship matrix，NRM 或 A 矩阵），进而使用最佳线性无偏预测方法直接估计 GEBV。

与贝叶斯方法相比，GBLUP 不需要先利用参考群体估计 SNP 标记效应，再计算 GEBV；而是可以直接将有表型及无表型个体放在同一个模型中，同时估计出有表型和无表型个体的 GEBV 及其准确性。从计算速度来讲，GBLUP 比 Bayes 方法快很多，因此更加适用于现场应用时快速获得 GEBV。

3. 一步法 GBLUP

一步法 GBLUP（single-step GBLUP，ssGBLUP）模型是传统基于系谱信息的 BLUP 法和基于 SNP 标记信息的 GBLUP 法的合并，它的模型形式上与 BLUP 及 GBLUP 法并无区别。ssGBLUP 是用 H 矩阵替代 GBLUP 中的 G 矩阵，从而将没有基因型的个体与有基因型的个体放在同一个模型中进行 EBV 或 GEBV 的估计。

ssGBLUP 有效地解决了畜禽 GS 实施中如何充分利用已有表型记录的历史数据等问题，广泛被用于育种实践中。因为大多数育种群体具有丰富翔实的系谱和表型记录，但限于经费、人力、时间等因素，难以对全部个体进行基因型测定，特别是一些年代久远的个体因为没有 DNA 组织样品而无法再进行基因型测定。ssGBLUP 能将无基因型个体的系谱及表型数据和有基因型个体的基因组信息结合起来，可大大提高基因组选择的准确性。

四、影响全基因组选择准确性的主要因素

全基因组育种值估计的准确性对性状的遗传研究进展具有直接影响，而决定其准确性的因素主要包括遗传力、SNP 密度与位置以及有效群体规模等。

1. 遗传力

性状的遗传力也很重要，预测的准确性和性状的遗传力之间有很强的关系，遗传力越高，需要的记录就越少。对于低遗传力性状，在参考群体中需要大量的记录，才能在未分型动物中获得高的 GEBV 准确性。

2. 群体中具有表型和基因型的动物数量

基因组选择的准确性也将受到用来估计 SNP 效应的表型记录数量的影响。可用的表型记录越多，每个 SNP 等位基因的观察越多，基因组选择的准确性就越高。因此增加参考群体的大小，能够增加 GEBV 的准确性。

3. 类型与密度

不同类型的标记具有不同的多态信息含量，标记的密度越高越可能与 QTL 保持 LD，从而获得更高的 GEBV 准确性。

4. 单倍型

单倍型的影响与 LD、标记距离、种群等有关，但在遗传力较低的性状中，较短的单倍型有着更好的预测效果。

5. QTL 连锁不平衡的大小

要使基因组选择起作用，单个标记必须与 QTL 保持足够的连锁不平衡水平，以便这些标记能够预测 QTL 在群体和世代中的作用，r^2 是由一个 QTL 上的等位基因引起的变异比例，根据相关研究，GEBV 的准确性随着相邻标记间 r^2 平均值的增加而显著提高。

五、全基因组选种预期效果与局限性

（一）全基因组选种预期效果

全基因组选种预期效果有：①能够缩短育种周期，实现待选群体的低世代选留；②能够提高育种值估计准确性；③可以降低育种成本，减少表型鉴定的数量；④可以预测亲本杂交

后代，选择最佳杂交优势组合。

（二）全基因组选择（GS）育种的局限性

全基因组选择育种的局限性表现在以下几个方面。

1. 需要含有一个包含成千上万个体的参考群

为了建立用于预测的方程，需要一个庞大的"参考种群"，包括成千上万只动物。一般要求测定的群体越大越好；但中国许多地方类群都比较小；这在奶牛中很容易实现，然而其他物种中包括肉牛、羊等就较难满足。例如，在多产物种中，选择是在小群体中进行的，有时只有几百只雌性。对于群体太小的问题，有一些替代的方法，比如，使用来自同一农场的同胞或使用几代动物或杂交动物，但是方程的效率会迅速下降。另一种方法是多品种基因组评估，其可靠性已经在多个研究中得到验证。但是基因组选择依赖于 QTL 与标记的连锁，不同品种的情况可能不一样，因此这也是个潜在的问题。

2. 分型的成本较高

基因组选择需要高质量的测序结果，这就需要更高的测序深度，基因分型的成本费用相对较高；虽然这个成本在过去几年来随着芯片技术和高通量测序的发展，已经大大降低。但除了在奶牛中因为个体价值高、世代间隔长，分型成本是可以接受的，相对于那些个体价值小、世代间隔短的物种仍旧是很高的花费，缺乏足够的经济效益。解决这个问题的一种方法是使用低密度芯片分型，然后用高密度芯片推断缺失的 SNP 进行"填充"。这种方法能够产生一定的效果，但其建立在一代时间内低重组率的基础上，因此每隔 3～4 代就需要进行重复。

3. 测序数据庞大，要求技术高

由于测序数据庞大，分析软件处理速度较慢；要求技术高，使用复杂烦琐，对计算资源的配置需求较高。

4. 方程式每隔三四代就需要更新

长期进行基因组选择的准确性存在逐渐下降的问题，每隔 3～4 代就需要生成一个新的预测方程，这是因为由于重组，SNP 和因果基因之间的连锁关系会随着时间而消失。研究表明这些方程的准确性逐代迅速地丧失，这意味着不时需要新的大型参考群体。在实际生产中，每隔几代收集表型来更新方程，这对于常规记录的性状（如产仔数）不是问题，但对于那些难以测量或测量昂贵的性状就存在困难。

5. 参考群与候选群的条件必须一致

由于测序只能检测参考基因组中已知的序列和基因信息，对于未知的基因序列和基因还不能深入研究。因此参考群与候选群所处条件的一致性对于全基因组选择很重要。但目前也有人在研究利用同一物种内不同品种的混合群体作为参考群，研究全基因组选择的可能性。当然其效率肯定受到一定的限制。

六、中国家畜全基因组选择育种的现状

国外全基因组选择育种在荷斯坦牛、猪上已经开展多年，效果显著。在中国，对荷斯坦牛、猪、鸡已经开展全基因组选择育种研究，在肉牛上全基因组选择育种的研究还比较少，目前仅有中国农科院北京畜牧兽医研究所李俊雅团队在华西牛群体中进行，其他地方品种暂时未见报道。在中国，奶牛的全基因组选择育种使公牛选择准确性达到 0.67～0.80，较常规

选择技术提高了 22%；公牛世代间隔由常规育种的 6.25 年缩短到 1.75 年；年遗传进展达到 0.49 个遗传标准差，较常规选择技术提高一倍，每头母牛的年产奶量提高 225 kg；目前我国奶牛的平均产奶量已达 7800 kg/年。

第四节　动物转基因育种

一、转基因动物育种的概念

转基因动物育种是指将外源 DNA 导入性细胞或胚胎细胞并生产出带有外源 DNA 片段的动物，是进行动物新品种培育的一种技术。携带外源基因的动物称为转基因动物。它是在 DNA 重组技术的基础上发展起来的。1981 年戈登（Gordon）和鲁德尔（Ruddle）首次用显微注射法（microinjection）把外源基因导入小鼠受精卵的雄核，并将注射后的受精卵植入假孕母鼠子宫，出生了 78 只小鼠，其中有 2 只小鼠的所有细胞中（包括生殖细胞）都含有外源基因，但因缺乏启动子而不能表达，他们把出生后带外源基因的小鼠叫作转基因小鼠（transgenic mice），自此以后，凡带有外源基因的动物都叫作转基因动物（transgenic animal）。

二、转基因动物技术的一般步骤

转基因动物技术的一般步骤如图 12-6 所示。①蛋白选择：选择能有效表达的蛋白质；②基因克隆：克隆与分离编码这些蛋白质的基因；③调控序列：选择组织特异性表达相应调控序列；④基因重组：调控序列与结构基因重组拼接并检验表达；⑤转入细胞：把拼接的基因转入到受精卵细胞核中；⑥移植子宫：把携带外源基因受精卵移植到子宫，完成发育；⑦鉴定评价：检测幼畜是否整合外源基因、表达及传递情况；⑧选择扩繁：对经鉴定的动物相互配种扩繁。

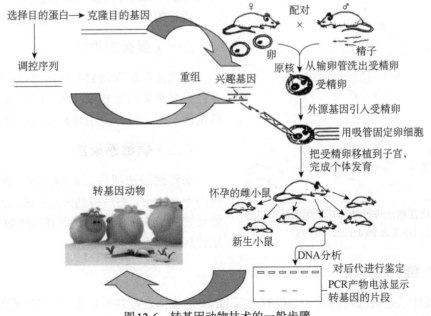

图12-6　转基因动物技术的一般步骤

三、导入基因的方法

基因导入（转基因）系指通过显微操作手段将外源的特定基因导入胚胎中，从而获得转基因动物的技术。主要有以下几个方面的意义。

（1）提高家畜的经济性状　给家畜导入外源生长激素基因，可提高生长速度，饲料转化率或胴体品质。如1987年美国康奈尔大学用导入外源生长激素基因的方法培育瘦肉型猪，取得成功，这种猪的生长速率比普通猪快15%～18%。1982年，帕尔米特（Palmite）等将小鼠金属硫蛋白（MT-1）基因的启动子片段与人或大量生长激素基因相连接的融合基因导入小鼠，结果培育出体重为一般大鼠体重2倍的"转基因超级鼠"。

（2）改变畜产品组成结构　通过导入外源基因可从遗传上改变畜产品（肉、蛋、奶、毛）的组成结构，如能将乳白蛋白基因，乳酪蛋白基因导入奶牛中生产新型的乳制品。

（3）生产有用的生物活性物质　是将编码有用的生物活性物质的基因导入家畜细胞中，使目的基因在家畜体内表达，这样有用的生物活性物质作为血液或乳汁成分便可被大量、持续地生产出来。如美国科学家将编码血液凝固因子的基因导入绵羊，培育出转基因绵羊，可从乳汁中大量采集凝血因子，将其微量用于血液病患者便可起到很大作用。

（4）抗病育种　例如，将干扰素基因的结构基因和肝脏中特异性表达的基因启动因子相连接并导入家畜中，有可能培育出干扰素产生能力强（即对病毒性感染的抗性强）且可遗传的转基因家畜。

现行的外源基因导入方法主要有以下几种。

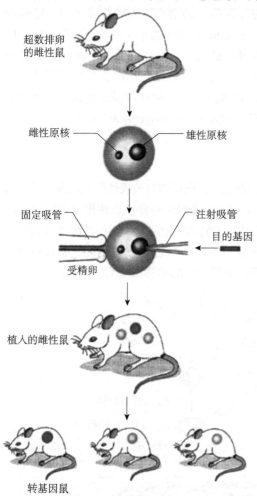

图12-7　显微注射法进行动物转基因的基本过程
（引自Glick & Pasternak，1998）

超数排卵的雌性鼠

雌性原核　　雄性原核

固定吸管　　注射吸管
目的基因
受精卵

植入的雌性鼠

转基因鼠

（一）显微注射法

显微注射法即将目的基因通过显微注射，直接注入受精卵的原核中（图12-7）。迄今所报道转基因小鼠大部分是用这种方法培育的。

（二）病毒感染法

病毒感染法即将目的基因整合到反转录病毒的原病毒上，然后将基因直接注入胚胎，或是给动物的培养细胞接种病毒并与胚胎一起培养，以使病毒感染胚胎。

（三）精子载体法

精子载体法是将成熟的精子与带有外源DNA的载体进行共孵育之后，使精子有能力携带外源 DNA 进入卵中，以精子作为载体，与卵子体外受精，并使外源 DNA 整合于染色体中（图 12-8）。该方法已在小鼠、绵羊中获得成功。

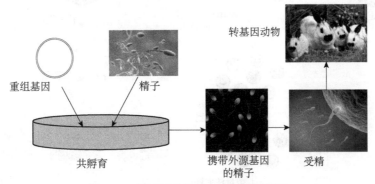

图 12-8　精子载体法转入目的基因过程

也可将重组基因直接打进公畜睾丸中，目的基因先进入精子，经配种，精子与卵子结合，即把目的基因带入受精卵。再经母畜怀孕产仔，获得转基因动物（图 12-9）。

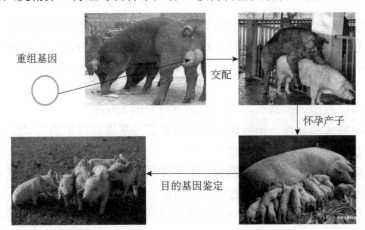

图 12-9　精子直接注入公畜睾丸的转基因过程

（四）胚胎干细胞法

即将外源基因导入胚胎干细胞中，因为基因的整合，表达等都可在干细胞阶段进行，然后将转染的胚胎干细胞注射入受体囊胚腔，可参与嵌合体的形成，将来出生的动物的生殖系统就有可能整合上外源基因，通过杂交繁育得到纯合目的基因的个体，即为转基因动物（图 12-10）。

（五）染色体片段显微注入法

指从人或动物染色体上割取特定的染色体片段或分离出来后，以其为媒介将外源基因注入动物早期胚胎中，以获得含外源 DNA 的动物，严格地讲称为转染色体动物。

尽管目前基因导入过程中尚有许多问题待克服，将这项技术广泛用于家畜生产也存在很多技术性问题，但已得到了转基因猪、兔、牛、羊、鼠的后代。随着研究的不断深入，预计这项技术将对畜牧业的发展产生深远意义。

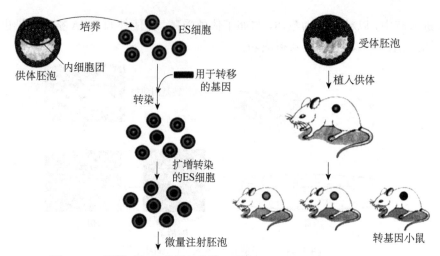

图 12-10　胚胎干细胞基因转化法（引自 Glick & Pasternak，1998）

四、基因的选择

目前在动物基因编辑和转基因动物研究中对基因的选择上主要考虑能提高动物的生长速度、生产性能、繁殖性能、抗病性及开拓新的经济用途等几个方面，主要包括五大类。

（1）与机体代谢调节有关的蛋白基因　这类基因参与机体组织生长发育的调节，如生长激素基因等。

（2）抗性基因　抗逆、抗病等，如牛抗结核病基因 *SP110*。

（3）经济性状的主效基因　如猪和绵羊的高繁殖力基因和肉牛的"双肌"（myostatin）基因等，这些基因与动物的生产力密切相关。

（4）治疗人类疾病所需的蛋白质基因　如利用奶牛的乳腺作为生物发酵器，生产人组织型纤溶酶原激活剂（tPA），以拓宽动物的经济用途。

（5）需要进行功能验证的基因　这个多在小鼠等模式动物中进行。在基因功能的基础研究中应用非常普遍。

五、家畜转基因研究现状

自从 20 世纪 70 年代基因工程技术诞生以来，人们也在动物基因工程方面进行了大量研究。1982 年，美国科学家帕尔米特（Palmite）等首次将大鼠生长激素重组基因导入到小鼠受精卵中，培育出具快速生长效应的"转基因超级鼠"。转基因鼠比与它同胎所生的小鼠生长速度快 2～3 倍，体积大一倍。自获得转基因"超级鼠"以来，转基因动物已成为当今生命科学中发展最快，最热门的领域之一。

1985 年，美国科学家用转移 *GH* 基因、*GRF* 基因和 *IGFL* 基因的方法，生产出转基因兔、转基因羊和转基因猪；同年，德国人伯姆（Berm）转入人的 *GH* 基因生产出转基因兔和转基因猪；1987 年，美国的戈登（Gordon）等首次报道在小鼠的乳腺组织中表达了人的 *tPA* 基因；1991 年，英国人在绵羊乳腺中表达了人的抗胰蛋白酶基因。2001 年 2 月 11 日，科学家表示他们已成功创造出第一只转基因猴子。随后，世界各国先后开展此项技术的研究，并相继在兔、羊、猪、牛、鸡、鱼等动物上获得成功。随着转基因技术的发展，目前几乎所有的家畜都成功获得转基因动物。

在我国，转基因动物研究方面也取得了较大的进展。1985 年首次成功获得转基因鱼；1990年成功研制出转基因猪；1991 年获得了快速生长的转基因羊。2008 年开始，国家启动了生物转基因重大专项，在动物、植物许多生物都成功获得了转基因生物。

目前，转基因动物研究主要在以下方面：①提高动物生长、生产性能的研究；②改变奶蛋白成分和性质的设想；③利用家畜生产药物蛋白的研究；④用转基因动物生产器官移植的供体等。

六、转基因动物存在的问题与应用前景

（一）转基因动物存在的问题

尽管转基因研究取得了许多成功，但还存在许多问题亟待解决。这些问题主要表现在以下几个方面：①转基因的成功率低，成本大；②基因没有整合到基因组中，不能遗传给后代；③目的基因插到正常基因中，引起死亡或畸形；④目的基因的定点整合率低，随机性大；⑤转入基因与基因组其他基因的协调性不好。这些都需要在今后的研究中加以克服。

（二）转基因动物的应用前景

目前，从转基因的研究进展看，动物转基因技术还尚未成熟，尽管还存在诸多问题，但已显示出很好的应用前景。只要在转基因技术方面不断改进，不断完善，这项技术一定会带来更好的发展远景。人类一定会利用转基因技术，推动转基因动物的产业化发展，更好地为人类服务。

目前，转基因的研究还主要聚焦于以下方面。①动物育种研究：通过转基因改善动物生产性能，提高动物育种效率。②生物制药开发：通过转基因动物，作为医用或食用蛋白的生物反应器。可以通过家畜乳腺、血液分泌大量安全、高效、廉价的人体药用蛋白。③进行基础研究：通过转基因动物研究基因的结构与功能，了解动物生命现象的内在本质。④医学模型构建：通过转基因动物，建立多种疾病的动物模型，研究发病机理及治疗方法。⑤移植器官生产：通过转相关基因，建立非排斥反应的动物，生产人类替代的器官。

第五节　动物基因编辑育种

一、基因编辑育种的概念

基因编辑（genome editing）技术是指在特异性人工内切核酸酶技术的基础上，实现对生物体内特定 DNA 序列进行的精准删除、插入、修饰或改造，从而获得具有特定遗传信息和特定遗传性状的一种技术。它不像转基因技术，需要把外源基因转入体内，而是在基因组水平上对生物固有基因进行精确的基因编辑。

基因编辑技术的作用主要体现在以下几个方面。①基因敲除：可以引入插入和缺失，造成移码突变，使某特定基因功能丧失。②引入特异突变：在某基因内部可以引入特定突

变，改变基因功能。③定点转基因：可以在切开处引入特定基因片段，进行定点转基因。④改变基因表达水平：可以在调控区域引入突变，改变基因的表达水平。所以，基因编辑技术在科研领域，可用于快速构建模式动物，节约大量科研时间和经费；在农业领域，该技术可用于人为改造基因序列，使之符合人们的要求，如改良动物品种、改良水稻等粮食作物；在医疗领域，利用基因编辑技术可以更加准确、深入地了解疾病发病机理和探究基因功能，可以改造人的基因，达到基因治疗的目的等。因此，基因编辑技术具有极其广泛的发展前景和应用价值。

基因编辑技术起源于 20 世纪 80 年代，是利用细胞自有的同源重组（homologous recombination，HR）修复机制将目的基因序列整合到基因组靶点处，但效率极低（10⁻⁶），且脱靶现象严重。后来玛丽亚雅辛（Maria Jasin）实验室发现了一种归巢内切核酸酶 ISceI，该酶切割染色体产生双链断裂后，通过激活损伤修复机制参与断裂修复来提高基因的编辑效率。但由于归巢内切酶的 DNA 识别和切割功能位于同一结构域，导致编辑位点受序列的限制，因此基于 DNA 靶向蛋白与核酸内切酶相结合的定点编辑技术逐步发展起来，如锌指核酸酶（ZFN）、转录激活因子样效应物核酸酶（TALEN）以及 CRISPR/Cas9 技术。真核生物中产生 DNA 双链断裂后的修复途径主要为非同源末端连接（non-homologous end joining，NHEJ）。与同源介导修复（homology-directed repair，HDR）相比，NHEJ 发生的频率更高，而且对断裂位点的修复不依赖于模板，容易引起 DNA 接口处碱基的插入或缺失，造成移码突变，从而达到基因敲除的目的。

生物的遗传信息主要以 DNA 的形式储存并传递。近年来 CRISPR/Cas9 系统定点打靶技术发展成熟，使基于 NHEJ 的基因敲除（knock-out）和基于 HDR 修复机制的基因敲入（knock-in）等基因工程手段获得极大发展，可以在基因组的特定位点对基因组进行编辑，使对目标基因组的"精确编辑"成为可能。目前该技术已被应用于基因功能、畜禽优良新品种培育、模式动物生产、疾病的发病机制和新型基因疗法等方面的研究。

二、基因编辑的原理与方法

目前，基因编辑主要有锌指核酸酶（ZFN）技术、转录激活因子样效应物核酸酶（TALEN）技术以及 CRISPR/Cas9 技术。

（一）锌指核酸酶（ZFN）技术

锌指核酸酶（zinc finger nuclease，ZFN），又名锌指蛋白核酸酶，它是一种人工改造的核酸内切酶，由两个部分组成：一是能够序列特异性地结合 DNA 的锌指结构域（即锌指蛋白，zinc-finger protein，ZFP），二是非特异性的核酸酶结构域，两者结合就可在 DNA 特定位点进行断裂。具有操作简单、效率高、应用范围广等优点。锌指核酸酶技术发展迅速，已经应用到各种人类细胞，猪、牛等动物，模式动物，如果蝇、斑马鱼、小鼠和大鼠等，以及植物，如大豆、玉米、烟草和拟南芥等。

利用不同的锌指结构就能识别特异的 DNA 序列，再利用核酸酶 *Fok* Ⅰ 切断靶 DNA。所以构建成对的人工锌指结构域和 *Fok* Ⅰ 融合蛋白（ZFN）可以在特定区域切断 DNA（图 12-11）。人们可以利用 ZFN 技术进行各种基因编辑，如基因敲除（图 12-12）。

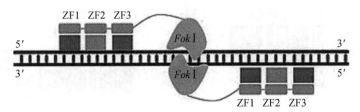

图 12-11　ZFN 特异性识别 DNA 并与 DNA 结合示意图

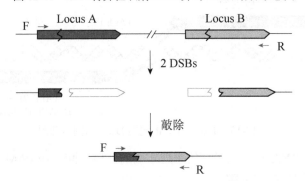

图 12-12　锌指核酸酶介导的定向 DNA 敲除示意图

由于 ZFN 的种类是有限的，所以还不能达到识别任意靶 DNA，其应用受到一定的限制。

（二）转录激活因子样效应物核酸酶（TALEN）技术

TAL 效应因子（TAL effector，TALE）最初是在一种名为黄单胞菌（*Xanthomonas* sp.）的植物病原体中作为一种细菌感染植物的侵袭策略而被发现的。由于 TALE 具有序列特异性结合能力，研究者通过将 *Fok* I 核酸酶与一段人造 TALE 连接起来，形成了一类具有特异性基因组编辑功能的强大工具，即 TALEN 技术。

典型的 TALEN 由一个包含核定位信号的 N 端结构域、一个包含可识别特定 DNA 序列的典型串联 TALE 重复序列的中央结构域，以及一个具有 *Fok* I 核酸内切酶功能的 C 端结构域组成。不同类型的 TALEN 元件识别的特异性 DNA 序列长度有很大区别。一般来说，天然的 TALEN 元件识别的特异性 DNA 序列长度一般为 17～18 bp；而人工 TALEN 元件识别的特异性 DNA 序列长度则一般为 14～20 bp。

TALEN 技术的原理并不复杂，由于 TALE 具有 DNA 序列识别的特异性和结合能力，在 TALE 上连接一个 *Fok* I 核酸酶，就可以完成特定位点的剪切，实现特定序列的插入、删去及基因融合（图 12-13）。

（三）CRISPR/Cas9 技术

CRISPR/Cas9 体系的 RNA-DNA 识别机制为基因组工程研究提供了一项简便而强大的工具。该体系其中一个最重要的优势是 Cas9 蛋白可在多个不同的 gRNA 的引导下同时靶向多个基因组位点。

在 II 型 CRISPR 系统中，CRISPR RNA（crRNA）与转录激活 crRNA（trans-activating crRNA，tracrRNA）退火形成的复合物能特异识别基因组序列，引导 Cas9 核酸内切酶在目的片段生成 DNA 双链断裂（double-strand break，DSB）。这个识别复合体可以通过融合 crRNA 与 tracrRNA 序列形成 sgRNA（single-guided RNA）进行简化。基因组的靶序列中有长约 20 bp

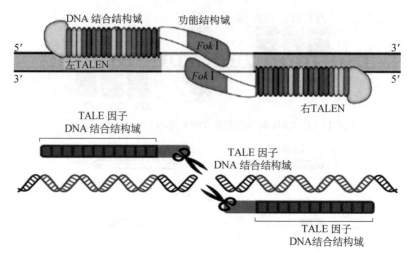

图 12-13　TALE 介导的定向 DNA 切割示意图

的片段与 crRNA 或 sgRNA 互补配对；靶序列末端的三核苷酸区域 PAM（5′-NGG-3′）为 Cas9 识别位点，是实现剪切功能的关键。

Cas9 是一种大型的（1368 个氨基酸）多结构域和多功能的 DNA 核酸内切酶。它通过两个不同的核酸酶结构域在 PAM 上游 3 bp 处剪切 dsDNA。Cas9 的两个结构域中一个是 HINH 样核酸酶结构域，它切割与向导 RNA 序列互补的 DNA 链（靶链）；另一个是 RuvC 样核酸酶结构域，负责切割与靶链互补的 DNA 链（非靶链）。

CRISPR/Cas 系统的技术原理是利用构建的 Cas9 人工内切酶，在向导 RNA（gRNA）的引导下，在预定的基因组位置切断 DNA，切断的 DNA 再被细胞内的 DNA 修复系统修复，在此过程中会产生突变，以实现三种基因组改造，即基因敲除，特异突变的引入和定点转基因（图 12-14），从而达到定点改造基因组的目的。

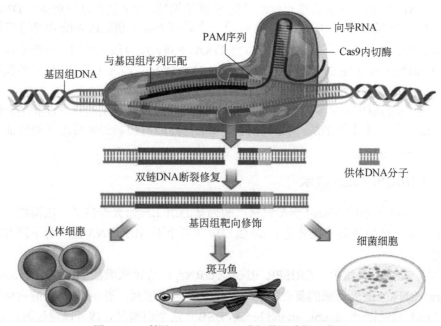

图 12-14　利用 CRISPR/Cas9 进行基因编辑示意图

与 ZFN 系统和 TALEN 系统相比，CRISPR/Cas9 系统对各种复杂程度的基因组具有更高的修饰能力。另外，CRISPR/Cas9 系统的构建更为简单，而且 Cas9 蛋白可以方便地将核酸酶改造为切口酶（nickase）。只需要在 Cas9 蛋白中引入一个单氨基酸突变（D10A），核酸切割域的功能就变为切割单链 DNA，能够更精确地控制 CRISPR/Cas9 系统的打靶效果，大大降低脱靶的概率。综合以上三方面，CRISPR/Cas9 系统将会是基因编辑技术的最有力的工具。

CRISPR/Cas 系统的高效基因编辑功能已被应用于多种生物，包括斑马鱼、小鼠、大鼠、秀丽隐杆线虫、家畜、植物及细菌。与锌指核酸酶（ZFN）和转录激活样效应物核酸酶（TALEN）技术相比较，CRISPR/Cas 系统介导的基因组靶向实验具有更高的效率。

三、动物基因编辑育种研究及展望

基因编辑工具可以实现高效准确的基因组操作，传统的家畜基因组修饰，尤其是特定基因敲除，都依赖于体细胞核移植和同源重组技术。尽管近年来体细胞核移植（somatic cell nuclear transfer，SCNT）技术的效率不断提高，但仍受限于要提供特定基因型的供体细胞才能进行。如果能在家畜的受精卵上直接进行基因编辑可以大大提高基因编辑家畜的制备效率。

随着新型基因编辑工具的出现，它们可以在家畜基因组的任意位置产生双链断裂，通过同源重组或非同源修复产生多种可能的基因修饰，为基因编辑家畜的制备提供了便利。此外，基因编辑不像转基因一样需要外源基因的转入，因此无选择标记基因引入，安全性更高。

目前，基因编辑的动物已经应用到动物遗传改良、人类疾病模型及生产人类药用蛋白等多个方面。Hauschild 等（2011）利用 ZFN 技术制备了 α-1,3 半乳糖转移酶基因敲除猪，意在解决异种器官移植面临的免疫排斥反应问题；Lillico 等（2013）实现了 TALEN 和 ZFN 直接注射家畜胚胎并得到了基因修饰的活体动物，极大地拓展了基因编辑技术的应用领域。

2015 年，北京蛋白质组研究中心通过 CRISPR/Cas9 技术修饰猪受精卵，用人白蛋白基因替换猪的白蛋白基因，得到的基因修饰猪可以源源不断的生产大量的人血清白蛋白，而不会产生猪白蛋白的干扰。2016 年，湖北农业科学院畜牧兽医研究所利用 CRISPR/Cas9 技术制备了 MSTN 基因修饰湖北白猪，其瘦肉率显著提高，目前该猪已获准开展转基因生物安全评价的中间试验。

多年来，经过家畜基因编辑的研究，不但在许多家畜物种的许多基因编辑上获得成功，而且人们已经普遍认为基因编辑将是今后动物育种的重要方法。其基本共识包括以下几点。

（1）基因编辑是一种技术手段，它可以通过敲除内源基因，引入自然发生的等位基因、顺式和反式基因元件，实现品种精准遗传改良，达到快速提高动物抗病性、产量、品质、繁殖等性状以及改善动物福利和可持续性的目的，促进动物产品生产，以满足不断增长的全球人口对食物营养的需求。基因编辑和先进的繁殖技术相结合，与全基因组选择和大数据育种一同构成了现代动物改良的三大支柱。

（2）基因编辑所产生的变异具有稳定性，与其他基因组序列毫无差别。这种变异与通过常规育种和杂交选择所产生的自然变异以相同的方式存在。

（3）基因编辑是现有育种工具的自然延伸。基因编辑的优势在于，可以仅用一个世代即将特定目标基因引入群体，且不引入其他非目标基因。基因编辑产生的始祖动物可以用于常规育种计划，通过杂交培育不同的新品系和新品种。基因编辑潜力巨大，可以有效地解决动物育种中目标性状选择周期长、见效慢等关键瓶颈问题，为快速导入育种所需的目标性状创造了解决方案。

（4）对各种基因编辑动物的评价应遵循个案分析原则，以确保遗传改良目标的实现。在确证基因编辑动物的遗传稳定性和适宜的育种性能且没有因编辑过程引起的非预期效应后，建议监管和执法机构颁发基因编辑动物的生物安全证书。经过认证的基因编辑动物可以被引入标准的、已建立的商用食品生产链中。

（5）从事动物基因编辑的实验室应当共享信息，促进形成共同价值观，以有效地实现基因编辑动物产品的商业化。这种合作也将加速公众更全面地接受这种新型的动物精确育种工具，从而达到增加动物健康和福利，有效生产营养健康食品，减少环境影响的社会目标。

第六节　动物体细胞克隆育种

一、动物克隆的概念

（一）一般克隆的概念与特点

（1）克隆（cloning）　就是无性繁殖，即个体通过无性过程可连续传代并形成群体，这样的群体称为无性繁殖系，即克隆。也就是说，不通过有性交配而进行的繁殖方式所形成的群体。

（2）克隆的特点　即克隆群体内个体保持了相同的遗传性状。

（3）原因　由于细胞核具有基因组全套遗传信息，生物的体细胞有潜力直接发育成胚胎和形成与核供体完全相同的个体克隆。

（二）克隆的层次

根据不同水平上的克隆，可以将克隆分为三个层次：①分子水平的克隆，如 DNA 分子的扩增；②细胞水平的克隆，如单细胞培养；③个体水平的克隆，如胚胎克隆、体细胞克隆。

（三）个体克隆分类

根据核供体的来源不同，可将个体克隆分为两种情况：①胚胎克隆动物，通过胚胎切割和胚胎移植完成；②体细胞克隆动物，通过核移植和胚胎移植完成。

二、胚胎克隆动物技术

（一）胚胎克隆动物

一般采用优秀的公畜和优秀的母畜交配产生优秀的受精卵，待发育到一定时期，两个、四个或多个细胞时，冲出胚胎，在体外进行人工切割，经过一段时间的恢复培养，移植到生理状态相同的受体母畜的子宫，完成个体发育，所生的后代具有相同的遗传基础和外貌特征，即胚胎克隆动物。

（二）胚胎克隆动物技术的一般程序

胚胎克隆动物技术的一般程序（图 12-15）是：①优秀的公畜和母畜交配；②冲出胚胎并进行质量鉴定；③进行胚胎切割，切割后，一部分进行性别鉴定，一部分冷冻保存或短暂恢复培养；④胚胎移植，将具有相同遗传基础的胚胎移植进同期发情的母畜子宫中；⑤受体母畜怀孕，完成胚胎发育；⑥优秀的动物个体出生，进行扩繁。

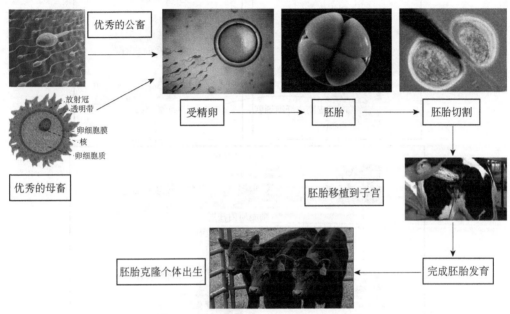

图 12-15　胚胎克隆动物技术的一般程序

（三）胚胎切割技术

胚胎克隆技术中的关键技术是胚胎切割。所谓胚胎切割技术是借助显微操作仪将早期胚胎切割成几等份，再移植到代孕母畜子宫，产生同卵同精子多仔后代的技术。

胚胎克隆技术的优势是可成倍增加优秀胚胎的数量，可以快速繁殖良种畜。其特点是所生后代具有相同的遗传物质（无性繁殖）。

在胚胎克隆中，胚胎的选择非常重要。要选择发育良好的，形态正常的桑葚胚或囊胚进分割。分割的要求是细胞团要均等分割。

三、体细胞克隆动物

（一）概念

体细胞克隆动物技术实际上是采用核移植与胚胎生物工程技术相结合，将一个体的体细胞核移植到另一个体卵细胞中去，最终产生一个与供体细胞个体遗传性状一致的动物个体的技术。体细胞可以是任意一种含核的细胞，如成纤维细胞，乳腺上皮细胞等。

（二）体细胞克隆动物的一般步骤

体细胞克隆动物的一般步骤（图 12-16）如下。

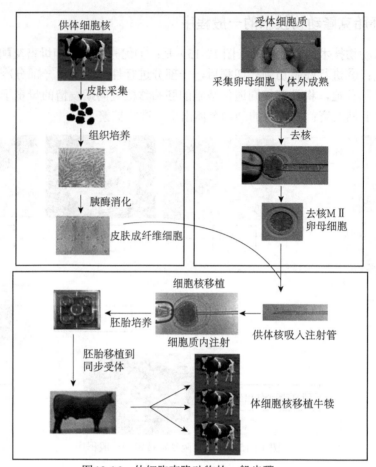

图 12-16　体细胞克隆动物的一般步骤

（1）体细胞采集和培养　取动物某一组织体细胞在体外培养，并诱导细胞使基因的程序性表达重新从头开始。

（2）采集卵细胞与去核

（3）取出体细胞的细胞核

（4）注入核　将核注射入去核卵细胞中去。

（5）重组核培养　将重组细胞体外适当培养。

（6）移植子宫　将转核胚置入同期母体子宫。

（7）完成发育　所产生的动物幼仔为克隆动物。

四、动物体细胞克隆技术研究进展

1997 年 2 月 22 日，英国 *Nature* 刊登了爱丁堡罗斯林研究所维尔穆特的研究成果，即"多莉"羊的克隆成功（图 12-17），从此震惊了世界。多莉是用 6 岁的道赛特绵羊妊娠后 1/3 期间的乳腺上皮细胞，经分离、克隆与传代培养，建立细胞系，通过核移植重组胚胎 277 枚，培养后仅有 24 枚发育到桑葚胚和囊胚，移植给 13 头受体后只有 5 只妊娠，最后只产下 1 只乳腺上皮细胞克隆的绵羊"多莉"。多莉是世界上第一例体细胞克隆动物，它的出生具有划时

代的意义，证明了体细胞的全能性，是世界科学
家百年奋斗才实现的愿望。

2000 年，Lanza 等将一种濒危的南亚野生牛
（Gaur）的一只雄性体细胞与家牛的卵母细胞融合
后的重构胚再移植到家牛体内，获得第一只完成
整个发育过程并出生的种间核移植动物。

2000 年 6 月 16 日，世界第一只体细胞克隆山
羊"元元"在杨凌诞生。

2005 年元月，曾经因培育出世界第一头克隆
羊"多莉"而闻名的英国苏格兰罗斯林研究中心
又爆出新闻：该中心的子公司 PPL 医疗公司培育

图 12-17　第一个体细胞克隆动物——"多莉"

出了 5 只转基因克隆小猪，它们的一个能引发人体排斥的基因被关闭，从而使异种器官移植
技术向前迈出重大的一步。

2005 年 8 月 4 日韩国科学家宣布，采用制造复制羊"多莉"的克隆技术，他们成功培育
出世上第一只克隆狗"斯纳皮"。它的"父母"分别是一只阿富汗猎犬和一只拉布拉多猎犬。
2009 年 4 月 15 日，世界上第一只克隆骆驼——印加在迪拜的骆驼生殖中心正式跟人们见面。
这只雌性小骆驼于 4 月 8 日出生，它是由一只成年雌骆驼卵巢中的细胞克隆产生。2010 年世
界首例转基因克隆水牛在广西大学科研基地诞生。

如今体细胞克隆动物技术已在几乎所有家养动物中获得成功。体细胞克隆技术已成为动
物育种、繁殖的新概念，应用经修饰的细胞进行克隆，可使基因编辑体细胞克隆动物变得可
行，从而培育出新品种。也可以通过该技术建立重要疾病的基因模型，获得大量用于生产生
物药物的动物或异种器官移植的动物。体细胞克隆技术使优良家畜、珍稀濒危动物的快速繁
殖变得可行。

五、动物克隆的意义、存在的问题与前景

动物克隆技术具有重要的实践价值，主要表现为：①可用于动物遗传资源的种质保存；
②生产移植器官；③克隆家畜和濒临灭绝的动物；④通过建立转基因体细胞系的方式，生产
体细胞克隆转基因动物；⑤可直接把优良物种性能传递下去，培育优良物种。

目前，体细胞克隆动物的技术远未成熟，主要问题是成功率低，费用高。其主要是受多
种因素影响，其中有：①细胞的融合条件不一致；②不同细胞发育阶段对核移植产生影响；
③细胞诱导分裂成熟因子（MPF）的活性差异；④卵细胞中的大分子物质的影响等。尽管如
此，相信经过科学家的不懈努力，一定会突破瓶颈，完善技术，使体细胞克隆动物技术为人
类科学研究提供广阔的前景。

第七节　干细胞育种

一、干细胞育种的概念

家畜干细胞育种是利用基因组选择技术、干细胞建系与定向分化技术、体外受精与胚胎

生产技术，根据育种规划，在实验室内，通过体外实现家畜多世代选种与选配的育种新技术。这种技术与传统育种技术体系相比，用胚胎替代个体，完成胚胎育种值估计，相对传统的全基因组选择育种而言，将进一步缩短育种周期和世代间隔。

二、干细胞育种的应用

（一）进行定向变异育种

用细胞生产转基因动物，可以进行定向变异和育种，打破了物种的界限，突破了亲缘关系的限制，加快了动物群体遗传变异程度。

（二）早期选择

利用细胞技术，可在细胞水平对胚胎进行早期选择。这样可以提高选择的准确性，缩短育种时间。

（三）动物抗病育种

通过克隆特定病毒基因组中的某些编码片段，对其进行一定修饰后转入家畜基因组，如果转基因在宿主基因组中能够表达，那么畜禽对该病毒的感染应具有一定的抵抗能力。

三、干细胞育种的步骤

该体系包括系谱、育种群以及繁育体系，分为 3 个选种步骤。

（一）制定家畜育种规划与构建核心资源群

依据市场需求和畜群遗传资源特性制定育种规划，构建家畜育种核心资源群，建立基因组育种平台，利用基因组选择技术评估家畜雌、雄个体或雌、雄胚胎育种值。

（二）构建育种核心胚胎库

根据家畜或胚胎的育种值，选择若干优异个体或胚胎建立干细胞系，并在体外分化形成精子或卵子。依据育种规划选择具有最佳育种值的精子与卵子进行体外受精，并形成雌、雄胚胎，进一步利用单细胞测序技术进行个体基因型计算，利用基因组选择技术评估出该胚胎的育种值，并构建育种核心胚胎库。

（三）胚胎到胚胎的多世代循环选育，对核心育种胚胎库的胚胎，按照胚胎为单元分别建立干细胞系，分化形成精子或卵子

根据育种规划，进行体外受精，形成下一代胚胎，并测定其育种值，依此循环。试管育种的世代间隔由上一个胚胎到形成下一个胚胎所需要时间构成。由上一个胚胎分离建立干细胞系，形成精子或卵子，再受精形成下一个胚胎算一个世代。通过本技术体系，有望突破大型家畜育种的关键瓶颈，避免了大部分动物活体饲养以及性能测定工作，极显著地缩短世代间隔，从而大幅度提高育种效率，极大节约育种成本。

──────◈ **本章小结** ◈──────

　　本章概要地介绍了基因工程的基础、标记辅助选择育种、全基因组选择育种、转基因动物育种、基因编辑育种、克隆动物技术育种和干细胞育种等现代分子和细胞育种的原理与方法。

　　基因工程基础涉及基因工程的概念、研究内容、基本操作程序及外源基因表达的技术要点，这些为理解现代育种原理和方法奠定了重要基础。分子标记辅助选择育种是利用分子标记与目标性状基因紧密连锁的特点，通过对分子标记的检测和选择，达到对目标基因和目标性状选择的目的。分子标记包括 CNV、Indel 和 SNP。由于检测的方法不同，就产生了多种多样的基因组遗传多态性的检测方法，如测序技术、qPCR、PCR、PCR-RFLP、PCR-SSCP、RAPD、RAMP、DNA 指纹等。该技术的核心是首先检测出遗传多态性类型并与特定选择性状存在显著关联。本章对全基因组选择技术的定义、技术原理、方法步骤以及影响因素做了介绍。全基因组选择技术作为一种新兴的育种方法，大大提高了家畜遗传改良的速度，有效地缩短了世代的遗传间隔，其目前在各个家畜中均被广泛应用。但其依旧存在若干问题需要解决。转基因动物育种是指将外源 DNA 导入性细胞或胚胎细胞并生产出带有外源 DNA 片段的动物，是进行动物新品种培育的一种技术。掌握转基因动物技术的一般步骤、导入基因的方法及转入基因选择的要求是理解转基因动物技术原理与方法的基本要素。基因编辑是在转基因技术的基础上发展起来的，它对生物体内特定 DNA 序列进行的精准删除、插入、修饰或改造，从而获得具有特定遗传信息和特定遗传性状的一种技术。它是在基因组水平上对生物固有基因进行精确的基因编辑，要深刻搞清和理解锌指核酸酶（ZFN）、转录激活因子样效应物核酸酶（TALEN）以及 CRISPR/Cas9 技术的原理与方法。基因编辑具有重要的发展前景。动物体细胞克隆育种技术实际上是在细胞水平上的遗传操作技术，包括胚胎克隆和体细胞克隆技术。胚胎克隆技术一般采用优秀的公畜和优秀的母畜交配产生优秀的受精卵，待发育到两个、四个或多个细胞时，冲出胚胎，在体外进行人工切割，经恢复培养后，移植到生理状态相同的受体母畜的子宫，完成个体发育，所生的后代具有相同的遗传基础和外貌特征的技术。体细胞克隆动物技术实际上是采用核移植与胚胎生物工程技术相结合，将一个体的体细胞核移植到另一个体卵细胞中去，最终产生一个与供体细胞个体遗传性状一致的动物个体的技术。要对其操作的一般步骤、应用范围、优缺点深刻理解。干细胞育种技术目前还处于理论阶段，期望利用细胞代替个体，通过对细胞进行处理提前实现对个体的遗传方向的把控。这项技术的实施将会极大地缩短育种周期，对于整个育种效率的提升将发挥很大的作用。但目前干细胞育种技术还面临着诸多问题，结合目前干细胞新技术的开发将会使该技术得到突破和应用。

　　现代育种原理和方法对于动物育种来说，可以概括为育种速度快、选择准确性高、优秀群体繁殖快，选种效率高。尽管这些技术和方法都有许多优点，但各自也存在不足、局限性等问题。相信随着科学技术的发展，科学家的不断努力，现代育种技术在动物育种方面会显示出广阔的前景。

──────◈ **思考题** ◈──────

　　1. 什么叫基因工程？基因工程的研究内容包括哪些？

2. 基因工程的基本操作程序包括哪些?

3. 什么是标记辅助选择育种? 具体步骤如何?

4. 分子标记有哪些?

5. 简述全基因组选择育种的优势。

6. 简述全基因组选择技术的常用模型及各自的优缺点。

7. 试讨论全基因组选择技术目前存在的问题及应用前景。

8. 什么是参考群? 参考群有哪些要求?

9. 什么是转基因动物技术? 一般的步骤包括哪些?

10. 在转基因中, 目的基因包括哪几类基因?

11. 导入基因的方法都有哪些?

12. 什么是基因编辑? 基因编辑有哪几种方法? 各自的原理是什么?

13. 什么是动物克隆技术? 动物克隆包括哪几种类型?

14. 体细胞克隆动物都应用于哪些方面?

15. 全基因组选择育种的优缺点有哪些?

16. 简述干细胞育种技术的基本理念。

17. 简述干细胞育种技术的基本操作步骤。

18. 论述干细胞育种技术实施需要克服的关键技术问题。

第十三章　动物生殖器官

第一节　母畜生殖器官

母畜的生殖器官包括：卵巢、输卵管、子宫、阴道、尿生殖前庭、阴唇、阴蒂。前四部分称为内生殖器官；后三部分称为外生殖器官，亦称为外阴部（图 13-1）。

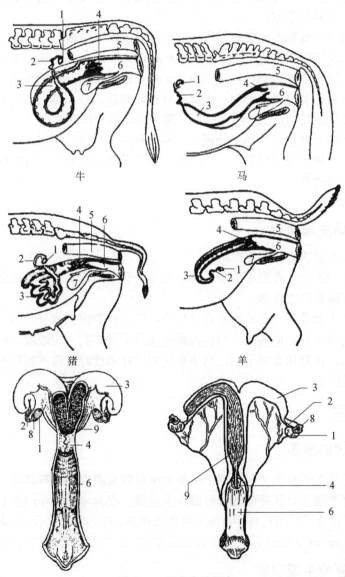

图 13-1　母畜生殖器官

1. 卵巢；2. 输卵管；3. 子宫角；4. 子宫颈；5. 直肠；6. 阴道；7. 膀胱；8. 输卵管伞；9.子宫

一、卵巢

（一）卵巢的形态

由于家畜的种类、品种及年龄不同而卵巢形态各异，就是同一个体亦随着发情周期各个阶段的相互交替以及生理机能的变化而在形态、组织结构方面有所不同。

母畜卵巢的实质可分为皮质和髓质，髓质位于卵巢中央，主要由结缔组织、血管和神经组成，皮质包在髓质的周围，占卵巢的大部分，由许多大小不等的卵泡，少量黄体、白体以及结缔组织所构成。随着发情期的不同阶段，卵巢上有不同发育程度的卵泡出现。处于休情期的母畜卵巢如下所述。

牛的卵巢为椭圆形如青枣大，排卵后多不形成红体，黄体往往突出于卵巢表面。卵巢的位置在两侧子宫尖端外侧下方。

羊的卵巢形状及位置基本与牛的相同，但卵巢形状比牛的圆而体积小。

猪的卵巢有较发达的卵巢囊（由卵巢系膜及输卵管系膜构成），卵巢和输卵管伞有时包在卵巢囊内，其形状随母猪性成熟的程度而有所不同。幼小母猪卵巢的形状很像肾脏，在接近性成熟时，由于卵巢上有许多小卵泡，因此形状很像桑葚，体积增大，达到性成熟时，卵巢上有许多卵泡及红体或黄体，像一堆葡萄，此期间卵巢体积达到最大。

马的卵巢形状略似肾形，体积如鸽蛋大。卵巢有两个边缘，附着缘向上是卵巢系膜附着处，亦是卵巢血管，神经及淋巴管出入的地方，所以又称为卵巢门。自由缘内陷，形成排卵凹，朝向内侧的输卵管伞。

驴的卵巢特点同马。

（二）卵巢的生理功能

动物的卵巢具有以下两方面生理功能。

（1）卵泡发育和排卵　在卵巢的皮质部，卵泡由初级卵泡发育为成熟卵泡，最后排出卵子，排卵后在原卵泡处形成黄体。

（2）分泌雌激素和孕酮　在卵泡发育过程中，围绕在卵泡细胞外，由两层卵巢皮质基质细胞形成的卵泡内膜可分泌雌激素。当体内雌激素水平升高到一定浓度，便引起母畜的发情表现。形成黄体后，由黄体分泌孕酮，当孕酮达到一定浓度时，可抑制母畜发情，孕酮是维持母畜妊娠必需的激素。

二、输卵管

（一）输卵管的形态

输卵管是卵子进入子宫的必经通道，包被在输卵管系膜内，呈弯曲状。输卵管的腹腔端扩大为漏斗状，称为漏斗。漏斗的边缘形成许多皱襞，称为伞。漏斗的中心有输卵管腹腔口与腹腔相通。输卵管的子宫端是与子宫角尖端相连接的，称为宫管接合部；输卵管的前 1/3 段较粗称为输卵管壶腹部；后 2/3 段变细称为输卵管峡部，两者的连接处称为壶峡接合部。

（二）输卵管的生理功能

（1）分泌机能。在母畜的不同发情周期阶段，受着性腺激素的调控，输卵管分泌细胞的分泌机能亦有变化，分泌的液体在数量和质量上有较大的差异；在母畜发情期中，输卵管液不仅数量增多，而且富含黏蛋白及黏多糖，为运送生殖细胞及早期胚胎提供必要条件和营养。

（2）精子完成获能、精子和卵子的结合以及受精卵的早期卵裂、发育均须在输卵管内进行。

（3）运送机能。卵巢排出的卵子被输卵管伞承接后，借纤毛运动送至壶腹部受精。

三、子宫

（一）子宫的形态

子宫由左、右两个子宫角、子宫体和子宫颈三部分组成。

（1）牛、羊子宫形状如同弯曲的绵羊角，子宫角的大弯朝上，小弯向下扣覆在耻骨前缘或腹腔内。两子宫角在靠近子宫体的一段彼此粘连，内部有纵膈将其分开，因此上方有一个下凹的纵沟称为角间沟。在子宫黏膜上排列着肉质突起称为子宫阜。牛、羊的子宫阜不同之处是羊的子宫阜向内凹陷，而牛的则向外突起。牛、羊的子宫体比较短，子宫颈的肌肉层发达，质地较硬，母牛在直肠检查时很容易摸到似硬橡胶棒状的子宫颈，子宫颈的管道细而弯曲且有大而厚的环状皱襞，使子宫颈管关闭很紧。

（2）猪子宫两子宫角基部之间有一长 3～5 cm 的子宫体彼此粘连。上有角间沟。子宫角长而弯曲，形状似小肠，成年母猪子宫角可长达 100～150 cm，子宫颈外口与阴道之间分界不明显。

（3）马、驴整个子宫呈"Y"形，子宫角如扁带状，质地松软，子宫角小弯在上，大弯在下。子宫体与两子宫角的连接处下部称为子宫底。

（二）子宫的生理功能

（1）是精子进入生殖道及胎儿发育成熟的地方。

（2）子宫颈是子宫的门户。

（3）是精子获能的主要场所。

（4）调控母畜的发情周期。子宫内膜在母畜发情周期第 15～16 天合成并释放前列腺素（PGF2α），通过子宫静脉——卵巢动脉血液的逆流机制，PGF2α 被运送到卵巢上溶解掉上次发情期后形成的黄体，导致母畜又开始发情。

四、阴道

阴道为母畜的交配器官，也是胎儿排出通道。

第二节　公畜生殖器官

公畜的生殖器官主要包括：性腺（即睾丸）、副性腺（即精囊腺）、前列腺、尿道球腺、输精管道（即附睾）、输精管、尿生殖道、外生殖器官（即阴茎和包皮）（图 13-2）。

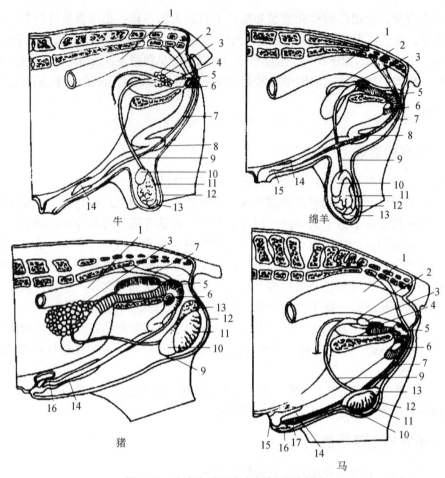

图 13-2　公畜生殖器官左侧剖面示意图

1. 直肠；2. 壶腹；3. 精囊腺；4. 前列腺；5. 尿道球腺；6. 左阴茎脚；7. 阴茎缩肌；8. S 状弯曲；9. 输精管；
10. 附睾头；11. 睾丸；12. 阴囊；13. 附睾尾；14. 阴茎游离端；15. 尿道突起；16. 外包皮；17. 内包皮

一、睾丸

动物的睾丸均为长卵圆形，不同动物的睾丸的大小、重量差别较大。牛、马的睾丸重 500～
600 g，一般右侧睾丸稍大于左侧。猪、绵羊、山羊睾丸的相对重量（占体重百分率）较大，
牛、羊睾丸的长轴和地面垂直，附睾位于睾丸的背面（附着缘），附睾头朝上，尾朝下；马、
驴的睾丸长轴和地面平行，附睾位于睾丸背面，头朝前，尾朝后；猪睾丸的长轴前低后高倾
斜于地面，附睾附着于睾丸背面，头朝前下方，尾朝后上方。左、右两个睾丸分居于阴囊的
两个腔内。

睾丸的外面包被着由腹膜转化的固有鞘膜，此膜亦包被着附睾。睾丸的最外层为较厚的
强韧纤维组织构成的白膜，白膜从睾丸的一端（即和附睾头接触的一端）形成一条 0.5～1.0 cm
的结缔组织束伸入睾丸实质，构成睾丸的纵膈。纵膈向四周发出许多放射状结缔组织，小梁
和白膜相连称为中膈。它将睾丸的实质分为许多锥形小叶，小叶的尖端朝向睾丸中央，基部
朝向睾丸的表面。牛的睾丸和其他动物的相比中膈的构造不完全，故小叶之间的分界不明显
（图 13-3）。每个小叶内有一条或派生而成的数条呈弯曲状的精细管，称为曲精细管。

二、附睾

附睾分为三部分：附睾头、附睾体、附睾尾。附睾是贮存精子的场所，成年公牛两个附睾内约贮存 740 亿个精子，相当于 3.6 天产生的精子数量。附睾管上皮的分泌作用可供给精子发育所需的养分。

三、输精管

附睾管在附睾尾端延续，变为粗而直的输精管，睾丸系膜内包被的输精管、血管、淋巴管、神经、提睾内肌等共同组成精索。输精管的肌肉层较厚，射精时收缩力强，能将精子排送入尿生殖道内。

四、副性腺

精囊腺、前列腺及尿道球腺总称为副性腺。射精时它们的分泌物及输精管壶腹部的分泌物混合组成精清，与来自附睾尾的精子共同组成精液。

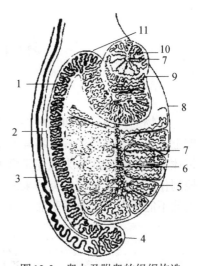

图13-3　睾丸及附睾的组织构造

1. 附睾管；2. 附睾体；3. 输精管；4. 附睾尾；5. 曲精细管；6. 直精细管；7. 睾丸网；8. 睾丸；9. 附睾管；10. 输出管；11. 附睾头

◆ **本章小结** ◆

本章对动物生殖器官进行了详细的介绍，根据性别不同主要包括了两个方面，即母畜生殖器官和公畜生殖器官。母畜生殖器官包括卵巢、输卵管、子宫、阴道、尿生殖前庭、阴唇、阴蒂等。其中卵巢是卵子发生和排出的场所，既肩负着雌性配子生成的过程，又具有生殖内分泌调控的关键作用。输卵管则是输送卵子以及精卵结合和早期卵裂发生的重要部位；早期胚胎则通过输卵管的输送抵达胚胎发育的主要部位子宫。子宫具备至少三重功能，包括精子传输及获能、胚胎定植发育、内分泌调控；另外，不同物种的子宫形态差异较大，这不仅是不同物种间繁殖差异的重要原因，也是理解后续不同物种间胚胎移植等技术差异的关键基础知识。公畜生殖器官包括性腺即睾丸、副性腺、输精管道等。其中睾丸是精子生成和雄性生殖调控的主要场所，副性腺的分泌物则是精液中的重要组成部分，最终包含成熟精子的精液由输精管道排出体外。此部分内容是深入认识动物繁殖过程及不同动物繁殖差异的基础，为后续对母畜和公畜繁殖机能的发生、调控和繁殖技术的开发、应用的理解提供了必要的材料。

◆ **思考题** ◆

1. 简述母畜和公畜生殖器官的组成部位。
2. 简述母畜具有内分泌调控功能的生殖器官。
3. 简述睾丸和附睾的功能差异及其结构在精子发生中的重要作用。

第十四章　生殖内分泌

动物的繁殖过程和体内许多激素有着密切关系。可以认为，几乎所有的激素都在一定程度上参与动物繁殖过程，不同的是有的是直接影响某些生理活动，有的则是间接地通过维持机体正常的生理状态来保证正常的繁殖机能。生殖激素是指那些对生殖机能有直接的调节或控制作用的激素。它们有的来源于生殖器官之外的腺体，有的则是生殖器官本身所产生的。因此不能认为，生殖激素都是由生殖器官所产生的。

第一节　激素作用概述

一、生殖激素的种类、来源及生理机能

1. 根据产生部位

（1）脑部生殖激素　由脑部各区神经细胞核团如松果体、下丘脑和垂体等分泌，主要调节脑内和脑外生殖激素的分泌活动。

（2）性腺激素　由睾丸和卵巢分泌并参与生殖激素分泌的调节，对性细胞的发生、卵泡发育、排卵、受精、妊娠和分娩等生殖活动以及脑部生殖激素的分泌活动有直接或间接作用。

（3）孕体激素　由胎儿和胎盘等孕体组织细胞产生，对妊娠维持和分娩启动等有直接作用。

（4）组织激素　所有组织器官均可分泌。

（5）外激素　由外分泌体（由管腺）所分泌，主要借助空气传播而作用于靶器官，影响动物的性行为和性机能。

2. 根据化学性质不同

（1）含氮激素　包括蛋白质、多肽、氨基酸衍生物和胺类等。垂体分泌的所有生殖激素和脑部分泌的大部分生殖激素均为含氮类激素，胎盘和性腺及生殖器官外的其他组织器官也可以分泌含氮类激素，这类激素对性腺或乳腺的发育和分泌机能有直接作用。

（2）类固醇激素　主要由性腺和肾上腺分泌，对动物性行为和生殖激素的分泌有直接或间接作用。

（3）脂肪酸激素　主要由子宫、前列腺、精囊腺（前列腺素）和某些外分泌腺体（外泌素）所分泌。

生殖激素的种类、来源及生理机能总结见表14-1。

表 14-1　生殖激素的种类、来源及生理机能

种类	来源	名称	化学类型	靶器官	生理机能
促垂体调节激素	丘脑下部	促性腺素释放素（GnRH）	十肽	垂体前叶嗜碱性细胞	促进垂体前叶合成释放 LH 及 FSH
		促乳素释放因子（PRF）	多肽	垂体前叶嗜碱性细胞	促进垂体前叶释放促乳素
		促乳素抑制因子（PIF）	多肽	垂体前叶嗜碱性细胞	抑制垂体前叶释放促乳素
		催产素（贮存于垂体后叶）	八肽	子宫平滑肌，小动脉	刺激子宫收缩、分娩、排乳、精子和卵子的运送
		促甲状腺素释放素	三肽	垂体前叶 TSH 细胞	促进垂体前叶释放促甲状腺素和促乳素
促性腺激素	垂体前叶	促卵泡素（FSH）	糖蛋白	卵巢卵泡，睾丸间质细胞	促进卵泡生长，精子发生，分泌雌激素
		促黄体素（LH）	糖蛋白	卵巢黄体，睾丸间质细胞	刺激排卵，形成黄体，分泌孕酮，雌激素，雄激素
		促乳素（PRL）	蛋白质	乳腺，黄体分泌细胞	促使泌乳，刺激某些动物黄体分泌孕酮
	胎盘	绒毛膜促性腺激素（hCG）	糖蛋白	卵巢黄体	相当于 LH 的活性
		孕马血清促性腺激素（PMSG）	糖蛋白	卵巢卵泡	相当于 FSH 的活性
		胎盘促乳素	蛋白质	乳腺，黄体分泌细胞	相当于垂体促乳素
性腺激素	卵巢	雌激素	类固醇	雌性器官，乳腺，垂体前叶	引起、维持雌性行为，控制促性腺激素分泌，刺激第二性征发育，生殖道生长，子宫收缩
		孕酮	类固醇	子宫内膜，乳腺，垂体前叶	与雌激素协同引起、维持雌性行为，维持妊娠，促进子宫腺体和乳腺发育，控制促性腺激素分泌
		松弛素	多肽	子宫，子宫韧带，骨盆	促使子宫颈，耻骨联合，骨盆韧带松弛
	睾丸	睾酮	类固醇	雄性器官，垂体前叶	促使副性腺发育、维持其功能，刺激、维持雄性行为、精子发生
其他	广泛分泌	前列腺素（PG）	脂肪酸	多数组织与细胞	溶解黄体，刺激或抑制生殖道平滑肌收缩，刺激精子排出及获能，分娩发动

二、生殖激素的作用特点

生殖激素在动物机体内的作用过程之所以表现得极其复杂，这是因为生殖激素具有以下特点。

（一）生理活性强

少量甚至极微量的生殖激素即可以引起很大的生理变化。例如，将 1 pg/mL 的雌二醇直接作用于阴道黏膜或子宫内膜上就可以使之反应。在黄体期，母牛血液中孕酮高峰也不过只有 6~9 ng/mL。而在发情期时，母牛血液中的雌二醇，每毫升血液中仅含有 20 pg。动物体内的生殖激素含量，除了雌二醇是以皮克（pg，微微克）表示外，其他激素多用纳克（ng，毫微克）来表示。

（二）消失快

生殖激素在动物体内的作用不同于神经传递，它在体内的作用期很短，消失快。例如，孕酮注射到动物体内，半衰期只有 5 min，在 10~20 min 内约有 90% 从血液中消失，但是其生理作用要在若干小时或若干天内才能显示出来。

（三）无种间特异性

动物生殖激素一般没有种间特异性。例如，绵羊的促性腺激素可以促使母牛排卵；牛和羊的促性腺激素释放激素都是十肽结构，几乎可以用于各种哺乳动物。

（四）生殖激素间有协同和抗衡作用

动物生殖机能的一些生理效应往往是在数种生殖激素参与下完成的。例如，子宫发育要求雌激素和孕酮的共同作用。

（五）产生抗激素

长期注射蛋白质或多肽类激素会发生反应降低甚至消失的现象，实际是一种免疫反应，产生抗体，如给母牛多次注射孕马血清促性腺激素，其效果会逐渐降低。

第二节　促性腺激素

这类激素主要作用于性腺，促使其分泌相应的性腺激素，故名促性腺激素。

一、垂体促性腺激素

（一）垂体的构造

垂体是一个很小的腺体，成年牛的垂体也不过 1 g 多重，位于脑下蝶骨的垂体窝中，分为前叶、后叶两部，由垂体柄和上面的丘脑下部相连接。

1. 垂体前叶

垂体前叶包括远侧部和结节部。远侧部为构成前叶的主要部分，占垂体的 75%。垂体前叶的腺细胞由于细胞质染色反应不同，可分为两大类，即着色细胞和嫌色细胞。着色细胞又分为嗜酸性和嗜碱性细胞。

垂体前叶的嫌色性细胞为前叶的后备细胞，细胞质内不含特殊颗粒，缺少分泌功能，占细胞总数的 50%。当着色性细胞释放出可着色颗粒以后，则又变为嫌色性细胞。

垂体前叶分泌三种促性腺激素，即促卵泡素（FSH）、促黄体素（LH）和促乳素（PRL）。其中促卵泡素和促黄体素来自垂体前叶中的促性腺激素细胞中嗜碱性细胞，而促乳素则来自垂体前叶嗜酸性细胞分泌的。

2. 垂体后叶

垂体后叶主要为神经部，并包括介于前、后叶之间的中间部。

（二）促卵泡素（FSH）

1. FSH 的化学特性

促卵泡素是由腺垂体嗜碱性细胞分泌的糖蛋白质激素，由碳水化合物与蛋白质组成。FSH分子的等电点根据来源不同，略有差异。来源于马、羊、牛的 FSH，等电点分别为 4.1、4.6 和

4.8，其分子质量一般在 25～30 kDa，半衰期是 2～4 h。

2. FSH 的生物学作用

①FSH 能促使卵泡中颗粒细胞分裂、增殖，刺激卵泡液分泌，促使卵泡发育；②促进精细管的增长及精子生成。

3. 在动物繁殖方面的应用

①促进动物的性成熟；②诱导乏情的母畜发情；③超数排卵；④治疗卵巢疾病；⑤改善公畜精液品质。

（三）促黄体素（LH）

1. LH 的化学特性

LH 又称作间质细胞刺激素（ICSH），由腺垂体嗜碱性细胞分泌，分子结构与 FSH 类似，也是属于一种糖蛋白激素。半衰期是 30 min。LH 的化学稳定性较好，在提取和纯化过程较 FSH 稳定。

2. LH 的生物学作用

①诱发排卵，促进黄体形成。发情后期，在 FSH 作用的基础上，LH 突发性分泌引起成熟卵泡排卵，黄体形成，促进孕激素的合成与分泌。②控制母畜的发情和排卵。③促进睾丸间质细胞分泌睾酮。

二、胎盘促性腺激素

胎盘能分泌多种生殖激素，对维持妊娠动物生理变化起着重要作用，如雌激素、孕激素、催产素、促乳素、促性腺激素等。在动物繁殖上应用广泛的有孕马血清促性腺激素和人绒毛膜促性腺激素。

（一）孕马血清促性腺激素（PMSG）

1. 来源

PMSG 来自妊娠母马子宫内膜杯。子宫内膜杯开始出现于妊娠后 36～38 d，PMSG 在妊娠 50～70 d 分泌量达高峰，在 120～150 d 分泌逐渐停止。此种杯状组织是由胚胎滋养层侵入子宫内膜的细胞形成。

2. 化学特性

PMSG 属于糖蛋白，分子质量为 53 kDa，在血液中的半衰期达到 40～120 h 或更长。

3. 生物学作用

①促进卵泡发育。PMSG 和 FSH 的生理作用相似，有显著促进卵泡发育的作用。②促进排卵。具有一定的促进排卵和黄体形成的功能。

4. 在动物繁殖方面的应用

①催情。PMSG 对于各种动物均有促进卵泡发育，引起正常发情的效果。②刺激排卵、增加排卵数。③治疗排卵迟缓。

（二）人绒毛膜促性腺激素（hCG）

1. 来源

hCG 产生于人胎盘合胞体滋养层细胞，通过血液循环作用于靶器官，最后从母体尿中排出。

2. 化学特性

hCG 为一种糖蛋白激素，分子质量为 36.7 kDa，半衰期为 LH 的 10 倍。

3. 生物学作用

相当于 LH 的作用。

4. 在动物繁殖方面的应用

①促进卵泡成熟和排卵。②增强超数排卵和同期发情效果。

（三）人绝经期促性腺激素

1. 来源

从绝经期妇女尿液中提取、纯化得到的促性腺激素制剂，有效成分为 FSH 和 LH。

2. 化学特性

化学本质为蛋白质，FSH 含量一般仅占蛋白质总量的 5%，LH 含量与 FSH 相当，其余为杂蛋白，包括 β_2-微球蛋白、转铁蛋白、免疫球蛋白、尿激酶、结合球蛋白、瘤坏死因子结合蛋白、糖蛋白、白介素、表皮生长因子等。

3. 生物学作用

具有 FSH 和 LH 配合应用的生物学作用。

第三节　性腺激素

性腺激素主要来自于雌性动物的卵巢和雄性动物的睾丸。卵巢分泌的激素主要有雌激素、孕酮和松弛素；睾丸所分泌的激素主要为雄激素。

一、雌激素

（一）来源

雌激素主要来源于卵泡内膜细胞和卵泡颗粒细胞。此外，肾上腺皮质、胎盘和雄性动物睾丸也可分泌少量雌激素。除动物可产生雌激素外，某些植物也可产生具有雌激素生物活性的物质，即植物雌激素（plant estrogen 或 phytoestrogen）。

（二）生物学作用

①促使雌性动物的发情表现和生殖道的生理变化。②促使雌性动物第二性征的发育，生殖器官的成熟。③促使雄性睾丸萎缩，副性器官退化。

（三）合成雌激素

常见的合成雌激素有：己烯雌酚、双烯雌酚、苯甲酸雌二醇。

（四）雌激素的应用

雌激素在临床上主要配合其他药物（如三合激素）用于诱导发情、人工诱导泌乳、治疗胎盘滞留、人工流产等。尤其在猪上，由于雌激素具有促黄体作用，所以用雌激素处理母猪后配合应用前列腺素，可以诱导母猪同期发情。在其他动物中，雌激素单独应用虽可诱导发情，但一般不排卵。因此，用雌激素催情时，必须等到下一个情期才能配种。

二、孕激素

（一）来源

孕激素主要指孕酮。孕酮是卵巢分泌的具有生物活性的主要孕激素。主要来源于卵巢的黄体细胞。

（二）孕酮的主要生理作用

（1）创造胚胎附植的环境。

（2）维持正常妊娠。孕酮能维持子宫黏膜增生，分泌子宫乳、为胚胎的发育提供营养；孕酮能够降低子宫肌肉的张力，使血液中的激素和其他物质向胎盘扩散；孕酮还降低了平滑肌对催产素的敏感性。

（3）对发情的作用。少量孕酮与雌激素的协同作用使中枢神经接受雌激素的刺激，促进发情表现。

大量孕酮对丘脑下部和垂体前叶具有负反馈作用，能抑制垂体促性腺激素的分泌，大量的孕酮因对雌激素有拮抗作用而抑制发情表现。

（三）合成孕激素及其应用

天然孕激素在体内含量极少，且口服无效，合成的孕激素实际上都是孕酮及睾酮的衍生物。如 18-甲基炔诺酮等。

在动物繁殖中主要应用在以下方面：①同期发情；②超数排卵；③妊娠诊断。

三、雄激素

（一）分泌来源

雄激素是一类具有维持雄性第二性征的类固醇激素，主要由睾丸间质组织中的间质细胞所分泌。睾丸生产的雄激素主要有睾酮（testosterone）和雄烯二酮（androstenedione），二者之间的含量比例随年龄而变化。睾酮为雄激素中的主要形式，其降解物为雄酮。睾丸的间质细胞是睾酮的主要来源。此外，雌性动物的肾上腺、卵巢和胎盘也可分泌雄激素。

（二）雄激素的主要生理作用

人工合成的雄激素有：甲睾酮、丙酸睾酮。主要的生理作用有：①促进精子发生，延长附睾中精子的存活时间；②维持雄性动物第二性征和性行为，增强性欲。

（三）雄激素的应用

雄激素在临床上主要用于治疗公畜性欲不强（如阳痿）和性机能减退症。此外，母畜或去势公畜用雄激素处理后，可用作试情动物。常用的药物为丙酸睾酮，皮下或肌肉注射均可。

四、抑制素

（一）来源

雄性动物的抑制素（inhibin，INH），主要由睾丸支持细胞和精原细胞分泌；雌性动物的抑制素主要由颗粒细胞表达，灵长类动物黄体细胞和胎盘也能表达抑制素。此外，在性腺外的其他组织，如：脑、垂体、延髓、肝、肺以及肾上腺等组织均有抑制素表达。

（二）抑制素的主要生理作用

抑制素的作用比较广泛，对雄性和雌性动物性腺发育、胚胎发育和内分泌均具有调节作用。从睾丸网液和间质液吸收到血液中的抑制素主要参与体内促性腺激素的负反馈调节。抑制素对精子生成有影响，但其影响程度和方式与物种以及生理时期有关。抑制素在卵泡的选择和优势化过程中起着重要作用。随着卵泡增大，抑制素分泌量增加，抑制垂体 FSH 的释放，控制卵泡发育的数量。抑制素对内分泌的主要生理作用就是抑制垂体细胞合成和分泌 FSH。

（三）抑制素的应用

抑制素通过调节 FSH 的分泌和释放而参与卵泡发育、精子发生以及生殖活动的内分泌调节，但在临床上，目前尚无直接应用抑制素提高生产力的报道。抑制素的潜在应用，是通过免疫方法中和内源性抑制素、提高内源性 FSH 水平，从而诱导动物发情并超数排卵。

五、活化素

（一）来源

活化素（activins，ATN）是由 INHA 和 INHB 的 β-亚基通过二硫键连接而成的异二聚体 βAβB 或同二聚体（βA-βA 或 βB-βB）。因此活化素有 A、B、C、D、E、AB、BC、CD、DE 多种类型。

（二）活化素的主要生理作用

ATN 的生理作用与 INH 相反，可以促进垂体 FSH 的分泌，进而促进卵泡的发生。但在有 INH 的情况下，活化素通常不表现其生物学作用。

六、抗米勒管激素

（一）来源

抗米勒管激素（anti-Müllerian hormone，AMH）是 Alfred Jost 于 1947 年首先在胎儿睾丸

支持细胞内发现的，因其在雄性胎儿发育过程中可引起米勒管退化，也称米勒管抑制物质。雄性动物的抗米勒管激素，主要由胎儿睾丸间质细胞和支持细胞分泌。雌性动物的抗米勒管激素，主要由胎儿腔前卵泡和小腔卵泡的颗粒细胞分泌。

（二）抗米勒管激素的主要生理作用

抗米勒管激素的主要生理作用是调节生殖细胞和性腺组织的发育，抑制米勒管的生长发育，此外还具有抑制肺表面活性物质积聚、抗细胞增殖等其他功能。在胚胎发育早期，雄性胚胎睾丸中未成熟的间质细胞产生抗米勒管激素，能诱导雄性米勒管退化，使中肾管在卵巢间质细胞分泌的雄激素作用下发育为附睾等雄性器官。在雌性动物，抗米勒管激素通过调节卵巢对 FSH 的敏感性发挥作用。抗米勒管激素与邻近的原始卵泡颗粒细胞膜表面的抗米勒管激素受体结合，抑制始基卵泡的募集过程，进而干扰生长卵泡发挥功能，影响其对 FSH 的反应性，限制生长卵泡的生长、发育和成熟。

第四节　其他生殖激素

一、前列腺素

（一）分泌部位及特征

前列腺素（简称 PG），是二十碳不饱和脂肪酸花生四烯酸经酶促代谢产生的一类有生理活性的不饱和脂肪酸。由于最早在精液中被发现，因此被称为前列腺素，其广泛分布于身体各组织和体液中，其中以精液中的含量最为丰富，现已能用生物合成或全合成方法制备，并作为药物应用于临床。

PG 的基本结构是前列腺烷酸。天然的前列腺素含有 20 个碳羧酸、羟基脂肪酸，其化学结构与命名均根据前列腺烷酸分子而衍生，根据环外双键的数目可以分为 PG1、PG2 和 PG3。

PG 的半衰期很短，因而前列腺素合成后迅速释放到细胞外，以自分泌或旁分泌的方式与它们产生部位邻近的膜受体结合而发挥作用。每种前列腺素有特定的受体，它们属于跨膜 G 蛋白偶联受体家族，目前已经克隆出所有的前列腺素受体。

（二）生理功能及应用

不同的 PG 生理功能不同，主要利用前列腺素 F（prostaglandin F，PGF）和前列腺素 E（prostaglandin E，PGE）来调节控制哺乳动物的繁殖机能。

（1）溶解黄体　由子宫产生的 PGF2α 通过"逆流机理"即由子宫静脉透入卵巢动脉而作用于黄体（图 14-1）。给予外源性的 PGF2α 可使黄体迅速溶解诱发母畜发情，从而应用于群体母畜的同期发情、治疗持久黄体、子宫积脓、排出干化胎儿等。

（2）提高精液品质　精液中的精子数和 PG 的含量成正比，PG 还能够影响精子的运行和获能。PGE 能够使精囊腺平滑肌收缩，引起射精，可以通过精子体内的腺苷酸环化酶使精子完全成熟并穿过卵子透明带，提高使卵子受精的能力。

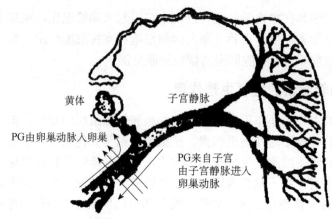

图 14-1　PGF2α 逆流传递至卵巢

二、内皮素

（一）分泌部位及特征

内皮素（EDN）最早从猪动脉血管内皮分离得到，是哺乳动物活性最强的内源性血管收缩剂，不仅影响血管平滑肌的收缩，而且调节间质细胞、颗粒细胞和肾上腺细胞的类固醇激素发生。现在发现，除动脉血管内皮细胞外，心、肝、脾、胃、肠、肾、肺、垂体、肾上腺、卵泡（颗粒细胞）、黄体、子宫内膜等组织器官的细胞均可分泌内皮素。内皮素有四种异构体，即内皮素-1（EDN-1）、内皮素-2（EDN-2）、内皮素-3（EDN-3）和萨拉弗毒素（SRTX）。内皮素受体有两种亚型，即 EDNA 和 EDNB。EDNA 受体可与 EDN-1、EDN-2 和 EDN-3 结合，尤其与 EDN-1 和 EDN-2 结合的亲和力最高，而 EDNB 受体与上述三种内皮素结合的亲和力均一致。内皮素受体广泛分布于机体各种组织器官，不同受体在不同组织内分布差异比较大。

（二）生理功能

内皮素除对血管平滑肌收缩有作用外，对动物生殖也有影响，主要调节黄体功能和 PG 的合成，即抑制孕酮分泌，促进 PGF2α 合成，从而参与雌性动物发情周期的调节。

三、促生长因子

促生长因子来源于机体各种组织器官，种类很多，通过促进细胞的生长与分化，影响生殖器官的生长与发育，调节动物生殖活动。

（一）胰岛素样生长因子

胰岛素样生长因子（IGF）是一类与胰岛素高度同源的肽类物质，与生殖有关的主要有胰岛素样生长因子-Ⅰ（IGF-Ⅰ）和胰岛素样生长因子-Ⅱ（IGF-Ⅱ）。分子结构均由 70 个氨基酸残基组成，人与牛、马、猪和犬的 IGF-Ⅰ 分子结构完全一致，与其他动物之间的同源性也很高，达 84%以上。外周血中的胰岛素样生长因子主要来源于肝脏。卵巢、睾丸、乳腺、子宫、输卵管、胎盘和胚胎等生殖器官也能合成胰岛素样生长因子，主要通过自分泌和旁分泌途径调节这些器官的生长、发育和机能。IGF 通过促进细胞对葡萄糖的摄入和氧化、加速氨基酸的转运、促进 DNA 的合成等途径而对所有生殖器官的生长发育具有促进作用。IGF 通过促进细胞的分化与发育，而促进生殖器官与生殖细胞的分泌机能。

（二）表皮生长因子

表皮生长因子（EGF）又称为 β-尿抑胃素，来源于动物机体各种组织器官的上皮细胞，是由数十个氨基酸组成的单链多肽，其对生殖内分泌激素的分泌、生殖细胞的分化与增殖、胚胎生长发育具有调控作用。

（三）转化生长因子

转化生长因子（TGF）是最早从小鼠肉瘤病毒转化的细胞株中分离得到的多肽物质，具有转化正常细胞成为肿瘤细胞的作用，故又称为肿瘤因子。转化生长因子对卵泡发育和卵母细胞成熟、睾丸分泌机能、胚胎发育以及生殖内分泌激素均有调控作用。转化生长因子也是一种极强的免疫调节剂，通过抑制免疫效应细胞的增殖、分化和活性以及抑制细胞因子的产生及其免疫调节而发挥妊娠维持作用。

（四）白细胞介素（IL）

白细胞介素（IL）主要有 IL-1、IL-2、IL-4、IL-6 和 IL-10 等。在人子宫内膜、蜕膜及早期妊娠胎盘中均有 IL-1β 表达，着床前的胚胎已能合成和分泌 IL-1，通过自分泌或旁分泌的形式作用于子宫内膜。一般认为，IL-1 对妊娠具有促进作用，其合成能力与胚胎附植成功与否呈正相关。

（五）诱导排卵因子

诱导排卵因子（OIF）是中国学者于 1985 年在骆驼精液中最先发现的，是引起骆驼、兔等诱导排卵或刺激排卵动物排卵的主要原因，现在牛、猪、马、羊等自发排卵动物精液中也发现诱导排卵因子，其实质是神经生长因子。神经生长因子不仅作用于神经系统，还参与免疫系统、内分泌系统和神经系统之间的相互作用。此外，神经生长因子在精子发生、卵泡发育、排卵、激素合成、卵巢疾病、输卵管运输、受精作用、精子获能、早期胚胎发育等方面都有重要作用。

───────── ◀ **本章小结** ▶ ─────────

本章对动物生殖激素的定义、分类特征、作用特点进行了介绍。生殖激素可以根据发生部位和化学特征进行分类，并且两种分类模式相互交叉，相同发生部位的生殖激素在化学特征方面具有一定的相似性。例如，下丘脑所分泌的生殖激素多为多肽类、垂体分泌的生殖激素则多为糖蛋白类。激素的作用具有活性强、消失快、协同和拮抗等作用特点。正是因为激素有以上特征才能够准确和快速的发挥作用，并且在需求结束后能够尽快停止发挥作用；此外由于激素之间的协同和拮抗作用，这导致了激素对机体调控的复杂和多样性。此外，本章对促性腺激素和性腺激素进行了详细的描述。促性腺激素主要由下丘脑和垂体等部位分泌，另外怀孕期的母畜胎盘也会分泌促性腺激素。性腺激素则主要由母畜和公畜的性腺分泌，对于繁殖过程具有直接的调控作用。本章的内容对于激素的基本特征和作用认识具有促进作用，也是后续进一步学习激素生产、开发和应用的基础。

────────── ◀ **思考题** ▶──────────

1. 简述生殖激素的不同分类方式。
2. 简述生殖激素的作用特征。
3. 简述脑部生殖激素的种类及其作用特点。
4. 简述性腺激素的产生部位及主效激素。

第十五章　动物的生殖

第一节　雌性动物的性机能发育

当雌性动物发育到一定的生理阶段时，卵巢产生可受精的卵子，而进入具备繁殖机能的成熟阶段，然后经过旺盛的繁殖期，继而性机能减退至最后停止。

一、初情期与性成熟

（一）初情期与性成熟的概念

雌性动物生长发育至一定生理阶段时，卵巢的生理机能趋于完善，随着卵母细胞的生长与分化，卵泡发育并分泌激素，雌性动物产生性兴奋和性欲，生殖道也发生适于受精和妊娠的相应变化，卵泡发育成熟，排出卵母细胞，如果与雄性交配，则可受孕产生后代，即具备了正常的繁殖机能，称之为性成熟。母畜出现第一次发情的时期叫作初情期，此时开始具有繁殖后代的能力，但生殖器官尚未发育完善，性机能也不完全，此时不宜配种。

（二）影响初情期与性成熟的因素

影响初情期与性成熟的因素主要有：①遗传因素；②气候；③营养等。

二、繁殖适龄

在生产实践中，考虑动物身体的发育成熟和经济价值，用于繁殖的年龄一般要比性成熟的年龄晚一些。雌性家畜的性成熟和繁殖适龄如表 15-1 所示。

表 15-1　雌性动物的性成熟期和繁殖适龄（月龄）

项目	牛	马	猪	绵羊	山羊	犬	猫
性成熟	10~14	12~18	5~8	4~8	4~8	6~9	6~15
繁殖适龄	14~22	24~48	9~10	9~18	12~18	12~18	12~18

三、卵子的发生与结构

雌性动物达到性成熟以后，卵巢上出现周期发育的卵泡。卵泡是实现卵子发生和激素合成两大生理功能的单位。

（一）卵子的发生

雌性生殖细胞的分化和成熟的过程称为卵子发生。包括卵原细胞的增殖、卵母细胞的生长和卵母细胞成熟等阶段。其发育顺序为原始生殖细胞—卵原细胞—初级卵母细胞—次级卵母细胞—卵子。

（二）卵子的形态与结构

1. 卵子的形态和大小

哺乳动物的卵子为圆球形。凡是椭圆、扁圆、有大型极体或卵黄内有小泡，以及特大或特小的卵子均为畸形卵子。不含透明带的卵子直径大约为 70～140 μm。

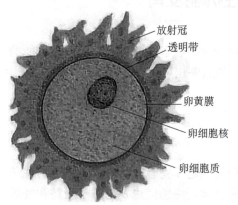

图 15-1　哺乳动物卵子模式图

放射冠
透明带
卵黄膜
卵细胞核
卵细胞质

2. 卵子的结构

（1）放射冠　紧贴卵母细胞透明带的一层卵丘细胞呈放射状排列叫放射冠（图 15-1）。

（2）卵膜　卵子表面有明显的两层膜，即卵黄膜和透明带。①卵黄膜：卵子的卵黄膜相当于普通细胞的细胞膜，它是卵母细胞的皮质分化物，具有与体细胞原生质膜基本相同的结构和性质。②透明带：透明带是一均质而透明的半透膜。

（3）细胞质　内含 RNA、蛋白质、脂质、糖原等。

（4）细胞核　兔和人的初级卵母细胞具有大而圆的核，染色体分散在核质中。

（三）卵子的生活力

哺乳动物的卵子能够生存的时间远不及精子，具有受精能力的时间一般只有 12～24 h，但犬的卵子能延至 4～8 d。

四、卵泡的发育与排卵

（一）卵泡的形成与发育

卵泡由卵母细胞及其周围的上皮样细胞构成，存在于卵巢的皮质部。根据卵泡发育的不同阶段和结构，依次分为原始卵泡、初级卵泡、次级卵泡、生长卵泡和成熟卵泡。根据卵泡腔的有无又区分为腔前卵泡和有腔卵泡。原始卵泡、初级卵泡和次级卵泡为腔前卵泡，而生长卵泡和成熟卵泡为有腔卵泡（图 15-2）。

（二）排卵

成熟的卵泡突出卵巢表面，突出的部分卵泡破裂，卵母细胞和卵泡液及部分卵丘细胞一起排出，称为排卵。

1. 哺乳动物的排卵类型

根据排卵的特点，哺乳动物的排卵可以分为两种类型，即自发性排卵和诱发性排卵。

（1）自发性排卵　卵泡成熟后，即自行破裂排卵，称为自发性排卵或自然排卵。绝大多数哺乳动物属于自发性排卵。

（2）诱发性排卵　在雄性交配刺激下引起排卵，并形成功能性黄体。骆驼、猫、兔、貂等动物属于这种诱发性排卵。

产生上述两种排卵类型的原因是促排卵激素的作用途径不同决定的。

2. 排卵的部位

哺乳动物卵巢表面除了卵巢门以外，其余任何部位都可发生排卵，但马属动物仅限于卵巢的排卵窝排卵。

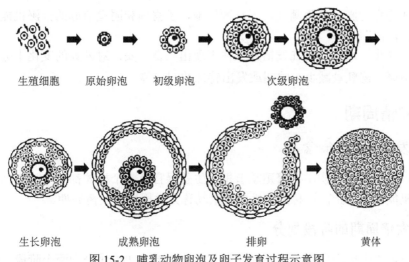

生殖细胞　　原始卵泡　　初级卵泡　　　次级卵泡

生长卵泡　　　　成熟卵泡　　　　排卵　　　　黄体

图 15-2　哺乳动物卵泡及卵子发育过程示意图

（三）黄体的形成与退化

1. 黄体的形成

卵泡排卵后由于液体排空，卵泡腔内产生了负压，亦即低于血管的正常血压，因此卵泡膜的血管破裂，血液和淋巴液从破裂的卵泡壁流出，汇集于卵泡腔内形成凝血块，成为红体。红体形成以后，卵泡壁的内膜细胞和颗粒层细胞分化，变成具有较大细胞核、细胞质中含有黄色脂质颗粒的黄体细胞，形成黄体。

2. 黄体的退化

家畜黄体开始退化的时间，一般而言，牛在排卵后 14～15 d，马在 14 d，绵羊在 12～14 d，猪在 14～15 d。

第二节　发情与发情周期

一、发情与发情征状

（一）发情的概念

雌性动物产生性欲，允许雄性爬跨和交配等外部行为变化称为发情。正常的发情具有明显的性欲和性行为的外部表现，以及生殖器官的形态与机能的内部变化。卵巢上卵泡的发育、卵子的成熟和雌激素的产生是发情的本质，而性行为等外部变化只是发情的外部现象。

（二）发情征状

（1）求偶表现　在发情盛期，雌性动物主动接近雄性，两后肢叉开，举尾，接受爬跨与交配；有的动物频频排尿，作阴门开闭等动作，当雄性爬跨时表现静立不动。

（2）生殖道的变化　由于雄激素的作用，子宫和输卵管平滑肌的蠕动加强；外阴部、阴蒂和阴道上皮充血肿胀，黏膜潮红，子宫颈松弛，子宫颈和阴道前庭的分泌机能增强，分泌的黏液增多，流出阴门外。

（3）行为变化　雌性动物在发情时往往表现出兴奋不安，对外界的变化十分敏感，频繁走动，食欲下降，泌乳量减少，哞叫或发出特殊的叫声等。

二、发情周期

（一）发情周期的概念

初情期以后的雌性动物，在繁殖季节里，生殖器官及整个机体都产生一系列周期性的变化，直至性机能停止为止，这种周期性的性活动称为性周期或发情周期。

（二）发情周期的阶段划分

一般根据卵巢上卵泡发育、成熟和排卵与黄体的形成和退化分为两个阶段，将发情周期分为卵泡期和黄体期。卵泡期指卵泡开始发育至排卵的时间；而黄体期是卵泡破裂排卵后形成黄体，直到黄体开始退化为止。卵泡期较短，而黄体期较长。

根据动物的性欲表现和相应的生殖器官变化，又可将发情周期分为发情前期、发情期、发情后期和间情期即休情期四个阶段。卵泡期相当于发情前期和发情期，而黄体期相当于发情后期和间情期（表 15-2）。

表 15-2　母牛发情周期的分期与相应变化

阶段划分及天数	卵泡期		黄体期		卵泡期
	发情前期	发情期	发情后期	间情期	发情前期
	18　19　20	21　1	2　3　4　5	6～15	16　17
卵巢	黄体退化、卵泡发育	生长、成熟、分泌雌激素，发情结束后排卵	排卵黄体形成、分泌孕酮，无卵泡发育		黄体退化
生殖道	轻微充血、肿胀、腺体活动增加	充血、肿胀、子宫颈口开放，大量黏液流出	充血肿胀消退，子宫颈收缩，黏液少而稠	子宫内膜增生，间情期早期分泌旺盛	子宫内膜及腺体复旧
全身反应	无交配欲	有交配欲	无交配欲		

第三节　发情鉴定

通过对动物的发情鉴定，可以判断动物的发情阶段，预测排卵时间，以便确定配种适期，及时进行配种；可以判断发情是否正常，以便发现问题及时解决，从而提高受胎率。

一、发情鉴定的常用方法

（一）外部观察法

该方法适用于各种动物。主要观察外部表现和精神状态，从而判断是否发情和发情程度。发情动物常表现为精神不安，爱走动，食欲减退甚至拒食，外阴部充血肿胀流出黏液，对周围环境或雄性动物的反应敏感。

（二）试情法

此法是根据雌性动物在接近雄性动物时的亲疏行为表现，来判断其发情程度的。

（三）阴道检查法

这种方法是应用阴道开张器或扩张筒插入母畜阴道，观察其阴道黏膜的色泽和充血程度、子宫颈的松弛状态、子宫颈外口开口的大小和黏液颜色、分泌量及黏稠度等，以判断母畜的发情程度。

（四）直肠检查法

此法是将手臂伸进母畜的直肠内，隔着直肠壁用手指肚触摸卵巢及其卵泡的变化情况，如卵巢的大小、形态、质地、卵泡发育的部位、大小、弹性、卵泡壁的厚薄以及卵泡是否破裂、有无黄体等。直肠检查法已在大家畜的配种上得到了广泛的应用。

二、发情鉴定的其他方法

（一）生殖激素检测法

这种方法是应用激素测定技术（放射免疫测定法、酶免疫测定法等），通过对母畜体液（血浆、血清、乳汁、尿液等）中生殖激素（FSH、LH、雌激素、孕激素等）水平的测定，依据发情周期中生殖激素的变化规律，来判断母畜的发情程度。

（二）仿生学法

该法是模拟公畜的声音（放录音磁带）和气味（天然或人工合成的气雾剂），刺激母畜的听觉和嗅觉器官，观察其受到刺激后的反应状况，判断母畜是否发情。

（三）pH 测定法

这是测定生殖道黏液 pH，以鉴别发情周期的方法。

第四节　乏情、产后发情和异常发情

一、乏情

乏情即不发情，指雌性动物完全无性欲的状态。在乏情期，卵巢无周期性的功能活动，而处于相对静止状态。

动物乏情有两种情况：一是生理性乏情，即因动物处于非繁殖季节、初情期前或因妊娠、泌乳等原因而使卵巢无卵泡发育，处于乏情状态；二是病理性乏情，由于营养、衰老，卵巢机能不全、卵巢囊肿、持久黄体等病理原因而使动物不发情。具体可分为以下几种。

（1）季节性乏情　在非繁殖季节，卵巢既无卵泡发育，也无黄体的形成，卵巢较小较硬，血中的 GnRH 和类固醇激素的水平都很低。

（2）泌乳性乏情　动物产后因催乳素（prolactin，PRL）旺盛分泌而影响促性腺激素释放激素（gonadotropin-releasing hormone，GnRH）的释放，使卵巢机能活动受到限制。泌乳性乏情的发生和持续时间长短与动物种类和环境条件有关。

一般哺乳的母牛乏情持续时间比每天挤乳两次的母牛要长，挤乳的母牛一般在产后 30～70 d 出现发情，而哺乳母牛往往在产后 90～100 d 出现发情。

（3）营养性乏情　营养不良会抑制发情。

（4）衰老性乏情　老龄动物由于卵巢对激素的反应性降低或激素分泌变化等原因，改变了丘脑下部—垂体—卵巢性腺轴的功能，导致 GnRH 分泌减少或使卵巢对激素的反应敏感性降低而不发情。

（5）卵巢和子宫异常　卵巢发育不全，生殖道为幼稚型的雌性动物往往不表现发情。

二、产后发情

产后发情指雌性动物分娩后的第一次发情。母猪一般在分娩后 3～6 d 发情，但不排卵；母牛在产犊后 25～30 d 排卵但发情征状不明显，一般在产后 40～50 d 正常发情；绵羊在产后 20 d 左右发情但征状不明显，大多数母羊在产后 2～3 个月发情。母马产驹后 6～12 d 发情，一般发情征状不太明显，甚至无发情表现，但卵巢上有卵泡发育并排卵，配种可受胎；母兔产后 1～2 d 交配受胎率高。

三、异常发情

异常发情包括短促发情、持续发情、断续发情、安静发情、妊娠发情及慕雄狂等。异常发情多见于初情期后至性成熟前，性机能尚未发育完全的一段时期内；性成熟以后由于环境条件的异常也会导致异常发情，如劳役过重，营养不足，饲养管理不当和温度等气候条件的突变等都可引起异常发情。

（1）短促发情　指发情持续时间短或征状不明显。

（2）持续发情　又称长发情，其特点是发情持续时间长，卵泡迟迟不排卵。

（3）断续发情　发情时断时续，多见于早春及营养不良的母马。

（4）安静发情　又称静默发情，虽有正常排卵但无明显发情征状，各种动物都有发生，特别是青年母畜或营养不良的母畜更易产生安静发情。

（5）妊娠发情　一般动物如果妊娠即停止发情和排卵，但妊娠期出现发情排卵也是有的，这在家畜如牛、马、绵羊和猪等都有发生。

第五节　受精与配种

一、精液概述

（一）精液的来源

精液由精子及精清两部分组成，精子悬浮在液态或半胶样的精清中。精子由睾丸中的生精细胞产生；精清则由睾丸、附睾、前列腺、精囊腺、尿道球腺及输精管壶腹的分泌物所组成。

（二）精液的理化性状

精液品质优劣在其理化性状上得到充分体现，因此了解精液的理化性状有利于对精液品质进行评价。精液的理化性状一般包括外观、气味、射精量、精子浓度、黏度、相对密度、渗透压及 pH 等（表 15-3）。

表 15-3　常见动物精液性状参数

性状	牛	绵羊	猪	马	鸡
射精量（mL）	58	0.8～1.2	150～200	60～100	0.2～0.5
精子浓度（百万/mL）	800～2000	2000～3000	200～300	150～300	3000～7000
每次射精数（10 亿）	5～15	1.6～3.6	30～60	5～15	0.6～3.5
活动精子（%）	40～75	60～80	50～80	40～75	60～80
形态正常（%）	65～95	80～95	70～90	60～90	85～90
相对密度	1.034	1.030	1.016	1.014	—
pH	6.4～7.8	5.9～7.3	7.3～7.8	7.2～7.8	7.2～7.6
渗透压	0.61	0.64	0.62	0.60	—
黏度（mPa·s）	4.10	—	2.70	1.90	—

二、精子生物学

（一）精子形态结构

哺乳动物射出的精子在形态结构上有共同的特征，即头、颈及尾三部分构成，表面有一层脂蛋白膜（图 15-3）。常见动物精子长度如表 15-4。

表 15-4　常见动物精子长度　　　　　　　　　　　（单位：μm）

动物	头长	中段长	主段及末段长	总长
牛	8.0～9.2	14.8	40.0～50.0	57.4～74.0
马	5.0～8.1	8.0～10.0	30.0～43.0	55.0～61.1
绵羊	7.5～8.5	14.0	50.0～60.0	70.0～75.0
山羊	7.0～8.0	14.0	40.0～50.0	70.0～72.0
猪	7.2～9.6	10.0	30.0	47.2～49.6
犬	6.5	—	—	55.0～65.0
兔	8.0	8.0	38.0	54.0

续表

动物	头长	中段长	主段及末段长	总长
鸡	—	—	—	90.0～100.0
鸭	—	—	—	56.2～71.9
小鼠	5.4～12.1	16.0～67.0	48.0～110.0	68.0～190.0
大鼠	5.7～9.8	13.0～24.0	45.0～100.0	64.0～133.0

（1）头部　精子头部主要由细胞核、顶体、核后帽、赤道节（核环）及核膜等组成（图 15-4）。细胞核主要是由 DNA 与碱性核蛋白相结合成的染色质组成。

（2）颈部　颈部位于头与尾之间，起连接作用。

（3）尾部　精子尾部位于精子颈部之后，是精子的运动器官，长约 40～50 μm，分为中段、主段及末端三部分，是由精细胞中心小体发生的轴丝及纤丝组成。

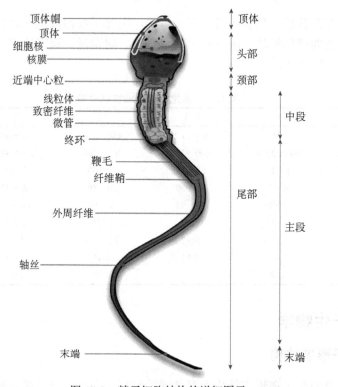

图 15-3　精子细胞结构的详细图示

（二）精子的运动

1. 精子运动的类型

精子的运动类型有三种：直线前进运动、转圈运动及原地摆动。其中只有直线前进运动才是正常运动形式，后两种运动方式表示精子正在丧失运动能力。

2. 精子运动的特点

精子在液体中或在雌性生殖道中运动时有其独特的方式，主要有以下三个特点。

（1）超逆性　在流动的液体中，精子表现向逆流方向游动，并随液体流动加快而加快；在雌性生殖道内的精子，能沿管壁逆流而上。

（2）趋物性　精液或稀释液中若有异物存在时，如上皮细胞、空气泡、卵黄脂滴等，精子有向异物边缘运动的趋向，表现为头部顶住异物摆动。

（3）趋化性　精子具有趋向某些化学物质的特性，在雌性生殖道内的卵细胞可能分泌某些化学物质，能吸引精子向卵子运动。

（三）外界因素对精子的影响

精子的活力受多方面因素的影响，除了动物年龄、精子成熟程度、能量贮备及精子表面性质等内源性因素外，诸多外源性因素对精子的活力也有重要影响，如温度、渗透压、pH 等。

（1）温度　37～38℃条件下，精子维持正常代谢。高温会促进精子活动，低温则抑制精子的代谢。在 5～10℃时精子几乎没有活动，未经稀释的精液从 38℃快速降低至 10℃以下时，可使精子受到严重伤害失去活力而死亡，这种现象称为冷休克。但采用一定的保护处理后精子不仅能在 0～5℃条件下保存而不死亡，并且能在−196℃的液氮中长期保存而且具有受精能力。

（2）渗透压　Na^+为精清中的主要阳离子，生理盐水对精子的活动及代谢是适宜的。高渗情况下，精细胞内的水分脱出，使精子失水而死亡；低渗情况下，水分进入精子，使精子膨胀死亡。

（3）药品　常用的消毒药品对精子都有害，如酒精、煤酚皂等。但向精液中加入抗生素、磺胺类药物，能抑制精液中的病原微生物繁殖，从而延长精子的存活时间。

（4）pH　精液的 pH 可因精子代谢及其他原因而变化，当精液 pH 降低时，精子代谢与活动减弱；反之因 pH 上升，代谢与活动增强，能量迅速耗竭，存活时间减少。

第六节　妊　　娠

一、配子的运行

（一）精子在母畜生殖道内的运行

精子进入母畜生殖道，仅有极少数能到达输卵管，绝大多数的精子均在运行过程中损失。

1. 自然交配时公畜的射精部位

在自然交配时，由于畜种不同，公畜生殖器官的解剖及机能各有特点，因此，射精的部位也不同，分为阴道射精型和子宫射精型两种。

（1）阴道射精型　牛、羊的子宫颈管肌肉层厚，发情时开放程度小，公畜的射精量也少，因此只能将精液射于子宫颈阴道部附近。

（2）子宫射精型　马的子宫颈管肌肉层较薄，因此松软。在发情时子宫颈管的开张程度大，交配时公马膨大的龟头推向阴道穹窿，龟头前端的尿道突起能插入子宫颈管。阴茎抽动时使前端子宫腔形成负压，加之射精量较大，因此很容易将精液吸入子宫颈内。

母猪的子宫颈管无阴道部，发情时子宫颈管开放，因此，公猪螺旋状的阴茎头可直接插入子宫颈内，而将精液射入子宫。

2. 精子向受精部位运行

到达输卵管壶腹部的精子和卵子结合形成受精卵，因此，输卵管壶腹部被认为是受精部位。当到达受精部位之前有 99% 以上的精子在母畜生殖道内运行过程中耗损掉。精子到达受精部位必须经过三个栏筛。

（1）第一个栏筛——子宫颈　绵羊一次射出的精子数约有 30 亿，但能通过子宫颈的精子却不到 100 万个。

（2）第二个栏筛——宫管接合部　子宫肌肉的收缩，推动着子宫内液体的流动，使精子通过子宫而进入宫管接合部。牛、羊交配后约经 15 min 即可在输卵管壶腹部出现少数精子。宫管接合部亦是暂时的精子库，可连续 24 h 使活动的精子源源不断地向输卵管输送。

（3）第三个栏筛——输卵管壶峡部　精子通过狭窄的输卵管峡部进入壶腹部，两者连接处即为壶峡部。壶峡接合部可限制精子进入壶腹部，而防止多精子受精。

精子的受精能力比其活动能力要丧失得早，牛精子进入母畜生殖道后保持受精能力的时间约为 28 h。马可长达 5~6 d，绵羊为 30~36 h，猪不超过 24 h，犬约为 2 d。

（二）卵子（胚胎）的运行

卵子在输卵管运行过程包括：①卵子被输卵管接纳；②进入输卵管壶腹部；③卵子在壶峡接合部滞留；④通过宫管接合部。

（三）卵子维持受精能力的时间

家畜卵子维持受精能力的时间一般不超过 24 h，牛约为 18~20 h，马 17~19 h，猪 12~18 h，绵羊 12~15 h，但有的动物如犬可长达 6~8 d 之久。

二、受精前准备及性别决定

（一）精子的获能

射入或输入子宫内的精子在向输卵管受精部位运动的过程中，在生理上和机能上进一步成熟，并具有受精能力。这种在机能上进一步成熟的过程称为精子的获能。

（二）性别决定

哺乳动物除生殖细胞外，每个体细胞都含有一对性染色体，雄性染色体组为 XY，雌性染色体组为 XX。生殖细胞为单倍体只含有一条性染色体。每个卵子的性染色体为 X，精子有的含有 X 染色体，有的含有 Y 染色体。胚胎发育为雄性或雌性，决定于同卵子结合的精子含有的 X 或 Y 染色体，因此受精时精子的不同性染色体决定了动物的性别。

三、胚胎附植

（一）胚胎附植概念

哺乳动物的卵子受精后，在输卵管内运行到子宫，逐渐与母体子宫内膜发生组织上、生理上的联系称为附植。

（二）胚泡的附植

1. 附植形式

根据子宫和胚胎的形态而将附植过程分为三种类型。

（1）中心附植　家畜均属于这一类型，胚泡在子宫腔内延伸扩张，全面和子宫内膜接触或侵入子宫内膜，但不侵入子宫内膜下的内皮层，亦称为表面附植。

（2）偏心附植　多数啮齿类动物的胚泡附植于子宫内膜，偏离子宫腔的中心。

（3）壁内附植　胚泡穿透子宫内膜上皮在内皮中附植。如，人、猴、猩猩。

2. 附植部位

家畜胚泡附植于子宫腔内子宫系膜的对侧。在这里子宫血管密集，可以使胚泡滋养层得到丰富的营养，有利于胚胎发育。

3. 附植时间

动物胚泡的附植是一个渐进的过程。牛在受精后 60（45～75）d、马 100 d、猪 22（20～30）d、绵羊 10～22 d 附植。

四、胎膜和胎盘

（一）胎膜

胎膜即胎儿附属膜，是胎儿外包被着胎儿的几层膜的总称，胎膜主要有卵黄囊、羊膜、尿膜和绒毛膜。由后三种膜分别发育完全形成：尿膜羊膜、尿膜绒毛膜、羊膜绒毛膜，以及附着在胎膜上的胎儿胎盘和脐带。其构造形态在各种动物亦有差异如图 15-4 和图 15-5。

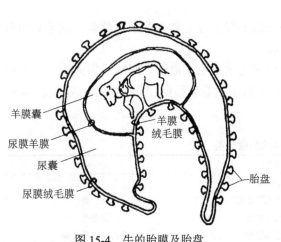

图 15-4　牛的胎膜及胎盘

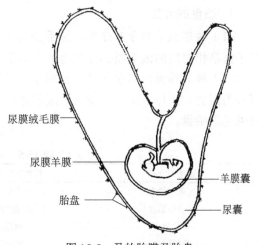

图 15-5　马的胎膜及胎盘

（二）胎水

1. 胎水的来源

胎水包括羊膜囊内的羊水和尿囊内的尿水。胎儿存在于羊水中，尿水包围着全部或大部分羊膜。胎水呈碱性，除含有少量的蛋白质、脂肪、电解质外，还含有尿素、肌酸酐。

2. 胎水的作用

①在附植初期，胎水的增加促进了绒毛膜和子宫黏膜的结合。②胎儿在胎水中能够自由活动，保证了胎儿正常发育。③缓冲外界对胎体的压力及震荡。④防止胎儿和胎膜黏结。⑤分娩时由胎儿、胎水形成的胎胞可促使子宫颈扩张，在分娩过程中还起冲洗、洁净及润滑产道作用，有利于胎儿的产出。

（三）胎盘

胎盘是胎儿与母体之间进行物质交换的器官，是胎儿绒毛膜的绒毛和母体子宫内膜相结合的接合体，前者称为胎儿胎盘，相应的母体子宫内膜称为母体胎盘。两者合称为胎盘。

牛的母体胎盘成为凸出状隆起，被中心凹陷的胎儿胎盘包被着（图 15-6）。而绵羊的母体胎盘中心有陷窝包被在凸出的胎儿胎盘上。

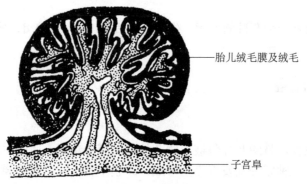

胎儿绒毛膜及绒毛

子宫阜

图 15-6　母牛的胎盘结构

1. 胎盘的分类

（1）按照绒毛的分布分类　绒毛分布在整个绒毛膜表面上称为弥散型胎盘；绒毛只出现在子宫阜相对应的绒毛膜部分称为子宫阜型胎盘。

（2）按照胎盘组织学分类　按照子宫黏膜和绒毛膜或毛细血管之间的组织关系，将胎盘可分为四类（表 15-5）：①上皮绒毛膜胎盘；②结缔组织绒毛膜胎盘；③内皮绒毛膜胎盘；④母血绒毛膜胎盘。

表 15-5　动物的胎盘分类

绒毛的分布	母体和胎儿胎盘组织结构	动物种类
弥散型胎盘	上皮绒毛膜胎盘	马、驴、猪
子宫阜胎盘	结缔组织绒毛膜胎盘	反刍类
带状胎盘	内皮绒毛膜胎盘	食肉类
盘状胎盘	母血绒毛膜胎盘	啮齿类、灵长类

2. 胎盘的功能

（1）气体交换　胎儿呼吸的氧气和排出二氧化碳完全由胎盘血液循环的扩散作用与母体进行交换。

（2）营养供给　胎儿所需的各种营养成分通过胎盘由母体供给，胎盘本身又能分解及合成物质供给胎儿需要。

（3）排泄废物　胎儿的代谢产物如尿酸、肌酐等是由胎盘经母体血液排出的。

（4）防御作用　母体可经胎盘使胎儿对某些疾病有被动免疫力，一般细菌和病原体是不能通过胎盘的。

（5）内分泌作用　胎盘可产生雌激素、孕激素、促性腺激素等生殖激素。

五、妊娠母体生理变化

（一）妊娠期

从精子和卵子在母体生殖道内形成受精卵开始，到胎儿产出所持续的时间为妊娠期。但是实际确切的受精时间很难测知，因此一般是以最后一次交配（输精）或排卵之日算起，各种动物的妊娠期见表 15-6。

表 15-6　各种动物的妊娠期

种类	平均（d）	范围（d）	种类	平均（d）	范围（d）
牛	282	276～290	貉	61	54～65
水牛	307	295～315	狗獾	220	210～240
牦牛	255	226～289	鼬獾	65	57～80
猪	114	102～140	狐	52	50～61
羊	150	146～161	狼	62	55～70
马	340	320～350	花面狸	60	55～68
驴	360	350～370	猞猁	71	67～74
骆驼	389	370～390	河狸	106	105～107
犬	62	59～65	艾虎	42	40～46
猫	58	52～71	水獭	56	51～71
家兔	30	28～33	獭兔	31	30～33
野兔	51	50～52	麝鼠	28	25～30
大白鼠	22	20～25	毛丝鼠	111	105～118
小白鼠	22	20～25	海狸鼠	133	120～140
豚鼠	60	59～62	麝	185	178～192
梅花鹿	235	229～241	象	660	
马鹿	250	241～265	虎	154	
长颈鹿	420	402～431	狮	110	
水貂	47	37～83	鲸	456	

（二）妊娠母体生殖器官的变化

母体妊娠后，生殖器官为了适应胚胎的发育，在形态和生理机能方面的变化很大，这些变化往往作为妊娠诊断的重要依据。

1. 卵巢

妊娠期的卵巢变化主要表现有妊娠黄体存在。牛怀孕后卵巢上形成的妊娠黄体迅速发育，其体积大于发情周期黄体。

怀孕母马的卵巢比较特殊，排卵后形成的黄体叫排卵黄体（一次妊娠黄体）。妊娠 14 d 时体积最大，在 60 d 时即逐渐退化。当母马妊娠 40 d 左右时，虽然一侧卵巢上有一个排卵黄体存在，但在两侧卵巢上却出现大小不等的多卵泡发育。羊的卵巢上妊娠黄体数往往和胎儿数相等。

2. 子宫

（1）体积增大、位置下沉　子宫的发育不仅表现在黏膜层增生，而且子宫肌肉组织也在生长，特别是孕侧子宫角和子宫体的体积增大更为迅速。

（2）母体胎盘的增生　由于胎儿和胎膜的发育，绒毛膜胎盘和子宫母体胎盘同时发育并接触构成了胎盘，成为胎儿发育的暂时性营养器官。

（3）血液供应增加　妊娠子宫的血液供应量在逐日增加，分布于子宫的主要血管增粗，分支增多，尤其是子宫动脉的变化最显著。

（4）敏感性降低　由于孕激素的作用抑制了子宫的活动，对外界刺激不产生反应，对催产素、雌激素的敏感性降低。

3. 子宫颈

子宫颈是妊娠期保证胎儿正常发育的重要门户。妊娠期母畜的子宫颈因括约肌收缩而关闭得很紧。

（三）妊娠母体的变化

1. 体重的变化

母体怀孕后不久，因为代谢水平提高，食欲增加、消化能力也得到提高，孕体的营养状况得到改善，毛色变得光亮，体重增加。

2. 行为的变化

妊娠母体的性情一般变得温驯、安静、嗜睡，行动小心谨慎，易出汗。

3. 体况的变化

（1）腹围增大　妊娠后期的母体腹围扩大，两侧腹部不对称。马因右侧有盲肠，胎儿被挤向左侧，突出于左腹壁；牛因左侧有瘤胃，胎儿被挤向右侧，突出于右侧腹壁。

（2）呼吸，排粪、尿的次数增加　由于腹内压增高，使母体由腹式呼吸变为胸式呼吸，呼吸次数也随之增加，粪、尿的排出次数增多。

（3）心、肾脏器官负担增大　由于胎儿营养需要和代谢产物增加，引起了左心室妊娠性肥大，血流量增加，血液凝固性增高，血沉加快，因血液受阻，静脉压增加，妊娠后期孕体的下腹部及后肢出现水肿。

（4）乳房变化　妊娠后期母体的乳房发育显著，临产前可挤出少许乳汁。

（四）妊娠期的发情与排卵

在妊娠期卵巢可出现成熟卵泡，约有 10% 的妊娠母牛有发情表现，多发生在妊娠 3 个月以内，妊娠绵羊中约有 30% 出现发情，在整个妊娠期均可出现发情，但一般不排卵。

在妊娠期排卵如果受精、妊娠便称之为"异期复孕"，就会出现两次分娩。牛、兔、犬、大鼠、小鼠曾有异期复孕的报道。

第七节　妊娠诊断

一、妊娠诊断的意义

配种后，如能尽早进行妊娠诊断，对于保胎、减少空怀，提高繁殖率及有效实施动物生产都是相当重要的。经过妊娠诊断，对于确定怀孕的动物，应加强饲养管理，维持母体健康，避免流产；若确定未孕，应及时查找原因。例如，交配时间及配种方法是否合适，精液品质是否合格，生殖器官是否患病等，以便进行改进或及时治疗。

二、妊娠诊断方法

（一）外部观察法

母畜怀孕后，一般外部表现为周期性发情停止，性情温顺，安静，行为谨慎，食欲增加，营养状况改善，毛色润泽；到怀孕后半期（牛、马、驴4～5月后；猪、羊2～3月后），腹围增大，孕侧（马常为左侧，牛、羊右侧，猪下腹部）下垂突出，肋腹部凹陷；乳房增大，牛、马、驴下腹壁水肿（马较牛水肿者多）。

（二）直肠检查法

直肠检查法是大家畜妊娠诊断中最基本、最可靠的方法。

1. 妊娠牛的直肠检查

配种后19～22 d，子宫勃起反应不明显，在上次发情排卵处有发育成熟的黄体，体积较大，疑为妊娠。妊娠30 d，孕侧卵巢有发育完善的妊娠黄体并突出于卵巢表面，因而卵巢体积往往较对侧卵巢体积增大一倍。两侧子宫角已不对称，孕角较空角稍增大，质地变软，有液体波动的感觉；妊娠60 d，由于胎水增加，孕角增大且向背侧突出，孕角比空角约粗一倍，而且较长，孕角内有波动感，用手指按压有弹性。角间沟不太清楚，但仍能分辨，可以摸到全部子宫。

2. 妊娠马、驴的直肠检查

妊娠14～16 d，子宫角收缩呈圆柱状，角壁肥厚，深部略有硬化感觉，轻捏子宫角尖端，感觉中间隔有肌肉组织。

妊娠16～18 d，子宫角硬化程度增加，轻捏尖端捏不扁，里硬外软，中间似有弹性的硬芯，在子宫角基部，距子宫底正中2～3 cm处，可明显感觉到有一个突出的胚泡，如鸽蛋大，空角多弯曲，孕角多平直，空角多比孕角长。

（三）阴道检查法

阴道检查主要包括：阴道黏膜的色泽、黏液性状（黏稠度、透明度及黏液量）、子宫颈形状，这些现象表现在各种家畜基本相同。

第八节　分　娩

母畜怀孕结束，将成熟的胎儿及其附属物从子宫排出的生理过程称为分娩。

一、决定分娩过程的要素

母畜分娩时，排出胎儿的动力是依靠子宫肌、腹肌和膈肌的强烈收缩。分娩过程是否顺利取决于产力、产道、胎儿在子宫内的状态。

（一）产力

胎儿从子宫中排出的力量称为产力。它是由子宫肌、腹肌、膈肌有节律地收缩共同构成，子宫肌的收缩称为阵缩，是分娩过程中的主要动力。腹肌和膈肌的收缩称为努责，是伴随阵缩进行的，对胎儿的产出也起重要作用。

（二）产道

产道是胎儿产出必经之路，它的大小、形状和松弛程度等会直接影响分娩过程，产道包括软产道和硬产道两个部分。

1. 软产道

软产道是指由子宫颈、阴道、前庭及阴门这些软组织构成的管道。子宫颈是子宫的门户，怀孕时紧闭，分娩前逐渐变得松弛、柔软，分娩时完全开张以利胎儿通过。

2. 硬产道

硬产道就是骨盆。主要由荐骨及前三个尾椎、髂骨、坐骨、耻骨及荐坐韧带构成，骨盆可分为以下四个部分来描述。

（1）入口　是腹腔通往骨盆腔的通道。它的顶部是荐骨基部，两侧是髂骨干，底部是耻骨前缘。

（2）骨盆腔　是指骨盆入口与出口之间的腔体。

（3）出口　上方由前3个尾椎，两侧由荐坐韧带和半膜肌，下方由坐骨弓构成。

（4）骨盆轴　是通过骨盆腔中心的一条假想线，它代表胎儿通过骨盆腔时所走的路线，骨盆轴越短越直，胎儿通过就越容易。

3. 各种家畜骨盆特点

（1）马和驴　马和驴的骨盆很相似，骨盆入口近似圆形并且倾斜，骨盆底平坦，骨盆侧壁的坐骨上棘较小，荐坐韧带宽阔，骨盆横径大。

（2）牛　骨盆入口为竖的椭圆形，倾斜度小，骨盆底下凹，而且后部向上倾斜，致使骨盆轴变得曲折，即先向上向后，再水平向后，再向上向后。

（3）羊　骨盆入口呈椭圆形，且倾斜度大。

（4）猪　骨盆入口为椭圆形，入口倾斜度很大（表15-7）。

表 15-7　各种家畜骨盆特点

家畜种类	牛	马	猪	羊
骨盆入口	竖椭圆形	圆形	近乎圆形	椭圆形
骨盆出口	较小	大	很大	大
倾斜度	较小	大	很大	很大
骨盆轴	曲折形	浅弧形	较直	弧形
分娩难易	较难	易	易	易

（三）胎儿在子宫内的状态

母畜能否正常分娩，除上述因素影响外，与胎儿在母体子宫内的状态有着密切的关系。了解母体产道与胎儿之间的相关性，对掌握助产技术会有很大帮助。

1. 胎向

胎向是指胎儿在母体子宫内的方向，也就是胎儿的纵轴与母体纵轴之间的关系。胎向有3 种。

（1）纵向　是胎儿的纵轴与母体纵轴互相平行，习惯上将它分为两种：即胎儿方向与母体方向相反，头和前肢先进入骨盆腔，即正生；胎儿的方向和母体的方向相同，胎儿的后肢或臀部先进入骨盆腔，即为倒生。

（2）横向　是胎儿横卧在母体子宫内，胎儿的纵轴与母体纵轴呈水平交叉。背部向着产道的称为背横向，腹部向着产道称为腹横向。

（3）竖向　是指胎儿的纵轴与母体的纵轴呈上下垂直状态。背部向着产道称背竖向；腹部向着产道，称为腹竖向。

纵向是正常胎向，横向和竖向都属异常胎向，均易发生难产。

2. 胎位

胎位是指胎儿在母体子宫内的位置，也就是胎儿的背部与母体背部的关系。

（1）上位（背荐位）　胎儿伏卧在子宫内，背部在上，接近母体的背部及荐部（图15-7）。

（2）下位（背耻位）　胎儿仰卧在子宫内，背部在下，接近母体的腹部及耻骨（图15-8）。

（3）侧位（背髂位）　胎儿侧卧于子宫内，背部位于母体左或右侧腹壁及髂骨（图15-9）。

上位是正常的，下位和侧位是异常的。轻度侧位，仍可视为正常（图15-10）。

3. 胎势

胎势指胎儿在母体子宫内的姿势。正常胎儿姿势是在子宫内体躯微弯，四肢屈曲，头部向着胸部俯缩（图15-11）。

4. 前置

前置称先露，是指胎儿最先进入产道的部分。如正生时称头前置；倒生时称臀部及后肢前置。

正常的姿势是两前肢伸直，头颈也伸直，并放在两条前肢上面。倒生时，两后肢伸直。这种以楔状进入产道的姿势，比较容易通过骨盆腔。

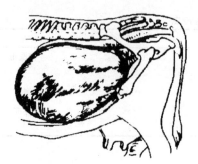
图 15-7　分娩前小牛在子宫内的上位卧势图

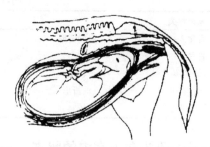
图 15-8　分娩前小马在子宫内下位卧势图

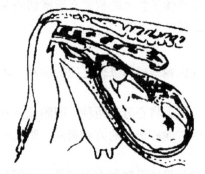
图 15-9　分娩前小牛在子宫内的侧位卧势图

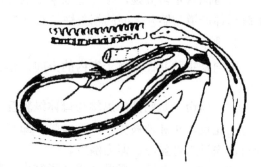
图 15-10　开口期小马胎位转向侧位

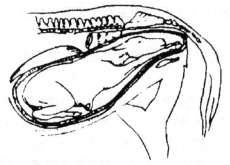
图 15-11　小马正生时的正常姿势

二、分娩预兆及分娩过程

母畜分娩前，在生理、形态、行为上发生一系列变化称为分娩预兆。分娩预兆可以大致预测分娩的时间，以便做好接产工作。

（一）一般分娩预兆

1. 乳房变化

乳房在分娩前迅速发育，膨胀增大，乳房底部出现浮肿，临近分娩时，可从乳头中挤出少量清亮胶状液体或初乳，有的出现漏乳现象。

2. 软产道的变化

子宫颈在分娩前 1～2 d 开始肿大、松软。子宫颈管的黏液流入阴道，有时吊在阴门外呈半透明索状。临近分娩前数天，阴唇逐渐柔软，肿胀，增大，阴唇皮肤上的皱褶展平，皮肤稍变红润。

3. 骨盆韧带的变化

骨盆韧带在临近分娩数天内，变得柔软松弛，位于尾根两侧的荐坐韧带后缘变得松软，与此同时荐髂韧带也变柔软，臀部肌肉出现明显的塌陷现象。

4. 行为的变化

母畜在分娩前都有较明显的精神变化，出现食欲不振，精神抑郁和徘徊不安，离群寻找安静地方分娩，有的出现衔草做窝或扯咬胸腹部被毛等现象。

（二）分娩过程

根据临床表现可以将分娩过程分为三个阶段（产程），即子宫颈开张期、胎儿产出期和胎膜排出期。

1. 子宫颈开张期（第一产程）

子宫颈开张期是从子宫角开始收缩，即阵缩开始，至子宫颈完全开张并与阴道之间的界限消失，简称开口期。

2. 胎儿产出期（第二产程）

从子宫颈口完全开张、破水，到胎儿产出为止，简称产出期。

3. 胎膜排出期（第三产程）

从胎儿产出到胎膜完全排出的期间，这时期继胎儿产出后排出胎膜。胎膜排出时间的快慢因各种家畜胎盘类型而不同，牛羊的胎盘属于结缔组织绒毛膜型，胎儿胎盘集中成丛，绒毛长，伸入母体胎盘较深，与子宫阜的联系较紧密，胎膜排出较慢。牛的胎儿胎盘包被着母体胎盘，子宫阜上缺少肌纤维的收缩，所以胎膜排出时间一般需要10多个小时，如果长时间胎膜排不出来即属于异常的胎膜滞留。马驴胎盘属于上皮绒毛膜型，绒毛短，散在分布，伸入子宫黏膜的腺窝浅，联系不紧密，子宫收缩时，绒毛容易从子宫腺窝中挤出来，因此除牛以外，其他家畜大多在胎儿娩出后15~30 min，最长也不过一个小时胎膜即排出。

第九节　助产和产后护理

分娩是动物正常的生理过程，在一般情况下，胎儿均能自行分娩且母子平安，而做好分娩母畜的助产工作是保证胎儿正常出生的关键技术。

一、助产的目的

助产的目的有三个：①监护分娩过程是否正常；②护理幼畜，避免损伤；③预防产畜感染疾病。

二、助产的准备工作

（一）产房的准备

产房要求清洁，干燥，阳光充足，通风良好，还应注意宽敞。

（二）助产用器械和药品

产房内应该备有常用助产器械及药品，如酒精、碘酒、来苏儿、细线绳、剪刀、产科绳、手电筒、手套、手术刀、肥皂、毛巾、塑料布、药棉、纱布、催产素、镊子、注射器、针头、脸盆、胶鞋、工作服等。

（三）助产人员

产房内应有固定的助产人员。他们应受过助产专业训练，熟悉各种母畜分娩的生理规律，能遵守助产的操作规程及必要的值班制度。

三、正常分娩的助产

正常分娩的助产主要做以下几点工作：①清洗产畜的外阴部及其周围；②观察母畜的阵缩和努责状态；③检查胎畜和产道的关系是否正常；④处理胎膜；⑤帮助牵拉胎畜；⑥护理仔畜。

护理仔畜包括以下几点。①保护胎畜呼吸畅通，胎畜产出后，应立即擦净口腔和鼻孔的黏液，并观察呼吸是否正常。②处理脐带，牛、羊娩出时，脐带一般被扯断。剪脐带前应在脐带基部涂上碘酒，将脐带扯断，或以细线距脐孔 3 cm 处结扎，向下隔 3 cm 再打一线结，在两结之间涂以碘酒后，用消毒剪剪断。③擦干仔畜体表。④尽早吮食初乳。⑤检查排出的胎膜，胎膜排出后，应检查是否已完全及完整地排出来，防止母畜吞食胎膜。

─────── ◀ **本章小结** ▶ ───────

本章对动物的整个生殖过程进行了系统的详细介绍，包括雌性动物的性机能发育、发情与发情周期、发情鉴定及特殊发情（乏情、产后发情和异常发情）、受精与配种、妊娠和妊娠诊断、分娩、助产和产后护理。在个体发育过程中，母畜达到一定的年龄才会产生成熟的卵子并具备产生后代的能力，通过内分泌等的调控开始出现发情的特征，这是个体发育过程中繁殖能力的开始；但在后续的个体发育过程中，发情则会以固定周期的形式出现，并且不同动物的发情周期具有差异。发情的出现是繁殖行为发生的基础，这个过程涉及了配子的形成、激素的调控等重要知识点，是进行人工调控（同期发情、诱导发情等技术）及发情异常治疗的基础，并且发情的鉴定是实现家畜养殖过程中人工保障和干涉繁殖过程的关键技术，在畜牧养殖过程中具有重要的作用。

受精与配种涉及雄性和雌性配子的结合，这是繁殖后代形成的起点，这个过程精子的结构特征和运动特性是使精子和卵子在自然情况下结合的基础，也是下一步妊娠开始的前提。在妊娠开始之前，精子需要在母畜生殖道及子宫等结构的协助下，精子穿过三道栏筛；同时卵子从卵巢中排出，沿着输卵管进行运动，在壶腹部与精子会合，完成受精过程；在受精之前及受精的过程中精子和卵子都需要经历一定的变化，才能够使两个配子的核相互融合形成受精卵，此后受精卵还需要进一步进行移动到子宫内进行定植，开始胚胎的快速稳定发育。母畜妊娠之后则在生理、生殖器官以及自身等都会出现对应的变化，并且这些变化将是进一步进行家畜妊娠人工鉴定的基础。妊娠的鉴定是家畜养殖过程中人工保障繁殖过程的另一个关键技术。

此外，本章还对母畜的分娩过程及母畜胎盘内胎儿的存在形式和产出姿势进行了介绍，了解此部分内容对于保障母畜顺利产仔和人工助产技术的正确实施至关重要。总之，本章对于繁殖的整个过程及其生殖结构的变化进行了介绍，这部分内容是家畜养殖过程技术实施的理论知识产生的基础，对于深入理解繁殖过程及开发新型繁殖技术非常重要。

◆ 思考题 ▶

1. 简述初情期和发情周期对于母畜繁殖过程的重要性。
2. 简述母畜发情鉴定的常用方法。
3. 简述精子排出后与卵子相遇前经历的栏筛及自身变化。
4. 简述妊娠发生后母畜的变化及常用的妊娠鉴定方法。
5. 简述正常的胎位姿势及胎儿顺利排出的生理学基础。

第十六章　动物繁殖技术

第一节　人工授精

人工授精是利用器械采集公畜的精液，经检查和处理后，再用器械将精液输入到发情母畜的生殖道内，以代替公、母畜自然交配而繁殖后代的一种技术。

一、人工授精在畜牧生产中的意义

人工授精在畜牧生产中意义在于：①能够提高优良种公畜的配种效能和种用价值，扩大配种母畜的头数（表 16-1）；②加速家畜品种改良，促进育种工作进程；③降低饲养管理费用；④防止各种疾病，特别是生殖道传染病的传播；⑤有利于提高母畜的受胎率。

表 16-1　公畜自然交配和人工授精的配种效能比较

家畜种类	每年每头公畜自然交配 配种母畜数（头）	每年每头公畜人工授精 配种母畜数（头）
马	30～50	300～600
猪	30～60	400～800
羊	40～70	700～1500
牛	40～70	6000～12000

二、采精

（一）采精前的准备

1. 采精场地

采精要有一定的采精环境，以便公畜建立起巩固的条件反射，同时防止精液污染。采精场地应宽敞、平坦、安静、清洁，场内设有采精架以保定台畜，或设立假台畜，供公畜爬跨进行采精。

2. 台畜的准备

采精时，用发情良好的母畜作活台畜效果最好，有利于刺激种公畜的性反射。经过训练的母畜也可作台畜。活台畜应健康、体壮、大小适中、性情温顺。

用假台畜采精则更为方便且安全可靠，各种家畜均可采用。假台畜可用木材或金属材料制成，要求大小适宜，坚实牢固，表面柔软干净，尽量模拟母畜的轮廓和颜色（图 16-1）。

（二）采精技术

1. 假阴道法

它是用模拟母畜阴道环境条件的人工阴道，诱导公畜射精而采集精液的方法。

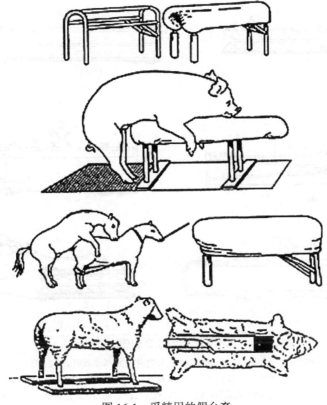

图 16-1 采精用的假台畜

（1）**假阴道的结构** 假阴道是一筒状结构，主要由外壳、内胎、集精杯及附件组成（图 16-2）。外壳为一圆筒，由轻质铁皮或硬塑料制成（表 16-2）；内胎为弹性强、薄而柔软无毒的橡胶筒，装在外壳内，构成假阴道内壁；集精杯由暗色玻璃或塑料制成，装在假阴道的一端。此外，还有固定内胎的胶圈，保定集精杯（牛）用的三角保定带，充气用的活塞和双联球，连接集精瓶（猪）或集精杯（牛）的漏斗，以及为防止精液污染而敷设在假阴道入口处的泡沫塑料垫，用于固定龟头（猪）用的螺旋橡胶圈等。

（2）**假阴道的准备** 采集到符合要求的精液，假阴道应具备的五个条件如下。

1）适当温度。通过注入相当假阴道容积 2/3 的温水来维持温度，采精时假阴道内腔温度应保持在 38～40℃，集精杯也应保持 34～35℃温度，防止采精时因温度变化对精子的危害。

2）适当压力。借助注入水和空气来调节假阴道的压力，压力不足不能刺激公畜射精，压力过大则使阴茎不易插入或插入后不能射精。

表 16-2　各种家畜假阴道外筒的尺寸

畜种	长度（cm）	内径（cm）
马、驴	45	12～13
牛	50	8
水牛	35～40	8
猪	35～38	7～8
羊	20～30	4～5
兔	5	2

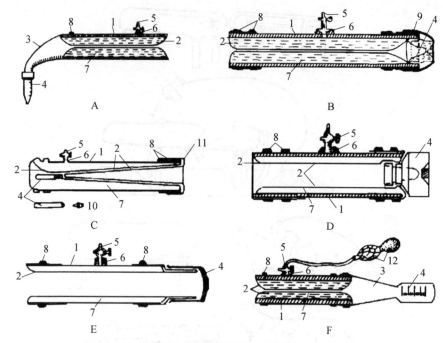

图 16-2　各种家畜的假阴道

A. 欧美式牛用假阴道；B. 苏联式牛用假阴道；C. 西川式牛用假阴道；D. 羊用假阴道；E. 马、驴用假阴道；F. 猪用假阴道

1. 外壳；2. 内胎；3. 橡胶漏斗；4. 集精管；5. 气嘴；6. 注水孔；7. 温水；

8. 固定胶圈；9. 集精杯固定套；10. 瓶口小管；11. 假阴道入口泡沫垫；12. 双联球

3）适当润滑度。用消毒过的润滑剂对假阴道内壁润滑，涂抹部位是假阴道前段约 1/3～1/2 处至外口周围，但涂抹段过长及润滑剂过多而流入精液则会影响精液品质。

4）无菌。凡是接触精液的部分如内胎、集精杯及橡胶漏斗均须消毒。

5）无破损。外壳、内胎、集精杯应检查，不得漏水或漏气。

（3）采精操作　利用假台畜采精时，最好是将假阴道安放到假台畜后躯内，公畜爬跨假台畜而在假阴道内射精。

2. 手握法

这种方法一般适用于猪的采精。手握法采精是模仿母猪子宫颈对公猪螺旋状阴茎龟头约束力而引起射精的，它具有设备简单，操作方便，能采集富含精子部分的精液等优点，是目前广泛使用的采集公猪精液的一种方法。

3. 电刺激法

本法是利用电刺激采精器，通过电流刺激公畜（兽）引起射精而采集精液的一种方法。此法适用于各种动物，尤其对那些具有较高种用价值但失去爬跨能力的个体公畜，或不适宜用其他方法采精的小动物和野生动物，更有实用性。

4. 按摩法

此法适用于犬和禽类。

（三）采精频率

采精频率是指每周对公畜的采精次数，为了既能最大限度地采集公畜精液，又能维持其健康体况和正常生殖机能，必须合理安排采精频率。各种公畜的适宜采精频率见表 16-3。在生产实践上，公牛的采精频率通常为每周采精 2 次，每次连续采精 2 次。

表 16-3　正常成年公畜的采精频率及其精液特性

项目	乳牛	肉牛	水牛	马	驴	猪	绵羊	山羊	兔
每周采精次数	2～3	2～3	2～3	2～3	2～3	2～3	7～25	7～20	2～4
平均每次射精量（mL）	5～10	4～8	3～6	30～100	20～80	150～300	0.8～1.2	0.5～1.5	0.5～2.0
平均每次射出精子总数（亿个）	50～150	50～100	36～89	50～150	30～100	300～600	16～36	15～60	3.0～7.0
平均每周射出精子总数（亿个）	150～400	100～350	80～300	150～400	100～300	1000～1500	200～400	250～350	—
精子活率（%）	50～75	40～75	60～80	40～75	80	50～80	60～80	60～80	40～80
正常精子率（%）	70～95	65～90	80～95	60～90	90	70～90	80～95	80～95	—

三、精液品质检查

（一）外观检查项目

1. 射精量

射精量是指公畜一次射出精液的容积，可以用带有刻度的集精瓶（管）直接测出。

2. 色泽和气味

动物精液的颜色一般为乳白色或淡灰色，其颜色因精子浓度高低而异，乳白程度越重，表示精子浓度越高。精液一般略带腥味。

3. 云雾状

正常牛、羊精液因精子密度大则混浊不透明，肉眼观察时，由于精子运动剧烈，滚滚如云雾状。马、猪的精子少，浑浊度也较小，云雾状不显著。

（二）显微镜检查项目

1. 精子活率

精子活率是指在精液中呈直线前进运动的精子数占总精子数的百分率。检查时，取一滴精液于载玻片上制成压片标本，放在 400～600 倍显微镜下观察。

评定精子活率等级，通常采用十级评分法，即按视野中呈直线前进运动的精子数占总精子数的百分比评定，100%直线运动者评为 1.0，90%者为 0.9，80%者为 0.8，以此类推，无直线前进运动精子时用 0 表示。各种家畜的新鲜精液，活率一般在 0.7～0.8。液态保存精液活率应在 0.6 以上，冷冻精液活率在 0.3 以上。

2. 精子密度

精子密度也称精子浓度，指每毫升精液中所含有的精子数目。目前测定精子密度的方法常采用估测法、血细胞计计数法和光电比色计测定法等。

（1）估测法　通常与检查精子活率（不作稀释）同时进行，在显微镜下根据精子分布的稀稠程度，将精子密度粗略分为"密""中""稀"三级。

（2）血细胞计计数法　是对公畜精液作定期检查时的一个方法，可准确地测定每单位容积精液中的精子数，一般采用血细胞计进行。

（3）光电比色计测定法　是目前评定精子密度一种较准确的方法。适用于牛的精液。如果除去精液胶块，亦可测定猪和马的精液。

3. 精子形态

精子形态主要检查畸形率和顶体异常率两种。

（1）精子畸形率　精液中形态不正常的精子称为畸形精子。精子畸形率是指精液中畸形精子数占总精子数的百分比。畸形精子有各种各样的（图16-3），一般可分为四类。

1）头部畸形。如头部巨大，瘦小，细长，圆形，轮廓不明显，皱缩，缺损，双头等。

2）颈部畸形。颈部膨大，纤细，曲折，不全，双颈等。

3）中段畸形。中段膨大，纤细，不全，弯曲，曲折，双体等。

4）主段畸形。主段弯曲，曲折，回旋，短小，长大，缺陷，双尾等。

（2）精子顶体异常率　精子的正常顶体内含有多种与受精有关的酶类，在受精过程中起着重要作用，顶体异常的精子受精能力降低。顶体异常一般表现有膨胀，缺损，部分脱落，全部脱落等（图16-4）。

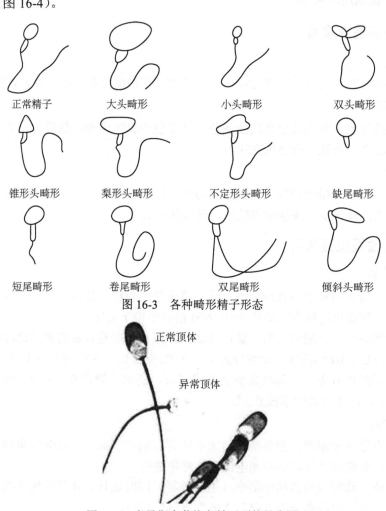

正常精子　　大头畸形　　小头畸形　　双头畸形

锥形头畸形　　梨形头畸形　　不定形头畸形　　缺尾畸形

短尾畸形　　卷尾畸形　　双尾畸形　　倾斜头畸形

图16-3　各种畸形精子形态

正常顶体

异常顶体

图16-4　考马斯亮蓝染色精子顶体异常图

四、精液的稀释

精液稀释是向精液中加入适宜于精子存活的稀释液，其目的在于延长精子的存活时间及受精能力，扩大精液的容量，便于精液保存和运输。

（一）精液稀释液的成分和作用

精液稀释液一般含有多种成分，按其作用可分为下列几类。

1. 营养物质

主要提供营养以补充精子生存和运动所消耗的能量。常用的营养物质有葡萄糖、果糖、乳糖、奶和卵黄等。

2. 保护性物质

对精子能起保护作用的各种制剂，如维持精液 pH 的缓冲剂，防止精子发生冷休克的抗冻剂，以及抑菌制剂等。

（1）缓冲物质 在精液保存过程中，随着精子代谢产物（如乳酸和 CO_2）的积累，pH 会逐渐降低，超过一定限度时，会使精子发生不可逆的变性。常用的缓冲物质有柠檬酸钠、酒石酸钾钠、磷酸二氢钾等。

（2）抗冻物质 在精液的低温和冷冻保存中，必须加入抗冻剂以防止冻害的发生。常用的抗冻剂为甘油和二甲基亚砜（DMSO）等。

（3）防冷休克物质 新鲜精液在快速降温过程中，为防止冷休克，必须加入防冷休克物质奶或卵黄。

（4）抗菌物质 在精液稀释中必须加入一定剂量的抗生素，以抑制细菌的繁殖。常用的抗生素有青霉素、链霉素和氨苯磺胺等。

3. 稀释剂

主要用于扩大精液容量。一般单纯用于扩大精液量的物质多采用等渗氯化钠、葡萄糖、果糖、蔗糖及奶类等。

4. 其他添加剂

①酶类；②激素类；③维生素类等。

（二）稀释液配制

精液稀释液种类很多，其选用原则是以稀释保存效果好，简单易配，价格低廉为依据。配制时要注意下列事项：①配制稀释液所用的一切用具必须彻底洗涤干净，严格消毒；②所用蒸馏水或去离子水要新鲜，药品要求用分析纯，配制的稀释液要严格消毒；③使用的鲜奶需经过滤后在水浴（92~95℃）中灭菌 10 min。卵黄要取自新鲜鸡蛋；④抗生素、酶类、激素类、维生素等添加剂必须在稀释液冷却至室温时，方可加入。氨苯磺胺可先溶于少量蒸馏水（用量计入总量）中，单独加热至 80℃，溶解后加入稀释液中。

（三）稀释倍数和稀释方法

1. 稀释倍数

精液的适宜稀释倍数与家畜种类和稀释液种类有关。家畜精液一般稀释倍数见表16-4。

现举例说明公牛精液稀释倍数的计算方法。

已知：射精量=5 mL，精子密度=12 亿个/mL，精子活率=0.7。

则：每毫升原精液中含有效精子数=12 亿个×0.7=8.4 亿个。

由于输精时每毫升稀释精液中要求含有效精子数 3000 万个，因此，稀释倍数=8.4/0.3=28 倍。

所以，5 mL 的原精液稀释后为 5 mL×28=140 mL。

表 16-4　家畜精液的稀释倍数

畜种	稀释倍数	输精量（mL）	有效精子数（亿个）
乳牛、肉牛	5～40	0.2～1.0	0.1～0.5
水牛	5～20	0.2～1.0	0.1～0.5
马	2～3	15～30	2.5～5
驴	2～3	15～20	2～5
绵羊	2～4	0.05～0.2	0.3～0.5
山羊	2～4	0.05～0.2	0.3～0.5
猪	2～4	20～50	20～50
兔	3～5	0.2～0.5	0.15～0.3

2. 稀释方法

新采得的精液要尽快稀释，稀释的温度和精液的温度必须调整一致，以 30～35℃为宜。稀释时，将稀释液沿精液瓶或插入的灭菌玻璃棒缓慢倒入，轻轻摇匀，防止剧烈振荡。若作高倍稀释时，应先低倍后高倍，分次进行稀释。稀释后即进行镜检，检查精子活率。

五、精液的液态保存

精液保存的目的是延长精子的存活时间，利于运输，以扩大精液的使用范围。现行精液保存方法按保存的温度分为常温保存（15～25℃）、低温保存（0～5℃）和冷冻保存（-79～-196℃）三种。前两者保存温度在 0℃以上，以液态形式作短期保存，故称液态精液保存；后者以冻结形式作长期保存，故称冷冻精液保存。

（一）常温保存

保存温度为 15～25℃，允许温度有一定的变动幅度，所以亦称变温保存或室温保存。常温保存所需设备简单，便于普及推广，特别适宜于猪的精液保存。

（1）原理　精子的活动在弱酸性环境中受到抑制，能量消耗降低。一旦 pH 恢复到中性左右，精子又可复苏。

（2）稀释液　牛常用的有伊利尼变温稀释液（IVT）、康奈尔大学稀释液（CUE）和乙酸稀释液等；马和绵羊多用含明胶的稀释液。猪的精液常温下保存效果最好，稀释液主要有 IVT 液、葡-柠-乙液等。分段采取的浓精液则适于 3～10℃保存。

（3）保存方法　将稀释后的精液装瓶密封，用纱布或毛巾包裹好，置于 15～25℃温度中避光存放。

（二）低温保存

各种动物的精液，均可进行低温（0～5℃）保存，一般比常温保存时间长。

1. 原理

精液稀释后缓慢降温至0～5℃保存，利用低温来抑制精子活动。降低能量消耗，抑制微生物生长，以达到延长精子存活时间为目的。当温度回升后，精子又恢复正常代谢机能并维持其受精能力。

2. 低温保存技术

（1）降温处理　稀释后的精液，为避免精子发生冷休克，须采取缓慢降温方法，从30℃降至5～0℃时，每分钟下降0.2℃左右为宜，整个降温过程大约需1～2 h完成。将分装好的精液瓶用纱布或毛巾包缠好，再裹以塑料袋防水，置于0～5℃低温环境中存放，也可将精液瓶放入30℃温水的容器内，一起放置在0～5℃环境中，约经1～2 h，精液温度即可降至0～5℃。

（2）保存方法　最常用的方法是将精液放置在0～5℃冰箱内保存，也可用冰块放入广口瓶内代替。

六、输精

（一）输精前的准备

1. 输精器材的准备

各种家畜的输精器见图16-5。

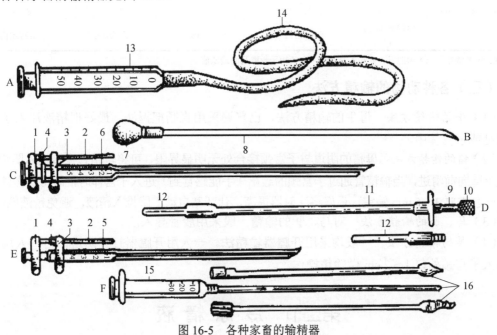

图16-5　各种家畜的输精器

A. 马用注射输精器；B. 牛用胶球输精器；C. 牛用注射输精器；D. 牛用细管输精器；E. 羊用注射输精器；F. 猪用注射输精器
1. 注射器活塞夹；2. 刻度板；3. 注射器圆筒夹；4. 螺旋转轮；5. 容量2 mL羊用导管注射器；6. 容量4 mL牛用导管注射器；
7. 胶球；8. 玻璃管；9. 推杆；10. 推杆调节处；11. 输精枪套管；12. 嘴管（装精液细管）；13. 容量50 mL马用导管注射器；
14. 马用橡胶输精管；15. 容量30 mL猪用导管注射器；16. 各种猪用输精管

2. 精液的准备

新采取的精液，经稀释后必须进行精液品质检查，合乎输精标准时方可用来输精。常温或低温保存的精液，需要升温到 35℃，镜检活率不低于 0.6；冷冻保存的精液解冻后镜检活率不低于 0.3，然后按各种家畜输精量输精。

3. 母畜的准备

接受输精的母畜要进行保定，牛一般是站在颈架、牛床或输精架内输精，马、驴可在输精架内或用脚绊保定；母羊可保定在一个升高的输精架内或转盘或输精台上，母猪一般是不用保定的，只在圈内就地站立即可输精。

（二）输精要求

各种家畜输精的一般要求见表 16-5。

表 16-5　各种家畜的输精要求

项目	牛、水牛		马、驴		猪		绵羊、山羊		兔	
	液态	冷冻	液态	冷冻	液态	冷冻	液态	冷冻	液态	冷冻
输精量（mL）	1~2	0.2~1.0	15~30	30~40	30~40	20~30	0.05~0.1	0.1~0.2	0.2~0.5	0.2~0.5
输入有效精子（亿个）	0.3~0.5	0.1~0.2	2.5~5	1.5~3	20~50	10~20	0.5	0.3~0.5	0.15~0.2	0.15~0.3
适宜输精时间	发情后 10~20 h，或排卵前 10~20 h		接近排卵时，卵泡发育第 4~5 期，或发情第二天开始，隔日一次至发情结束		发情后 19~30 h，或开始接受"压背试验"过后 8~12 h		发情后 10~36 h		诱发排卵后 2~6 h	
输精次数	1~2		1~3		1~2		1~2		1~2	
输精间隔时间（h）	8~10		24~48		12~18		8~10		8~10	
输精部位	子宫颈深部或子宫内		子宫内		子宫内		子宫颈内		子宫颈内	

注：驴的输精要求可参照马，其输入量和输入有效精子数取马的最低值

（三）各种动物的输精方法

（1）牛的输精方法　母牛的输精方法，已普遍采用直肠把握法。最好把精液注入子宫颈内口处或子宫体中。

（2）猪的输精方法　母猪的阴道与子宫颈接合处无明显界限，可将输精管直接插入阴道，沿阴道上壁向前滑进，当输精管通过子宫颈的皱褶（手能感觉到）进入子宫体时，即可缓慢注入精液，一般需要 3~5 min 输完，最好将注射器提高，让活塞自动下降推入精液，避免精液倒流。

（3）马、驴的输精方法　对马、驴的输精一般采用胶管导入法。

（4）羊的输精方法　一般均采用开膣器输精法。一人用开膣器打开阴道，另一人用输精器伸入子宫颈外口 1~2 cm 做输精操作。

第二节　冷　冻　精　液

一、精液冷冻保存的意义

精液冷冻保存的意义在于：①提高优秀种公畜的利用率；②促进品种改良，提高生产性

能；③使用冷冻精液不受地域、时间的限制；④可以大幅度减少种公畜数，降低饲养成本。

二、种公畜的质量要求

用于采精制作冷冻精液的种公畜，其体型外貌和生产性能均应符合该品种的种用公畜特级和一级标准，并经后裔测定后方能作为种公畜。新鲜精液的色泽应呈乳白色或乳黄色，直线前进运动精子不低于 60%，精子密度每毫升不低于 6.0 亿个，精子畸形率不超过 15%，精液应有良好的耐冻性。

三、冷冻精液生产技术

（一）精液的稀释

1. 冷冻稀释液

冷冻稀释液有多种，不同动物的冷冻稀释液也有差异。现以牛为例，说明冷冻稀释液的种类与组成。

（1）细管用冷冻稀释液　以下四种为例。

1）柠檬酸钠液

基础液：2.9%柠檬酸钠溶液。

Ⅰ液：取基础液 80 mL，加卵黄 20 mL、青霉素 10 万单位。

Ⅱ液：Ⅰ液+7%甘油。

2）葡萄糖-柠檬酸钠液

基础液：葡萄糖 3 g，柠檬酸钠 1.4 g，蒸馏水加至 100 mL。

Ⅰ液：取基础液 80 mL，加卵黄 20 mL、青霉素 10 万单位。

Ⅱ液：Ⅰ液+7%甘油。

3）果糖-柠檬酸钠液

基础液：果糖 2.50 g，柠檬酸钠 2.77 g，蒸馏水加至 100 mL。

Ⅰ液：取基础液 80 mL，加卵黄 20 mL、青霉素 10 万单位。

Ⅱ液：Ⅰ液+7%甘油。

4）乳糖-柠檬酸钠液

基础液：乳糖 2.25 g，柠檬酸钠 2.75 g，蒸馏水加至 100 mL。

Ⅰ液：取基础液 80 mL，加卵黄 20 mL、青霉素 10 万单位。

Ⅱ液：Ⅰ液+7%甘油。

（2）颗粒用冷冻稀释液　以糖类稀释液为例。

基础液：蔗（乳）糖 12 g，蒸馏水加至 100 mL。

Ⅰ液：取基础液 80 mL，加卵黄 20 mL、青霉素 10 万单位。

Ⅱ液：Ⅰ液+7%甘油。

2. 稀释方法

稀释方法有一次稀释法和二次稀释法两种方法。

（1）一次稀释法　按照精液稀释的要求，将含有甘油抗冻剂的稀释液按一定比例一次加入精液内。

（2）二次稀释法　　采出的精液在等温条件下立即用不含甘油的第Ⅰ稀释液作第一次稀释，稀释比例应根据精液品质作 1～2 倍稀释，稀释后的精液经 40～60 min 缓慢降温至 4～5℃，再加入等温的含甘油的第Ⅱ液，加入量为第一次稀释后的精液量。

（二）稀释精液的平衡

精液经含甘油的稀释液稀释后，需在原温度（2～5℃）环境下放置 2～4 h，使甘油充分渗透进入精子体内，产生抗冻保护作用。

（三）精液的分装和剂型

凡作冷冻保存的精液均需按头份进行分装。目前广泛应用的剂型为细管型和颗粒型。

1. 细管型

取长 125～133 mm、容量为 0.25 或 0.5 mL 的各种颜色的聚氯乙烯复合塑料细管进行分装。细管型精液具有许多优点：适于快速冷冻，精液细管内径小，每次冻制细管数多、精液受温均匀、冷冻效果好；精液不在外暴露可直接输入母畜子宫内因而不受污染；剂量标准化、标记明显、精液不易混淆；容积小，便于大量保存，精液损耗少；输精母畜受胎率高；适用于机械生产、工效很高。法国某公司生产的细管精液分装机，每小时可分装细管精液 4000～12000 支，每批可冻制细管精液数百支。

2. 颗粒型

将精液滴冻在经液氮冷却的塑料板或金属板（网）上，形成体积为 0.1 mL 的颗粒，也可以将精液直接滴入干冰冷冻的洞穴中而成。此种剂型的优点是方法简便，易于制作，成本低，体积小，便于大量贮存。但是缺点较多，如剂量不标准，精液暴露在外易受污染，不易标记，易混淆，大多需解冻液解冻。故目前较为发达的国家多不采用。

3. 安瓿型

采用硅酸盐硬质玻璃制成的安瓿盛装精液，剂量多为 0.5～1.0 mL。此种剂型的优点是：剂量标准、不受污染、标记明显。缺点是生产工艺复杂，成本高，易破碎，体积大，占用保存空间大，解冻后还需吸入输精器内使用。

（四）精液冷冻

1. 精液冷冻温度曲线

动物精液冷冻技术中，由冷冻温度和降温速度构成的冷冻温度曲线是影响精子冷冻后活率、顶体完整率、受精率等参数的主要因素。动物精子的冷冻效果，是精子通过对细胞产生致死性伤害的危险温区（0～60℃）的速度，决定冷冻后精子存活率的高低，通过低温温度计测定精液在冷冻容器中冷冻面的温度变化，反映精液温度的变化曲线。

2. 精液冷冻方法

预先在大口径（80 cm 以上）的冷冻专用罐中装入占罐二分之一容量的液氮，调整罐中冷冻支架和液氮面的距离，使冷冻支架上的温度维持在-135～-130℃。

将精液细管平铺在梳齿状的冷冻屉上，放置于冷冻液氮罐中的冷冻支架上，以液氮蒸气迅速降温，经 10～15 min，当温度降至-130℃以下并维持一定的时间后，即可直接投入液氮中。

（五）冷冻精液的入库保存

完成冷冻的各种剂型的冷冻精液，每批须抽样 2～3 头份，按照有关规定项目进行精液质量检测。不合格的精液坚决废弃，决不允许入库贮存。

贮存精液的液氮罐应放置在干燥、凉爽、通风和安全的专用室内。由专人负责，每隔 5～7 d 检查一次液氮容量。当剩余液氮为液氮罐容量的 2/3 时，须及时补充。

四、冷冻精液使用技术

（一）冷冻精液的解冻

（1）解冻温度　冷冻精液的解冻过程，如同冷冻过程一样，必须迅速通过精子冷冻的危险温区，不致对精子细胞造成损伤。目前常用的解冻温度为 40℃，也可采用 75℃经 8～10 s 解冻。

（2）解冻液　颗粒冷冻精液的解冻需使用解冻液，同时也是精液再次稀释的过程。牛和猪的颗粒冷冻精液常用此法。现将其配方说明如下。

1）牛的颗粒精液解冻液配方：①2.9%柠檬酸钠溶液；②葡萄糖 3 g，柠檬酸钠（二水）1.4 g，加蒸馏水至 100 mL；③柠檬酸钠（二水）1.7 g，蔗糖 1.15 g，碳酸氢钠 0.09 g，磷酸二氢钾 0.325 g，氨苯磺胺 0.3 g，加蒸馏水至 100 mL。

2）猪用颗粒精液解冻液配方：葡萄糖 3.7 g，柠檬酸钠（二水）0.6 g，乙二胺四乙酸（EDTA）0.125 g，碳酸氢钠 0.125 g，氯化钾 0.075 g，青霉素 10 万单位，链霉素 0.1 g，加蒸馏水至 100 mL。

（3）解冻方法　细管精液可直接投入一定解冻温度的水浴中，待精液融化 1/2 时即取出，然后在常温下摇动至完全溶解。

（二）输精

动物的冷冻精液输精方法和一般人工授精的输精方法相同。

第三节　发情控制

发情是母畜繁殖过程中的一个重要环节，如果能够通过人为的方法改变母畜的发情，是提高繁殖率的一个理想途径。发情控制技术包括同期发情、超数排卵和诱发发情等。

一、同期发情

同期发情是使一群母畜能够在短时间内集中发情，并能排出正常的卵母细胞，以便达到统一配种、受精、妊娠的目的。

（一）同期发情在畜牧业生产中的意义

同期发情在畜牧业生产中的意义在于：①可以更迅速而广泛地应用冷冻精液；②便于合理组织大规模畜牧业生产与饲养管理科学化；③为胚胎移植创造条件。

（二）同期发情原理

同期发情技术主要是借助外源激素刺激卵巢，使其按照预定的要求发生变化，使处理母畜的卵巢生理机能都处于相同阶段，从而使母畜在短时间内统一发情。

同期发情通常采用两种途径：一种途径是延长黄体期，给一群母畜同时施用孕激素药物，控制卵泡的生长发育和发情表现。经过一定时期后同时停药，由于卵巢同时失去外源性孕激素的控制，卵巢上的周期黄体已退化，于是同时出现卵泡发育，引起母畜发情（图 16-6）。采用孕激素抑制母畜发情，实际上是人为地延长黄体期，起到延长发情周期，推迟发情期的作用。另一种途径是缩短黄体期，应用 PGF2α 及类似物加速黄体退化。使卵巢提前摆脱体内孕激素的控制，并使卵泡同时开始发育，从而实现母畜的同期发情（图 16-7）。这种情况实际上是缩短母畜的发情周期，促使母畜在短时间内发情。

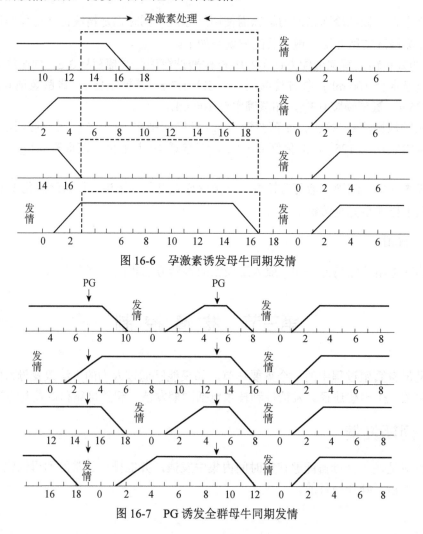

图 16-6　孕激素诱发母牛同期发情

图 16-7　PG 诱发全群母牛同期发情

（三）应用于同期发情的药物

应用于同期发情的药物，根据其性质大体可分作三类：①抑制卵泡发育的制剂（如孕激素）；②溶解黄体的制剂（如前列腺素）；③促进卵泡发育，排卵的制剂（如促性腺激素）。前两类是同期发情的基础药物，第三类是为了促使母畜发情有较好的准确性和同期性，是配合前两类使用的药物。

1. 抑制卵泡发育的药剂

孕酮、甲孕酮、氟孕酮、氯地孕酮以及甲地孕酮、18-甲基炔诺酮等均属此类药物，它们能够抑制垂体促卵泡素的分泌，延长黄体期，从而间接地抑制卵泡发育和成熟，使母畜不能发情。其用药方式有：①阴道栓塞法；②口服法；③注射法；④埋植法。

2. 溶解黄体的制剂

由于前列腺素 PGF2α 具有明显的溶解黄体作用，因此可用于同期发情处理，但只限于正处在黄体期的母畜。经前列腺素处理后的母畜群体，一般在 2～4 d 后有 75%左右的母畜集中表现发情，因为在群体母畜中总有 25%左右的母畜是处于非黄体期。如果要使全群母畜达到同期发情，可在第一次使用前列腺素处理后 11 d，再用前列腺素处理 1 次（图 16-6）。

3. 促进卵泡发育、排卵的药剂

常用药物为 PMSG、hCG、FSH、LH 及 LH-RH（GnRH）等。

二、超数排卵

应用外源性促性腺激素诱发卵巢多个卵泡发育，并排出具有受精能力的卵子的方法，称为超数排卵，简称"超排"。超数排卵是进行胚胎移植时必须对供体母畜进行处理的工作，其目的是得到较多的胚胎。诱使单胎家畜产双胎也是超数排卵的作用之一。

（一）超数排卵处理方法

超数排卵使用的药物和剂量如下。

（1）孕马血清促性腺激素（PMSG）　母牛使用后卵巢的排卵数见表 16-6。

表 16-6　母牛使用 PMSG 剂量和排卵数

PMSG 剂量（IU）	排卵数（个）	PMSG 剂量（IU）	排卵数（个）
1000	1.5	4000	8.9
1500	3.0	5000	9.3
2000	10.5	6000	9.1
2500	11.5	7000	10.3
3000	14.1		

（2）促卵泡素　促卵泡素在畜体内的半衰期较短，注射后在短时间内失去活性，因此使用时需作分次注射。在母牛试验中，将总剂量为 32 mg 或 50 mg 分配在 3～4 d，每天注射 2～3 次。

（3）前列腺素　前列腺素在超排处理中常作为配合药物使用，不仅能使黄体提早消退，而且能提高超排效果。在母牛发情周期第 16 d 注射 PMSG 2000 IU，不配合使用 PGF2α，34 头

供体牛平均排卵数为 8 个；而在黄体期注射同样剂量 PMSG 后 48 h，配合注射 PGF2α，促使黄体提早消退，每头供体牛的平均排卵数可提高到 13 个。

（4）促排卵类药物　经超排处理的供体，卵巢上发育的卵泡数要多于正常（即非超排）发情的卵泡数，仅依靠内源性促排卵激素不能使卵泡全部排卵。因此在供体母畜表现发情时，需要静脉注射外源性 hCG 或 GnRH、LH 等，以增强排卵效果，减少卵巢上残留的卵泡数。

（二）影响超数排卵效果的因素

（1）个体反应　母牛在施行超排处理中，约有 1/3 的供体牛效果理想，有 1/3 的牛反应一般，而有 1/3 牛效果甚差。

（2）年龄和胎次　青年母牛经超排处理，排卵数和胚胎回收率均高于经产母牛。

（3）超排时期　在发情周期不同的时期进行超排处理，其效果不一样。一般以发情周期第 10～16 d 作超排处理效果较好（表 16-7）。

表 16-7　母牛发情周期不同时期的超排效果

组别	3～8d		8～12d		13～16d	
	牛数	反应（%）	牛数	反应（%）	牛数	反应（%）
排卵 8 枚以上	32	31.3	58	74.1	—	—
排卵 6 枚以上	32	34.4	58	60.3	—	—
回收胚 6 枚以上	32	6.3	58	34.5	—	—
排卵 3 枚以上	16	37.5	58	72.6	6	55.5

（4）品种　同一种超排处理方法对不同品种的母畜的效果不同，如应用 2000 IU 的 PMSG 进行超排处理，黑白花奶牛平均排卵 5.3 枚，西门塔尔牛平均排卵 12.2 枚，利木赞牛平均排卵 16.4 枚。

（5）季节　不同季节时，温度及日照长短不同。27℃以上的温度，对母牛的发情周期及胚胎的存活都会产生不良影响。日照的长短对供体牛的激素分泌和受胎效果也有较明显的影响。

（6）泌乳　对泌乳期母牛的超排处理要优于干乳期母牛，但是处于泌乳高峰期的母牛对 PMSG 不敏感，分娩后不宜过早地进行超排处理，一般在 45～60 d 以后超排效果较好。

三、诱发发情

诱发发情的主要方法是利用外源性激素或者某些生理活性物质，激发母畜卵巢活动，促使卵巢从相对静止状态转变为机能性活跃状态，从而促使卵泡的正常生长发育，以恢复母畜正常发情与排卵。

诱发发情可以调整产仔季节，使乳用家畜一年内均衡泌乳，使肉畜按计划出栏，按市场需求供应畜产品。诱发发情技术可以增加母畜胎次，泌乳期和增加产仔数，提高经济效益，诱发发情可以使母畜在全年任何季节发情，可以根据小母畜的生长发育情况来确定适宜配种年龄，可以避免小母畜过早或过晚繁殖给小母畜发育或经济效益带来损害。诱发发情使用的药物和方法基本与同期发情相同。

第四节　性　别　控　制

性别控制是指通过对动物正常生殖过程进行人为干预，使成年雌性动物产出人们期望性别后代的一种繁殖新技术。由于公畜和母畜在某些方面的生产性能差异，将会需要对特定性别的家畜进行集中饲养。例如，奶牛场更多地期望新生牛犊为母牛，蛋鸡场希望雏鸡为母鸡。但通常情况下雌性和雄性比例为 1：1，性别控制技术则对于畜牧业高效生产显得格外重要。

一、性别诊断

（一）细胞遗传学方法

（1）性染色质染色法　雌性胚胎的两个 X 染色体中，有一条处于暂时失活状态并固缩，有特殊的染色反应，这种性染色质小体称为 Barr 小体。加尔德（Gardear）根据染色质鉴定家兔囊胚（6 月龄）的性别，准确率为 100%。但对其他大家畜来说，胚胎细胞的 Barr 小体不易观察，所以未能普遍应用。

（2）染色体组型分析法　从胚胎取出部分细胞直接进行染色体分析或阻断培养至细胞分裂中期再进行染色体分析，对胚胎进行性别鉴定。据报道用此法鉴别牛胚胎准确率达 70%～80%。

（二）X 染色体连锁酶活性测定法

在小鼠，葡萄糖-6-磷酸脱氢酶、次黄嘌呤磷酸核糖转移酶、磷酸葡萄糖激酶及 α-乳糖酶等与 X 染色体的数量有关。里格（Rieger）和威廉姆斯（Williams）（1986）通过检测 X 染色体连锁酶来判别小鼠胚胎的性别，雌性胚胎鉴别的准确率达 72%。

（三）Y 染色体特异性基因探针法

伦纳德（Leonard）（1987）首次报道用牛 Y 染色体特异性探针鉴定牛囊胚性别获得成功，准确率为 95%；贺尔（Herr）（1990）首先采用 PCR 技术扩增 Y 染色体特异性重复序列鉴定了牛、羊胚胎性别；佩乌拉（Peura）（1991）用 PCR 技术对牛的部分胚胎进行了鉴定，准确率达 90%～95%。

辛克莱（Sinclair）等（1990）找到了位于哺乳动物 Y 染色体短臂上决定雄性的 DNA 片段，这一特定的 DNA 片段，定名为 SRY（性别决定区或性别决定因子）。SRY 的发现和测定技术的成功，为胚胎性别鉴定提供了准确无误的技术途径，与聚合酶链反应（PCR）技术相结合，用于胚胎的性别鉴定准确率可达 100%，此法具有省时，灵敏度高，特异性专一等优点。因此，是很有前途的方法。

二、性别控制技术

（一）X、Y 精子的分离

精子分离主要依据是 X、Y 精子在 DNA 含量、大小、相对密度、活力、膜电荷、酶类、细胞表面物质等的差异。此外两种精子在移动速度、抵抗力上也有差异，这些差异并不一定十分明确。

　　精子分离的主要方法有沉降法、离心沉降法、密度梯度离心法、过滤法、层析法、电泳法及免疫学方法等。综合目前研究报道除个别试验外，均没有取得稳定可靠的结果。从目前研究现状看，分离 X、Y 精子在奶牛上已获成功，并已应用性控精液进行奶牛育种和繁殖。

　　利用 X、Y 精子对抗体或特殊化学物质产生不同反应的方法是值得注意的研究方向。Y 精子表面具有一种 H-Y 抗原，这种抗原能被 Y 染色体的基因编码。H-Y 抗原可使母畜产生 H-Y 抗体。这种抗体有细胞毒性，能杀死 Y 精子，所以用 H-Y 抗体作用后的精子受精，产生的后代有可能全部是雌性。

（二）改变受精环境

　　日本的学者利用 5%精氨酸预先处理子宫后输精，使牛的母犊控制率达 80%。其理论依据是，雄性动物有支配性别的决定权，产生 X 或 Y 精子；而雌性动物有支配性别的选择权，改变母畜受体的环境，有可能改变性比例。

第五节　胚胎移植

　　胚胎移植是将良种母畜配种后的早期胚胎取出，移植到同种、生理状态相同的母畜体内，使之继续发育成为新个体，所以也称作借腹怀胎。提供胚胎的个体为供体，接受胚胎的个体为受体。

一、概述

（一）胚胎移植的技术程序

　　主要的程序包括供体的超数排卵、供体和受体的同期发情处理、供体的发情鉴定与配种、胚胎的采集、胚胎的检查与鉴定、胚胎的保存、胚胎的移植（图 16-8）。

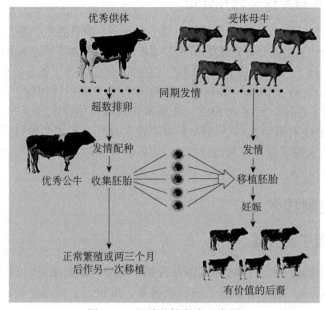

图 16-8　胚胎移植程序示意图

（二）胚胎移植的意义

1. 充分发挥优良母畜的繁殖潜力

据试验，对一头供体母羊一次超数排卵移植后最多获得 10 头以上的羔羊，对一头供体母牛一次超数排卵，最多获得 9 头犊牛，比自然繁殖提高数倍。

2. 缩短世代间隔，及早进行后裔测定

如果将同一品种的供体母畜重复超数排卵，不断地移植，那么其后代总数就可以大大地增加，这就可及早地对后代进行后裔测定，及早了解母畜的遗传品质。

3. 诱发肉畜产双胎

在肉牛业和肉羊业中可以向未配种的母畜移植两个胚胎或者向已配种的母畜（排卵对侧子宫）再移植一个胚胎，以增加怀双胎的概率。

4. 代替种畜的引进

胚胎的冷冻保存可以使胚胎移植不受时间、地点的限制，这样就可通过胚胎的进口代替种畜的引进，大大节约购买和运输活畜的费用。

5. 保存品种资源

胚胎长期保存是保存动物品种资源的理想方法。

6. 有利于防治疫病

在养猪业中，为了培育无特异病原体（SPF）猪群，向封闭猪群引进新个体时，作为防治疫病的一种措施，往往采用胚胎移植技术代替直接引入活体的方法。

（三）胚胎移植的基本原则

1. 胚胎移植前后所处环境的同一性

（1）供体和受体在分类学上的相同属性　即二者须属于同一物种，但这并不排除异种（在动物进化史上，血缘关系较近，生理和解剖特点相似）之间胚胎移植成功的可能性。

（2）动物生理状态上的一致性　即受体和供体在发情时间上的同期性，也就是说移植的胚胎与受体在生理上是同步的，在胚胎移植实践中，一般供、受体发情同步差要求在 24 h 以内，发情同步差越大，移植妊娠率越低，甚至不能妊娠。

（3）位置的一致性　即移植后的胚胎与移植前所处的空间部位的相似性。也就是说，如果胚胎采自供体的输卵管，那么胚胎也要移到受体的输卵管，如果胚胎采自供体的子宫角，那么也需移植到受体的子宫角。

2. 胚胎的期限

胚胎采集和移植的期限（胚胎日龄）不能超过发情周期黄体的寿命，在黄体退化之前进行。通常是在供体发情配种后 3～8 d 内采集胚胎，受体的胚胎移植也在这一时期。

3. 胚胎的质量

从供体采到的胚胎并不是每个都具有生命力，胚胎需经过严格的鉴定，确认发育正常（可用胚胎）才能移植。

4. 供、受体的状况

（1）生产性能和经济价值　供体的生产性能要高于受体，经济价值要大于受体，这样才

能体现胚胎移植的优越性。

（2）健康状况　供、受体应健康无病、营养良好、体质健壮，特别是生殖器官具有正常生理机能，否则会影响胚胎移植效果。

二、同期发情和超数排卵的实施

（一）供体和受体的选择

1. 供体的选择

（1）具备遗传优势，有利用价值　应选择生产性能高，经济价值大的母畜作为供体。

（2）具有良好的繁殖能力　既往繁殖史正常，易配易孕，没有遗传缺陷，分娩顺利无难产。

（3）健康无病　健康状况差的母畜通常对超数排卵处理反应甚低，有病特别是有传染病的母畜，不能选作供体。

（4）体质健壮　供体应饲喂全价日粮，并注意补给青绿饲料，膘情适度，不要过肥或过瘦。

2. 受体的选择

受体母畜可选用非优良品种的个体，但应具有良好的繁殖性能和健康体况，选择与供体发情同期的母畜为受体，一般二者发情同步差不宜超过 24 h。

（二）供体和受体的同期发情

在动物胚胎移植技术的研究和应用中，必须要求受体和供体达到发情同步。这样，供受体的生理机能才能处于相同的生理状态，移植的胚胎才能正常发育。

（三）供体母畜的超数排卵

1. 母牛

（1）用 FSH 超排　在发情周期（发情当天为零天，下同）的 9～13 d 中的任何一天开始肌注 FSH。以递减剂量连续肌注 4 d，每天注射二次（间隔 12 h），总剂量按牛体重、胎次作适当调整。总剂量为 300～400 IU，在第一次注射 FSH 后 48 h 及 60 h，各肌注一次 PGF2α，每次 2～4 mg，若采用子宫灌注剂量可减半。注意进口 PGF2α 及其类似物，由于产地、厂家不同，所用剂量也不同，ICI80996 一次剂量为 0.5 mg 左右。

（2）用 PMSG 超排　在发情周期的第 11～13 d 中的任意一天肌注一次即可，按每 1kg 体重 5 IU 确定 PMSG 总剂量，在注射 PMSG 后 48 h 及 60 h，分别肌注 PGF2α 一次，剂量同（1）。母牛出现发情配种后再肌注抗 PMSG，剂量以能中和 PMSG 的活性为准。

2. 母羊

（1）用 FSH 超排　在发情周期第 12 或第 13 d，开始肌注（或皮下注射），以递减剂量连续注射 3 天 6 次，每次间隔 12 h，总剂量为 200～350 IU，在第五次注射 FSH 时同时注射 PGF2α。FSH 注射后随即每天上、下午进行试情，发情后立即静脉注射 LH 100～150 IU 或肌注 200 IU 并配种。有人用 60 μg GnRH 代替 LH，亦获得同样的效果。

（2）用 PMSG 超排　在发情周期的 12 或 13 d，一次肌注（或皮下注射）PMSG 700～1500 IU，出现发情或配种当天再肌注 hCG 500～750 IU，在 PMSG 注射之后，隔日注射 PGF2α 或其类似物。

（四）供体的发情鉴定和配种

超数排卵处理结束后，要密切观察供体的发情征状，正常情况下，供体大多在超排处理结束 12～48 h 后开始发情。以牛为例，发情鉴定主要以接受其他牛爬跨且站立不动为主要判定标准。每天早、中、晚至少观察 3 次。把第一次观察到接受爬跨且站立不动的时间作为零时，由于超排处理后排卵数较正常发情牛多且排卵时间不一致，加上精子和卵子的运行受超排处理的影响，为确保卵子受精，采取增加输精次数和加大输精量的方法；新鲜精液优于冷冻精液。一般在发情后 8～12 h 第一次输精，以后间隔 8～12 h 再输精 2 次。

三、胚胎采集

胚胎的采集，简称为采胚。采胚就是借助工具利用冲胚液将胚胎由生殖道（输卵管或子宫角）中冲出，并收集在器皿中。胚胎采集有手术和非手术两种方法。前者适用于各种动物，非手术法仅适用于牛、马等大动物，且只能在胚胎进入子宫后进行。

（一）胚胎采集前的准备

1. 冲胚液、培养液的配制

为了保证胚胎在离体条件下不受损伤，冲胚液必须符合一定的渗透压和 pH。现在多采用杜氏磷酸盐缓冲液（PBS）、布林斯特液（Brinster's medium-3）、合成输卵管液（SOF）、惠顿氏液（Whitten's medium）、哈姆氏液（Ham's F-10）以及 199 培养液（TCM 199），它们除含各种盐类外，还含有多种有机成分，不但可用于冲洗、采集胚胎，还用于体外培养、冷冻保存和解冻胚胎等，现将它们的成分列于表 16-8 中。

冲胚液和培养液在使用前都要加入血清白蛋白，含量一般为 0.3%～1%（0.1%～3.2%），也可用犊牛血清代替。犊牛血清需加热（56℃水浴 30 min）灭活，使血清中的补体失去活性，以利于胚胎存活。冲胚液中犊牛血清含量一般为 3%（1%～5%），培养液犊牛血清含量为 20%（1%～50%）。

2. 采胚时间的确定

采胚时间的确定应根据配种时间、排卵的大致时间、胚胎的运行速度、胚胎的发育阶段、畜种、胚胎所处部位、采胚方法等因素来确定。各种母畜排卵时间、胚胎发育速度和运行情况（所处部位）见表 16-9。

采胚时间不应早于排卵后第一天，亦即最早要在发生第一次卵裂之后，否则不易辨别卵子是否受精。通常母牛以非手术采胚是在发情配种后 7 d（6～8 d）进行。绵羊从输卵管采胚，较适宜的时间是在发情后 2.5 d 左右（56～76 h），从子宫采胚的时间大都在发情后 6 d。

表 16-8　几种胚胎培养液的成分　　　　　　　　　（单位：mg/L）

成分	布林斯特液	PBS	SOF	惠顿氏液	哈姆氏液	TCM-199*
NaCl	5546	8000	6300	5140	7400	8000
KCl	356	200	533	356	285	400
CaCl$_2$	189	100	190	—	33	140

续表

成分	布林斯特液	PBS	SOF	惠顿氏液	哈姆氏液	TCM-199*
$MgCl_2·6H_2O$	—	100	100	—	—	—
$MgSO_4·7H_2O$	294			294	153	200
$NaHCO_3$	2106	—	2106	1900	1200	350
Na_2HPO_4	—	1150	—	—	154	48
KH_2PO_4	162	200	162	162	83	60
葡萄糖	1000	1000	270	100	1100	1000
丙酮酸钠	56	36	36	36	110	—
乳酸钠	2253	—	370	2416	—	—
乳酸钙	—	—	—	527		
核糖	—	—	—	—	—	0.5
脱氧核糖	—	—	—	—	—	0.5
氨基酸	—	—	—	—	20 种	21 种
维生素	—	—	—	—	10 种	16 种
核酸	—	—	—	—	2 种	8 种
微量元素	—	—	—	—	3 种	1 种
牛血清白蛋白	5000	不定	不定	3000	不定	不定

*另含有胆固醇 0.2 mg、乙酸钠 50 mg，谷胱甘肽 0.05 mg、磷酸生育酚 0.01 mg、Tween（去污剂商品名）20 mg

表 16-9　各种家畜的排卵时间和胚胎发育速度

畜别	排卵时间	胚胎发育速度（排卵后天数）							
		2 细胞	4 细胞	8 细胞	16 细胞	进入子宫	胚胎形成	脱离透明带	附植开始
牛	发情结束后 10～11 h	1～1.5	2～3	3	4	3～4	7～8	9～11	22
绵羊	发情开始后 24～30 h	1.5	1.5～2	2.5	3	2～4	6～7	7～8	15
猪	发情开始后 35～45 h	1～2	1～3	2～3	3.5～5	2～2.5	5～6	6	13
马	发情结束前 1～2 d	1	1.5	3	4～4.5	4～6	6	8	37
兔	交配后 10～11 h	1	1～1.5	1.5～2	2	2.5～4	3～4	—	—

（二）胚胎采集方法

1. 手术法采集胚胎

（1）牛的手术法采胚　按照手术要求在腹部适当部位（腹中线或肷部），作一 10 cm 左右切口，用注射器吸取冲卵液注入输卵管或子宫角内进行冲洗，同时观察卵巢的排卵情况。

手术法采胚有以下几种方法（图 16-9）。

1）输卵管冲胚法。第一种方式是用注射器的磨钝针头刺入子宫角尖端，注入冲胚液，然后从输卵管的伞部接取冲胚液，这种方法适用于牛、羊、兔等（图 16-9A）。第二种方式冲胚方向与此相反，由伞部注入冲胚液，在子宫角上端接取（图 16-9B）。因猪和马的子宫角与输卵管接合部括约肌比较发达，故应用这种方法冲胚。上述两种方式是当胚胎还处于输卵管或刚进入子宫时采用（排卵后 4 d 以内）。输卵管法冲胚液用量 10 mL 即可。

　　2）子宫角冲胚法。当确认所有胚胎已进入子宫角内，可采用子宫角冲胚法。一种方式是从子宫角上端注入冲胚液，由基部接取，（图 16-9C）；第二种方式是由子宫角基部注入冲胚液，由子宫角上端接取。这两种方式适合于各种家畜。该冲胚法的冲胚液用量依子宫角容积（母畜种类）大小而不同，一般为 30～50 mL。

　　3）输卵管——子宫角冲胚法。此法就是指上述两种方法结合使用。一般情况在配种 5 d 天后，胚胎已进入子宫角，因超排可影响胚胎在生殖道的运行速度，个别个体也有在配种 7～8 d 后，仍有少数胚胎留在输卵管或提前（配种后仅 3 d）由输卵管进入子宫角的情况，采用此方法，可以把输卵管和子宫角的胚胎都冲洗出来，因此能获得较高的采胚率。

　　（2）母羊的手术法采胚　母羊手术法采胚基本和牛相同。主要有以下不同点。①采胚的手术部位比牛多，手术部切口可选择左右腹股沟部；左右肷部以及耻骨部。②切口一般长 4～6 cm。③冲胚液用量比牛少，输卵管冲胚法为 2～4 mL，子宫角冲胚法为 10～20 mL。

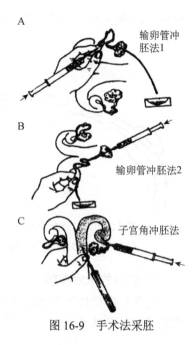

图 16-9　手术法采胚

　　2. 非手术法采集胚胎

　　由于手术法采胚在生产应用中受到限制，目前在牛、马等大家畜都用采胚管进行非手术法采胚。一般在配种后 7 d（6～8 d）进行。

　　（1）采胚管的构造　如图 16-10，采胚管主要分为二路式和三路式。一般多采用二路式采胚管，二路式采胚管的主体部分由橡胶管制成，中心管腔为两部分，一部分是冲胚液进出的通道，导管的前端侧面有几个开口（进出水孔），冲胚液由此进入子宫角，再由此口带着胚胎回到导管。另一部分与导管前边的气囊相连，当气囊充气后即膨大，以固定导管在子宫角的位置，并防止冲胚液沿子宫壁流到阴道。另外还有一根不锈钢导杆，插入进出冲胚液的导管，以增强导管的硬度，便于导管通过子宫颈到达子宫角。

　　（2）非手术采胚的具体方法　如图 16-11 所示，以牛为例，在采胚前要禁水禁食 10～24 h，将采胚供体牵入保定架内，呈前高后低姿势，于采胚前 10 min 对其进行麻醉，大都采用在尾椎硬膜外注射 2%普鲁卡因，也可在颈部或臀部肌注 2%静松灵，使牛镇静、子宫松弛以利采胚。同时对外阴部冲洗和消毒。为利于采胚管的通过，在采胚管插入前，先用扩张棒对子宫颈进行扩张。青年牛尤为必要。采胚管消毒后，用冲胚液冲洗并检查气囊是否完好，将无菌不锈钢导杆插入采胚管内，操作者将手伸入直肠，清除粪便，检查两侧卵巢黄体数目。将采胚管经子宫颈缓缓导入一侧子宫角基部，由助手抽出部分不锈钢导杆，操作者继续向前推进采胚管，当达到子宫角大弯附近时，助手从进气口注入一定的气体（12～25 mL），充气量的多少依子宫角粗细以及导管插入子宫角的深浅而定。认为气囊位置和充气量合适时，抽出全部不锈钢导杆。助手用注射器吸取事先加温至 37℃的冲胚液，从采胚管的进水口推进，进入子宫角内，再将冲胚液连同胚胎抽回注射器内，如此反复冲洗和回收 5～6 次，冲胚液的注入量由刚开始的 20～30 mL 逐渐加大到 50 mL，将每次回收的冲胚液收入集胚器内，将其置于37℃的恒温箱或无菌检胚室内等待检胚。一侧子宫角冲胚结束，按上述方法再冲洗另一侧子宫角。非手术法冲胚每侧子宫角需用冲胚液 100～500 mL。结束后，为促使供体正常发情，可向子宫内注入或肌注 PGF2α，为预防感染也可向子宫内注入抗生素。

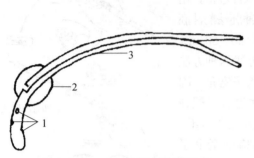

图 16-10　二路式采胚管剖面结构
1. 进出水孔；2. 气囊；3. 冲胚液进出管

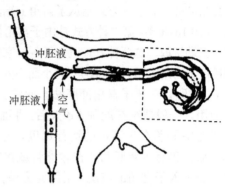

图 16-11　母牛非手术法采胚示意图

3. 供体的术后观察

对术后的供体不但要注意其健康情况，同时要留心观察在预定的时间内是否发情，以及生殖器官是否感染。

四、胚胎的检查与鉴定

胚胎的检查和鉴定是两个不同的概念。胚胎的检查是指在体视显微镜下，从冲胚液中寻找胚胎。胚胎的鉴定则是将检查到的胚胎应用各种方法对其质量和活力进行评定（或等级分类）。

（一）胚胎检查的方法

检查胚胎应在 20~25℃的无菌操作室内进行，可采用以下几种方法。一是静置法：把盛冲胚液的容器静置 20~30 min，因胚胎密度大，会下沉到容器底部，然后将上面的液体弃去，将下面的几十毫升冲胚液倒入平皿或表面皿，在体视显微镜下进行检查。二是用带有网（网眼直径小于胚胎直径）的过滤器放入冲胚液中，由上往下吸出冲胚液，最后只检查剩下的少量冲胚液即可，为防止胚胎吸附在过滤器上，用冲胚液反复冲洗过滤器，将冲洗液单独检查。检出的胚胎用吸胚器移入含有 20%犊牛血清的 PBS 培养液中进行鉴定。

（二）胚胎鉴定的等级分类

目前鉴定胚胎质量和活力的方法有形态学法，体外培养法，荧光法和测定代谢活性法等方法。

1. 形态学法

这是目前鉴定哺乳动物胚胎最广泛、最适用的方法。一般是在 30~60 倍的立体显微镜下或 120~160 倍生物显微镜下对胚胎进行综合评定，评定的主要内容是：①卵子是否受精。未受精卵的特点是透明带内分布匀质的颗粒，无卵裂球（胚细胞）。②透明带形状，厚度，有无破损等。③卵裂球的致密程度，卵黄间隙是否有游离细胞或细胞碎片，细胞大小是否有差异。④胚胎本身的发育阶段与胚胎日龄是否一致，胚胎的透明度，胚胎的可见结构如胚结（内细胞团），滋养层细胞，囊胚腔是否明显可见。

根据胚胎形态特征将胚胎分为 A（优）、B（良）、C（中）、D（劣）四个等级，下面介绍国内外的分级标准，供参考（表 16-10）。

表 16-10　胚胎分级标准

作者或单位	胚胎等级			
	A（优）	B（良）	C（中）	D（劣）
ELDSEN 等	胚胎处于正常发育阶段，外形匀称，桑葚胚阶段呈多角形，分裂球外形紧密	与优等胚胎相似，但不匀称，在桑葚胚期分裂球脱离，与同一供体回收的其他胚胎相比发育略缓慢	胚胎发育晚 1～2 天，桑葚胚分裂球呈球形，大小不等，细胞中有空泡，与正常相比外形较清晰或较暗	胚胎发育晚 2 天，细胞界限不清楚，比中等胚胎的缺陷更多
河北省奶牛胚胎移植技术研究中心	胚胎发育阶段与胚龄一致，卵裂球紧密充实，大小均匀成一整体，无游离细胞，卵裂球界限明显，透明度好，透明带圆而平滑，若是囊胚，胚结，滋养层细胞囊胚腔明显可见	胚胎发育阶段与胚龄基本一致，卵裂球有基本结构，比较紧密，但有个别细胞游离，透明度较好，透明带呈圆形	胚胎发育阶段与胚龄不太一致，细胞团松散，游离细胞较多，细胞界限模糊，发暗，卵黄间隙大	有碎片的卵细胞变性，没有细胞组织结构

注：A（优），B（良），C（中）三级为可用胚胎，D（劣）级胚胎不能移植

应该指出，形态鉴定在很大程度上是凭借经验，因此往往也带有一定的主观成分，但是由于形态鉴定胚胎方法简单易行，特别是当观察者经验丰富时，这种方法还是比较可靠的。

2. 体外培养法

将被鉴定的胚胎经体外培养观察，进一步判断其活力。由于体外培养的方法本身对胚胎的发育就有影响，所以会干扰评定的准确性。此外，体外培养，需要一定的设备，又不能及时得出结果，所以采用此方法对胚胎进行鉴定，在生产上应用较为困难。

3. 荧光（活体染色）法

将二乙酸荧光素（FDA-fluorescein diacetate）放入待鉴定的胚胎中，培养 3～6 min，活胚胎显示有荧光，死胚胎无荧光，这种方法比较简单而且能确切验证胚胎的形态观察的结果，尤其对可疑胚胎有效。

图 16-12～图 16-14 是一些经常遇到的牛胚胎类型。

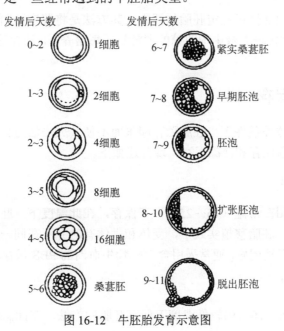

图 16-12　牛胚胎发育示意图

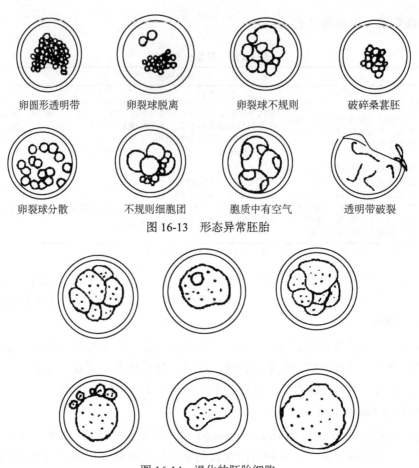

卵圆形透明带　　　卵裂球脱离　　　卵裂球不规则　　　破碎桑葚胚

卵裂球分散　　　不规则细胞团　　　胞质中有空气　　　透明带破裂

图 16-13　形态异常胚胎

图 16-14　退化的胚胎细胞

4. 测定代谢活性法

通过测定胚胎代谢活性可鉴定胚胎的活力，其方法是将鉴定胚胎放入含有葡萄糖的培养液中，培养 1 h 后，测定培养液中葡萄糖的消耗量，每培养 1 h 消耗葡萄糖 2～5 μg 以上者为活胚胎。

五、胚胎的保存

胚胎的保存是在体外条件下将胚胎贮存起来而不使其失去活力。通常有三种保存胚胎的方法即常温保存、低温保存和冷冻保存，现分述如下。

（一）常温保存

常温保存是指胚胎在常温（15～25℃）下保存，在此温度下，胚胎只存活 10～20 h，因而只能作短期保存，在胚胎移植实践中，受体和供体有时并不在同一地点，这就涉及新鲜胚胎的常温短期保存和运输问题。通常采用含 20% 犊牛血清的 PBS 保存液，可保存胚胎 4～8 h。

（二）低温保存

低温保存是指在 0～10℃ 的较低温度下保存胚胎的方法。在此温度下，胚胎细胞分裂暂停，新陈代谢速度显著减慢，所以较常温保存的时间要长。但细胞的一些成分，特别是酶处于不稳定状态，因此，在此温度下保存胚胎也只能在有限时间内，其最大优点是操作简便，能保存数天。适用于胚胎移植的培养液均可用作保存液。目前低温保存广泛采用改良的杜氏磷酸盐缓冲液（PBS），它的优点是在室温中能较长时间保持 pH 的稳定，各种哺乳动物低温保存胚胎的合适温度是：小鼠 5～10℃；兔 10℃；山羊 5～10℃；牛 0～6℃。低温保存后胚胎存活率除受保存温度影响外，还与胚胎发育阶段、保存时间、降温速度、保存方法、保存液等有密切关系。

（三）冷冻保存

冷冻保存一般是指在干冰（–79℃）和液氮（–196℃）中保存胚胎。其最大优点是胚胎可以长期保存，而对其活力无影响。动物胚胎冷冻技术自建立以来，已进行了改进，方法趋于简单实用，概括起来有以下几种方法。

1. 逐步降温法

逐步降温法是一种传统方法。家畜胚胎冷冻最初获得成功，大都是用此方法取得的。解冻后胚胎存活率较高，但操作程序比较复杂。其具体方法如下。

（1）胚胎采集及鉴定　选择合格的桑葚胚或囊胚用加有 20%犊牛血清的 PBS 中冲洗两次。

（2）加入冷冻液　将冷冻胚胎在室温（20～25℃）下分三（或六）步，加入不同浓度的甘油（最终浓度 1.4 mol/L），每步平衡 5～10 min。

（3）装管和标记　将胚胎和冷冻液装入塑料细管中加以封口，并在细管外标记供体号，编号，数量，等级，冷冻日期等。

（4）冷冻和诱发结晶（植冰）及贮存　将装入胚胎的细管放入冷冻仪中进行降温，先以 1～3℃/min 的速率从室温降至–6～–7℃，在此温度下诱发结晶，并平衡 10 min，然后以 0.3℃/min 的速率降温至–35～–38℃，之后投入液氮中长期贮存。近年来的研究表明入氮温度有升高的趋势。

（5）解冻　从液氮中取出装胚胎的细管，在 25～37℃水浴中使胚胎解冻。

（6）脱除抗冻剂　①将解冻后的胚胎按进入冷冻液时相反的浓度，即从高浓度到低浓度分三步（或六步）脱除抗冻剂，每步 5～10 min，最后将胚胎用不含抗冻剂的 20%犊牛血清 PBS 液冲洗 3～4 次，彻底脱除抗冻剂。②将解冻后的胚胎放入 0.5 mol/L 或 1.0 mol/L 的蔗糖溶液中平衡 10 min 左右，再将胚胎在不含抗冻剂的 20%血清 PBS 中清洗 3～4 遍。

2. 一步细管法

即在细管内用非渗透性蔗糖溶液一步脱除抗冻剂（甘油）的方法，其特点是从解冻到移植的全过程操作简单，易行，利于在生产中应用推广。

3. 玻璃化法

这是近年来研究出的一种新的冷冻方法。抗冻剂在急剧降温到很低温度时，能被浓缩但不结晶，且黏滞性增加，形成玻璃化。用这种方法冷冻，胚胎内外液体能同时玻璃化，不会形成冰晶，这样能较好地保护胚胎。

玻璃化冷冻法的优点是无须冻前分步添加和冻后分步脱除抗冻剂的操作，特别是省去了费时费力的降温操作，也不需要比较复杂的冷冻设备——冷冻仪。

六、胚胎的移植

胚胎的移植和胚胎的采集一样，也有手术法和非手术法两种。

（一）手术法移植

用手术法给受体移植胚胎与从供体采集胚胎的方法大致相同，也是用常规外科手术法。一般在排卵侧的肷部作切口，若做左右两侧移植，则取腹中线切口为宜。牛、羊 3 日龄以前的胚胎（8 细胞以前），应移到输卵管部位。将吸有胚胎的吸管由输卵管伞插入输卵管内直到壶腹部，随即把带有胚胎的液体注入输卵管内。5 日龄后的胚胎应移植到子宫角顶端，即在宫管接合部 5 cm 左右处，先用钝形针头刺一小孔，把已吸有胚胎的吸管经刺孔插入子宫角，将胚胎注入子宫角内。此时要特别注意，吸管要切实插入子宫腔内，注意不可插到子宫壁肌层里，然后迅速将子宫复位，缝合切口。

手术移植时，为保证胚胎输入输卵管或子宫角，防止胚胎黏到吸管内丢失，因此用吸管吸取胚胎的程序为先吸入一段保存液，一段空气，然后再吸一段含有胚胎的保存液，一段空气，最后再吸少量保存液，吸管的尖端再留一段空隙。如图 16-15 所示。

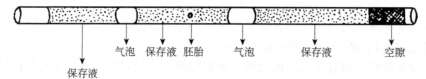

保存液　　气泡　保存液　胚胎　　气泡　　保存液　　空隙

图 16-15　胚胎吸入细管示意图

（二）非手术法移植

非手术法移植只适用牛、马等大家畜。非手术法移植比手术法移植更简便易行，移植器的基本构造主要由两部分构成。①内径为 0.2 cm，长约 52 cm 的不锈钢移植器外壳，它分前后两部分，前部长约 12 cm，在最前端侧面有一小孔，后部长约 40 cm，其后端有一准星，这个准星和前部小孔在同一水平上，前后两部分通过螺旋相连接。②长约 51 cm，直径相当于 0.25 cm 塑料细管内径的一根不锈钢推杆。

移植前将可移植胚胎吸入 0.25 mL 塑料细管内，隔着细管在体视显微镜下检查，确定胚胎已吸入细管内，然后将细管（棉塞端向后）装入移植器内。

先将受体直肠内的宿粪掏净，确定黄体侧并记录发育情况，助手分开受体阴唇，移植者将移植器插入阴道，为防止阴道污染移植器，在移植器外套上塑料薄膜套，当移植器前端插入子宫颈外口时，将塑料薄膜撤回。按直肠把握输精的方法，缓缓使移植器前端进入有黄体侧子宫角内，并将移植器准星调到与地面垂直位置（此时移植器前端开口朝下），助手迅速将推杆推进，通过细管棉塞把含胚胎的培养液推到移植器前端，经开口处滴入子宫角内。移植操作要迅速、轻巧，不得对子宫造成损伤。

受体移植胚胎后不仅要注意它们的健康情况，同时要留心观察它们在预定的时间内的发情状况，60 d 后经过直肠检查进行妊娠诊断。对妊娠母畜，则需加强饲养管理和保胎工作，防止流产并按预产期做好接产和犊牛护理工作的准备。

（三）影响胚胎移植妊娠率的因素

影响胚胎移植妊娠率效果的因素是多方面的，而且各种因素相互制约，另外胚胎损失的原因很复杂，涉及如生理、内分泌、遗传、免疫和环境等因素。

（1）胚胎因素　包括胚胎质量，日龄，移植胚胎的数量，提供胚胎的供体，胚胎在体外停留的时间，鲜胚和冻胚等。

（2）母体因素　包括供体、受体发情同期化程度，受体的孕酮水平，受体的营养，子宫、卵巢的生理状况等。

（3）其他因素　包括自然发情与人工诱导发情，移植器污染程度以及操作者熟练程度等。

七、胚胎生物工程

从 20 世纪 70 年代后期开始，在家畜胚胎移植技术取得迅速发展的同时，人们把注意力转移到对配子和胚胎进行加工改造，以期进一步提高配子或胚胎的利用价值，因而兴起了配子特别是胚胎的高新技术——胚胎生物工程。

胚胎生物工程（或称生物技术）是指对卵子、精子和胚胎在体外条件下进行的各种操作和处理。有关精子和胚胎的冷冻保存已如前述。这里所讲胚胎生物工程主要包括卵子的培养和体外受精，性别控制，胚胎分割，胚胎嵌合，核移植等。

这些高新技术不仅可最大限度地挖掘动物的繁殖潜力，而且也为生物遗传学，胚胎学等基础理论的研究开辟了新的途径。可以预测这些技术的应用将为人类创造更大的效益。

（一）卵子的培养和体外受精

1. 卵子培养

从卵巢上的囊状细胞或成熟卵泡吸取尚处于第一次成熟分裂前期或成熟分裂开始的初级卵母细胞，连同完整健全的卵丘细胞团，在特定的培养液中使之继续发育，进行成熟分裂，达到可以受精的成熟阶段。卵子培养实际上是在体外成熟的过程。

卵子的体外培养为卵子获得开辟了新途径，可以从即将淘汰的母畜卵巢得到卵泡或卵子，或在屠宰前做超排处理，以期得到更多发育的卵泡，进行收集并培养。

卵母细胞也可以像精子或胚胎那样冷冻保存起来，共同组成种质贮存库。

2. 体外受精

体外受精系指试管动物。就是将精子和卵子体外培养成熟、受精的过程。应用体外受精可获得大量胚胎，使胚胎生产"工厂化"，为胚胎移植及相应生物工程提供胚胎来源，在畜牧业中具有广泛的应用前景，在医学上可以治疗不孕症，同时对于丰富受精生物学的基础理论也有重大意义，体外受精方法如下。

（1）卵母细胞的采集　将动物屠宰后的卵巢取出，用生理盐水冲洗后，装入盛有生理盐水的保温瓶内运回实验室，用注射器针头从卵巢上未成熟的卵泡中抽取卵母细胞。

（2）卵母细胞的体外培养成熟　将卵母细胞放在培养液中，在 39℃和 5% CO_2 培养箱中培养 24 h 左右，一般卵丘细胞显著扩张，从形态上可以确认是否达到成熟。在培养液中添加 BSA（犊牛血清）及促性腺激素、类固醇激素等，可增加卵母细胞的成熟程度。

（3）精子获能　将精子放入人工合成的培养液中培养数小时，在获能液中添加肝素及咖啡因等有利于精子获能。

图16-16　收集的卵母细胞体外受精培养

（4）受精及受精的检查　将成熟卵子移入盛培养液的平皿中，加入获能的精子，置CO_2培养箱中共同孵育，隔一定时间检查受精情况，如出现精子穿入卵内，精子头部膨大，精子头部和尾部在卵细胞质内的存在，第二极体的排出，原核的形成和正常的卵裂等即确定为受精。

（5）体外受精卵（早期胚胎）的培养发育　将受精卵移入培养液中继续培养（图16-16），由于早期胚胎具有体外发育阻滞现象，因此为克服阻滞期并获得较高的发育率，多采用卵丘细胞与输卵管上皮细胞等共同培养的方法，以使其发育至桑葚期或囊胚期，然后即可用于移植或其他生物工程的操作。

迄今有20余种哺乳动物体外受精获得成功，我国也分别于1987、1989、1990、1991年在各种动物上相继成功。

（二）胚胎分割

胚胎分割是通过对胚胎显微操作，一分为二、一分为四或更多人工制造同卵双胎或同卵多胎的方法（图16-17）。胚胎分割是扩大胚胎来源的一条重要途径。Leibo（1987）分割422枚牛胚胎，移植842个牛胚，结果441头妊娠，半胚移植妊娠率达52.4%，可获得一卵双生或多生，避免牛的异性孪生不育。一卵双生或多生作为家畜育种学，遗传学等的实验材料，可以从比较实验的结果得到正确的资料。通过分割胚的冷冻保存，可先移植一半，另一半冷冻保存，待移植的那半胚产仔证实是优秀的个体后，再将冷冻保存的半胚解冻和移植。胚胎分割为性别鉴定也提供了可能性。

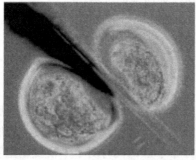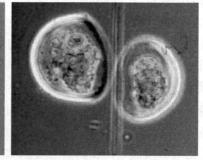

图16-17　胚胎分割一分为二

早期胚胎的每个细胞都具有独立发育成一个个体的能力，这是胚胎分割得以成功的理论依据。胚胎分割有两种方法，一种是对2～16细胞期胚胎，用显微操作仪上的玻璃针或刀片将每个卵裂球或两个卵裂球为一组或4个卵裂球为一组进行分割，分别放入一个空透明带内，然后进行移植。另一种方法是用上述相同的方法将桑葚胚或早期囊胚一分为二或一分为四，将每块细胞团移入一个空透明带内，然后进行移植。

目前将不移入透明带内的经分割的细胞或细胞块称裸胚，直接移植也能成功。得到了牛、绵羊、山羊、猪、兔等通过胚胎分割而产生的同卵双生后代，四分胚在牛、绵羊上也相继成功。冷冻胚胎分割在牛和绵羊也已取得成功。

（三）胚胎嵌合

胚胎嵌合又称胚胎（受精卵）的融合，是近年来继胚胎分割后又一种新的生物技术。生物学上所说的嵌合体（chimera）系指由不同基因型的细胞和组织混合在同一个体，由 2 个或 2 个以上的受精卵发育而成的复合体，它具有两个以上的亲代。动物胚胎嵌合不但对品种改良及新品种培育具有重大意义，而且为不同品种间的杂交改良开辟了新的渠道，对分析胚胎的发生机制和基因表现机制以及了解性别分化或免疫机理等均具有极广泛的利用价值。

胚胎嵌合体的制造方法主要有分裂球融合法和细胞注入法两种。分裂球融合法就是将 2 个以上胚胎的分裂球相互融合，形成一个胚胎，再移入受体母体子宫完成发育，就得到一个嵌合体动物（图 16-18）。图 16-19 是三种不同颜色的小鼠胚胎融合得到一个花色的嵌合小鼠。细胞注入法，就是把其他的细胞团注入囊胚腔内，使之与原来的内细胞团融合在一起，在畜禽中已培育出山羊-绵羊以及鹌鹑-鸡等嵌合体动物。

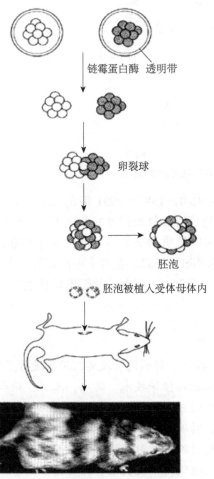

图 16-18　两个胚胎融合为一个嵌合体胚胎

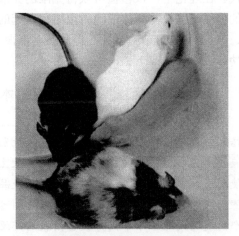

图 16-19　将三种不同颜色的小鼠胚胎融合得到嵌合小鼠（最下面的为嵌合小鼠）

（四）核移植

核移植也称无性繁殖，是将分离的胚胎卵裂球（核供体）与成熟并去核的卵母细胞，不经过有性繁殖过程，连续不断地复制遗传上相同的胚胎，并通过克隆胚胎的移植，生产大量同基因型的克隆动物系或动物群的一项动物繁殖新技术。应用核移植技术可以控制家畜的性别；可以复制大量基因型相同的高产家畜；可以为家畜育种提供珍贵的遗传材料；可以加速家畜遗传改良的进程。

细胞核供体一般采用早期胚胎或体细胞核，再用显微操作仪将其注入去核的卵母细胞的卵周隙内，借助电刺激，使核供体的细胞核与核受体细胞质融合。也可用细胞融合的方法，使核供体的细胞与去除细胞核的卵细胞质融合，融合后的胚胎经培养发育，移植到受体内妊娠产仔（图 16-20）。

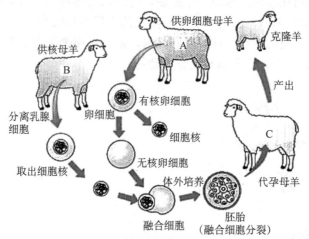

图 16-20　体细胞核移植与动物克隆示意图

哺乳动物卵细胞核移植 1983 年首先在小鼠获得成功，1987~1991 年在绵羊、牛、兔、猪、山羊也相继成功。Stice 等（1992）研究了牛细胞核连续移植技术并获得了第三代核移植后代。在理论上，核移植可获得无限的克隆动物。种间核质杂交是通过核移植将来源于不同种的供体细胞核与受体细胞质重组在一起的方法。Nolfel（1992）获得了不同属间（多个牛×牛、羊×羊）的核杂交囊胚，但囊胚率都很低（1.7%~2.3%）。目前，体细胞核移植也已获得成功。

───────── ◀ **本章小结** ▶ ─────────

本章对繁殖过程中常见繁殖技术的定义、原理、操作、影响因素及其应用等进行了介绍，包括人工授精、冷冻精液、发情控制、性别控制、胚胎移植等技术。其中，人工授精和冷冻精液技术在公畜上已经相对成熟，在畜牧生产中被广泛应用；实际操作中这两种技术经常联合使用，人工授精技术包括了采精、精液品质检查、精液的稀释、精液的液态保存、输精等步骤，在保存过程中如果进行冷冻保存则可以实现对精液的长时间保存，从而在时间和空间两个角度极大地保障了优秀公畜精液的广泛使用，快速促进了优良畜种的传播。发情控制技术则在母畜上被广泛采用，包括同期发情、超数排卵和诱导发情等，其中以同期发情和诱导发情的应用更为普遍；超数排卵技术则经常与胚胎移植技术进行联合使用。超数排卵-胚胎移植技术目前在牛上得到了较好的推广应用,并形成了相应的育种体系,对于牛等单胎动物繁殖效率和育种效率的提升至关重要。

◇ 思考题 ◇

1. 简述精液品质检查在人工授精技术应用的必要性。
2. 简述冷冻精液生产的重大意义。
3. 简述同期发情技术的原理。
4. 简述胚胎移植成功的关键理论基础。
5. 讨论现有动物繁殖技术的联合使用对于畜牧生产的积极推动作用。
6. 体细胞核移植对动物育种有何意义?

第十七章　动物繁殖管理技术

第一节　动物的繁殖力

一、繁殖力的概念

动物的繁殖力是指动物在正常生殖机能条件下，繁衍后代的能力，这种能力除受生态环境、营养及繁殖方法、技术水平等条件的影响外，公母畜本身的生理状况也起着重要作用。对种畜来说，繁殖力就是生产力，它直接影响生产水平的高低和发挥。种公畜的繁殖力主要表现在精液的数量、质量、性欲，与母畜的交配能力及受胎能力；母畜的繁殖力主要是指性成熟的早晚、发情周期正常与否、发情表现、排卵多少、卵子的受精能力、妊娠能力、产仔率及哺育仔畜的能力等。

二、动物繁殖指标的统计方法

雌性动物的繁殖力是以繁殖率来表示的。达到适配年龄到丧失繁殖能力的母畜，称为适繁母畜。在一定的时间范围内，如繁殖季节或自然年度内，母畜发情、配种、妊娠、分娩，最后经哺育的仔畜断奶到仔畜具有独立生活的能力，即完成了母畜繁殖的全过程。

因此畜群繁殖率的含意应该是：在一定时间范围内断奶成活的仔畜数占全群适繁母畜数的百分率。可以用下列公式来表示：

$$繁殖率=\frac{断奶成活仔畜数}{适繁母畜数}\times100\%$$

根据母畜繁殖过程的各个环节，繁殖率应该是包括受配率、受胎率、母畜分娩率、产仔率及仔畜成活率五个内容的综合反映。因此繁殖率又可以用下列公式表示：

$$繁殖率=受配率\times受胎率\times分娩率\times产仔率\times仔畜成活率$$

1. 受配率

指在本年度内参加配种的母畜占畜群内适繁母畜数的百分率。不包括因妊娠、哺乳及各种卵巢疾病等原因造成空怀的母畜。主要反映畜群内繁殖母畜发情配种的情况。

$$受配率=\frac{配种母畜数}{适繁母畜数}\times100\%$$

2. 受胎率

指在本年度内配种后妊娠母畜数占参加配种母畜数的百分率。在受胎率统计中又分为总受胎率、情期受胎率、第一情期受胎率和不返情率。

（1）*总受胎率*　指本年度受胎母畜数占本年度内参加配种母畜数的百分率。反映母畜群中受胎母畜头数的比例。

$$总受胎率=\frac{受胎母畜数}{配种母畜数}\times100\%$$

（2）情期受胎率 指在一定期限内受胎母畜数占本期内参加配种母畜总发情周期数的百分率，是以情期为单位统计的受胎率，反映母畜发情周期的配种质量。

$$情期受胎率=\frac{受胎母畜数}{配种母畜总情期数}\times100\%$$

（3）第一情期受胎率 为第一个发情周期的母畜受胎率。

$$第一情期受胎率=\frac{第一情期配种妊娠母畜数}{第一情期配种母畜数}\times100\%$$

（4）不返情率 指在一定期限内，配种后再未出现发情的母畜数占本期内参加配种母畜数的百分率。不返情率又可分为 30 d、60 d、90 d 和 120 d 不返情率。30～60 d 的不返情率一般大于实际受胎率 7%左右，随着配种时期的延长，不返情率就越接近于实际受胎率。

$$X天不返情率=\frac{配种后X天未返情母畜数}{配种母畜数}\times100\%$$

3. 分娩率

分娩率是指本年度内分娩母畜数占妊娠母畜数的百分率。不包括流产母畜数。反映维持母畜妊娠的质量。

$$分娩率=\frac{分娩母畜数}{妊娠母畜数}\times100\%$$

4. 产仔率

指分娩母畜的产仔数占分娩母畜数的百分数。

$$产仔率=\frac{产出仔畜数}{分娩母畜数}\times100\%$$

单胎动物如牛、马、驴因一头母体只产出一头仔畜，产仔率一般不会超过 100%。因此将单胎动物的分娩率和产仔率看作是同一概念而不使用产仔率。多胎动物如猪、山羊、犬、兔等一胎可产出多头仔畜，产仔率均会超过 100%。这样，多胎动物母体所产的仔畜数不能反映分娩母畜数，所以对于多胎动物应同时使用母畜分娩率和母畜产仔率。

5. 仔畜成活率

指在本年度内，断奶成活的仔畜数占本年度产出仔畜数的百分率。不包括断奶前的死亡仔畜数，因此反映仔畜的培育成绩。

$$仔畜成活率=\frac{成活仔畜数}{产出仔畜数}\times100\%$$

三、家畜的正常繁殖力

（一）牛的正常繁殖力

据艾索蒙特（R. J. Esslemont）等人提出的奶牛繁殖管理目标为：情期受胎率为 60%，总受胎率为 95%，产犊间隔 365 d，产后 65～75 d 第一次配种，产后最迟受胎天数为 85 d，繁殖率为 80%～85%。育成牛开始配种月龄为 14～16 月龄，产犊月龄为 23～25 月龄。

我国奶牛的繁殖水平，一般成年母牛的情期受胎率为 40%～60%，年总受胎率 75%～

95%，分娩率 93%～97%，年繁殖率为 70%～90%。母牛年产犊间隔为 13～14 个月，双胎率 3%～4%，母牛繁殖年限在 4 个泌乳期左右。其他牛的繁殖率均较低。黄牛的受配率一般为 60%左右，受胎率为 70%左右，母牛分娩及犊牛成活率均在 90%左右，因此年繁殖率在 35%～45%，牦牛对温度和海拔高度的变化非常敏感，海拔低于适宜生存的 4000～6000 m 便丧失繁殖能力。母牦牛的受配率为 40%～50%，受胎率 60%～80%，产犊率及犊牛成活率为 90%左右。因此牦牛的繁殖率仅为 30%左右。水牛的繁殖率大致接近于黄牛的繁殖率。

（二）猪的繁殖率

猪的繁殖率很高，中国猪种一般产仔 10～12 头，太湖猪平均产仔 14～17 头，个别可产 25 头以上，年平均产仔窝数 1.8～2.2 窝。母猪正常情期受胎率 75%～80%，总受胎率 85%～95%。繁殖年限 8～10 岁。

（三）羊的繁殖率

绵羊的正常繁殖率因品种和饲养管理条件而异。在气候和饲养条件不良的高纬度和高原地区，繁殖率较低，母羊一般产单羔；但饲养环境较好的地区，母羊多产双胎或更多，其中湖羊的繁殖率最强，其次为小尾寒羊，除初产母羊产单羔较多外，平均每胎产羔 2 只以上，最多的可达 7～8 只，2 年可产 3 胎或年产 2 胎。山羊的繁殖率比绵羊高，多为双羔和 3 羔。羊的受胎率均在 90%以上，情期受胎率为 70%，繁殖年限为 8～10 岁。

（四）马、驴的繁殖率

马的情期受胎率一般为 50%～60%，全年受胎率为 80%左右。驴平均情期受胎率为 40%～50%，马和驴的繁殖率为 60%左右。马繁殖年限 15 岁，驴为 16～18 岁。

第二节　母畜的产仔间隔

母畜的产仔间隔是指母畜两次分娩的间隔天数，又称为胎间距。

一、产仔间隔的确定

母畜产仔间隔的延长，意味着产后至配种受胎间隔时间的延长，即空怀甚至不孕时间的延长。奶牛的适宜产犊间隔应该是 365 d，也就是说，奶牛在产后 85 d 内配种妊娠，再经 280 d 的妊娠期，即可以达到一年产一胎。

二、缩短母畜产后乏情期的方法

促使母牛在产后 40 d 正常发情，母猪在断奶后一周内正常发情，有效的方法是采用生殖激素诱发发情。母牛在分娩后早期使用 GnRH 可以激发卵巢的活性，促使其恢复周期性活动，在产后 20 d 及 35 d 两次注射 GnRH（100 μg/次），再在 47 d 注射 25 mg PGF2α，可将产后空怀期由 109 d 缩短至 78 d。应用国产 LRH-A 200～300 μg 也有缩短母牛空怀期的作用。

应用 PMSG 1000～1200 IU 配合 PG 或孕激素或新斯的明对产后 40～50 d 的母牛进行处

理，5 日内可使排卵率达 80% 以上，第一情期受胎率达 40%。断奶后的母猪及产后 2 个月的母羊，施用 PMSG 700～1000 IU，也有诱发发情效果。

三、影响母畜产仔间隔的因素

母畜产仔后再次妊娠的时间受产后子宫恢复及卵巢机能恢复的影响。因此，凡是影响子宫恢复及卵巢机能恢复的因素，都会直接影响到母畜的产仔间隔。

（一）胎次

据调查表明（表 17-1），随着母牛胎次的增加，产犊间隔有逐渐缩小的趋势。

表 17-1　某奶牛场不同胎次对产犊间隔的影响

胎次	1	2	3	4	5～8
统计次数	436	377	309	248	259
产犊间隔（d）	418.96	415.77	413.39	409.79	398.70

（二）分娩季节

调查结果表明（表 17-2），春季分娩母牛的产犊间隔最长，秋季最短，这与气温、青绿饲料的供应有关。

表 17-2　某奶牛场分娩季节对产犊间隔的影响

分娩季节	春	夏	秋	冬
统计次数	365	315	480	438
产犊间隔（d）	418.86	414.30	403.59	413.32

（三）产奶量

产奶量在 5000 kg 以下的母牛，似乎与产犊间隔影响不大，但产奶量为 5000 kg 以上的高产母牛，产犊间隔明显延长，因为产犊后 80 d 以前的妊娠率显著降低。

（四）子宫疾病

产后母畜子宫受到感染，母牛的胎衣不下等均会严重影响产后子宫的恢复，降低受胎率，导致产犊间隔的延长。

第三节　提高繁殖率的措施

一、种畜应具备正常的繁殖机能

（一）加强种畜的选育

繁殖力受遗传因素影响很大，不同品种和个体的繁殖性能亦有差异。尤其是种公畜，其品质对后代的影响更大，因此，选择好种公畜、母畜是提高家畜繁殖率的前提。

每年要做好畜群整顿，对老、弱、病、残和经过检查确认已失去繁殖能力的种畜，应有计划地定期清理淘汰，或转为肉用、役用。

（二）提高适繁母畜在畜群中的比例

母畜是畜群增殖的基础，母畜在畜群中占的比例越大，畜群增殖的速度就越快。一般情况下适繁母畜应占畜群的 50%～70%。

（三）科学的饲养管理

加强种畜的饲养管理，是保证种畜正常繁殖的物质基础。要保持良好的膘情和性欲。营养缺乏会使母畜瘦弱，内分泌活动受到影响，性腺机能减退，生殖机能紊乱，常出现不发情、安静发情、发情不排卵、多胎动物排卵少、产仔数减少。种公畜表现为精液品质差，性欲降低等。

二、做好发情鉴定和适时配种

雌性动物在发情期，由于生殖器官发生了一系列的变化，其行为也出现和平日大不相同的特殊表现。因此，只有掌握了母畜发情的内部及外部变化和表现，将正处于发情期的母体鉴别出来，再进一步预测排卵时间，以便确定适宜的配种时间，防止误配和漏配，才能提高受配率。特别是对于发情期比较长，或发情表现不十分明显的动物，更需要作好发情鉴定。另外，通过发情鉴定还可以判断发情是否正常，以便发现问题并及时解决。

三、进行早期妊娠诊断，防止失配空怀

通过早期妊娠诊断，能够及早确定动物是否妊娠，做到区别对待，对已确定妊娠的母体，应加强保胎，使胎儿正常发育，防止孕后发情造成误配。对未孕的动物，应认真及时找出原因，采取相应措施，不失时机地补配，减少空怀。

四、减少胚胎死亡和流产

尚未形成胎儿的早期胚胎，在母体子宫停止发育而死亡后，一般被子宫吸收，有的则是随着发情或排尿而被排出体外。因为胚胎的消失和排出不易为人们所发现，因此称为隐性流产。胚胎死亡在任何畜群，甚至健康的母畜群中都有程度不同地存在。牛、羊、猪的胚胎死亡率是相当高的，一般可达 20%～40%，马的胚胎死亡率一般也有 10%～20%。据观察表明，多胎动物卵子的受精率可接近 100%，但着床及妊娠胚胎数则大大低于这个数值，而且差异也很大。特别是妊娠早期，胚胎与子宫的结合是比较疏松的，当受到不利因素的影响时，极易引起早期胚胎死亡。妊娠 26～40 d 的妊娠母猪，胚胎死亡率达 20%～35%。

造成胚胎死亡的因素是复杂的、多方面的，应全面地分析，找出其主要原因，以便有针对性地采取相应的措施来预防。

五、防治不育症

雌、雄动物的生殖机能异常或受到破坏，失去繁衍后代的能力统称为不育。对雌性动物直接称为不孕。造成动物不育的原因大体可以分为：先天性不育，衰老性不育，疾病性不育，

营养性不育，利用性不育，人为性不育。

先天性和衰老性不育，由于难以克服，应及早淘汰。对于营养性和利用性不育，应通过改善饲养管理和合理的利用加以克服。对于传染性疾病引起的不育，应加强防疫及时隔离和淘汰。对于一般性疾病引起的不育，应采取积极的治疗措施，以便尽快地恢复动物的生殖机能。

──────◀ 本章小结 ▶──────

本章对动物繁殖管理技术进行了介绍，包括繁殖力的概念及其常见的统计学方法、母畜的产仔间隔以及提高繁殖率的措施。提高动物的繁殖力是促进畜牧产业有效生产的关键，对于繁殖力的理解及其影响因素则非常重要，并且根据实际生产中设定了多个统计学指标从不同的角度体现动物的繁殖力；常见的指标包括受配率、受胎率、分娩率和产仔率等，这对繁殖过程的各个阶段实现了评定，并且指标的统计结果可以反映出不同阶段对家畜生产的人工管理水平。在整个繁殖力中，本章对母畜的产仔间隔进行了进一步的阐述，强调了减少母畜空怀时间对于保障或提高母畜繁殖力的重要性。最后本章对提高繁殖率的措施进行了介绍。繁殖率的提高涉及了繁殖的整个过程，发情鉴定和适时配种是提高繁殖力的基础；除此之外，还要做好妊娠的早期诊断、流产以及疾病预防治疗等措施。

──────◀ 思考题 ▶──────

1. 阐述繁殖力的概念及其影响因素。
2. 简述繁殖各阶段对繁殖力评估的统计指标。
3. 讨论各项繁殖力评估指标变化的主要影响因素。
4. 简述提高繁殖力的基本措施。

参 考 文 献

曹忠红，孙少华. 2005. ES 细胞在遗传育种中的应用. 黄牛杂志，3：53-54，58.

陈宏. 1987. 牛染色体研究简况及其应用. 中国黄牛，13（4）：34-38.

陈宏. 1990. 中国四个地方黄牛群体的染色体研究. 西北农业大学硕士学位论文.

陈宏. 1991. 中国四个地方黄牛品种染色体的研究（摘要）. 黄牛杂志，17（2）：8-10.

陈宏. 1997. 五个畜种和一个鱼种的多位点 DNA 指纹，RAPD 标记的研究和线粒体 DNA（mtDNA）的限制性分析. 黄牛杂志，23（3）：1-7.

陈宏. 2003. 动物遗传育种学. 杨凌：西北农林科技大学出版社.

陈宏. 2015. 基因工程实验技术. 北京：中国农业出版社.

陈宏. 2020. 基因工程. 3 版. 北京：中国农业出版社.

陈宏，F. Leibenguth，邱怀. 1995. 家畜线粒体 DNA（mtDNA）的研究. 黄牛杂志，21（1）：7-13.

陈宏，F. Leibenguth，邱怀. 1999. 家畜 DNA 指纹的研究和应用. 黄牛杂志，25（6）：1-7.

陈宏，蓝贤勇. 2002. 分子标记及其应用. Animal Biotechnology Bulletin，8（1）：25-30.

陈宏，雷初朝. 2000. 三个黄牛品种染色体的 G 带模式图研究. 西北农业大学学报，28（2）：54-59.

陈宏，雷初朝，黄永震. 2021. 郏县红牛的分子育种研究与高效选育. 中国牛业科学，47（5）：1-4.

陈宏，刘丹利，李俊霞. 1995. 丹麦红牛的染色体分析. 黄牛杂志，21（2）：8-10.

陈宏，邱怀. 1994. 秦川牛 Y-染色体多态性与精液品质、体尺及外貌特征关系的探讨. 黄牛杂志，20（2）：14-15.

陈宏，邱怀. 1994. 四品种黄牛正常牛体细胞染色体畸变分析. 黄牛杂志，20（4）：1-2.

陈宏，邱怀. 1994. 通过银染核仁组织区（Ag-NORs）多态性对牛品种间遗传关系的探讨. 黄牛杂志，20（3）：3-5.

陈宏，邱怀. 1995. 陕西延安蒙古牛群体的染色体研究. 黄牛杂志，21（3）：12-14.

陈宏，邱怀，何福海. 1995. 岭南牛染色体的分析. 西北农业大学学报，23（2）：40-44.

陈宏，邱怀，刘成玉，等. 1996. 西镇牛染色体的研究. 黄牛杂志，22（2）：16-19.

陈宏，邱怀，詹铁生. 1994. 黄牛品种银染核仁组织区（Ag-NORs）多态性的研究. 西北农业大学学报，22（4）：18-22.

陈宏，邱怀，詹铁生. 1993. 中国四个地方黄牛品种性染色体多态性的研究. 遗传，15（4）：14-17.

陈宏，邱怀，詹铁生，等. 1993. 秦川牛染色体的研究. 畜牧兽医学报，24（1）：17-21.

陈宏，孙维斌. 2004. 肉牛分子育种研究进展. Animal Biotechnology Bulletin，9（2）：261-266.

陈宏，孙维斌，雷初朝，等. 2003. RAPD 标记稳定性的影响因素探析. 西北农林科技大学学报（自然科学版），31（5）：139-142.

陈宏，徐廷生，雷初朝，等. 2001. 黄牛 Ag-NOR 染色体联合的类型和频率. 遗传，23（6）：526-528.

陈宏，张博文，周扬，等. 2015. 中国肉牛繁殖技术的演变. 中国牛业科学，41（6）：1-5.

陈宏，张良志. 2012. 中国地方黄牛基因组拷贝数变异（CNV）研究. 全国畜禽遗传标记研讨会，中国畜牧兽医学会.

陈宏，张英汉. 2002. 秦川牛肉用选育及其技术策略. 黄牛杂志，28（2）：1-4.

陈宏，周扬，黄永震，等. 2015. 中国肉牛育种技术演变. 中国牛业科学，41（4）：1-4.

陈清. 2008. 鹅核型分析和 *GH*、*GHR* 基因多态性与生长性状关联研究. 扬州大学硕士学位论文.

冯春刚, 胡晓湘, 赵要风, 等. 2008. 全基因组选择及其在动物育种中的应用. 中国家禽, 30 (22)：5-8.

傅金恋. 1989. 家鸡染色体核型及 G、C 带研究. 西北农业大学硕士学位论文.

高锦声, 郑斯英, 陈嘉政, 等. 1982. 人体染色体方法学手册. 南京：江苏省医学情报研究所.

葛凯, 余道伦, 杨磊, 等. 2021. 全基因组选择模型在家养动物遗传育种中的应用. 武汉轻工大学学报, 40 (4)：
    29-34.

滑留帅, 王璟, 王二耀, 等. 2015. 中国黄牛育种的进展与思考. 中国牛业科学, 41 (5)：1-4.

贾玉艳, 陈宏. 2003. SNP 分析标记的研究及应用. 黄牛杂志, 29 (1)：42-45.

雷初朝, 陈宏, 胡沈荣. 2000. Y 染色体多态性与中国黄牛起源和分类研究. 西北农业学报, 9 (4)：43-47.

雷初朝, 陈宏, 詹铁生, 等. 2000. 晋南种公牛染色体监测. 西北农业大学学报, 28 (6)：110-114.

雷初朝, 韩增胜, 陈宏, 等. 2001. 关中马的染色体核型分析. 西北农林科技大学学报（自然科学版）, 29 (4)：
    6-8.

雷初朝, 李瑞彪, 陈宏, 等. 2001. 山羊与绵羊的染色体核型比较研究. 西北农业学报, 10 (3)：12-15.

雷初朝, 刘爱锋, 陈宏, 等. 2001. 布尔山羊的染色体核型分析. 中国草食动物, 3 (1)：1-3.

雷雪芹, 陈宏, 徐廷生, 等. 2002. 牛羊多态性状的分子标记研究. 黄牛杂志, 28 (3)：24-27.

雷雪芹, 陈宏, 徐廷生, 等. 2003. *FSHR* 基因的 PCR-RFLP 对牛双胎性状的标记分析. 中国农学通报, 19 (4)：
    7-12.

雷雪芹, 陈宏, 徐廷生, 等. 2003. 小尾寒羊产羔性状的微卫星标记研究. 畜牧兽医学报, 34 (6)：530-535.

雷雪芹, 陈宏, 袁志发, 等. 2003. 不同凝胶组成对 SSCP 标记效果的比较分析. 西北农业学报, 12 (3)：9-11.

雷雪芹, 孙美玲, 雷初朝, 等. 2001. 安哥拉山羊染色体核型分析. 畜牧兽医杂志, 20 (6)：10-11.

李刚, 陈凡国. 2015. 果蝇唾腺多线染色体研究进展及其在遗传学教学中的应用. 遗传, 37 (6)：605-612.

李国珍. 1985. 染色体及其研究方法. 北京：科学出版社.

刘波, 陈宏, 蓝贤勇, 等. 2005. 秦川牛及其利秦杂种 *IGFBP3* 基因 PCR-SSCP 多态性研究. 中国农学通报,
    21 (9)：10-11.

陆绮. 2017. X 染色体失活现象与机制. 自然杂志, 39 (1)：25-30.

吕群, 江绍慧, 何银瑛, 等. 1979. 几种家畜淋巴细胞培养方法和染色体组型, 遗传, 2：31-33.

门正明. 1999. 动物遗传学. 2 版. 兰州：兰州大学出版社.

闵令江, 李美玉, 潘庆杰, 等. 2004. 家禽经济性状分子标记的研究进展. 山东畜牧兽医, 4：35-36.

齐超, 黄金明, 仲跻峰. 2013. 全基因组选择及其在奶牛育种中的应用进展. 山东农业科学, 45 (2)：131-134,
    145.

邱国宇. 2008. 3 个黄牛品种 *POU1F1* 和 *LPL* 基因多态及其与生长发育性状的关系研究. 西北农林科技大学硕
    士学位论文.

宋志芳, 曹洪战, 芦春莲. 2016. 全基因组选择在猪育种中的研究进展. 猪业科学, 33 (6)：110-112.

孙维斌, 陈宏, 雷雪芹, 等. 2003. 秦川牛高档牛肉产量的分子标记研究. 西北农林科技大学学报（自然科学
    版）, 31 (4)：67-70.

孙维斌, 陈宏. 2004. 牛肉口感性状及其分子标记辅助选择. Animal Biotechnology Bulletin, 9 (1)：268-273.

谈成, 边成, 杨达, 等. 2017. 基因组选择技术在农业动物育种中的应用. 遗传, 39 (11)：1033-1045.

王晨, 秦珂, 薛明, 等. 2016. 全基因组选择在猪育种中的应用. 畜牧兽医学报, 47 (1)：1-9.

王凤武, 李晓奇, 娜荣, 等. 2008. 胚胎干细胞在哺乳动物育种中的应用进展. 畜牧与饲料科学, 2：80-82.

王长宏, 王恒. 2006. 胚胎干细胞在遗传育种中的应用. 中国牧业通讯, 7：54-55.

王子淑. 1987. 人体及动物细胞遗传学实验技术. 成都：四川大学出版社.

吴仲贤. 1977. 统计遗传学. 北京：科学出版社.

熊业城，黄永震，贺花，等. 2016. 拷贝数变异在动物遗传育种中的研究进展. 中国牛业科学，42（4）：1-5.

徐琪，陈国宏，张学余，等. 2004. 鹌鹑的核型及 G 带分析. 遗传，26（6）：865-869.

徐彦文，周婧萱，师科荣. 2022. iPSCs 在家畜育种中的作用研究进展. 中国畜牧杂志，58（4）：119-125.

徐瑶，刘梅，石涛，等. 2015. 动物全基因组拷贝数变异及其应用. 中国牛业科学，41（5）：63-66.

薛恺. 2006. 南阳牛 *Myf*5、*Pou1f1* 以及 *GH* 基因多态性及其与生长发育性状关系的研究. 西北农林科技大学硕士学位论文.

于洋，张晓军，李富花，等. 2011. 全基因组选择育种策略及在水产动物育种中的应用前景. 中国水产科学，18（4）：936-943.

余桂娜，龚荣慈，张成忠，等. 1987. 杂交水牛染色体核型的观察. 西南民族学院学报（畜牧兽医版），3：7-10.

袁泽湖，葛玲，李发弟，等. 2021. 整合生物学先验信息的全基因组选择方法及其在家畜育种中的应用进展. 畜牧兽医学报，52（12）：3323-3334.

曾璐岚，郝新兴，祁兴磊，等. 2017. 夏南牛无角性状的分子鉴定技术及应用. 中国牛业科学，43（4）：27-29，33.

张静南. 2011. 马、驴和骡成纤维细胞培养、核型及其 G 带分析研究. 内蒙古大学硕士学位论文.

张劳，李玉奎. 1999. 群体遗传学概论. 北京：中国农业出版社.

张莉，陈宏，齐广海，等. 1983. 秦川牛染色体核型分析. 中国黄牛，23（3）：17-20.

张莉，贾敬肖，陈宏. 1986. 秦川牛二倍体/五倍体（2n/5n）嵌合体. 西北大学学报（自然科学版），16（1）：65-68.

张润峰，陈宏. 2002. 基因芯片及应用. 黄牛杂志，28（3）：35-38.

张顺进，寇浩玮，丁晓婷，等. 2021. 全基因组选择技术在反刍动物遗传育种中的研究进展及其应用. 农业生物技术学报，29（3）：571-578.

张弯弯，易梅生. 2022. 鱼类干细胞育种技术回顾与展望. 中国农业科技导报，24（2）：26-32.

张英汉，陈宏，马云，等. 2002. 中国的肉牛育种问题. 黄牛杂志，28（1）：1-5.

赵吉平，王桂荣，刘芳. 1991. 8-羟基喹啉诱导蚕豆根尖细胞异常性的研究. 遗传，13（6）：5-10.

赵捷，段修军，卞友庆，等. 2007. 金定鸭的核型及 G 带带型研究. 扬州大学学报（农业与生命科学版），28（3）：30-33.

赵淑娟，庞有志，邓雯，等. 2008. 河南大尾寒羊染色体核型与 G-带分析. 西北农林科技大学学报（自然科学版），36（3）：39-48.

赵淑娟，薛帮群，庞有志，等. 2007. 洛阳地区八点黑獭兔染色体核型与 G-带研究. 中国养兔，（6）：21-24.

赵兴波. 2020. 动物遗传学. 北京：中国农业出版社.

Ambler GR. 2009. Androgen therapy for delayed male puberty. Curr Opin Endocrinol Diabetes Obes.，16（3）：232-239.

Andrabi SM，Maxwell WM. 2007. A review on reproductive biotechnologies for conservation of endangered mammalian species. Anim Reprod Sci.，99（3-4）：223-243.

Balthazart J，Taziaux M，Holloway K，et al. 2009. Behavioral effects of brain-derived estrogens in birds. Ann N Y Acad Sci.，1163：31-48.

Bentley GE，Ubuka T，McGuire NL，et al. 2009. Gonadotrophin-inhibitory hormone：a multifunctional neuropeptide. J Neuroendocrinol.，21（4）：276-281.

Botchway SW，Farooq S，Sajid A，et al. 2021. Contribution of advanced fluorescence nano microscopy towards revealing mitotic chromosome structure. Chromosome Research, 29 (1): 19-36.

Braz GT, He L, Zhao HN, et al. 2018. Comparative oligo-FISH mapping: an efficient and powerful methodology to reveal karyotypic and chromosomal evolution. Genetics, 208 (2): 513-523.

Braz GT, Martins LV, Zhang T, et al. 2020. A universal chromosome identification system for maize and wild Zea species. Chromosome Res., 28 (2): 183-194.

Brochmann EJ, Behnam K, Murray SS. 2009. Bone morphogenetic protein-2 activity is regulated by secreted phosphoprotein-24 kd, an extracellular pseudoreceptor, the gene for which maps to a region of the human genome important for bone quality. Metabolism, 58 (5): 644-650.

Burgers PMJ, Kunkel TA. 2017. Eukaryotic DNA replication fork. Annu Rev Biochem., 86: 417-438.

Carwile E, Wagner AK, Crago E, et al. 2009. Estrogen and stroke: a review of the current literature. J Neurosci Nurs., 41 (1): 18-25.

Casarini L, Crépieux P, Reiter E, et al. 2020. FSH for the treatment of male infertility. Int J Mol Sci., 21 (7): 2270.

Cázarez-Márquez F, Eliveld J, Ritsema WIGR, et al. 2021. Role of central kisspeptin and RFRP-3 in energy metabolism in the male Wistar rat. J Neuroendocrinol., 33 (7): e12973.

Charanya K, Dirk R. 2016. Eukaryotic replication origins: Strength in flexibility. Nucleus., 7 (3): 292-300.

Chaudhry SR, Nahian A, Chaudhry K. 2022. Anatomy, Abdomen and Pelvis. In: StatPearls [Internet]. Treasure Island (FL): StatPearls Publishing.

Chen H, Leibenguth F. 1995. Restriction endonuclease analysis of mitochondrial DNA of three farm animal species: cattle, sheep and goat. Comp Biochem Physiol., 111B: 643-649.

Chen H, Leibenguth F. 1995. Restriction patterns of mitochondrial DNA (mtDNA) in European wild boar and German Landrace. Comp Biochem Physiol., 110B: 725-728.

Chen H, Leibenguth F. 1995. Studies on multilocus fingerprints, RAPD marker and mitochondrial DNA of a gynogenetic fish (*Carassius auratus gibel*). Biochem Genet., 33: 297-304.

Chen LL. 2020. The expanding regulatory mechanisms and cellular functions of circular RNAs. Nature Reviews Molecular Cell Biology, 21 (8): 1-16.

Ciccone NA, Dunn IC, Boswell T, et al. 2004. Gonadotrophin inhibitory hormone depresses gonadotrophin alpha and follicle-stimulating hormone beta subunit expression in the pituitary of the domestic chicken. J Neuroendocrinol., 16 (12): 999-1006.

Cooke HJ, Saunders PT. 2002. Mouse models of male infertility. Nat Rev Genet., 3 (10): 790-801.

Core L, Adelman K. 2019. Promoter-proximal pausing of RNA polymerase II: a nexus of gene regulation. Genes Dev., 33 (15-16): 960-982.

Culty M. 2009. Gonocytes, the forgotten cells of the germ cell lineage. Birth Defects Res C Embryo Today., 87 (1): 1-26.

de Graaf SP, Beilby KH, Underwood SL, et al. 2009. Sperm sexing in sheep and cattle: the exception and the rule. Theriogenology, 71 (1): 89-97.

Doğan A. 2018. Embryonic stem cells in development and regenerative medicine. Adv Exp Med Biol., 1079: 1-15.

Evans MJ, Kaufman MH. 1981. Establishment in culture of pluripotential cells from mouse embryos. Nature, 292 (5819): 154-156.

Fabbri R, Pasquinelli G, Keane D, et al. 2009. Culture of cryopreserved ovarian tissue: state of the art in 2008. Fertil Steril, 91 (5): 1619-1629.

Fabre-Nys C. 1998. Steroid control of monoamines in relation to sexual behaviour. Rev Reprod., 3（1）：31-41.

Falcón J，Besseau L，Fuentès M，et al. 2009. Structural and functional evolution of the pineal melatonin system in vertebrates. Ann N Y Acad Sci., 1163：101-111.

Fasano S，Meccariello R，Cobellis G，et al. 2009. The endocannabinoid system：an ancient signaling involved in the control of male fertility. Ann N Y Acad Sci., 1163：112-124.

Froy O. 2009. Cytochrome P450 and the biological clock in mammals. Curr Drug Metab., 10（2）：104-115.

Gäde G. 2009. Peptides of the adipokinetic hormone/red pigment-concentrating hormone family：a new take on biodiversity. Ann N Y Acad Sci., 1163：125-136.

Garner DL. 2006. Flow cytometric sexing of mammalian sperm. Theriogenology，65（5）：943-957.

Gill B S，Friebe B，Endo T R. 1991. Standard karyotype and nomenclature system for description of chromosome bands and structural aberrations in wheat（*Triticum aestivum*）. Genome，34：830-839.

Gilski M，Zhao J，Kowiel M，et al. 2019. Accurate geometrical restraints for Watson-Crick base pairs. Acta Crystallogr B Struct Sci Cryst Eng Mater., 75（2）：235-245.

Gustavsson N，Han W. 2009. Calcium-sensing beyond neurotransmitters：functions of synaptotagmins in neuroendocrine and endocrine secretion. Biosci Rep., 29（4）：245-259.

Han F，Liu B，Fedak G，et al. 2004. Genomic constitution，and variation in five partial amphiploids of wheat：*Thinopyrum intermedium* as revealed by GISH，multicolor GISH and seed storage protein analysis. Theor Appl Genet., 109：1070-1076.

Hiremath S，Chinnappa C. 2015. Plant chromosome preparations and staining for light microscopic studies. *In*：Yeung E，Stasolla C，Sumner M，et al.（eds）Plant microtechniques and protocols. Switzerland：Springer，Cham.

Holt WV，O'Brien J，Abaigar T. 2007. Applications and interpretation of computer-assisted sperm analyses and sperm sorting methods in assisted breeding and comparative research. Reprod Fertil Dev., 19（6）：709-718.

Hou Z，An L，Han J，et al. 2018. Revolutionize livestock breeding in the future：an animal embryo-stem cell breeding system in a dish. J Anim Sci Biotechnol., 9：90.

Hsueh AJ，Kawamura K，Cheng Y，et al. 2015. Intraovarian control of early folliculogenesis. Endocr Rev., 36（1）：1-24.

Isachenko V，Mallmann P，Petrunkina AM，et al. 2012. Comparison of *in vitro*- and chorioallantoic membrane（CAM）-culture systems for cryopreserved medulla-contained human ovarian tissue. PLoS One，7（3）：e32549.

Ishikura Y，Ohta H，Sato T，et al. 2021. *In vitro* reconstitution of the whole male germ-cell development from mouse pluripotent stem cells. Cell Stem Cell，28（12）：2167-2179.

Jerome F，Strauss Ⅲ. 2019. 生殖内分泌学. 7 版. 乔杰 主译. 北京：科学出版社.

Kadokawa H，Shibata M，Tanaka Y，et al. 2009. Bovine C-terminal octapeptide of RFamide-related peptide-3 suppresses luteinizing hormone（LH）secretion from the pituitary as well as pulsatile LH secretion in bovines. Domest Anim Endocrinol., 36（4）：219-224.

Kato A，Lamb JC，Birchler JA. 2004. Chromosome painting using repetitive DNA sequences as probes for somatic chromosome identification in maize. Proc Natl Acad Sci., USA，101：13554-13559.

Koo DH，Choi HW，Cho J，et al. 2005. A high-resolution karyotype of cucumber（*Cucumis sativus* L. 'Winter Long'）revealed by C-banding，pachytene analysis，and RAPD-aided fluorescence in situ hybridization. Genome，48（3），534-540.

Koo D H，Hur Y，Jin D C，et al. 2002. Karyotype analysis of a Korean cucumber cultivar（*Cucumis sativus* L. cv. Winter Long）using C-banding and bicolor fluorescence *in situ* hybridization. Mol Cells., 13：413-418.

Krishnappa G，Savadi S，Tyagi BS，et al. 2021. Integrated genomic selection for rapid improvement of crops. Genomics，113（3）：1070-1086.

Lassen J，Difford GF. 2020. Review：Genetic and genomic selection as a methane mitigation strategy in dairy cattle. Animal，14（S3）：s473-s483.

Leighton C，Karen A. 2019. Promoter-proximal pausing of RNA polymerase Ⅱ：a nexus of gene regulation. Genes & development，33（15-16）：960-982.

Li HW，Wang RJ，Wang ZY，et al. 2017. The research progress of genomic selection in livestock. Hereditas （Beijing），39（5）：377-387.

Li R，Lindsay M，Jessica L，et al. 2015. MD simulations of tRNA and aminoacyl-tRNA synthetases：dynamics， folding，binding，and allostery. International Journal of Molecular Sciences，16（7）：15872-15902.

Lupien SJ，McEwen BS，Gunnar MR，et al. 2009. Effects of stress throughout the lifespan on the brain，behaviour and cognition. Nat Rev Neurosci.，10（6）：434-445.

Ma Q，Liao J，Cai X. 2018. Different sources of stem cells and their application in cartilage tissue engineering. Curr Stem Cell Res Ther.，13（7）：568-575.

Maddineni S，Ocón-Grove OM，Krzysik-Walker SM，et al. 2008. Gonadotrophin-inhibitory hormone receptor expression in the chicken pituitary gland：potential influence of sexual maturation and ovarian steroids. J Neuroendocrinol.，20（9）：1078-1088.

Manohar SM，Shah P，Nair A. 2021. Flow cytometry：principles，applications and recent advances. Bioanalysis， 13（3）：181-198.

Maria SL，Agredano M，Alma LZC，et al. 2018. Visualization of internal *in situ* cell structure by atomic force microscopy. Histochemistry and Cell Biology，150：521-527.

Martin GR. 1981. Isolation of a pluripotent cell line from early mouse embryos cultured in medium conditioned by teratocarcinoma stem cells. Proc Natl Acad Sci.，U S A，78（12）：7634-7638.

Maxwell WM，de Graaf SP，Ghaoui Rel-H，et al. 2007. Seminal plasma effects on sperm handling and female fertility. Soc Reprod Fertil Suppl.，64：13-38.

Montesinos-López OA，Montesinos-López A，Pérez-Rodríguez P，et al. 2021. A review of deep learning applications for genomic selection. BMC Genomics，22（1）：19.

Morton KM. 2008. Developmental capabilities of embryos produced *in vitro* from prepubertal lamb oocytes. Reprod Domest Anim.，43 Suppl 2：137-143.

Neidle S. 2021. Beyond the double helix：DNA structural diversity and the PDB. Journal of Biological Chemistry， 296（9）：100553.

Nillni EA. 2007. Regulation of prohormone convertases in hypothalamic neurons：implications for prothyrotropin-releasing hormone and proopiomelanocortin. Endocrinology，148（9）：4191-4200.

Pan G，Thomson JA. 2007. Nanog and transcriptional networks in embryonic stem cell pluripotency. Cell Res.，17 （1）：42-49.

Ponting C P，Oliver P L，Reik W. 2009. Evolution and functions of long noncoding RNAs. Cell，136（4）：629-641.

Rath D，Johnson LA. 2008. Application and commercialization of flow cytometrically sex-sorted semen. Reprod Domest Anim.，43 Suppl 2：338-346.

Roca J，Vázquez JM，Gil MA，et al. 2006. Challenges in pig artificial insemination. Reprod Domest Anim.，41 Suppl 2：43-53.

Roselli CE. 2018. Neurobiology of gender identity and sexual orientation. J Neuroendocrinol.，30（7）：e12562.

Schoner W，Scheiner-Bobis G. 2009. Endogene herzaktive Steroide—eine neue Klasse von Steroidhormonen [Endogenous cardioactive steroids—a new class of steroid hormones]. Dtsch Med Wochenschr.，134（13）：632-636.

Schwarzacher T. 2016. Preparation and fluorescent analysis of plant metaphase chromosomes. *In*：Caillaud MC.（eds）Plant cell division. Methods in Molecular Biology，vol 1370. New York：Humana Press.

Sharma RS，Saxena R，Singh R. 2018. Infertility & assisted reproduction：a historical & modern scientific perspective. Indian J Med Res.，148（Suppl）：S10-S14.

Singh H，Hutmacher DW. 2009. Bioreactor studies and computational fluid dynamics. Adv Biochem Eng Biotechnol.，112：231-249.

Smith OB，Akinbamijo OO. 2000. Micronutrients and reproduction in farm animals. Anim Reprod Sci.，60-61：549-560.

Sreenan JM，Beehan D，Mulvehill P. 1975. Egg transfer in the cow：factors affecting pregnancy and twinning rates following bilateral transfers. J Reprod Fertil.，44（1）：77-85.

Szczepanska-Sadowska E. 2008. Role of neuropeptides in central control of cardiovascular responses to stress. J Physiol Pharmacol.，59 Suppl 8：61-89.

Tetkova A，Susor A，Kubelka M，et al. 2019. Follicle-stimulating hormone administration affects amino acid metabolism in mammalian oocytes. Biol Reprod.，101（4）：719-732.

Tsuneko O. 2017. Days weaving the lagging strand synthesis of DNA-A personal recollection of the discovery of Okazaki fragments and studies on discontinuous replication mechanism. Proc Jpn Acad Ser B Phys Biol Sci.，93（5）：322-338.

Wiggans GR，Cole JB，Hubbard SM，et al. 2017. Genomic selection in dairy cattle：the USDA experience. Annu Rev Anim Biosci.，5：309-327.

Wu Z，Cui S，Liu J，et al. 2020. Farm animal nutrition and health in China. J Anim Physiol Anim Nutr（Berl）.，104（4）：977.

Xue K，Chen H，Wang S，et al. 2006. Effect of genetic variations of *POU1F1* gene on growth traits of Nanyang cattle. Acta Genetica Sinica，33（10）：901-907.